全国高职高专规划教材

无机化学

（第二版）

孙 成 主 编
何 珺 朱泉雯 副主编

中国环境出版社 · 北京

图书在版编目（CIP）数据

无机化学/孙成主编．—2 版．—北京：中国环境出版社，2015.9

全国高职高专规划教材

ISBN 978-7-5111-2567-5

Ⅰ．①无… Ⅱ．①孙… Ⅲ．①无机化学—高等职业教育—教材 Ⅳ．①O61

中国版本图书馆 CIP 数据核字（2015）第 225383 号

出 版 人 王新程
责任编辑 黄晓燕
责任校对 尹 芳
封面设计 宋 瑞

出版发行 中国环境出版社
（100062 北京市东城区广渠门内大街 16 号）
网 址：http://www.cesp.com.cn
电子邮箱：bjgl@cesp.com.cn
联系电话：010-67112765（编辑管理部）
010-67112735（第一分社）
发行热线：010-67125803，010-67113405（传真）
印 刷 北京市联华印刷厂
经 销 各地新华书店
版 次 2016 年 1 月第 2 版
印 次 2016 年 1 月第 1 次印刷
开 本 787×960 1/16
印 张 20
字 数 374 千字
定 价 33.00 元

无机化学（第二版）

编审人员

主　编　孙　成　扬州市职业大学

副主编　何　珺　扬州市职业大学

　　　　朱泉雯　扬州市职业大学

主　审　丁敬敏　常州工程职业技术学院

　　　　穆华荣　扬州工业职业技术学院

编　者　丁敏娟　南通科技职业学院

　　　　贺小凤　深圳信息职业技术学院

　　　　蒋云霞　南通科技职业学院

第二版前言

本教材自2007年出版以来，被许多高职高专院校选用为教材或教学参考书，受到用书单位教师和学生的普遍好评，为同类中的优秀教材，具有一定的社会影响。随着高职高专教育教学改革的深入，有必要对本书进行修订。

本书在修订过程中，按照教育部高职高专教材建设要求，以培养社会急需的应用型和技能型人才为出发点，深入研究职业活动的完整性对高等职业教育的要求。教材体系以高职高专教育培养目标为依据，根据就业岗位及岗位群对无机化学知识的需求，将教学内容重新调整，理论部分以“必需、够用、服务于专业”为原则，以适当降低理论难度，强化实验技能培养，加强素质教育、创新思维和创新能力的培养为重点。内容安排上，在第一版的基础上，对一些内容进行了适当的增删或改写，力求做到简明扼要，重点鲜明，图文并茂，强调理论联系实际，注重化学知识与医药、食品、园林、环境等学科的有机结合。在文字叙述上，做到深入浅出、通俗易懂。

本书的体系与第一版相同，但对某些章节进行了适当的调整。全书共分为理论和实验两大部分。理论部分共十章，包括溶液和胶体，化学反应速率和化学平衡，原子结构与元素周期律，化学键与分子结构，酸碱平衡，沉淀—溶解平衡，氧化还原平衡，配位平衡，主族元素及其化合物，副族元素及其化合物。实验部分包括无机化学实验基本知识和8个无机化学实验。

通过本次的修订，使教材内容更加丰富，更加适用于高职高专类的教学。本教材适用于高职高专医药、食品、园林、环境、牧医、生物等专业。

本教材由孙成任主编，何珺、朱泉雯任副主编。修订的具体分工为：丁敏娟、蒋云霞（南通科技职业学院）第一章和第二章；孙成（扬州职业大学）第三章、第四章及实验部分；贺小凤（深圳信息职业技术学院）第五章和第六章；何珺（扬州职业大学）第七章和第八章；朱泉雯（扬州职业大学）第九章和第十章。全书由孙成、何珺、朱泉雯统稿，孙成定稿。

常州工程职业技术学院丁敬敏教授、扬州工业职业技术学院穆华荣教授对全书进行了审定。在本书的修订和出版过程中，一直得到中国环境出版社黄晓燕、李兰兰编辑的大力支持，在此一并表示感谢！

限于编者的水平，错误和不当之处，敬请读者批评指正。

编者

2014年11月

第一版前言

高等学校的教材建设是高等学校教学工作的重要组成部分。目前，高职高专教育正处于蓬勃发展阶段，迫切需要与之相适应的、面向21世纪的教材和教学参考书。编者遵照全国高职高专环境类教材的基本要求，根据高等职业技术教育培养应用型人才的目标和高职高专院校的特点编写了这本无机化学教材。本书适用于高等专科学校、高等职业技术学院环保、农林、食品、生物、卫检、制药等有关专业的无机化学教学，也可供其他相近专业参考使用。

无机化学是研究无机物的组成、结构、性质和变化规律的科学。化学科学中早期的最重要的理论、概念和规律多数是在无机化学的发展过程中形成、发现和发展的，其他化学学科都是由无机化学分化出去并成长起来的。无机化学内容十分丰富，本书仅选取了与高职高专院校培养目标和就业岗位相适应的内容。

本书由全国高职高专教学指导委员会组织和领导，由具有扎实的化学专业理论和丰富教学经验的高职高专教师参与编写。教材的编写原则是“必需、适用、够用、实用”。编写时注重基本概念和基本知识的阐述，并力求做到由浅入深、循序渐进，不过分强调化学学科知识的系统性，以适当降低理论难度，强化实践技能的培养，服务于专业，有利于学生理论联系实际，努力将本书编写成具有高职高专教育特色的教材。每章还配备了相应的阅读材料、习题和参考答案。

本教材分为理论和实验两大部分，理论部分共有十一章，主要包括物质结构基础（原子结构、元素周期律和元素周期表、化学键与分子结构）、化学反应速率和化学平衡（酸碱平衡、沉淀-溶解平衡、氧化还原平衡和配位平衡）、元素及化合物知识。实验部分有无机化学实验基本知识和常用仪器介绍、验证性实验、制备性实验、测定性实验和综合性实验共十个。

本书由孙成担任主编，编写的具体分工为：孙成编写第四章和第五章；贺小风编写第六章和第七章；张孟存编写第十一章和实验六至实验十；黄汉京编写第二章和第九章；许美玲编写第三章和第八章；丁敏娟编写第一章和第十章；何堵编写实验一至实验五。

全书由孙成统稿，北京轻工业学院刘德文教授对全书进行了审定，提出了极为宝贵的意见，为提高本书质量作出了贡献。在本书的编写和出版过程中，一直得到中国环境科学出版社黄晓燕、任海燕编辑的大力支持，在此一并表示感谢！

本教材在高职高专教育特色方面仅作了初步尝试，但教学改革、教材改革是一个长期、复杂的系统工程，由于时间仓促和编者水平有限，缺点和错误之处在所难免，敬请各位专家、读者批评指正。

编者

2007 年 4 月

目 录

上篇 理论部分

下篇　实验部分

上篇

理论部分

第一章　溶液和胶体

知识目标

本章要求熟悉分散系的分类、胶体的制备和胶体的结构；理解稀溶液依数性产生的原因和胶体的性质与其结构的关系；掌握溶液的各种浓度的表示方法及有关计算，利用稀溶液的依数性计算溶质的摩尔质量；了解影响胶体的稳定性和促进胶体凝聚的因素。

能力目标

通过对本章的学习，学生能正确操作溶液的配制和溶胶的制备；能应用稀溶液的依数性来解释一些实际问题；能处理溶液各种浓度间的相互换算。

第一节　溶液的基本概念

一、分散系

在生产实践、科学实验和日常生活中，我们经常遇到一种或几种物质以极小的颗粒分散到另一种物质中的体系，我们称为分散系。分散系在自然界中广泛存在，如矿物分散在岩石中，形成各种矿石；水滴分散在空气中形成云雾。分散系中被分散的物质称为分散质（或分散相）；起分散作用的物质称为分散剂（或分散介质）。

根据分散质的颗粒直径大小，通常把分散系分为三类，详见表 1-1。

表 1-1　分散系的分类

分散系类型	分散质颗粒直径范围	特性
粗分散系	分散质颗粒的直径大于 10^{-7} m（大于 100 nm）	不能透过滤纸，多相体系，如乳状液、泡沫等
胶体分散系	分散质颗粒的直径 10^{-9}～10^{-7} m（1～100 nm）	能透过滤纸，多相或单相体系，如金溶胶、有色玻璃、烟等
分子、离子分散系	分散质颗粒的直径小于 10^{-9} m（小于 1 nm）	能透过滤纸，单相体系，如 NaOH 溶液、酒精溶液等

溶液是一种物质以分子、原子或离子的状态分散在另一种物质中所构成的均匀而稳定的分散系。它具有高度的稳定性，只要外界条件不发生变化（如温度不改变，

溶剂不蒸发等），无论放置多久，溶质都不会析出。除了液态溶液外，还有气态溶液和固态溶液。如空气是气态溶液，铝合金是固态溶液。

在液态溶液中一般有三种类型：气态物质与液态物质形成的溶液、固态物质与液态物质形成的溶液及液态物质和液态物质形成的溶液。对于前两种类型，我们通常把液态物质称为溶剂，把气体或固体称为溶质；对于后一种类型，通常把含量较多的组分称为溶剂，含量较少的组分称为溶质。

粗分散系主要包括悬浊液和乳浊液。悬浊液是固体分散质以微小颗粒分散在液体物质中形成的分散系，如混浊的泥水，乳浊液是液体分散质以微小的液滴分散在另一个液体物质中形成的分散系，如含水的原油、洗面奶等。

悬浊液和乳浊液与溶液不同之处在于其均匀性和稳定性。悬浊液和乳浊液都是混浊、不均匀、不透明的，放置后分散质和分散剂会发生分离而使分散系遭破坏；而溶液均匀、澄清、不混浊，非常稳定，能长时间放置而不析出溶质。悬浊液和乳浊液及溶液性质上的差别主要是由于分散质颗粒大小的不同而引起的。

胶体是分散质颗粒大小介于分子离子分散系和粗分散系的另一类分散系。将在本章的第三节专门讨论。

二、溶液浓度的表示方法

一定量的溶液或溶剂中所含溶质的量，称为溶液的浓度。溶液浓度的表示方法很多，常用的有下列几种：

（1）质量浓度

用单位体积溶液中所含溶质 B 的质量（m_B）来表示的浓度，叫做溶质 B 的质量浓度。用符号 ρ 表示，常用单位是 $g \cdot L^{-1}$。

$$\rho = \frac{m_B}{V} \tag{1-1}$$

例如，25 g NaCl 溶于水，配制成 1L 溶液，则其质量浓度为 25 $g \cdot L^{-1}$。

（2）质量分数

某物质 B 的质量分数是物质 B 的质量（m_B）与溶液的质量（m）之比，用符号 ω_B 表示，无量纲，也可以用百分数表示。

$$\omega_B = \frac{m_B}{m} \times 100\% \tag{1-2}$$

（3）物质的量浓度

用单位体积溶液中所含溶质 B 的物质的量（n_B）来表示溶液的浓度，叫做溶质 B 的物质的量浓度，用符号 c_B 表示，c_B 常用的单位为 $mol \cdot L^{-1}$，有时也用 $mol \cdot m^{-3}$ 表示。

$$c_B = \frac{n_B}{V} \quad (1\text{-}3)$$

（4）质量摩尔浓度

溶液中溶质 B 的物质的量（n_B）除以溶剂的质量（m_A），称为溶质 B 的质量摩尔浓度，用 b_B 表示，b_B 的常用单位为 $mol \cdot kg^{-1}$，即表示每千克溶剂中溶解的溶质的物质的量。

$$b_B = \frac{n_B}{m_A} \quad (1\text{-}4)$$

（5）摩尔分数

混合物中物质 B 的物质的量（n_B）与混合物的总的物质的量（$n_{总}$）之比，叫做物质 B 的摩尔分数，用符号 χ_B 表示，无量纲。

$$\chi_B = \frac{n_B}{n_{总}} \quad (1\text{-}5)$$

混合物中各物质的摩尔分数之和等于 1，即：

$$\Sigma x_i = 1$$

【例 1-1】市售浓硫酸中溶质的质量分数为 98%，密度为 1.84 $g \cdot cm^{-3}$。计算市售浓硫酸中 H_2SO_4 的物质的量浓度。

解：1 000 mL 浓硫酸中 H_2SO_4 的质量为：

$$m = 1.84 \times 1\,000 \times 98\% = 1\,803 \text{ g}$$

$$n = \frac{m}{M} = \frac{1803}{98} = 18.4 \text{ mol}$$

$$c = \frac{n}{V} = \frac{18.4}{1} = 18.4 \text{ mol} \cdot \text{L}^{-1}$$

答：市售浓硫酸中 H_2SO_4 的物质的量浓度为 18.4 $mol \cdot L^{-1}$。

【例 1-2】100 mL 生理盐水中含有 0.90 g NaCl，计算生理盐水的质量浓度。

解：已知 $m_{NaCl} = 0.90g$，$V = 100 \text{ mL} = 0.10 \text{ L}$，根据式（1-1）可得：

$$\rho_{NaCl} = \frac{m_{NaCl}}{V} = \frac{0.90 \text{ g}}{0.10 \text{ L}} = 9 \text{ g} \cdot \text{L}^{-1}$$

答：生理盐水的质量浓度为 9 $g \cdot L^{-1}$。

【例 1-3】将溶质质量分数为 98%，密度为 1.84 $g \cdot mL^{-1}$ 的浓硫酸，稀释为 0.1 $mol \cdot L^{-1}$ 的稀硫酸 250 mL，需要量取浓硫酸多少 mL？

解：浓硫酸的物质的量浓度为：

$$c(H_2SO_4)=\frac{1\,000\times1.84\times98\%}{98}=18.4\ \text{mol}\cdot\text{L}^{-1}$$

设需要量取浓硫酸 x mL，根据稀释前后溶质的物质的量相等，得到：

$$x\times18.4=0.1\times250$$

$$x\approx1.4\ \text{mL}$$

答：需要量取质量分数为 98%，密度为 1.84 g·mL^{-1} 的浓硫酸约 1.4 mL。

第二节 稀溶液的依数性

在自然界中，通常情况下海水要高于 100℃才沸腾，低于 0℃才会结冰。生活在淡水中的鱼类不能生活在海水中。这些现象是由什么原因引起的呢？

溶质溶于溶剂形成溶液，溶液的性质已不同于原来的溶质和溶剂。溶液的颜色、体积等变化与溶质的本性有关。但对于难挥发性非电解质的稀溶液，其某些性质仅与溶液中所含的溶质的浓度（粒子数）有关，而与溶质的本性无关。这些性质包括溶液的蒸气压下降、沸点升高、凝固点下降和溶液具有渗透压，我们称这些性质为稀溶液的依数性或稀溶液的通性。

一、溶液的蒸气压下降

将液体放在密闭容器中，液体能不断蒸发成蒸气，同时生成的蒸气也不断凝聚成液体。当单位时间内，单位溶剂的表面脱离液面变成气体的分子数等于返回液面变成液体的分子数，即在溶剂表面达到蒸发和凝聚的动态平衡，此时的蒸气称为饱和蒸气。饱和蒸气所产生的压力称为饱和蒸气压，简称蒸气压。显然，越易挥发的液体，它的蒸气压就越大。每种液体在一定温度下，其蒸气压是一个常数，它随着温度的升高而增大。如 20℃时水的蒸气压为 2.33 kPa，25℃时水的蒸气压为 3.24 kPa；20℃时酒精的蒸气压为 5.85 kPa，25℃酒精的蒸气压为 5.95 kPa。

一定温度下，水的蒸气压是一个定值。如果在水中加入难挥发的非电解质，溶液的蒸气压将发生什么样的变化？

当水中加入难挥发非电解质后，溶液一部分表面被溶质分子占据了，减少了单位面积上溶剂的分子数，同时溶质分子和溶剂分子的相互作用，也能阻碍溶剂分子的蒸发。因此，同一温度下，单位时间内逸出液面的溶剂分子比相应的纯溶剂少，结果到达平衡时，溶液的蒸气压必然比纯溶剂的蒸气压低。

由此可见，当液体中溶解有难挥发的溶质时，溶液的蒸气压便下降，即在一定温度下，溶有难挥发性溶质的溶液的蒸气压总低于纯溶剂的蒸气压。纯溶剂蒸气压与溶液蒸气压的差值称为溶液蒸气压下降。溶液越浓，所含溶质分子越多，溶液的蒸气下降得就越多。

1887 年，法国科学家拉乌尔总结出一条定律：在一定温度下，稀溶液的蒸气压等于纯溶剂的蒸气压与溶剂的摩尔分数的乘积，而与溶液的本性无关。这个定律称为拉乌尔定律。其数学表达式为：

$$p=p_A^* \cdot \chi_A \tag{1-6}$$

式中：p——溶液的蒸气压；

p_A^*——纯溶剂的蒸气压；

χ_A——溶剂的摩尔分数。

若溶液中仅有 A、B 两组分，则$\chi_A+\chi_B=1$，那么上式可写成：

$$p=p_A^* \cdot (1-\chi_B)$$

$$p_A^*-p=p_A^*\chi_B$$

即

$$\Delta p=p_A^*\chi_B$$

因此拉乌尔定律也可以表达为：难挥发非电解质的稀溶液的蒸气压下降值Δp 和溶质的摩尔分数成正比，即

$$\Delta p=\chi_B\, p_A^* \tag{1-7}$$

式中：Δp——溶液蒸气压下降值；

p_A^*——纯溶剂的蒸气压；

χ_B——溶质的摩尔分数。

拉乌尔定律也可以表示为：在一定温度下，难挥发非电解质稀溶液的蒸气压下降值Δp 与溶液的质量摩尔浓度（b_B）成正比即：

$$\Delta p=K\, b_B$$

一般情况下，拉乌尔定律的适用条件是，溶质为难挥发的非电解质，溶液为稀溶液（通常浓度小于 5 $mol\cdot kg^{-1}$ 的溶液都可看做稀溶液）。

如果溶质是易挥发的，则溶液的饱和蒸气压就包括溶质的饱和蒸气压和溶剂的饱和蒸气压两部分，其数值大于同温度下纯溶剂的饱和蒸气压。例如乙醇、醋酸、丙酮等水溶液的饱和蒸气压就大于纯水的饱和蒸气压。

溶液的蒸气压下降对植物的生长有重要的作用，当外界气温突然升高，有机体细胞内的可溶物大量溶解，细胞液浓度增大，降低了细胞液的蒸气压，减少了水分的蒸发，植物表现出一定的抗旱能力。

二、溶液的沸点上升

当液体的蒸气压随着温度升高而增大到与外界大气压相等时，液体就会沸腾，此时的温度称为该液体的沸点。液体的沸点随外界压力而变化。若降低液面的压力，液体的沸点就降低。在外界大气压为 101.3 kPa 时，纯水的沸点为 100℃，在海拔高的地方大气压低于 101.3 kPa，水不到 100℃就沸腾，用真空将水面的压力减小到 3.2 kPa 时，水在 25℃就能沸腾。利用这一性质，在提取和精制对热不稳定的物质时，

常采用减压蒸馏，以达到分离和提纯的目的。而对热稳定的药液灭菌时，则常采用高温灭菌法，可以缩短灭菌时间和提高灭菌效果。

如果在水中加入难挥发的溶质，溶液的蒸气压就要下降。在 100℃时，溶液的蒸气压低于一个大气压，因此水溶液不能沸腾，只有继续升高温度，使水溶液的蒸气压达到一个大气压，此时溶液才能沸腾（图 1-1）。所以，溶液的沸点总是高于纯溶剂的沸点。如在常压下，海水的沸点高于 100℃。在实验工作中常常用较浓的盐溶液来做高温热浴，就是利用的溶液的沸点上升这一原理。

溶液沸点升高的根本原因是溶液的蒸气压下降，而蒸气压的下降的程度仅与溶液的浓度有关，因此，溶液沸点升高的程度也仅与溶液的浓度有关，而与难挥发溶质的本性无关。

难挥发非电解质稀溶液的沸点升高与溶液的质量摩尔浓度（b_B）成正比，它的数学表达式为：

$$\Delta T_b = K_b b_B \tag{1-8}$$

式中：ΔT_b——溶液沸点上升的温度值，K；

b_B——溶质的质量摩尔浓度，$mol \cdot kg^{-1}$；

K_b——沸点升高常数，$K \cdot kg \cdot mol^{-1}$，$K_b$ 只与溶剂的本性有关。

当 $b_B = 1\ mol \cdot kg^{-1}$ 时，$\Delta T_b = K_b$，因此某溶剂的沸点上升常数等于 1 mol 溶质溶于 1 kg 该溶剂中引起沸点上升的温度值。不同溶剂的 K_b 值不同，表 1-2 列出了一些溶剂的 K_b 值。

表 1-2　几种溶剂的 K_b 值

溶剂	水	甲醇	乙醇	苯	氯仿	乙醚
K_b/（$K \cdot kg \cdot mol^{-1}$）	0.52	0.80	1.20	2.57	3.88	2.11

三、溶液的凝固点降低

能蒸发的固体也有蒸气压，而且在一定的温度下，固体的蒸气压也是固定的。固体的蒸发要吸热，所以固体的蒸气压随温度的升高而增大。

物质的液态蒸气压与固态蒸气压相等时的温度称为该物质的凝固点。在常压下，0℃时，水和冰的蒸气压相等，两相共存，0℃即为水的凝固点，也称为冰点。

如果在冰水共存的水中加入难挥发的非电解质，将会引起溶液的蒸气压的下降，在 0℃时，此溶液的蒸气压必然低于冰的蒸气压，由于冰的蒸气压高于溶液的蒸气压，于是冰就会融化，只有在比 0℃低的温度时，冰的蒸气压和溶液的蒸气压才会相等，此时冰和溶液共存，即为溶液的凝固点，所以溶液的凝固点低于纯溶剂的凝固点（图 1-1）。例如海水在 0℃时并不结冰，这是因为海水中含有一些盐。溶液凝固点降低的程度也仅取决于溶液的浓度。

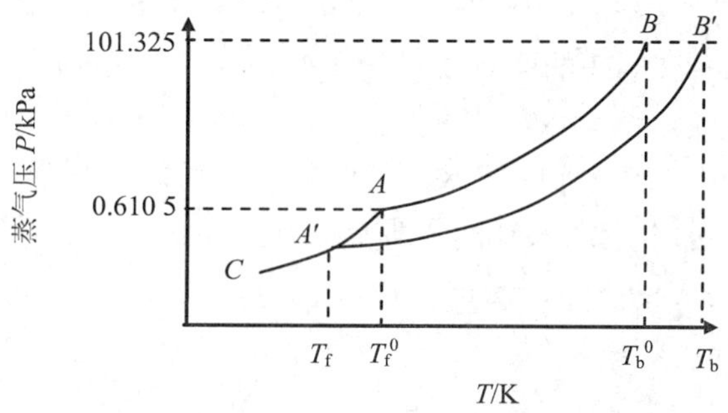

图 1-1　稀溶液的沸点升高、凝固点下降

AB 为纯水的蒸气压曲线；*A′B′* 为稀溶液的蒸气压曲线；*AC* 为冰的蒸气压曲线

难挥发性非电解质稀溶液的凝固点的降低与溶液的质量摩尔浓度（b_B）成正比，而与溶液的本性无关，它的数学表达式为：

$$\Delta T_f = K_f\, b_B \tag{1-9}$$

式中：ΔT_f——溶液凝固点下降的温度值，*K*；

b_B——溶质 B 的质量摩尔浓度，$mol \cdot kg^{-1}$；

K_f——溶剂的凝固点降低常数，$K \cdot kg \cdot mol^{-1}$，$K_f$ 只与溶剂的本性有关。

当 b_B=1 $mol \cdot kg^{-1}$ 时，$\Delta T_f = K_f$，因此某溶剂的凝固点降低常数等于 1 mol 溶质溶于 1 kg 该溶剂中引起凝固点降低的温度值。不同溶剂的 K_f 值不同，表 1-3 列出一些溶剂的 K_f 值。

表 1-3　几种溶剂的 K_f 值

溶剂	水	醋酸	苯	萘	环己烷	樟脑
K_f/（$K \cdot kg \cdot mol^{-1}$）	1.86	3.90	5.10	7.0	20	40

根据沸点升高和凝固点降低与浓度的关系可以测定溶质分子的摩尔质量。由于凝固点降低常数比沸点升高常数大，实验误差小，而且在达到凝固点时，溶液中有晶体析出，现象明显，容易观察，因此常常利用凝固点降低来测定溶质分子的摩尔质量。

【例 1-4】在 25.00 g 苯溶入 0.245 g 苯甲酸，测得凝固点下降 0.204 8 K。凝固时析出固态的苯，求苯甲酸在苯中的化学式。

解：查表得苯的 K_f=5.10 $K \cdot kg \cdot mol^{-1}$

$$\Delta T_f = K_f b_B = \frac{K_f n_B}{m_A} = \frac{K_f m_B}{M_B m_A}$$

$$M_B = \frac{K_f m_B}{\Delta T_f m_A} = \frac{5.10 \times 0.245}{0.2048 \times 25.00} = 244.0 \times 10^{-5}\ \text{kg} \cdot \text{mol}^{-1}$$

已知苯甲酸 C_6H_5COOH 的摩尔质量为 $1.22 \times 10^{-5}\ \text{kg} \cdot \text{mol}^{-1}$，故它在苯中的化学式为$(C_6H_5COOH)_2$。

【例 1-5】为防止水在仅器中结冰，可以加入甘油以降低凝固点，如需冰点降至−2℃，则在每 100 g 水中应加入甘油多少克？（$M_{甘油}=9.2 \times 10^{-4}\ \text{kg} \cdot \text{mol}^{-1}$）

解：查表，水的 $K_f=1.86\ \text{K} \cdot \text{kg} \cdot \text{mol}^{-1}$

由于：$\Delta T_f = K_f b_B$，则：

$$b_B = \frac{\Delta T_f}{K_f} = \frac{2}{1.86} = 1.075\ \text{mol} \cdot \text{kg}^{-1}$$

又由于： $b_B = \frac{n_B}{m_A} = \frac{m_B}{M_B m_A}$

则：$m_B = b_B M_B m_A$

$=1.075 \times 9.2 \times 10^{-4} \times 0.1$

$=9.89 \times 10^{-3}\ \text{kg} = 9.89\ \text{g}$

【例 1-6】某水溶液含非挥发性物质，在 271.7 K 时凝固，求该溶液的正常沸点。

解：查表，水的 $K_f=1.86\ \text{K} \cdot \text{kg} \cdot \text{mol}^{-1}$，$K_b=0.52\ \text{K} \cdot \text{kg} \cdot \text{mol}^{-1}$

$\Delta T_f=273.15-271.7=1.45\ \text{K}$

由于：$\Delta T_f = K_f b_B$，$\Delta T_b = K_b b_B$，则：$\Delta T_f / \Delta T_b = K_f / K_b$

$$\Delta T_b = \frac{\Delta T_f K_b}{K_f} = \frac{1.45 \times 0.52}{1.86} = 0.41\text{K}$$

$T_b = T_0 + \Delta T_b = 373.15 + 0.41 = 373.56\ \text{K}$

稀溶液凝固点降低的性质具有广泛的应用。例如在严寒的冬天，往汽车的水箱中加入甘油或防冻液，可以防止水结冰。盐和冰的混合物可以作制冷剂，这是因为盐溶解在冰的表面的水中成为溶液，溶液的蒸气压低于冰的蒸气压，使冰融化，冰在融化过程中吸收大量的热，促使温度降低。用 3 份冰和 1 份食盐的混合物可得到−22℃的低温。用 100 g 冰和 42.5 g$CaCl_2$ 混合可得到−55℃的低温。凝固点降低的性质也可以用来鉴定物质的纯度，物质越纯，凝固点降低得越少。例如保险丝由 Pb、Bi、Sn、Cd 四种金属组成的易熔合金，其熔点只有 343 K，比其中最易熔化的 Sn 的熔点（505 K）还低得多。

四、溶液的渗透压

如果我们在浓的蔗糖溶液的液面上加一层清水，则蔗糖分子从下层进入上层，同时水分子从上层进入下层，直到均匀混合且浓度一致为止。这个过程叫做扩散。

两种浓度不同的溶液混合在一起，通过扩散最终可形成浓度均匀的溶液。如果将浓度不同的溶液间用半透膜隔开，情况就不同了。半透膜是允许某些物质透过，而不允许另一些物质透过的多孔性薄膜。如动物的肠衣、膀胱膜，植物的细胞膜，人工制得羊皮纸、火胶棉等都具有半透膜的性质。半透膜可以允许水分子通过，却不让摩尔质量大的溶质或胶体粒子透过。

在一定温度下，在一个半透膜隔开的容器中，左侧装有纯水，右侧装有同样高度的蔗糖溶液（图 1-2），这时水分子可以通过半透膜，但蔗糖分子则不能通过半透膜。由于单位体积内蔗糖溶液中含有的水分子比纯水少，因此在单位时间内，从纯水中穿过半透膜进入蔗糖溶液的水分子数，比从蔗糖溶液中穿过半透膜进入纯水的水分子多。结果表现为水不断通过半透膜进入蔗糖溶液，使蔗糖溶液的浓度逐渐减小而液面逐渐升高。这种溶剂分子透过半透膜进入溶液的现象称为渗透。

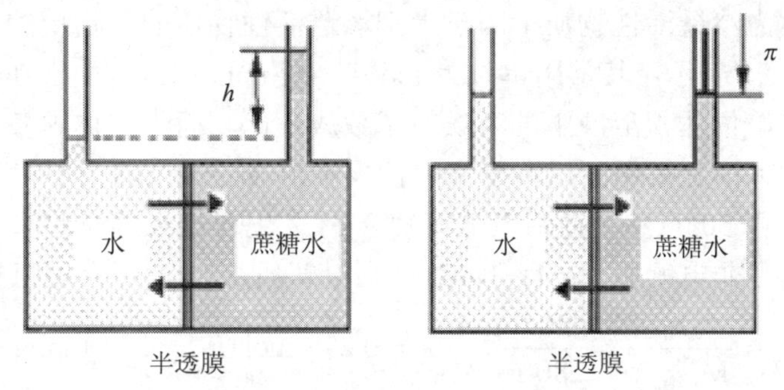

图 1-2　渗透压

由于渗透作用，容器内蔗糖溶液的液面逐渐升高，使得溶液中水分子向外扩散的速度逐渐加快，也使纯水中的水分子从外进入溶液的速度逐渐减慢，当液面达到某一高度时，水分子向两个方向渗透的速度相等，体系建立一个动态平衡，称为渗透平衡，产生的这种静压强称为渗透压。渗透压的大小可用容器内液面高度差 h 来测定。换句话说，渗透压就是阻止渗透作用进行所需加给溶液的额外压力。

凡是溶液都有渗透压，渗透压只有在半透膜存在时才体现出来，不同浓度的溶液具有不同的渗透压。如果半透膜两边的溶液浓度相等，则它们的渗透压也相等，这种溶液称为等渗溶液；如果半透膜两边的溶液的浓度不同，其中浓度高的溶液渗透压大，浓度低的溶液渗透压低，那么高浓度的溶液称为高渗溶液，较低浓度的溶液称为低渗溶液。

1886 年荷兰物理学家范特霍夫（Van’t Hoff）总结出稀溶液的渗透压与浓度、温度的关系：

$$\Pi V=n_{B}RT \quad \text{或} \quad \Pi=c_{B}RT \tag{1-10}$$

式中：Π——渗透压，kPa；

V——溶液的体积，L；

n_B——溶质的物质的量，mol；

R——气体常数，8.314 $kPa \cdot L \cdot mol^{-1} \cdot K^{-1}$ 或 8.314 $Pa \cdot m^3 \cdot mol^{-1} \cdot K^{-1}$；

T——溶液的绝对温度，K。

由此可见，一定温度下，难挥发性非电解质稀溶液的渗透压与溶液中溶质的浓度有关，与溶质的本性无关。

对电解质的稀溶液，范特荷甫公式修正为：

$$\Pi = ic_B RT \tag{1-11}$$

式中，i 为校正系数，数值上等于 1 mol 电解质溶于水所电离的物质的量。例如，KCl 的 i=2，$Ca(NO_3)_2$ 的 i=3。非电解质的校正系数可看成是 1。

渗透压在医学上有着非常重要的意义。溶液中能产生渗透效应的溶质粒子（分子或离子）统称为渗透活性物质。医学上把渗透活性物质的总物质的量浓度称为渗透浓度，用符号 c_{os} 表示，其常用单位为 $mol \cdot L^{-1}$ 或 $mmol \cdot L^{-1}$。由于在一定温度下渗透压的大小只与单位体积溶液中的溶质粒子数成正比，而生物体内各部位温度变化幅度不大，因此医学上常用渗透浓度来间接表示溶液渗透压的大小。

【例 1-7】计算 50.0 $g \cdot L^{-1}$ 葡萄糖溶液和 9 $g \cdot L^{-1}$ 生理盐水溶液的渗透浓度。

解：葡萄糖为非电解质，i=1；NaCl 为强电解质，i=2，根据题意得：

$$c_{os,C_6H_{12}O_6} = \frac{\rho_{C_6H_{12}O_6}}{M_{C_6H_{12}O_6}} = \frac{50.0\ g \cdot L^{-1}}{180\ g \cdot mol^{-1}} = 0.278\ mol \cdot L^{-1} = 278\ mmol \cdot L^{-1}$$

$$c_{os,NaCl} = 2 \times c_{NaCl} = 2 \times \frac{9.0\ g \cdot L^{-1}}{58.5\ g \cdot mol^{-1}} = 0.308\ mol \cdot L^{-1} = 308\ mmol \cdot L^{-1}$$

答：50.0 $g \cdot L^{-1}$ 葡萄糖溶液的渗透浓度为 278 $mol \cdot L^{-1}$，9 $g \cdot L^{-1}$ 生理盐水溶液的渗透浓度为 308 $mol \cdot L^{-1}$。

知识拓展

医疗实践中，溶液的等渗、低渗或高渗是以血浆总渗透压为标准来参照的。根据血浆中渗透活性物质的浓度，可算出正常人血浆总渗透浓度为 303.7 $mmol \cdot L^{-1}$，临床上规定血浆总渗透浓度正常范围是 280 ~ 320 $mmol \cdot L^{-1}$。故临床上称渗透浓度在 280 ~ 320 $mmol \cdot L^{-1}$ 的溶液为等渗溶液；渗透浓度小于 280 $mmol \cdot L^{-1}$ 的溶液为低渗溶液；渗透浓度大于 320 $mmol \cdot L^{-1}$ 的溶液为高渗溶液。

常用的等渗溶液有：9 $g \cdot L^{-1}$ 生理盐水，渗透浓度为 308 $mmol \cdot L^{-1}$；50 $g \cdot L^{-1}$ 葡萄糖溶液，渗透浓度为 278 $mmol \cdot L^{-1}$；12.5 $g \cdot L^{-1}$ 碳酸氢钠溶液，渗透浓度为 298 $mmol \cdot L^{-1}$；19 $g \cdot L^{-1}$ 乳酸钠溶液，渗透浓度为 339 $mmol \cdot L^{-1}$。

医疗实践中，有时也急需注射高渗溶液时，用量要小，速度要慢，使高渗溶液进入到人体时被适时稀释成等渗溶液，否则易造成局部高渗而引起红细胞皱缩。

常用的高渗溶液有：30 $g \cdot L^{-1}$ NaCl 溶液，渗透浓度为 1 026 $mmol \cdot L^{-1}$；50 $g \cdot L^{-1}$

葡萄糖氯化钠溶液（是生理盐水中含 50 $g \cdot L^{-1}$ 葡萄糖），渗透浓度应为 308+278=586 $mmol \cdot L^{-1}$，其中生理盐水维持渗透压，葡萄糖则供给热量和水；500 $g \cdot L^{-1}$ 葡萄糖溶液，渗透浓度为 2 780 $mmol \cdot L^{-1}$。

植物体的细胞膜大多具有半透膜的性能，因此渗透作用对于植物的生活有着重大的意义。当水进入植物细胞后，产生相当大的压力，能使细胞膨胀，使得植物组织保持撑紧而具有一定的弹性，使植物的枝叶舒展，更好地吸收二氧化碳进行光合作用。另外植物吸收水分和养料也是通过渗透作用。当土壤溶液的渗透压低于植物细胞的渗透压时，植物才能不断从土壤中吸收水分和养分，促进植物正常生长发育。如果土壤溶液的渗透压高于植物细胞的渗透压，则植物细胞中的水分就会外渗透，导致植物枯萎。盐碱地不利于作物生长就是这个原因。因此给农作物喷药或施肥时，浓度不宜过大。

渗透现象与动物的生活也有密切的关系。例如海水鱼和淡水鱼不能交换生活环境。如果淡水鱼生活在海水里，会引起鱼体细胞萎缩，同样海水鱼生活在淡水中，会引起鱼体细胞膨胀。

人体和高等动物的组织内部许多薄膜都具有半透膜的性能（如细胞膜、毛细血管壁等），因此人体的体液如血液、细胞液等也具有一定渗透压。静脉注射或输液时，必须使用与人体体液渗透压相等的等渗溶液。如为高渗溶液，则血液细胞中水分就会向外渗透，引起血球萎缩发生胞浆分离。如为低渗溶液，则水分向血球细胞渗透，引起血球细胞的胀破，产生溶血现象。因此临床常用 0.9%生理盐水和 5%的葡萄糖配成等渗溶液。眼药水必须和眼球组织中的液体具有相同的渗透压，否则会引起疼痛。

在化学上，可以利用渗透作用来分离溶液中的杂质；也可以利用电渗析法和反渗透法来淡化海水。

第三节 胶体溶液

胶体在自然界普遍存在，在实际生活和生产中占有重要的地位。现代工业大多与胶体有关，例如石油、制药、冶金、化工、橡胶、塑料、肥皂、纤维等工业部门，以及生物学、土壤学、医学、气象、地质等学科在一定程度上都用到胶体的知识。

胶体分散系是高度分散的多相体系，它的一系列性质和其他分散系有所不同。胶体不是一种特殊类型的物质，而是物质以一定分散程度存在的一种状态。例如把 NaCl 分散在苯中就可以形成溶胶。

一、胶体溶液的制备

胶体溶液是固体分散质高度分散在液态分散剂中形成的胶体，简称溶胶。制备胶体的方法一般有两类：分散法和凝聚法。同时制备溶胶还必须满足两个条件：一是分散质在分散剂中溶解度很小；二是要有合适的稳定剂。

1．分散法

分散法是指将粗分散系进一步分散，使其达到胶体分散程度形成溶胶。使物质分散常常采用机械研磨、超声波作用、电弧分散和胶溶法。下面简单介绍胶溶法。

将新鲜的 $Fe(OH)_3$ 沉淀，经过洗涤后加入少量的 $FeCl_3$ 溶液，稍加搅拌，沉淀分散成红棕色的 $Fe(OH)_3$ 溶胶。这种在电解质的作用下，沉淀重新分散成溶胶的过程称作胶溶作用。所用的电解质称为胶溶剂。

2．凝聚法

（1）化学凝聚法

化学凝聚法是指通过各种化学反应使生成物呈过饱和状态，使初生成的难溶物微粒结合成胶粒，形成溶胶。稳定剂一般是某一过量的反应物。凡有不溶物生成的复分解反应、水解反应、氧化还原反应等，在一定条件下都可以制备溶胶。例如：

复分解反应制 AgI 溶胶：

$$AgNO_3\text{（稀）}+KI\text{（稀）}\longrightarrow AgI\text{（溶胶）}+KNO_3$$

水解反应制氢氧化铁溶胶：

$$FeCl_3\text{（稀）}+3H_2O\text{（热）}\longrightarrow Fe(OH)_3\text{（溶胶）}+3HCl$$

氧化还原反应制备硫溶胶：

$$2H_2S\text{（稀）}+SO_2\text{（g）}\longrightarrow 2H_2O+3S\text{（溶胶）}$$

$$Na_2S_2O_3+2HCl\longrightarrow 2NaCl+H_2O+SO_2+S\text{（溶胶）}$$

（2）改换溶剂法

改换溶剂法是指利用物质在不同溶剂中溶解度的显著差别来制备溶胶，而且两种溶剂要能完全互溶。例如将硫的乙醇溶液倒入水中，形成硫的水溶胶。

在制备溶胶的过程中，常生成一些多余的电解质，少量电解质可以作为溶胶的稳定剂，但是过多的电解质存在会使溶胶不稳定，容易聚沉，所以必须除去。一般可采用渗析法和超过滤法。

二、胶体的性质

1．吸附作用

当物质分散成胶体的微粒时，具有很大的表面积，所以具有较强的吸附能力。不同的胶体微粒吸附不同电荷的离子，胶体颗粒的吸附作用具有一定的选择性，一般而言，胶体颗粒优先吸附与它组成有关的离子。

2．布朗运动

1827 年，英国植物学家布朗把花粉悬浮在水面，用显微镜观察，发现花粉的小颗粒做不停的无规则运动，这种现象叫做布朗运动，见图 1-3。

在超显微镜下观察胶体溶液，可以看到胶体颗粒不断地做不规则的“之”字形的连续运动。这是由于分散剂从各个方向撞击胶体颗粒，每一瞬间胶体颗粒在不同方向上受力往往是不均匀的，所以胶体颗粒运动方向每一瞬间都在改变，因而形成不停的无规则热运动。

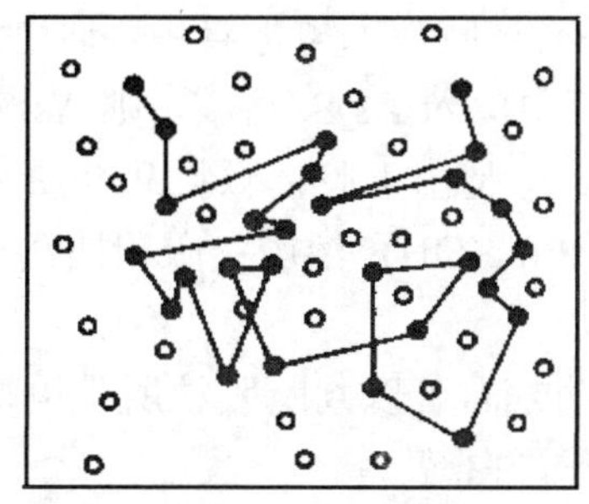

图 1-3　布朗运动示意图

3．丁达尔现象

如果将一束被聚光镜会聚的强光射入胶体溶液，从光束的垂直方向上可以看到一条光亮的通路，这种现象称为丁达尔现象（Tyndall 效应）。

当一束光分别通过 $CuSO_4$ 溶液和 $Fe(OH)_3$ 溶胶时，现象如图 1-4 所示。

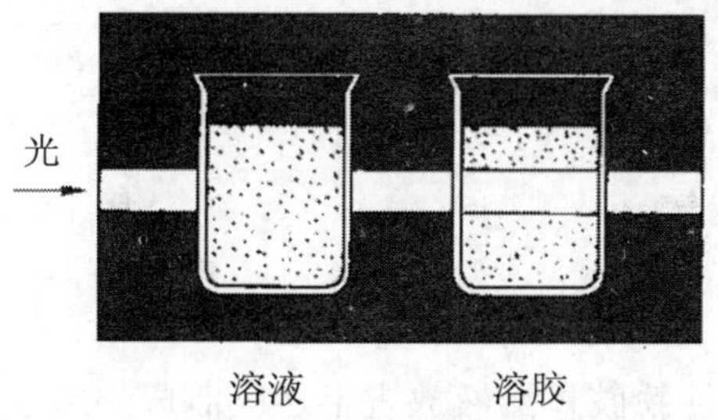

图 1-4　光束通过溶液和溶胶的不同现象

丁达尔现象的产生，是由于胶体颗粒对光的散射作用而形成的。光的本质是电磁波，光与物质的作用与光的波长和物质的颗粒大小有关。当光线射入分散系中，发生三种情况，① 当光束通过粗分散体系时，由于粒子大于入射光波长，主要发生反射，使体系呈现混浊现象；② 如果颗粒略小于入射光波长，则发生散射，这时颗粒本身就像一个光源，向各个方向发射光线，散射出来的光即所谓的乳光。因此光束通过胶体溶液，由于胶粒直径略小于可见光波长，主要发生散射，产生乳光，可以看见乳白色的光柱；③ 如果颗粒太小，光的散射很弱，所以光线通过真溶液时基本上发生透射，看不到丁达尔现象。因此用丁达尔现象可以鉴别溶胶和真溶液。

4．电泳现象

在电场中，有的胶体颗粒向阳极移动，有的胶体颗粒向阴极移动。这说明胶体颗粒带有负电或正电。在外加电场作用下，分散质颗粒在分散剂中的定向移动称为电泳。

如图 1-5 所示，将 $Fe(OH)_3$ 溶胶放入电泳管中，通电后，可以看到 $Fe(OH)_3$ 胶体粒子向阴极移动。若在电泳管中放入 As_2S_3 溶胶，则 As_2S_3 胶粒向阳极移动。溶胶的电泳现象说明胶粒是带电的。这是由于胶体颗粒从介质中选择性地吸附某种离子。吸附阳离子的胶粒带正电，如 $Fe(OH)_3$ 溶胶；吸附阴离子的胶粒带负电，如 As_2S_3 溶胶。

根据胶粒在电场中的移动方向可以判断胶粒所带电荷的符号，利用电泳还可以分离人体血液中的血蛋白、球蛋白等。

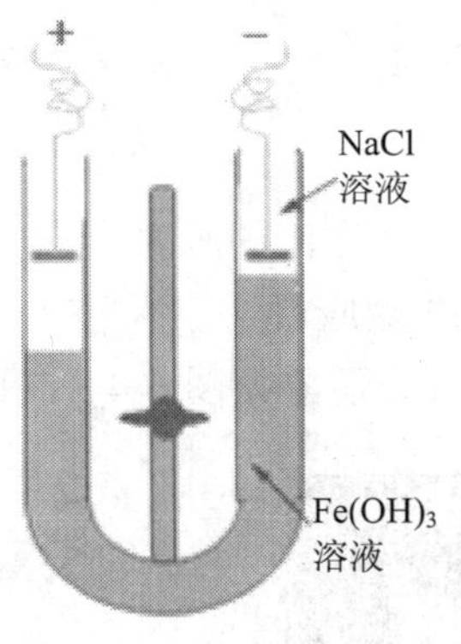

图 1-5 电泳现象

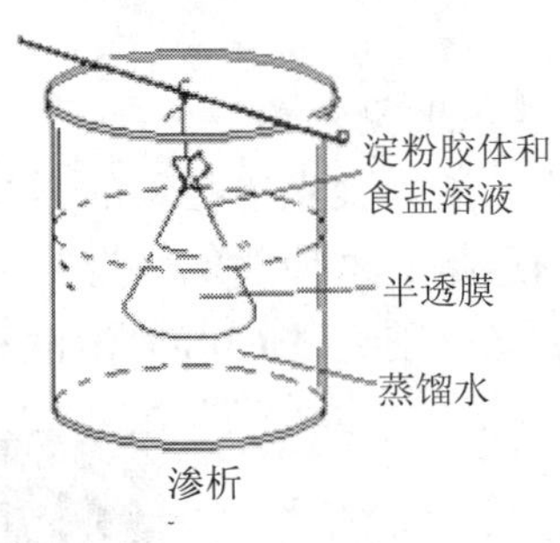

图 1-6 渗析现象

5．渗析

如果把混有食盐的淀粉胶体溶液放进半透膜制成的袋子中并悬挂在盛有蒸馏水烧杯里（图 1-6），几分钟后，用两个试管各取烧杯中液体少许，往其中一个试管加入几滴硝酸银溶液，往另一个试管加入几滴碘水。结果发现，加入硝酸银溶液的试管出现白色沉淀；而加入碘水的试管无变化。这说明氯离子可以透过半透膜，而淀粉胶体的微粒不能透过半透膜。这种使离子或分子从胶体溶液中分离的操作，叫做渗析。利用渗析可以提纯胶体。

临床链接

临床上常用透析的方法来治疗急、慢性肾衰竭。透析是指半透膜两侧的溶液通过弥散、渗透及超滤作用，即溶质由浓度高的一侧向浓度低的一侧流动，而水分子由渗透压低的一侧向渗透压高的一侧流动的过程，最终达到动态平衡。透析有血液透析和腹膜透析两种。血液透析是将患者的血液引出体外，通过血液和透析液在透析器（人工肾，由人工合成的半透膜如聚甲基丙烯酸甲酯薄膜制成）内借半透膜接触和浓度梯度进行物质交换。腹膜透析的原理是人的腹腔表面有一层面积很大的腹膜，它是一种半透膜，在腹腔内置入一根腹透管，通过腹透管注入透析液，使透析液与血液分开。通过透析可使血液中的代谢废物和过多的电解质向透析液移动，透析液中的钙离子、碱基等营养物质向血液中移动。从而清除患者血液中的代谢废物和毒物，调整水和电解质平衡，调整酸碱平衡。

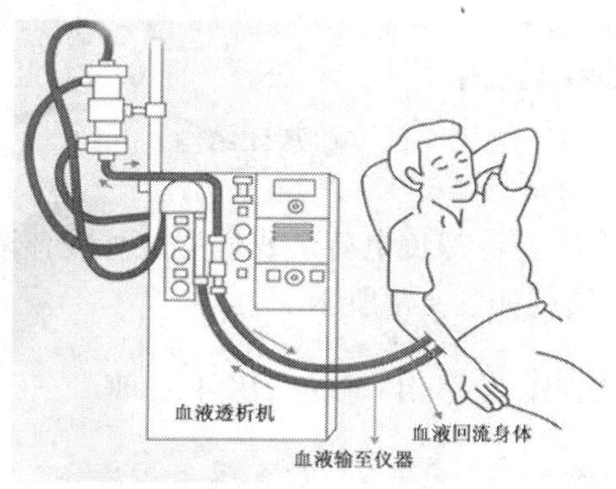

图 1-7　血液透析图

三、胶体的结构

溶胶的许多性质与其内部结构有关，根据大量的实验事实，人们提出了胶体的双电层结构。下面以 AgI 胶体溶液为例说明胶体的结构。

在搅拌下将极稀的 $AgNO_3$ 溶液和 KI 溶液缓慢混合，并使 KI 过量，即可制得 AgI 溶胶。反应如下：

$$AgNO_3+KI \longrightarrow AgI（溶胶）+KNO_3$$

在形成 AgI 胶体溶液过程中，大量的 AgI 分子聚集成为聚集体 $(AgI)_m$，形成胶体的核心，称为胶核，见图 1-8。由于胶核选择性的吸附与其组成类似的过量的 I^-，使胶核带上负电荷，像 I^- 这样首先被胶核吸附并决定胶粒电性的离子称为定位离子（或电位离子）。因吸附定位离子而带有负电的胶核继而可以吸附与定位离子电荷相反的离子（反离子，也称补偿离子），一部分反离子 K^+ 受定位离子的静电引力而靠近胶核周围，这部分被吸附的反离子 K^+与定位离子 I^-形成吸附层。胶核 $(AgI)_m$ 与吸附层构成胶体的胶粒，由于胶粒中反离子所带的电荷比定位离子少，所以此时胶粒带负电荷。在吸附层外面，还有一部分反离子疏散地分布在胶粒周围，形成一个扩散层。胶粒和扩散层的反离子组成胶团，胶团呈电中性。

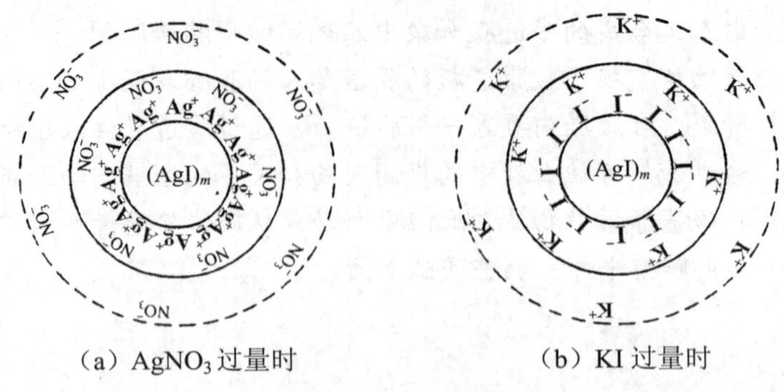

图 1-8 AgI 胶团结构

上述 AgI 胶体溶液中，胶粒带负电荷，我们称这种胶体溶液为负胶体，反之称为正胶体。AgI 负胶体的结构如图 1-9 所示。

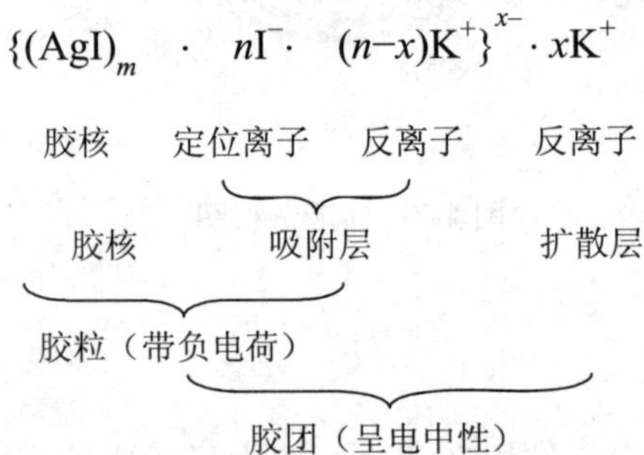

图 1-9 AgI 负胶体的胶团结构

m—胶核中 AgI 的分子数；n—胶核吸附的定位离子 I^- 数目；x—扩散层中反离子 K^+ 数目。

用 $AgNO_3$ 溶液和 KI 溶液混合制备 AgI 胶体溶液时，如果 $AgNO_3$ 过量，形成正胶体。AgI 正胶体的胶团结构如图 1-10 所示。

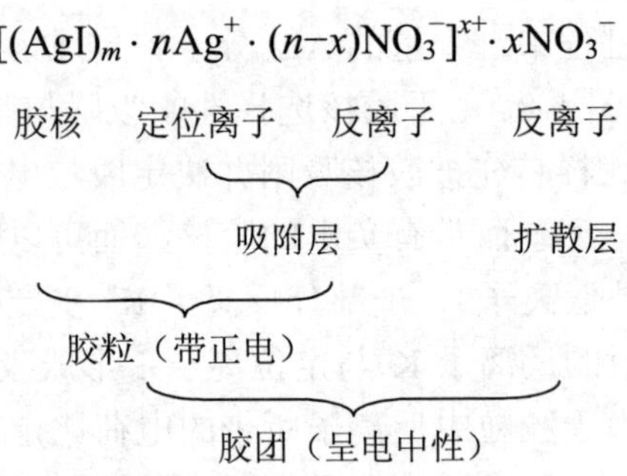

图 1-10 AgI 正胶体的胶团结构

由此可见，胶粒是带电的，而整个胶团是电中性的。在外电场的作用下，胶粒向某一电极移动，而扩散层的反离子向另一电极移动，由此产生电泳现象。

四、胶体的稳定性和聚沉作用

1．胶体的稳定性

在粗分散系中，由于分散质的颗粒较大，在重力作用下容易沉降，使分散质粒子不断从分散剂中分离出来。悬浊液和乳浊液是不稳定的体系。而胶体溶液相当稳定，不易发生沉降。

（1）动力稳定性

胶体粒子处于不停的布朗运动中，阻止了因重力作用而引起的下沉。

（2）胶粒的电性

一般情况下，同一胶体溶液中的胶粒带有同种电荷，因而相互排斥，阻止了它们相互接近，使胶粒很难聚集成较大的粒子而沉降。

（3）水膜的保护作用

由于胶体具有双电层结构，双电层中的定位离子和反离子都是水合离子，使胶粒被水包围，表面形成一层水化膜，水化膜的保护作用也会阻止胶粒间的相互接近，因此胶体有一定的稳定性。

2．胶体的聚沉作用

胶体的稳定性是相对的，有条件的。因为胶粒具有很大的表面积，有聚集成更大颗粒的倾向，使胶粒聚集成较大的颗粒而沉降的过程叫做胶体的聚沉（或称凝聚）作用。促使胶体聚沉的方法很多，如加热、辐射、加入电解质等。

（1）电解质的聚沉

电解质使溶胶发生聚沉的原因是电解质解离出的阴、阳离子使溶胶中的离子浓度大大增加，与胶粒电荷相反的离子就会进入吸附层，使胶粒原来所带的电荷被部分或完全中和，水膜变薄，失去保持稳定的因素。当胶粒运动时产生相互碰撞，从而聚集成较大的颗粒而沉降。

聚沉能力的大小取决于与胶粒带相反电荷的电解质离子的电荷，离子所带的电荷愈多，聚沉作用愈强。自然界里也常发生电解质使胶体聚沉的现象，例如江河入海处三角洲的形成。

（2）相互聚沉

电性相反的正、负溶胶相互混合，由于电荷相互中和，促使溶胶聚沉。例如不同的墨水混合产生沉淀。

（3）加热聚沉

加热也会使溶胶聚沉。一方面是由于加热不利于吸附而有利于解吸，加热降低了胶核对离子的吸附作用，减少胶粒所带的电荷；另一方面，加热可以加速胶粒的运动，从而增加了胶粒相互碰撞的机会，同时也降低吸附层中离子的水化程度，使胶粒在碰撞时易聚集成较大的颗粒而聚沉。

五、高分子溶液

分子量大于 10 000 的一类物质是高分子化合物，高分子化合物通常有两大类：天然高分子化合物和人工合成高分子化合物。

天然高分子化合物有天然橡胶、动物胶、蛋白质、淀粉等；人工合成高分子化合物有橡胶、塑料、合成纤维等。高分子化合物溶于适当溶剂中形成的溶液叫做高分子溶液。高分子溶液中分散质颗粒的大小与溶胶粒子相近，表现出溶胶的某些特性，如丁达尔现象、布朗运动、不能透过半透膜等。所以高分子溶液可以纳入胶体化学的研究范畴，但高分子溶液是分子分散系，又具有真溶液的某些特点，与溶胶有一些不同之处。

（1）高分子溶液和真溶液一样，是单相体系，分散质和分散剂之间无界面，而溶胶是多相体系。

（2）高分子溶液一般不带电荷，溶胶粒子则是带电的，高分子溶液的稳定性是由于它的高度溶剂化，与电荷无关。

（3）高分子溶液与真溶液和溶胶不同，一般具有较大的黏度。

（4）溶胶对电解质的存在较为敏感，而高分子溶液对电解质不十分敏感，只有当加入大量电解质时，才能发生聚沉（盐析）。

在溶胶中加入高分子物质可以使溶胶的稳定性增加。例如我们常用的墨水是一种胶体，在质量好的墨水中常加入明胶或阿拉伯胶，可增加其稳定性，使其不易聚沉。再如作为防腐药的蛋白银是一种胶体银制剂，其制备过程中将蛋白质高分子化合物加入到胶体银中，使之比普通银溶胶更稳定、浓度更高、银粒更细。当保护蛋白质减少时，这些微溶性盐就要沉淀，因而形成结石。

一般认为高分子化合物保护作用的机理是，高分子化合物的大分子为溶胶胶粒所吸附，并在胶粒表面形成保护膜，因而大大削弱了胶粒聚结的可能性，从而提高了溶胶的稳定性。血液中 $CaCO_3$、$Ca_3(PO_4)_2$ 等微溶性盐类以溶胶的形式存在，由于血液中的蛋白质对其起着保护作用，所以它们在血液中的含量比在水中的溶解度大 5 倍时仍能稳定存在而不聚沉。但当某些疾病使血液中的蛋白质减少时，这种保护作用减弱，$CaCO_3$、$Ca_3(PO_4)_2$ 等微溶性盐类就可能沉积在肝、肾等器官中形成各种结石。

高分子溶液和某些溶胶在适当条件下，整个体系形成不能流动的，有弹性的半固体状态，这个过程称为胶凝。所形成的弹性半固体物质称为凝胶。如将琼脂溶于热水中，配成 2%琼脂高分子溶液，冷却后便形成凝胶。琼脂凝胶是一种常用的培养细菌的凝胶。凝胶的形成原因是高分子溶液和某些溶胶在适当条件下，互相连接形成立体网状结构，并把分散介质固定在“网”的空隙中，使其不能流动，因此形成了有弹性的半固体。液体含量多的凝胶叫胶冻，如血块、鱼冻、果冻等；液体含量少的凝胶成为干凝胶，如人指甲、毛发、皮肤组织等。

相关链接

凝胶在有机体的组成中占有重要地位，生物体内的肌肉、脑髓、软骨、脏器、血管壁、指甲、毛发、细胞膜等都是凝胶。人体中约占体重 2/3 的水，基本上也是保存在凝胶里。美容及皮肤护理主要作用，一是保护肌肉及皮肤组织的胶凝“网”的完整性，使其具有弹性。可采取增强局部运动的方法，如按摩；对于代谢功能较差的中老年人，也可以适当使用一些胶原类护肤品，以长期对“损坏的网”进行修复。二是保护“网”的空隙中分散介质，即保水。坚持有氧运动，促进代谢；在干燥的季节可适当使用一些护肤品，以减少水分的流失。

知识点归纳

一、分散系

分散系：一种或几种物质以极小的颗粒分散到另一种物质中的体系。被分散的物质称为分散质（或分散相），起分散作用的物质称为分散介质。

根据分散质颗粒的大小，可分为粗分散系、胶体分散系、分子离子分散系。

粗分散系：分散质颗粒的直径大于 10^{-7} m。如：悬浊液。

分子离子分散系：分散质颗粒的直径小于 10^{-9} m。如：NaCl 溶液。

胶体分散系：分散质颗粒的直径为 $10^{-9} \sim 10^{-7}$ m。如：$Fe(OH)_3$ 溶胶。

二、溶液的浓度的表示方法

1. 质量浓度：质量浓度 ρ（$g \cdot L^{-1}$）=溶质的质量（g）/溶液的体积（L）

2. 质量分数：质量分数=溶质 B 的质量/溶液的质量 × 100%

3. 物质的量浓度（c_B）：$c_B = n_B / V$

4. 质量摩尔浓度（b_B）：$b_B = n_B / m_A$

5. 摩尔分数：$\chi_B = n_B / n_{总}$

三、稀溶液的依数性

对于难挥发非电解质的稀溶液：蒸气压下降、沸点升高、凝固点下降、渗透压等性质与溶质的本性无关，仅与溶液中溶质的粒子数有关，这些性质称为稀溶液的依数性。

1. 溶液的蒸气压下降：$\Delta p = \chi_B p^*$

2. 溶液的沸点升高：$\Delta T_b = K_b b_B$

3. 溶液的凝固点降低：$\Delta T_f = K_f b_B$

4. 溶液的渗透压：$\Pi V=n_BRT$ 或 $\Pi=c_BRT$

利用这些性质可以测定物质的摩尔质量。

四、胶体的性质

胶体分散系是高度分散的多相体系，它具有一定的稳定性。它的一系列性质和其他分散系有所不同，其性质主要有：吸附作用、布朗运动、丁达尔现象、电泳现象和渗析现象。胶体微粒在一定条件（如加入少量电解质或加热等）会发生聚沉。

五、高分子溶液

高分子溶液中分散质颗粒的大小与溶胶粒子相近，所以表现出溶胶的某些特性，如有丁达尔现象，不能透过半透膜等。

练习与思考

1. 试述下列化学术语。

分散系　分散质　分散剂　胶体　饱和蒸气压　沸点　凝固点　渗透压

2. 试述溶液的沸点升高、凝固点下降的原因，并列举几个实例。

3. 把相同质量的葡萄糖和甘油分别溶于 100 g 水中，问所得溶液的饱和蒸气压、沸点、凝固点和渗透压是否相同？为什么？如果把物质的量相同的葡萄糖和甘油分别溶于 100 g 水中，结果又如何？为什么？

4. 为什么海水的沸点在常压下高于 100℃？

5. 为什么浮在海面上的冰山中的含盐极少？

6. 在淡水中游泳时常会眼睛红胀，并有疼痛感，而在海水中游泳不会感到不适，为什么？

7. 为什么临床用质量分数为 0.9%生理盐水和 5%的葡萄糖作输液？

8. 胶体溶液有哪些性质？这些性质与胶体的结构有何关系？

9. 胶体为什么较稳定？如何使胶体凝聚？举例说明。

10. 高分子溶液的稳定性与胶体的稳定性有何不同？

11. 说明明矾净水的原因。

12. 以 KI 和 $AgNO_3$ 为原料制备 AgI 溶胶，试写出 KI 过量和 $AgNO_3$ 过量时制得 AgI 溶胶的胶团结构。

13. 把一块冰放在 0℃的水中，另一块冰放在 0℃的盐水中，各有什么现象？

14. 将 100g 95%的浓硫酸加入 400 g 水中，稀释后溶液的密度为 1.13 $g \cdot cm^{-3}$，计算稀释后溶液的质量分数、物质的量浓度。

15. 制备 1 L 含氨 10.0%的氨水（密度为 0.96 $g \cdot cm^{-3}$），问需要标准状况下多少体积的氨气？

16. 要配制 5 $mol \cdot L^{-1}$ 硫酸溶液 500 mL，需浓度为 98%，密度为 1.84 $g \cdot cm^{-3}$ 的

浓硫酸多少毫升？

17. 试求χ_B=0.017 7 的乙醇溶液的质量摩尔浓度、质量分数。

18. 10.00 mLNaCl 的饱和溶液重 12.003 g，将其蒸干后得 NaCl 3.173 g，计算 NaCl 的溶解度，溶液的质量分数、物质的量浓度、质量摩尔浓度。

19. 在 298 mL 水中溶解 25.0 g 某未知物，该溶液在−3.0℃结冰。求该未知物的摩尔质量。

20. 10.0 g 蔗糖（$C_{12}H_{22}O_{11}$）溶解于 100.7 mL 水中，实验测得溶液的冰点为 272.61 K，求蔗糖的摩尔质量？

21. 医学上输液时要求输入液体与人体的血液必须是等渗溶液。临床上使用的葡萄糖等渗液凝固点下降值为 0.543℃，试求此葡萄糖的质量分数。

第二章　化学反应速率和化学平衡

知识目标

本章要求熟悉化学反应速率的表示方法，熟悉化学平衡及其特征；掌握影响化学反应速率的因素，掌握化学平衡常数的表示方法、物理意义及相关计算；理解化学反应速率理论，理解浓度、压力、温度对化学平衡的影响；了解活化能、活化分子、有效碰撞、反应级数等概念，掌握质量作用定律及适用范围，了解化学反应速率和化学平衡在生产中的应用。

能力目标

通过对本章的学习，学生能用质量作用定律、有效碰撞理论解释浓度（压力）、温度及催化剂对化学反应速率的影响。能运用化学平衡移动原理解释浓度、压力、温度对化学平衡的影响。能进行有关化学反应速率和化学平衡的计算。

化学反应往往需要在一定的条件下进行。如氨的合成反应需要在高温、高压和催化剂的条件下进行；又如汽车尾气中的两种有毒气体 NO 和 CO，理论上它们可以反应生成 CO_2 和 N_2，但如果没有催化剂的存在，这个反应的速率非常小。要改善汽车尾气对大气的污染，就必须研究这个反应的速率，寻找合适的催化剂来加速这个反应。可见，研究化学反应的条件对工农业生产、日常生活和科学研究等都具有重要的意义。

化学反应一般涉及两个重要问题：一是在一定条件下反应进行的快慢，即化学反应的速率问题；二是在一定条件下反应进行的程度，即有多少反应物转化为生成物，即化学平衡问题。生产实践中，对于化学反应不仅要研究它的速率、进行的方向和限度，还要研究如何加快反应速率，如何应用化学平衡移动原理控制反应方向和限度，解决实际问题。

第一节　化学反应速率

不同的化学反应，反应速率差异很大。有的反应进行得快，瞬间就能完成，如火药爆炸、酸碱中和等；而有的反应则进行得非常缓慢，如塑料的老化，煤和石油的形成等。即使是同一化学反应，在不同的条件下反应速率也不相同。例如在通常情况下，氢气和氧气化合生成水的反应非常缓慢，但若在高温（1 000℃）下则立即发生爆炸反应生成水。因此，化学反应速率的研究，无论对生产实践还是日常生活都是十分重要的。

化学反应速率指在一定条件下，反应物转变为生成物的速率，用单位时间内任一反应物浓度的减少或生成物浓度的增加来表示。常用符号 v 表示。浓度单位用 mol·L 表示，时间的单位可用秒（s）、分（min）或小时（h）表示。

$$\bar{v} = \frac{c_2 - c_1}{t_2 - t_1} = \frac{\Delta c}{\Delta t} \tag{2-1}$$

式中：t_1，t_2——反应的初时刻和末时刻；

c_1，c_2——初时刻 t_1 和末时刻 t_2 时某物质的浓度；

Δt—— 反应时间；

Δc —— Δt 时间内物质浓度的变化。

$\bar{v}$—— 平均速率，表示在一个时间间隔内反应中某组分浓度的改变量。

反应速率的单位一般用 $\mathrm{mol \cdot L^{-1} \cdot s^{-1}}$、$\mathrm{mol \cdot L^{-1} \cdot min^{-1}}$ 或 $\mathrm{mol \cdot L^{-1} \cdot h^{-1}}$ 表示。

对于恒容气体反应：

$$a\mathrm{A(g)} + b\mathrm{B(g)} \longrightarrow d\mathrm{D(g)} + e\mathrm{E(g)}$$

平均速率以反应物表示为：

$$\bar{v}(\mathrm{A}) = -\frac{\Delta c(\mathrm{A})}{\Delta t} \qquad \bar{v}(\mathrm{B}) = -\frac{\Delta c(\mathrm{B})}{\Delta t}$$

平均速率以生成物表示为：

$$\bar{v}(\mathrm{D}) = \frac{\Delta c(\mathrm{D})}{\Delta t} \qquad \bar{v}(\mathrm{E}) = \frac{\Delta c(\mathrm{E})}{\Delta t}$$

当用反应物浓度的变化表示化学反应速率时，由于其浓度变化为负值，为使反应速率为正值，在浓度变化符号前加负号。

【例 2-1】在给定条件下，合成氨反应如下：

	N_2	+ $3H_2$	$\rightleftharpoons 2NH_3$
起始浓度/$\mathrm{mol \cdot L^{-1}}$	2.0	3.0	0
2 s 末浓度/$\mathrm{mol \cdot L^{-1}}$	1.8	2.4	0.4

该反应平均速率若根据不同物质的浓度变化可分别表示为：

$$\bar{v}(\mathrm{N_2}) = \frac{\Delta c(\mathrm{N_2})}{\Delta t} = -\frac{1.8 - 2.0}{2 - 0} = 0.1\ \mathrm{mol \cdot L^{-1} \cdot s^{-1}}$$

$$\bar{v}(\mathrm{H_2}) = \frac{\Delta c(\mathrm{H_2})}{\Delta t} = -\frac{2.4 - 3.0}{2 - 0} = 0.3\ \mathrm{mol \cdot L^{-1} \cdot s^{-1}}$$

$$\bar{v}(\mathrm{NH_3}) = \frac{\Delta c(\mathrm{NH_3})}{\Delta t} = \frac{0.4 - 0}{2 - 0} = 0.2\ \mathrm{mol \cdot L^{-1} \cdot s^{-1}}$$

显然，用不同物质浓度的变化表示同一化学反应的速率，其数值可能是不相同的。它们之间的比值为反应方程式中相应物质化学式前的计量数比。在上例中 $\bar{v}(N_2)$ ∶ $\bar{v}(H_2)$ ∶ $\bar{v}(NH_3)$=1∶3∶2。

对于任一反应：$aA(g)+bB(g) \longrightarrow dD(g)+eE(g)$

平均速率可表示为：

$$\bar{v}=\frac{1}{a}\bar{v}(A)=\frac{1}{b}\bar{v}(B)=\frac{1}{d}\bar{v}(D)=\frac{1}{e}\bar{v}(E)$$

瞬时速率为某一时刻的化学反应速率，是Δt趋近于零时，平均速率的极限。例如：

$$v(NH_3)=\lim_{\Delta t \to 0}\frac{\Delta c(NH_3)}{\Delta t}=\frac{dc(NH_3)}{dt}$$

测定瞬时速率，作 c-t 图，通过 t 点作切线，切线斜率即为 t 时刻的瞬时速率（图 2-1）。

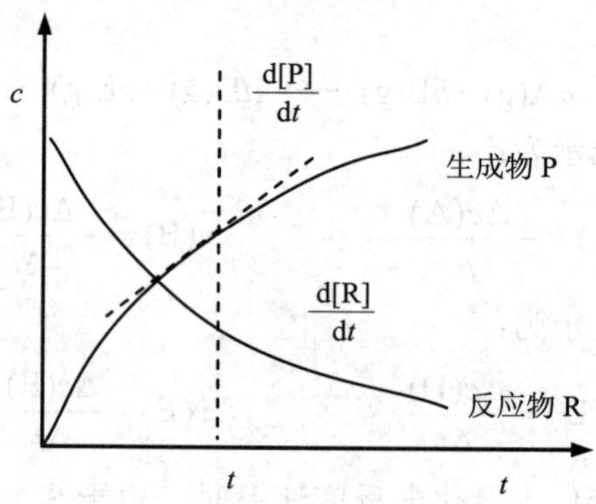

图 2-1 瞬时速率的求法

第二节 化学反应速率理论简介

反应速率理论对于研究化学反应速率及其影响因素是十分重要的。分子碰撞理论和过渡状态理论是两种最重要的反应速率理论。

一、分子碰撞理论

1. 活化分子

1918 年路易斯（Lewis）在气体动理学理论的基础上提出了碰撞理论。该理论认为：分子碰撞是发生化学反应的前提，而且只有有效碰撞才能发生化学反应，碰撞频率越高，反应速率越快。

在气相反应中，气体分子以极大的速率向各个方向运动，分子间在不断地碰撞，但在分子发生的亿万次碰撞中，大多数碰撞并不发生反应，只有少数的分子在碰撞后才能发生化学反应。这种能够发生反应的碰撞称为有效碰撞。反应物分子要进行有效碰撞必须具备以下两个条件：

（1）反应物分子必须具有足够的能量；

（2）反应物分子要有合适的碰撞方向。

首先，反应物分子必须具有足够的能量才能克服旧化学键断裂前的引力和新化学键形成前的斥力，否则就不能发生化学反应。这种具有足够能量、能够发生有效碰撞的分子叫活化分子。活化分子数目越多，反应速率越快。其次，仅具有足够能量尚不充分，在碰撞时反应物分子必须有恰当的取向，使相应的原子能相互接触而形成生成物。例如反应：

$$CO(g) + NO_2(g) \longrightarrow CO_2(g) + NO(g)$$

当两个反应物分子碰撞时，可有不同取向的碰撞（如图 2-2 所示），但只有碳原子与氧原子相碰撞，才有可能发生氧原子的转移。假如碳原子与氮原子相碰撞，不可能发生氧原子的转移。

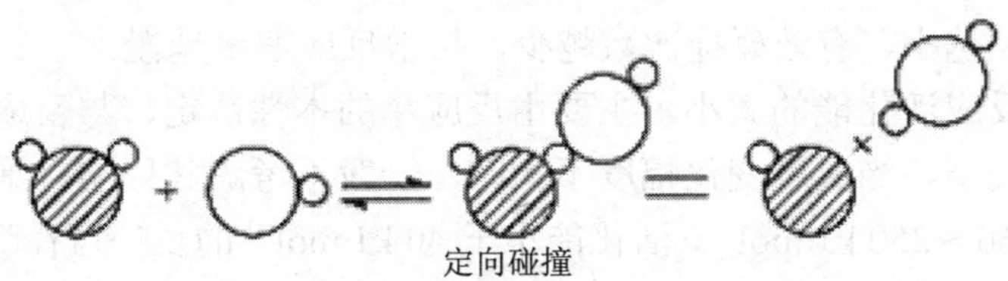

图 2-2　分子碰撞的不同取向

2．活化能

气体动理学理论认为，在一定温度下，每一个分子运动的速度是不相同的，其分子具有的能量也不同。图 2-3 表示分子能量分布曲线，图中横坐标表示分子的能量，纵坐标表示具有一定能量的分子数。曲线下的总面积表示分子所占百分数的总和为 100%，阴影部分的面积表示活化分子所占的百分数。对于给定的化学反应，在一定温度下，体系中反应物分子具有一定的平均能量（$\overline{E}$），大部分分子的能量接近 $\overline{E}$ 值，能量高于或低于 $\overline{E}$ 值的分子只占少数。非活化分子要吸收足够的能量才能转变为活化分子。活化分子具有的最低能量（E_C）与反应物分子的平均能量（$\overline{E}$）之差称为反应的活化能（E_a），可表示为：

$$E_a = E_c - \overline{E} \qquad (2\text{-}2)$$

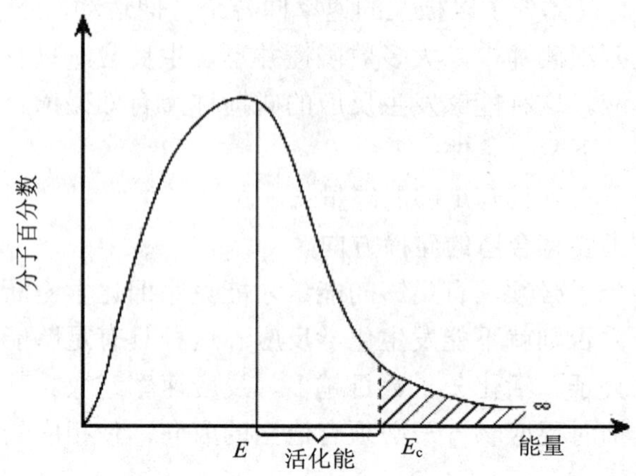

图 2-3 分子的能量分布曲线

任何化学反应都具有一定的活化能。对于一定的化学反应，在一定温度下，反应的活化能越低，活化分子所占的百分数越大，阴影部分的面积越大，有效碰撞次数越多，反应速率越快。反之，活化能越大，反应体系中活化分子所占比例越小，阴影部分的面积越小，有效碰撞次数越少，化学反应速率越慢。

一个化学反应活化能的大小，主要由反应物的本性决定，与反应物浓度无关，受温度影响也较小，当温度变化幅度不大时，一般不考虑其影响。绝大多数化学反应的活化能在 60～250 $kJ \cdot mol^{-1}$，活化能小于 40 $kJ \cdot mol^{-1}$ 的反应可在瞬间完成，如酸碱中和反应；活化能大于 400 $kJ \cdot mol^{-1}$ 的反应速率很慢，有时可认为实际上反应并未发生。

二、过渡状态理论

1930 年艾林（Egrinn）在统计力学和量子力学的基础上提出了过渡状态理论。它克服了碰撞理论的不足之处，考虑了分子内部的结构和运动状态对反应过程的影响。这个理论认为：从反应物到产物的反应过程，必须通过一种过渡状态，即反应物分子活化形成活化配合物的中间状态。例如反应：

$$\underset{\text{（反应物）}}{A+BC} \rightleftharpoons \underset{\text{（活化配合物）}}{[A\cdots B\cdots C]} \rightleftharpoons \underset{\text{（产物）}}{AB+C}$$

当 A 原子沿 BC 的键轴方向接近时，BC 的化学键逐渐松弛和削弱，这时形成了[A⋯B⋯C]的构型，称为活化配合物。这种活化配合物位能很高，很不稳定，它可能重新分解为原来的反应物（A 和 BC），也可能分解成产物（AB 和 C）。化学反应速度取决于活化配合物的浓度，活化配合物分解的百分率以及活化配合物分解的速度。反应过程中体系的位能变化如图 2-4 所示。其中，E_a 为活化配合物的平均能量与反应物平均能量之差，叫正反应活化能；E_a'为活化配合物的平均能量与生成物平均能量之差，叫逆反应活化能；ΔH 是反应的热效应。

从图 2-4 可以看出：化学反应进行时，反应物分子必须越过一个能峰，才能发生反应转变为生成物。

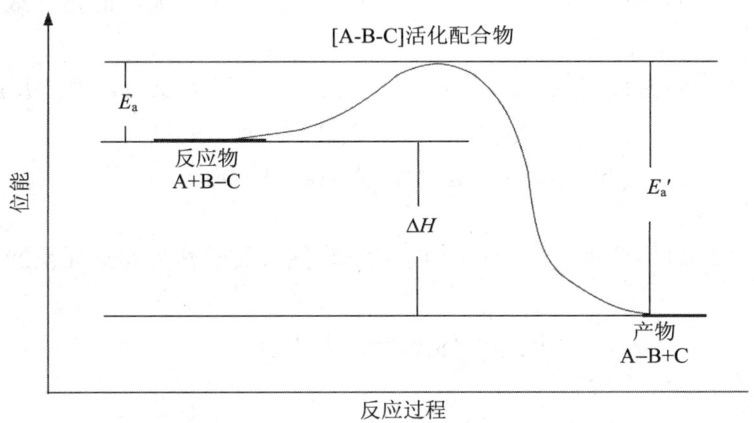

图 2-4　反应 A+B–C=A–B+C 的位能示意图

第三节　影响化学反应速率的因素

化学反应速率的大小首先决定于反应物的本性，此外还受浓度（压力）、温度、催化剂等外界条件的影响。

一、浓度（压力）对化学反应速率的影响

物质在纯氧中燃烧比在空气中燃烧更为剧烈，说明反应物的浓度增大有利于加快反应速率。通常随着反应时间的延长，反应物的浓度不断减小，反应速率也逐渐减慢。实验证明：当其他条件不变时，增大反应物的浓度或分压（对于气体参与的反应），会加快化学反应速率；减小反应物的浓度或分压，会减慢化学反应速率。

可以用有效碰撞理论解释浓度（压力）对反应速率的影响：在其他条件不变时，对于某一反应，活化分子在反应物中所占的百分数是一定的。由于单位体积内活化分子数目与单位体积内反应物分子的总数成正比，也就是和反应物的浓度成正比。当增大反应物的浓度，单位体积内分子数目增多，活化分子数目也相应增多，单位时间内有效碰撞次数也相应增多，化学反应速率就增大。反之，减小反应物的浓度，单位体积内的分子数目减少，活化分子数也相应减少，单位时间内的有效碰撞次数相应减少，化学反应速率就减慢。对气体反应物而言，由于气体的分压与浓度成正

比，所以增大反应物气体的分压，反应速率加快；相反，减小反应物气体的分压，反应速率减慢。

1．基元反应与非基元反应

我们常用化学反应方程式来表示一个反应的始态和终态，但并不能说明反应的实际途径。大量事实证明，绝大多数化学反应并不是一步完成，而是分成几步进行的。

反应物分子一步直接转变为生成物的简单反应称为基元反应。例如反应：

$$2NO_2(g) \longrightarrow 2NO(g) + O_2(g)$$

$$NO_2(g) + CO(g) \longrightarrow NO(g) + CO_2(g)$$

都是基元反应。

反应物分子经过两个或多个步骤才能完成的复杂反应称为非基元反应。例如反应：

$$H_2(g) + I_2(g) \longrightarrow 2HI(g)$$

实际上是分两步进行的：

第一步　　$I_2 \longrightarrow 2I$（快反应）

第二步　　$H_2 + 2I \longrightarrow 2HI$（慢反应）

这两步都是基元反应。总反应速率是由速率最慢的基元反应决定的，多数化学反应为非基元反应。一个反应是否为基元反应，仅由反应方程式是不能确定的，需借助实验通过对反应机理的研究才能确定。

2．质量作用定律

1863 年古德贝格（Guldberg）和瓦格（Waage）在实验中发现，在基元反应中，或在非基元反应的基元步骤中，反应速率和反应物浓度之间有严格的数量关系，即遵循质量作用定律。在一定温度下，基元反应的反应速率与反应物浓度以其计量数为指数的幂的乘积成正比，这一规律称为质量作用定律。

3．速率方程

基元反应的化学反应速率方程可用质量作用定律描述。对于某一基元反应：

$$aA + bB \rightarrow dD + eE$$

其质量作用定律可表示为：

$$v = kc^a(A) \cdot c^b(B) \tag{2-3}$$

式（2-3）称为反应速率方程。

式中：v —— 反应的瞬时速度；

$c(A)$ —— A 物质的瞬时浓度；

$c(B)$ —— B 物质的瞬时浓度；

a —— 反应式中 A 物质的化学计量数；

b—— 反应式中 B 物质的化学计量数；

k—— 反应的速率常数，反应物浓度均为单位浓度时的反应速率。

速率常数 k 可通过实验测定，不同的反应，k 值不同。对于某一确定的反应来说，k 值与温度、催化剂等因素有关，而与浓度、分压无关。所以，在相同条件下，可以通过比较不同反应的 k 值，大致确定反应速率的快慢。k 值越大，反应速率就越快。

基元反应 $2NO_2 \longrightarrow 2NO + O_2$ 的反应速率方程式为：

$$v_1=k_1 \cdot c^2\,(NO_2)$$

基元反应 $NO_2 + CO \longrightarrow NO + CO_2$ 的反应速率方程式为：

$$v_2=k_2 \cdot c(NO_2) \cdot c(CO)$$

质量作用定律只适用于基元反应。非基元反应的速率方程必须通过实验确定。对于非基元化学反应：

$$aA+bB \longrightarrow dD+eE$$

其化学反应速率方程可表示为：

$$v=kc^m(A)c^n(B) \qquad (2\text{-}4)$$

对于基元反应，$m=a$，$n=b$；而对于非基元反应，m、n 值只能由实验确定，可能 $m \neq a$，$n \neq b$。即质量作用定律不能直接应用于非基元反应，但能应用于构成非基元反应的每一个具体步骤（基元反应）。

在速率方程中，反应物的浓度指数分别称为反应物 A 和 B 的反应级数，各组分反应级数的代数和称该反应的总反应级数。

$$反应总级数=m+n$$

反应级数不一定是整数，可以是分数，也可以为零。反应级数越大，表示浓度对反应速度的影响越大。

在书写速率方程式时，必须注意以下情况：

（1）稀溶液中有溶剂参加的化学反应，其速率方程中不必列出溶剂的浓度。在整个反应过程中，溶剂的量变化甚微，溶剂的浓度可近似地看做常数而合并到速率常数项中。

（2）固体或纯液体参加的化学反应，如果它们不溶于其他反应介质则不存在“浓度”的概念。在速率方程式中不必列出固体或纯液体的“浓度”项。

（3）气体参与的反应，在速率方程中也可用气态物质的分压来代替浓度。

二、温度对化学反应速率的影响

温度对化学反应速率的影响特别显著。以氢气和氧气化合成水的反应为例，在常温下，氢气和氧气作用十分缓慢，以致几年都观察不到有水生成。如果温度升高到 1 000℃，它们立即起反应，并发生猛烈的爆炸。

一般来说，化学反应速率随着温度的升高而增大。范特霍夫（Van' t Hoff）总结出：对于大多数化学反应，在一定温度范围内，温度每升高10℃，化学反应速率增大2～4倍。

温度升高，分子平均能量增大，分子运动速率增大，分子间碰撞频率增加，反应速率加快。但是根据计算温度升高 10℃，分子的碰撞频率仅增加 2%左右。反应速率增大2～4倍的原因主要是由于温度升高，更多的分子获得能量，从普通分子变成活化分子，增大了活化分子的百分数，有效碰撞的机会增加，使反应速率大大加快。

三、催化剂对化学反应速率的影响

1．催化剂和催化作用

催化剂是一种能改变化学反应速率，而其本身的组成、质量、化学性质在反应前后均不发生变化的物质。凡能加快反应速率的催化剂叫正催化剂，如接触法生产硫酸所用的催化剂五氧化二钒；凡能减慢反应速率的催化剂叫负催化剂，如减缓塑料老化所用的防老剂。一般提到催化剂，若不明确指出，通常指正催化剂。催化剂对化学反应速率的影响叫做催化作用。有催化剂存在的反应称为催化反应。

2．催化剂对化学反应速率的影响

许多实验测定表明：催化剂之所以能加速反应，是因为它参与了反应过程，改变了原来反应的途径，大大降低了反应的活化能，使活化分子的百分数增加，有效碰撞次数增多，反应速率大大提高。

例如反应 $A+B \longrightarrow AB$，没有催化剂存在时，是按照图 2-5 中的途径 I 进行的，它的活化能为 E_a。

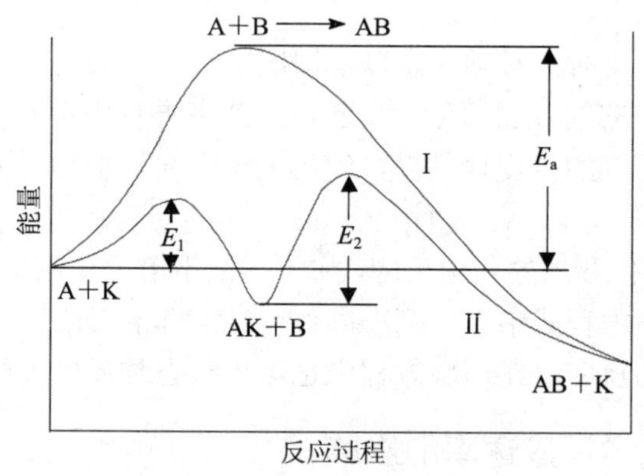

图 2-5 催化剂改变反应途径

当催化剂 K 存在时，其反应机理发生了变化，反应按照图 2-5 中的途径Ⅱ分两步进行。

$$A+K \longrightarrow AK \qquad 活化能为 E_1$$

$$AK+B \longrightarrow AB+K \qquad 活化能为 E_2$$

由于 E_1、E_2 均小于 E_a，所以反应速率加快了。

由此可见，催化剂在反应前后化学性质和质量虽然没有改变，但它参与了化学反应。催化剂先与反应物生成某种不稳定的中间化合物，此中间化合物继续反应生成产物并释放出催化剂。正因为催化剂参与了反应，所以它的物理性质往往有变化。例如氯酸钾分解过程中使用的 MnO_2（晶体）催化剂，反应后变成了相同质量的 MnO_2 粉末。

由图 2-5 还可以看到，催化剂的存在并不改变反应物和生成物的相对能量。也就是说一个反应有无催化剂，反应过程中体系的始态和终态都不发生改变，所不同的只是具体途径。对于可逆反应，催化剂不仅加快正反应的速率，同时也加快逆反应的速率。催化剂除了具有改变反应速率的作用外，还具有一定的选择性，即一种催化剂只对某一个反应或某类反应有催化作用，对其他反应没有催化作用，所以不同的化学反应要选择不同的催化剂。

3．催化剂的应用

催化剂在化工生产中被广泛应用，如石油化工以及新能源、新材料和新药物的合成都离不开催化剂。为减缓某些反应速率的负催化剂也常用于橡胶、塑料的防老化以及钢铁的防腐蚀上。即使在日常生活中，催化剂也是十分重要的，例如为防止食品变质而加入的保鲜剂和防腐剂；为减少汽车尾气对空气的污染而使用的吸附在氧化铝、氧化硅或氧化铁上的铂-铑催化剂等。

知识拓展

生物催化剂——酶

酶（德语：Enzym，源于希腊语：ενζυμον，“在酵里面”；又称酵素）是一类生物催化剂，其化学本质为蛋白质。酶广泛存在于生物体内，生物体内含有数千种酶，它们支配着生物的新陈代谢、营养和能量转换等许多催化过程，与生命过程关系密切的反应大多是酶催化反应。与一般催化剂（非生物催化剂）相似，酶通过降低化学反应的活化能来加快反应速率，大多数的酶可以将其催化的反应速率提高上百万倍；同样，酶作为催化剂，本身在反应过程中不被消耗，也不影响反应的化学平衡。与其他非生物催化剂不同的是，酶具有高度的专一性，只催化特定的反应或产生特定的构型。如 L 乳酸脱氢酶只催化 L-乳酸脱氢，对 D-乳酸无作用。

生物体由细胞构成，每个细胞由于酶的存在才表现出种种生命活动，体内的新陈代谢才能进行。酶是人体内新陈代谢的催化剂，只有酶存在，人体内才能进行各项生化反应。人体内酶越多，越完整，其生命就越健康。当人体内没有了活性酶，生命也就结束。人类的疾病，大多数均与酶缺乏或合成障碍有关。缺少消化酶会导致食物的不完全分解，然后集中在结肠，容易造成消化不良，变性疾病和快速老化的环境。

同时，酶作为生物催化剂在工业和人们的日常生活中的应用也非常广泛。例如，药厂用特定的酶来参与合成普瑞巴林、左乙拉西坦等药物；加酶洗衣粉通过分解蛋白质和脂肪来帮助除去衣物上的污渍和油渍。所以酶不一定只在细胞内才起催化作用。

第四节 化学平衡

在研究物质的变化时，人们不仅注意反应的方向和反应的速率，而且十分关心化学反应可以完成的程度，即在指定条件下，反应物可以转变成产物的最大限度，这就是化学平衡问题。化学平衡理论是本课程基本理论的重要组成部分。它是后面有关章节所要讨论的水溶液中的酸碱平衡、沉淀溶解平衡、配位平衡和氧化还原平衡的理论基础。研究化学平衡，在理论和实践上都有重要意义。

一、可逆反应和化学平衡

1．可逆反应

化学反应可分为可逆反应和不可逆反应。不可逆反应是在一定条件下，向一个方向几乎能进行完全的反应。如实验室用 MnO_2 作催化剂使 $KClO_3$ 分解制备 O_2。实际上，不可逆反应是很少的，大多数化学反应都具有一定的可逆性。在同一条件下，既能向正反应方向进行，同时又能向逆反应方向进行的化学反应称为可逆反应。例如，H_2 与 N_2 在催化剂作用下生成 NH_3 的同时，NH_3 又分解为 H_2 和 N_2，无论经过多长时间，只要外界条件不变，H_2 与 N_2 不可能完全转化为 NH_3。其反应方程式可表示为：

$$3H_2(g) + N_2(g) \rightleftharpoons 2NH_3(g)$$

通常把根据化学反应方程式从左向右进行的反应叫正反应，从右向左进行的反应叫逆反应。用两个相反的半箭头“$\rightleftharpoons$”表示可逆反应。可逆反应的特点是：反应不能进行到底，即在密闭的容器中，反应物不能全部转化为生成物，不管反应进行多久，密闭容器中的反应物和生成物总是同时存在。

2．化学平衡

可逆反应在密闭的容器中不能进行完全。例如，在密闭的容器中，一定温度下把等量的氢气与碘蒸气混合，反应如下：

$$H_2(g) + I_2(g) \rightleftharpoons 2HI(g)$$

反应刚开始时，体系中只有反应物而没有生成物，$H_2(g)$和 $I_2(g)$的浓度最大，正反应速率 $v_{正}$最大，随着反应的进行，$H_2(g)$和 $I_2(g)$不断减少，$v_{正}$逐渐减小；另一方面，刚开始反应时，由于没有 HI(g)的生成，HI(g)的浓度为零，所以这时逆反应速率 $v_{逆}$最小，随着生成的 HI(g)量的不断增多，逆反应速率 $v_{逆}$逐渐增大，当反应经过一段时间后，正反应速率和逆反应速率相等，即 $v_{正}=v_{逆}$，即在单位时间内，HI 的生成量和分解量相等。此时，反应体系中各物质的量不再发生变化，反应处于平衡状态。如图 2-6 所示。

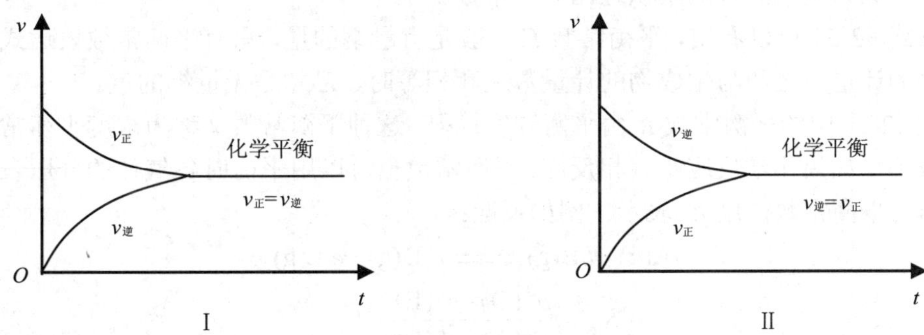

图 2-6　可逆反应的正、逆反应速率变化

我们把在一定条件下，正反应速率和逆反应速率相等时的状态叫做化学平衡状态。在这种状态下，正、逆反应仍在进行着，所以化学平衡是动态平衡。若反应条件不改变，这种平衡可以一直持续下去，然而一旦条件发生变化，平衡便被破坏，直至建立新的平衡。

化学平衡状态有以下几个重要特点：

（1）化学平衡是动态平衡，达到平衡时反应没有停止。

（2）正逆反应速率相等。

（3）外界条件不变时，各物质浓度都不再随时间改变。

（4）当外界条件改变时，正逆反应速率发生变化，原平衡将被破坏，直到建立新的平衡。

二、化学平衡常数

1．化学平衡常数

可逆反应不管是从正反应方向开始，还是从逆反应方向开始，最后都能建立化学平衡。平衡时，反应物和生成物的浓度之间存在着一定的关系。

对于任一可逆反应：

$$aA+bB \rightleftharpoons dD+eE$$

研究结果表明，不管反应的初始浓度如何，在一定温度下达平衡时，体系中各物质的浓度间有如下的关系：

$$K=\frac{c^d(\text{D})\cdot c^e(\text{E})}{c^a(\text{A})\cdot c^b(\text{B})} \tag{2-5}$$

式中，K称为化学平衡常数，它表示在一定温度下，可逆反应达到化学平衡时，生成物的浓度以反应方程式中计量数为指数的幂的乘积与反应物的浓度以反应方程式中计量数为指数的幂的乘积之比为一常数。

从式（2-5）可以看出，平衡常数K一般是有量纲的量，只有平衡常数表达式中，反应物的计量数之和与生成物的计量数之和相等时，K才是无量纲的量。

式（2-5）中的平衡常数K由平衡浓度算得，这种平衡常数又称为浓度平衡常数，用K_c表示。如果化学反应是气相反应，平衡常数也可以用平衡时各气体的分压表示，称为压力平衡常数，用K_p表示。例如反应：

$$aA(g)+bB(g) \rightleftharpoons dD(g)+eE(g)$$

$$K_p=\frac{p^d(\text{D})\cdot p^e(\text{E})}{p^a(\text{A})\cdot p^b(\text{B})} \tag{2-6}$$

平衡常数是表明化学反应限度（亦即反应可能完成的最大程度）的一种特征值。在一定温度下，不同的反应各有其特定的平衡常数，平衡常数越大，表示正反应进行得越完全（即逆反应进行得越不完全）；相反，平衡常数越小，表示正反应进行得越不完全（即逆反应进行得越完全）。平衡常数的大小与体系本身的性质有关，也受温度的影响，但与物质的浓度无关。

有时为了书写方便，常用方括号[]表示物质的平衡浓度。

2．平衡常数表达式的书写规则

化学平衡的规律不仅适用于气体反应，也适用于纯液体、固体参加的反应及在水溶液中进行的反应。在书写一般反应的平衡常数关系式时，必须注意以下几点。

（1）化学平衡常数表达式中各组分的浓度或分压为平衡时的浓度或分压。

（2）反应中的固体、纯液体的浓度不应写在平衡关系式中。在反应过程中可以认为它们的浓度没有发生变化。例如反应：

$$CaCO_3(s) \rightleftharpoons CaO(s)+CO_2(g)$$

平衡常数表示为：

$$K=p(CO_2)$$

（3）在稀溶液中进行的反应，如有水参加，水的浓度不写入。例如反应：

$$NH_4^+ + H_2O \rightleftharpoons NH_3 \cdot H_2O + H^+$$

$$K_h = \frac{[NH_3 \cdot H_2O][H^+]}{[NH_4^+]}$$

但非水溶液中的反应，如果有水参加，则水的浓度必须写入。例如反应：

$$C_2H_5OH + CH_3COOH \rightleftharpoons CH_3COOC_2H_5 + H_2O$$

$$K_c = \frac{[CH_3COOC_2H_5][H_2O]}{[C_2H_5OH][CH_3COOH]}$$

（4）化学平衡常数表示式必须与计量方程式相对应。同一化学反应，用不同的计量方程式表示，平衡常数表示式不同，数值也不同。例如 373 K 时 N_2O_4 和 NO_2 的平衡体系：

$$N_2O_4（g）\rightleftharpoons 2NO_2 \qquad K_1$$

$$1/2N_2O_4（g）\rightleftharpoons NO_2 \qquad K_2$$

$$2NO_2 \rightleftharpoons N_2O_4 \qquad K_3$$

显然 $K_1 = K_2^2 = 1/K_3$。

（5）在相同条件下，若两个反应相加（或相减）得到第三个反应，则第三个反应的平衡常数为前两个反应平衡常数的乘积（或商）。该规则也称为多重平衡规则。例如：

$$SO_2（g）+\frac{1}{2}O_2（g）\rightleftharpoons SO_3（g）\qquad K_1$$

$$NO_2（g）\rightleftharpoons NO（g）+\frac{1}{2}O_2（g）\qquad K_2$$

如将两个反应相加，可得到：$NO_2（g）+SO_2（g）\rightleftharpoons NO（g）+SO_3（g）$，则该反应的平衡常数为：

$$K_3 = \frac{c(NO) \cdot c(SO_3)}{c(NO_2) \cdot c(SO_2)} = K_1 \cdot K_2$$

3．平衡常数的意义

（1）平衡常数的大小可以衡量反应进行的程度。

平衡常数是某一可逆反应的特征常数，是一定条件下可逆反应进行程度的标度。一般说来，K 值越大，化学反应向正反应方向进行的程度越大，正反应进行得越完全，反之亦然。

（2）由平衡常数可以判断反应是否处于平衡状态，以及非平衡状态时反应进行的方向。

对于任一可逆反应：

$$aA（g）+ bB（g）\rightleftharpoons dD（g）+ eE（g）$$

此时系统是否处于平衡状态？如果处于非平衡状态，则反应进行的方向如何？

为了解决这些问题，引入浓度商 Q 的概念。在一定条件下，对于任一可逆反应，将其各物质的浓度或分压按平衡常数的表达式列出，即得浓度商 Q，其表达式为：

$$Q=\frac{c^d(\mathrm{D})\cdot c^e(\mathrm{E})}{c^a(\mathrm{A})\cdot c^b(\mathrm{B})} \quad 或 \quad Q=\frac{[p(\mathrm{D})]^d\cdot[p(\mathrm{E})]^e}{[p(\mathrm{A})]^a\cdot[p(\mathrm{B})]^b}$$

Q 和 K 的表达式的形式虽然相同，但两者的概念是不同的。Q 表达式中各物质的浓度（分压）是任意状态下的浓度（分压），其商值是任意的；而 K 表达式中各物质的浓度（分压）是平衡状态下的浓度（分压），其商值在一定温度下是一常数。

有了浓度商和平衡常数的概念，可以得出确定一个可逆反应进行的方向和限度的判据：

① $Q<K$，系统处于不平衡状态，反应向正方向进行；

② $Q=K$，反应达平衡状态（即反应进行到最大限度）；

③ $Q>K$，系统处于不平衡状态，反应向逆方向进行。

通过 Q 与 K 之间的比较即可判断反应进行的方向。

（3）平衡转化率

平衡转化率简称转化率，是指反应达到化学平衡时，已经转化了的某反应物的浓度与转化前该反应物的总浓度之比。通常以 α 表示：

$$\alpha=\frac{反应物的转化浓度}{反应物的起始浓度}\times 100\% \tag{2-7}$$

平衡转化率 α 越大，表示达到平衡时正反应进行的程度越大。平衡常数和平衡转化率都可反映反应进行的程度，但平衡常数与系统的起始状态无关，只与反应的温度有关，而平衡转化率既与反应温度有关，又与起始浓度有关。

三、平衡常数的有关计算

化学反应达到平衡状态时，体系中各物质的浓度不再随时间而改变。据此可以计算有关物质的浓度、平衡常数和平衡转化率。

【例 2-2】合成氨的反应在某温度下达到平衡时，各物质的浓度是：$[N_2]=3\ \mathrm{mol\cdot L^{-1}}$，$[H_2]=9\ \mathrm{mol\cdot L^{-1}}$，$[NH_3]=4\ \mathrm{mol\cdot L^{-1}}$。求该温度时的平衡常数和反应物的初始浓度。

解：（1）求平衡常数：已知平衡浓度，代入平衡常数表达式得：

$$K_C = \frac{[NH_3]^2}{[N_2][H_2]^3} = \frac{4^2}{3\times 9^3} = 7.32\times 10^{-3}$$

（2）求 N_2 和 H_2 的初始浓度：

设生成 4 $mol\cdot L^{-1}$ 的氨消耗氮的浓度为 x，

	N_2+3H_2 ⇌ 2NH_3		
平衡浓度/（$mol\cdot L^{-1}$）	3	9	4
消耗或生成的浓度/（$mol\cdot L^{-1}$）	x	$3x$	$2x$
各物质的初始浓度/（$mol\cdot L^{-1}$）	$3+x$	$9+3x$	0

由 NH_3 生成浓度可得：　$2x$＝4 $mol\cdot L^{-1}$　　x＝2 $mol\cdot L^{-1}$

反应物初始浓度应等于反应消耗的浓度与平衡时浓度之和，所以：

$$c(N_2)=3+2=5\ mol\cdot L^{-1}$$

$$c(H_2)=9+6=15\ mol\cdot L^{-1}$$

【例 2-3】反应 $CO(g)+H_2O(g) \rightleftharpoons H_2(g)+CO_2(g)$在某温度 T 时，K＝9.0。若 CO 和 H_2O 的起始浓度皆为 0.02 $mol\cdot L^{-1}$，求平衡时各物质的浓度和 CO 的平衡转化率。

解：设反应达到平衡时体系中 H_2 和 CO_2 的浓度均为 x。

	CO	+ H_2O ⇌	$H_2(g)$+	$CO_2(g)$
起始时浓度/（mol·L）	0.02	0.02	0	0
平衡时浓度/（mol·L）	$0.02-x$	$0.02-x$	x	x

$$K = \frac{[H_2][CO_2]}{[CO][H_2O]} = \frac{x^2}{(0.02-x)^2} = 9.0$$

解得：　　x＝0.015

即平衡时　　$c(H_2)=c(CO_2)=0.015\ mol\cdot L^{-1}$

$c(CO)=c(H_2O)=0.02-0.015=0.005\ mol\cdot L^{-1}$

此时 CO 转化掉 0.015 $mol\cdot L^{-1}$，CO 的平衡转化率为：

$$\alpha=0.015/0.020\times 100\%=75\%$$

第五节　化学平衡的移动

化学平衡是相对的、暂时的、有条件的平衡，一旦外界条件如浓度、压力和温度等发生改变时，化学平衡就会被破坏，系统中各物质的浓度也将随之发生改变，可逆反应从暂时的平衡变为不平衡，直到在新条件下建立新的平衡为止。在新的平衡状态，系统中各物质的浓度与原平衡时各物质的浓度不再相同，这种因反应条件的改变，使可逆反应从一种平衡状态向另一种平衡状态转变的过程叫做化学平衡的移动。

一、浓度对化学平衡的影响

以合成氨反应为例来讨论浓度改变对化学平衡的影响。这个反应在一定温度下达到平衡时：

$$3H_2+N_2 \rightleftharpoons 2NH_3$$

$$Q=\frac{[NH_3]^2}{[H_2]^3[N_2]}=K$$

当增加 N_2 或 H_2 的浓度时，$[H_2]^3$ 和$[N_2]$的乘积增大，即上式中分母增大，使 Q 减小，此时 $Q<K$，系统不再处于平衡状态，平衡将向正反应方向移动。随着反应的进行，N_2 或 H_2 的浓度逐渐减小，即分母逐渐减小，而分子则逐渐增大，因此 Q 逐渐增大。当 $Q=K$ 时，系统又达到一个新的平衡状态。反之，当增加生成物 NH_3 的浓度时，上式中分子增大，这时 $Q>K$，系统也处于不平衡状态，平衡将向逆反应方向移动，直至达到一个新的平衡状态。

浓度对化学平衡的影响可以概括如下：对任何可逆反应，其他条件不变时，增加反应物浓度或减小生成物浓度，化学平衡向正反应方向移动；增加生成物浓度或者减小反应物浓度，化学平衡向逆反应方向移动。

如反应：$FeCl_3+3\ KSCN \rightleftharpoons Fe(SCN)_3+3\ KCl$

血红色

达到平衡时，溶液的颜色很稳定。当向平衡体系中加入 $FeCl_3$ 或 KSCN 时，化学平衡向正反应方向移动，溶液的颜色加深；当向平衡体系中加少量固体 KCl，化学平衡向逆反应方向移动，溶液的颜色变浅。

在工业上往往采用增大容易取得的或成本较低的反应物浓度的方法，使成本较高的原料得到充分利用，以达到增加产量和降低成本的目的。如制造硫酸时，存在可逆反应：

$$2SO_2+O_2 \rightleftharpoons 2SO_3$$

为了尽量利用成本较高的 SO_2，常用过量的空气使 SO_2 得到充分氧化。同理，若不断将生成物从反应体系中分离出来，则平衡将不断地向生成产物的方向移动，从而提高产品的产率。

二、压力对化学平衡的影响

压力的变化对固体和液体物质的体积影响较小，因此对于没有气态物质参加反应的，可以不考虑压力对化学平衡的影响。但对于有气体物质参加的反应，压力的改变，有可能会引起化学平衡的移动。压力改变有两种情况，一是改变系统的总压力；二是改变某一气体的分压。

1．总压的影响

（1）对反应前后气体分子数不等的反应

对于有气体参加，但反应前后气体分子数不等的反应。例如：

$$N_2(g) + 3H_2(g) \rightleftharpoons 2NH_3(g)$$

在一定温度下，当上述反应达到平衡时，各组分的平衡分压为 $p(NH_3)$、$p(H_2)$、$p(N_2)$。

$$\frac{p^2(NH_3)}{p^3(H_2)p(N_2)} = K$$

对于有气体参加的反应，改变体系的总压力势必引起各组气体分压同等程度的改变。如果平衡体系的总压力增加到原来的 2 倍，这时，各组分的分压也增加 2 倍，分别为 $2p(NH_3)$、$2p(H_2)$、$2p(N_2)$，则：

$$Q = \frac{[2p(NH_3)]^2}{[2p(H_2)]^3[2p(N_2)]} = \frac{1}{4}K < K$$

此时体系已经不再处于平衡状态，平衡向着生成氨（即气体分子数减小）的正反应方向移动。随着反应的进行，$p(NH_3)$不断增高，$p(H_2)$和 $p(N_2)$不断下降，Q 逐渐增大，最后当 Q 的值重新等于 K 时，体系在新的条件下达到新的平衡。

如果将平衡体系的总压力降低到原来的一半，这时，各组分的分压也分别减为原来的一半，分别为 $1/2p(NH_3)$、$1/2p(H_2)$、$1/2p(N_2)$，则：

$$Q = \frac{[\frac{1}{2}p(NH_3)]^2}{[\frac{1}{2}p(H_2)]^3[\frac{1}{2}p(N_2)]} = 4K > K$$

此时体系也已经不再处于平衡状态，平衡向 NH_3 分解为 N_2 和 H_2（即气体分子数增加的方向）的方向移动。随着反应的进行，NH_3 不断分解，$p(NH_3)$不断减小，$p(H_2)$和 $p(N_2)$逐渐增大，Q 逐渐减小，最后当 Q 的值重新等于 K 时，体系在新的条件下达到新的平衡。

由此可见，对任一有气体参加的可逆反应，在等温条件下，增大反应体系的总压，平衡向气体分子数目减少的方向移动；减小反应体系的总压，平衡向气体分子数目增加的方向移动。

反应：　　$2NO(g) + O_2(g) \rightleftharpoons \underset{\text{红棕色}}{2NO_2(g)}$

达到平衡时，颜色很稳定。若增加压力，化学平衡向正反应方向移动，颜色加深；降低压力，化学平衡向逆反应方向移动，颜色变淡。

（2）反应前后气体分子数相等的反应

对于有气体参加，但反应前后气体分子数相等的反应。如：

$$CO(g) + H_2O(g) \rightleftharpoons H_2(g) + CO_2(g)$$

等温下达平衡时，各组分的平衡分压为$p(CO)$、$p(H_2O)$、$p(CO_2)$和$p(H_2)$。

$$\frac{p(CO_2)\cdot p(H_2)}{p(H_2O)\cdot p(CO)} = K$$

当体系压力增加到原来的2倍时，各组分的压力各增加为原来分压的2倍，分别为$2p(CO)$、$2p(H_2O)$、$2p(CO_2)$和$2p(H_2)$。

$$Q = \frac{2p(CO_2)\cdot 2p(H_2)}{2p(CO)\cdot 2p(H_2O)} = K$$

平衡并未移动。反之，减小系统总压，平衡也不会移动。

由此可见，在有气体参加的可逆反应中，如果气态反应物的总分子数和气态生成物总分子数相等，在等温条件下，增加或降低总压，对平衡没有影响。因为在这种情况下，压力改变将同等程度地改变了正反应和逆反应的速率。所以，改变压力只能改变达到平衡的时间，而不能使化学平衡发生移动。

2．分压的影响

改变某气体的分压与改变某物质的浓度情况相同。当增大气态反应物的分压时，平衡向正反应方向移动，当减小气态反应物分压时，平衡向逆反应方向移动。同理，当加大气态生成物分压时，平衡向逆反应方向移动，当减小气态生成物分压时，平衡向正反应方向移动。

三、温度对化学平衡的影响

化学反应总是伴随着能量的变化，吸收热量的反应称为吸热反应，放出热量的反应称为放热反应。对于可逆反应，如果正反应是放热反应，则逆反应一定是吸热反应。反应中吸收或放出的热量称为反应热，通常用符号“ΔH”表示。若$\Delta H>0$，则表示反应体系吸热，是吸热反应；若$\Delta H<0$，则表示反应体系放热，是放热反应。

当可逆反应在某一温度下达平衡后，如果升高温度，正、逆反应速率都会增加，但是增加的程度不同。继续升高温度时，吸热反应速度增加得快；放热反应速度增加得慢，总结果是平衡向吸热反应方向移动。反之，降低温度，平衡向放热反应方向移动。

如图2-7所示，取一支带有两个玻璃球的平衡仪，其中有NO_2和N_2O_4气体处于平衡状态，它们之间的平衡关系为：

$$2NO_2\,(g) \rightleftharpoons N_2O_4\,(g) \qquad \Delta H < 0\text{（放热反应）}$$

棕色　　　　　无色

实验证明，浸入热水浴中的玻璃球颜色变深，说明升高温度化学平衡向吸热反应（逆反应）方向移动；浸入冰水浴中的玻璃球颜色变浅，说明降低温度，化学平衡向放热反应（正反应）方向移动。

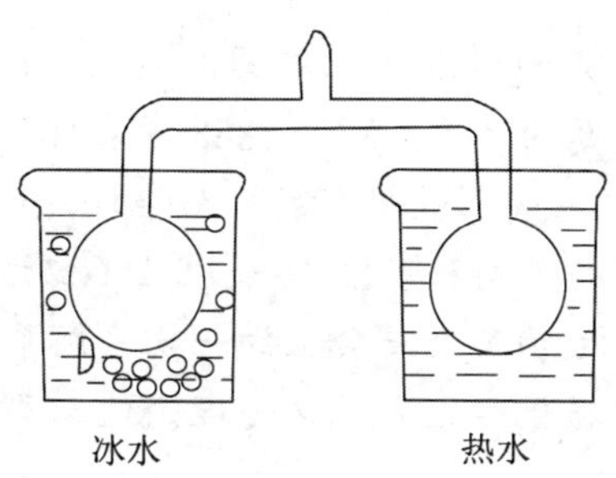

图 2-7　温度对化学平衡的影响

温度对化学平衡的影响可以归纳如下：升高温度，化学平衡向吸热反应方向移动；降低温度，化学平衡向放热反应方向移动。

四、催化剂不会使化学平衡发生移动

对于可逆反应，催化剂可同等程度提高正、逆反应速率。因此，在平衡体系中加入催化剂后，正、逆反应的速率仍然相等，不会引起平衡常数的变化，也不会使化学平衡发生移动。但在未达到平衡的反应中，加入催化剂后，由于反应速率的提高，可以大大缩短达到平衡的时间，加速平衡的建立。

综合以上影响平衡移动的各种结论，可以得出一个更为概括的规律，这就是法国科学家勒夏特里（Le chatelier）在 1887 年提出的：假如改变平衡系统的条件之一，如温度、压力或浓度等，平衡就向减弱这个改变的方向移动——勒夏特里原理。

化学家简介

勒夏特里

勒夏特里（Le chatelier）1985 年 10 月出生在巴黎的一个化学世家，当时法国许多知名化学家都是他家的座上客。因此他从小就受到化学家们的熏陶，中学时代他特别爱好化学，一有空便到祖父开设的水泥厂实验室做化学实验。1875 年，他以优异的成绩毕业于巴黎工业大学，1887 年获得博士学位，随即成为化学教授。

勒夏特里是一位精力旺盛的科学家，他研究过水泥的煅烧和凝固、陶瓷和玻璃器皿的退火、腐蚀剂的制造及燃料、玻璃和炸药的发展等问题。他一生发明众多，他发明的高温计可顺利地测定 3000℃以上的温度。他对乙炔气体的研究，致使他发明了氧炔焰，迄今还用于金属的切割和焊接。

勒夏特里特别感兴趣的是科学和工业之间的关系，以及怎样从化学反应中得到最高的产率。他于 1888 年发现了闻名于世的“勒夏特里原理”，即化学平衡原理——“改变影响平衡的一个条件，如浓度、温度、压强等，平衡就向着能够减弱这种改变的方向移动。”这一原理不仅适用于化学平衡，而且适用于一切平衡体系，如物理、生物甚至社会上的一切平衡系统。勒夏特里原理的应用可以使某些工业生产过程的转化率达到或接近理论值，同时也可以避免一些并无实效的方案，其应用十分广泛。

勒夏特里不仅是一位杰出的化学家，还是一位杰出的爱国主义者。第一次世界大战发生时，法兰西处于危急中，他勇敢地担任起武装部长的职务，为保卫祖国而战斗。

知识点归纳

1. 化学反应速率的概念、表示方法及影响化学反应速率的因素

单位时间内反应物或生成物的物质的量的变化，称为化学反应速率，用单位时间内反应浓度的减少或生成物浓度的增加来表示。反应物的性质是决定化学反应速率的内因，外部因素包括浓度、温度、催化剂等。

2. 碰撞理论和过渡状态理论

能引起化学反应的碰撞，称为有效碰撞。具有较高能量的反应物分子称为活化分子，活化分子的最低能量与反应物分子平均能量的差值，叫活化能。

过渡状态理论：化学反应并不是通过反应物分子的简单碰撞就能完成的，在反应物到产物的转变过程中，必须先经过一个过渡状态，即活化配合物的中间状态，活化配合物的能量与反应物能量之差称为反应的活化能，活化能越大，能峰越高，反应速率越小。

3. 化学平衡的概念和特点，影响化学平衡移动的因素

同一条件下，同时向正反两个方向进行的反应，称为可逆反应。可逆反应在一定条件下，进行到一定程度时，正反应方向速率与逆反应方向速率相等时的状态，称为化学反应平衡状态，简称化学平衡。此时，反应体系内，生成物浓度幂的乘积

与反应物浓度幂的乘积之比等于常数，这个常数叫化学平衡常数。化学平衡是在一定外界条件下形成的动态平衡，因此，当外界条件发生改变时，平衡发生移动，这些因素主要包括浓度、压强和温度等。

勒夏特里（Le chatelier）原理：假如改变平衡系统和条件之一，如温度、压力或浓度等，平衡即向着减弱这个改变的方向移动。

思考与练习

1．N_2O_5 的分解反应是 $2N_2O_5 \rightleftharpoons 4NO_2+O_2$，由实验测得，在 67℃时 N_2O_5 的浓度随时间的变化列于下表：

t / min	0.00	1.00	2.00	3.00	4.00	5.00
$c(N_2O_5)$/（$mol \cdot mL^{-1}$）	1.00	0.71	0.50	0.35	0.25	0.17

试计算：在 0～2 min 以 N_2O_5 浓度变化表示的化学反应速率。

2．现有化学反应 $A+3B \longrightarrow 2C+D$，当反应速率 $-\Delta c(A)/\Delta t = 2.0 \times 10^{-3}$ $mol \cdot mL^{-1} \cdot s^{-1}$ 时，求 $-\Delta c(B)/\Delta t$，$\Delta c(C)/\Delta t$，$\Delta c(D)/\Delta t$。

3．对于可逆反应：$C(s) + H_2O(g) \rightleftharpoons CO(g) + H_2(g)$，下列说法是否正确。

（1）达到平衡时各反应物和生成物的浓度相等。

（2）达到平衡时各反应物和生成物的浓度为定值。

（3）由于反应前后分子数目相等，所以增加压力对平衡没有影响。

4．判断下列说法是否正确。

（1）用来表示化学反应快慢的量称为化学反应速率。

（2）质量作用定律适用于任何化学反应。

（3）当反应达到平衡时，正、逆反应立即停止。

（4）升高温度可使正、逆反应速率都增大，故温度对化学平衡无影响。

（5）当化学平衡移动时，化学平衡常数也一定改变。

（6）催化剂不但可以加快化学反应的速率，还可以大大提高反应物的转化率。

5．已知下列平衡常数：

$$H_2(g) + S(s) \rightleftharpoons H_2S(g) \qquad K_1$$

$$O_2(g) + S(s) \rightleftharpoons SO_2(g) \qquad K_2$$

求反应 $H_2(g) + SO_2(g) \rightleftharpoons O_2(g) + H_2S(g)$ 的平衡常数 K_3。

6．写出下列可逆反应的平衡常数 K_c 和 K_p 的表达式：

（1）$CH_4+2O_2 \rightleftharpoons CO_2+2H_2O(g)$

（2）$C(s) + O_2 \rightleftharpoons CO_2$

（3）$Fe_2O_3(s) + 3H_2 \rightleftharpoons 2Fe(s) + 3H_2O(g)$

（4）$CaCO_3(s) \rightleftharpoons CaO(s) + CO_2$

7．据平衡移动原理，讨论下列反应：

$$2Cl_2(g) + 2H_2O(g) \rightleftharpoons O_2(g) + 4HCl(g) \qquad \Delta H > 0$$

将 Cl_2、H_2O、O_2、HCl 四种气体混合后，反应达到平衡时，若进行下列各项操作，对平衡数值各有何影响（操作中没有注明的是指温度不变、体积不变）？

（1）增加 O_2 的浓度，HCl、H_2O 的物质的量如何变化？

（2）减小容器的体积，HCl、H_2O、Cl_2 的物质的量如何变化？

（3）升高温度，K 如何变化？

（4）加入催化剂，Cl_2 的物质的量如何变化？

8．蔗糖水解的反应方程式如下：

$$C_{12}H_{22}O_{11} + H_2O \longrightarrow C_6H_{12}O_6(\text{葡萄糖}) + C_6H_{12}O_6(\text{果糖})$$

若蔗糖的起始浓度为 0.05 $mol\cdot mL^{-1}$，反应达到平衡时蔗糖水解了 60%，求平衡常数 K_c。

9．设有可逆反应 $A+B \rightleftharpoons C+D$，已知某温度下 $K_c=2$，问：

（1）平衡时，生成物浓度幂的乘积大还是反应物浓度幂的乘积大？

（2）A、B、C、D 四种物质的浓度都为 1 $mol\cdot L^{-1}$ 时，此系统是否处于平衡状态？正、逆反应速率哪个大？

10．反应 2A（g）+ B（g）= 2C（g），在 700 K 和 800 K 时 K_p 分别为 1.0×10^5 和 1.2×10^2。问此反应是吸热反应还是放热反应？

11．749 K 条件下，在密闭的容器中进行下列反应，K_c=2.6：

$$H_2O(g) + CO(g) \rightleftharpoons CO_2(g) + H_2(g)$$

求：

（1）当 H_2O 与 CO 物质的量之比为 1 时，CO 的转化率。

（2）当 H_2O 与 CO 物质的量之比为 3 时，CO 的转化率。

（3）根据计算结果说明浓度对化学平衡移动的影响。

12．一定温度和压力下，某一定量的 PCl_5 气体的体积为 1 L，平衡时 PCl_5 气体已有 50%离解为 PCl_3 和 Cl_2。试用平衡移动原理判断下列情况下，PCl_5 的离解度是增加还是减少？

（1）减少压力，使总体积变为原来的 2 倍；

（2）保持总压不变，加入 N_2 使体积增加 1 倍；

（3）保持体积不变，加入 N_2 使压力增加 1 倍；

（4）保持压力不变，加入 Cl_2 使体积增加 1 倍；

（5）保持体积不变，加入 Cl_2 使压力增加 1 倍。

13．反应 $CaCO_3$（s）$\rightleftharpoons$ CO_2（g）+CaO（s）在 700℃时 K=2.9，在 900℃时 K=1.05×10^{-2}。问：（1）该反应是吸热反应还是放热反应？（2）在 700℃和 900℃时 CO_2

的分压分别是多少？

14. 假定某一反应的定速步骤是：$2A(g)+B(g) \longrightarrow C(g)$，将 2 mol A(g)和 1 mol B(g)放在 1 L 容器中混合，将下列情况下的速率同反应的初速率相比较：

（1）A 和 B 都用掉一半时的速率；

（2）A 和 B 都用掉 2/3 时的速率；

（3）在 1 L 容器里装入 2 mol A 和 2 mol B 时的初速率；

（4）在 1 L 容器里装入 4 mol A 和 2 mol B 时的初速率。

15. 反应：A（g）+B（g）=C（g）是放热反应。当反应达到平衡时后，如果改变下列反应条件，C 的平衡浓度如何变化？

（1）增加总压；（2）加入 A（g）；（3）加入催化剂；（4）移去 B（g）。

如果改变下列反应条件，K_c 值又如何变化？

（1）增加总压；（2）加入 A（g）；（3）加入催化剂；（4）升高温度。

16. 在 1 L 容器中，平衡时含有 0.3 mol 的 N_2，0.4 mol 的 H_2 和 0.1 mol 的 NH_3，问要加入多少摩尔的 H_2 才能使 NH_3 的浓度增加一半（温度恒定）。

17. 已知可逆反应 $H_2O(g)+CO(g) \rightleftharpoons CO_2(g)+H_2(g)$的 $\Delta_r H_m^{\ominus} > 0$。达到平衡时，问：

（1）反应物与生成物的浓度是否一定相等？

（2）若增加任一反应物或生成物的浓度，是否影响其他反应物或生成物的浓度？

（3）温度升高，K_c 如何变化？平衡向何方移动？

（4）若增大体系总压，K_p 如何变化？平衡移动否？

（5）若平衡条件不变，加入催化剂，是否会引起平衡状态变化？

18. 可逆反应 $H_2(g)+CO_2(g) \rightleftharpoons CO(g)+H_2O(g)$的平衡常数在 1 080 K 时为 1，为了平衡时有 60%的 H_2 被消耗掉，问：（1）应以怎样的体积比来混合 CO_2 和 H_2？（2）达到平衡时，体系的压力如何变化？

19. 在 1.0 L 的容器中使 1 mol HCl 与 0.48 mol O_2 混合，达到平衡时，生成 0.40 mol Cl_2。试求：（1）平衡常数 K_c；（2）平衡时 HCl 的转化率。

$4HCl(g)+O_2(g) \rightleftharpoons 2Cl_2(g)+2H_2O(g)$

20. 已知反应：$CH_3COOH+CH_3OH \rightleftharpoons CH_3COOCH_3+H_2O$

（1）在 298 K 时，用乙酸和甲醇各 1 mol 相互作用，当甲醇的转化率为 67%时，反应达平衡，求反应的 K_c。

（2）同温下，甲醇仍为 1 mol，而乙酸增至 3 mol，求平衡时甲醇的转化率。

第三章　原子结构与元素周期律

知识目标

本章要求了解核外电子运动的特征。熟悉原子核外电子排布的一般规律；理解四个量子数的意义；理解元素性质的周期性变化规律；掌握元素原子的核外电子排布与元素周期表的关系。

能力目标

通过对本章的学习，能应用多电子原子中电子进入轨道的能级顺序、核外电子的排布原理，熟练地根据原子序数写出元素的原子核外电子排布式，并根据原子结构与元素周期表的关系，推断元素在周期表中的位置（周期、族）及元素的金属性和非金属性。

自然界物质种类繁多，性质千差万别，其根本原因都与物质的结构、状态及组成有关。在化学变化中，原子核并不发生变化，只是核外电子的运动状态发生了改变。因此要了解和掌握物质的性质及其变化规律，首先必须了解原子的结构。本章主要讨论原子核外电子的运动状态、核外电子的排布和元素周期律。

第一节　原子核外电子的运动状态

一、原子核外电子的运动特征

物质在不断的运动，通常把质量和体积都极其微小，运动速度接近光速的电子、质子、中子等称为微观粒子。

宏观物体的运动遵循牛顿（Newton）经典力学理论。例如飞机在空中航行，火车在轨道上奔驰，都可以测定或根据一定的数据计算出它们在某一时刻所在的位置和速度，并描绘出它们的运动轨迹。而微观粒子的运动规律，不遵循经典力学理论。1924 年，法国物理学家德布罗意（DeBroglie）提出微观粒子具有波粒二象性，其运动和普通宏观物体不同，具有自己的特殊规律，必须用 20 世纪初创立的量子力学理论来描述。

1927 年，德国物理学家海森堡（Heisenberg）提出微观粒子的运动符合测不准原理，即核外电子的运动没有确定的轨道，不能同时准确地测定电子的运动位置和运动速度。1926 年，奥地利物理学家薛定谔（Schrödinger）提出了描述原子核外电子运动的薛定谔方程——量子力学的最基本方程，薛定谔方程是一个二阶偏微分方程，要用到深奥的数学知识，本书不做阐述。这里仅把解薛定谔波动方程时引入的几个量子数作为描述核外电子运动状态的符号进行介绍。

二、原子核外电子的运动状态

1. 电子云

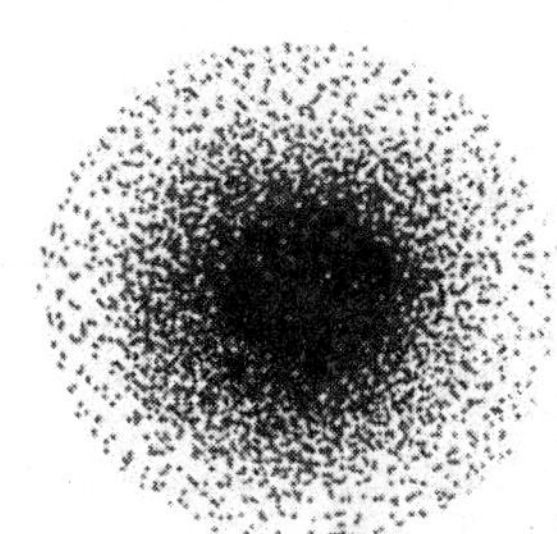

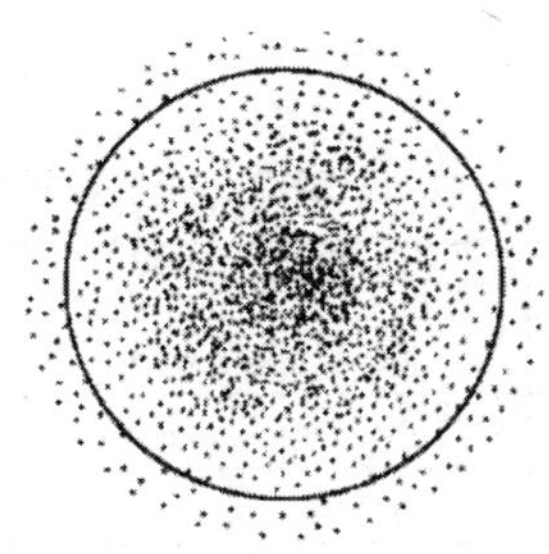

图 3-1　氢原子的电子云

由于核外电子的运动没有确定的轨道，在量子力学中采用统计的方法，给出概率的描述。电子在核外空间各处出现的概率大小，称为概率密度。为了形象化地表示核外电子运动的概率密度，习惯上用小黑点分布的疏密来表示电子出现的概率密度的相对大小，这种图像称为电子云。黑点较密集处，表示电子出现的概率密度较大；黑点较稀疏处，表示电子出现的概率密度较小。图 3-1 是氢原子的电子云示意图。

电子云是电子在核外空间出现概率密度分布的一种形象化描述，由图可见，氢原子的电子云呈球形对称分布，概率密度随电子离原子核距离的增大而减小。

2. 四个量子数

量子力学对核外电子运动状态的描述引出四个量子数，主量子数 n、角量子数 l、磁量子数 m 和自旋量子数 m_s。现将这四个量子数的意义和取值分别介绍如下：

（1）主量子数 n

主量子数 n 取正整数 1，2，3，…。主量子数决定电子出现概率最大的区域距原子核的平均距离，即 n 决定电子层数，n 也是决定能量高低的主要因素。n 数值越大，电子离核越远，能量越高。主量子数与电子层的对应关系如表 3-1 所示。

表 3-1　主量子数与电子层的关系

主量子数 n	1	2	3	4	5	6	7
电子层	一	二	三	四	五	六	七
符号	K	L	M	N	O	P	Q

（2）角量子数 l

角量子数 l 描述的是电子在核外出现的概率密度随空间角度的变化，即决定原子轨道（或电子云）的形状。l 的取值受 n 的制约，可以取从 0，1，2，…，($n-1$) 的正整数，相应的符号是 s、p、d、f…，如表 3-2 所示。

常把 n 相同 l 不同的状态称为电子亚层，第一电子层只有一个亚层（1s），第二电子层有两个亚层（2s、2p），依此类推。对应于多电子原子，角量子数 l 和主量子数 n 一起决定电子的能量。当 n 相同时，l 越大，电子的能量越高，即 $E_{nS}<E_{nP}<E_{nd}<E_{nf}$。

表 3-2 主量子数与角量子数的关系

n	1	2	3	4
电子层	K	L	M	N
l	0	0，1	0，1，2	0，1，2，3
电子亚层	1s	2s，2p	3s，3p，3d	4s，4p，4d，4f

各亚层电子云的形状分别为：s 亚层球形对称[图 3-2（a）]；p 亚层哑铃形[图 3-2（b）]；d 亚层花瓣形；f 亚层的形状较复杂。角量子数与电子亚层、轨道形状的对应关系见表 3-3。

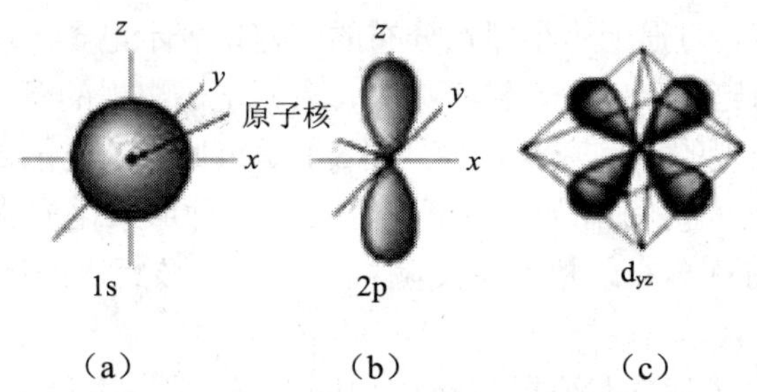

图 3-2 s、p 亚层电子云的形状

表 3-3 角量子数与电子亚层、轨道形状的对应关系

角量子数	0	1	2	3	4	…
亚层符号	s	p	d	f	g	…
轨道形状	球形	哑铃形	花瓣形	…	…	…

（3）磁量子数 m

磁量子数 m 决定原子轨道在空间的伸展方向。m 的取值受 l 的制约，其取值为 0，±1，±2，…，$\pm l$，共（$2l+1$）个取值，即原子轨道共有（$2l+1$）个空间取向。

通常把 n、l、m 都确定的运动状态称为原子轨道。s 亚层（l=0）有 1 个原子轨道（m=0）；p 亚层（l=1）有 3 个原子轨道（m=0，+1，−1）；d 亚层（l=2）有 5 个原子轨道（m=0，+1，−1，+2，−2），依此类推。

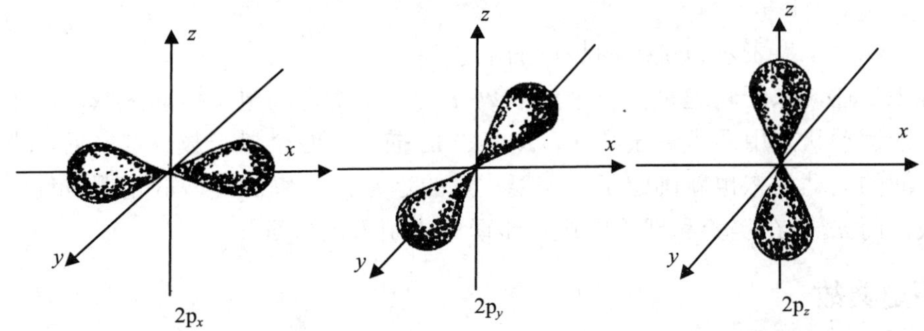

图 3-3　p 电子云的三种伸展方向

磁量子数 m 与能量无关，每一个 m 值代表 1 个原子轨道，当 n 和 l 相同时，各原子轨道能量相同，称为等价轨道或简并轨道。表 3-4 所示为电子亚层与等价轨道数的关系。

表 3-4　电子亚层与等价轨道数的关系

电子亚层	s	p	d	f
等价轨道数	1	3	5	7

原子轨道与三个量子数的关系见表 3-5。

表 3-5　n、l 和 m 的关系

主量子数 n	电子层符号	角量子数 l	亚层符号	磁量子数 m	亚层轨道数	电子层轨道总数
1	K	0	1s	0	1	1
2	L	0	2s	0	1	4
		1	2p	−1，0，＋1	3	
3	M	0	3s	0	1	9
		1	3p	−1，0，＋1	3	
		2	3d	−2，−1，0，＋1，＋2	5	
4	N	0	4s	0	1	16
		1	4p	−1，0，＋1	3	
		2	4d	−2，−1，0，＋1，＋2	5	
		3	4f	−3，−2，−1，0，＋1，＋2，＋3	7	

（4）自旋量子数 m_s

电子除围绕原子核运动外，本身还有自旋运动。电子的自旋有顺时针和逆时针两个方向。自旋量子数 m_s 是描述电子自旋运动的量子数，取值为 $+\frac{1}{2}$ 和 $-\frac{1}{2}$，通常也用“↑”和“↓”表示自旋方向相反的电子。

综上所述，原子轨道是由三个量子数 n、l、m 确定的电子运动区域，原子中每个电子的运动状态用四个量子数 n、l、m、m_s 描述，四个量子数确定之后，电子在核外空间的运动状态也就确定了。需要注意的是，n、l 和 m 是解薛定谔方程时引入的参数，而 m_s 是在实验和理论的进一步研究中引入的参数。

历史典故

原子结构理论简介

1. 道尔顿（Dalton）原子学说

19 世纪初英国化学家道尔顿提出了原子学说，他认为物质的最小组成单位为原子，原子不能创造也不能毁灭，且在化学变化中不能再被分割；同一种元素的原子形状、质量、性质均相同，不同元素的原子则不同；原子以简单的比例结合成化合物。

道尔顿的原子学说解释了一些化学现象，并为化学进入定量阶段建立了基础。因此，恩格斯称道尔顿为“近代化学之父”。原子学说的缺陷是不能解释同位素的发现；不能说明原子和分子的区别及原子的组成。

2. 卢瑟福（Rutherford）原子模型

经历了近 100 年，在 19 世纪末到 20 世纪初，科学上有了许多重大发现，使人们修正了原子不可再分割的观念。1879 年英国物理学家可鲁克斯（Crooks）等在研究稀薄气体的放电现象时发现了电子。1897 年汤姆生（Thomson）通过低压气体放电实验，测得了电子的荷质比。1909 年米里根（Millikan）通过油滴实验，测定了电子的电量和质量。这些实验表明，电子普遍存在于原子中。

1911 年，英国化学家卢瑟福用α粒子轰击多种金属箔片，证明原子内部大部分是空旷的。原子中央有一个极小的核，它的体积很小，带正电荷，但几乎集中了原子的全部质量，电子只占原子质量极小的一部分，电子绕核做圆周运动，并有不同的运动轨道，就像行星绕太阳运动一样。这就是卢瑟福的原子模型。

卢瑟福原子模型的建立，为原子结构的发展奠定了坚实的基础，他因此获得了诺贝尔化学奖。卢瑟福原子模型的缺陷是无法解释氢原子光谱的不连续性，与经典的电磁学理论相违背，按照电磁学理论，电子绕核做圆周运动时，能量逐渐降低，轨道半径逐渐减小，电子最后与原子核相碰撞而毁灭。但事实并非如此。

道尔顿

英籍新西兰物理学家
卢瑟福
（E.Rutherford，1871—1937）

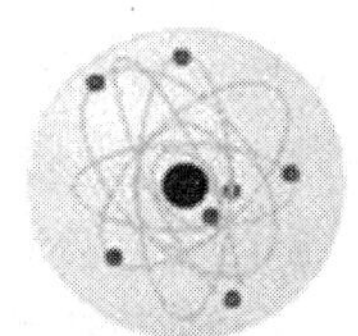
卢瑟福原子模型

3. 玻尔（Bohr）理论

近代原子结构理论的建立，是从研究氢原子光谱开始的。1913 年，丹麦科学家玻尔在氢原子光谱和普朗克（Planck）量子理论的基础上提出了如下假设:

（1）原子存在于具有确定能量的稳定态（定态），定态中的原子不辐射能量。

（2）电子在不同的轨道上运动时具有不同的能量，轨道离核越近能量越低，离核越远能量越高。

（3）电子只有在不同轨道之间跃迁时，原子才会吸收或辐射能量。

玻尔理论成功地解释了氢原子光谱的不连续性，指出了原子结构的量子化特征。玻尔理论虽然引入了量子化条件，但依旧沿用了经典力学的概念，因此终将被适用于微观粒子运动的量子力学所代替。

第二节 原子核外电子的排布

氢原子核外只有一个电子，通常是位于基态的 1s 轨道中，但对于多电子原子来说，核外电子是按能级顺序分层排布的。

一、多电子原子轨道的能级

在多电子原子中，由于电子间的相互排斥作用，原子轨道能级间的关系比较复杂。1939 年，美国化学家鲍利（Pauling）根据大量光谱实验数据和理论计算，提出了多电子原子的原子轨道近似能级图（图 3-4）。我国化学家徐光宪教授由光谱实验数据归纳出的判断原子轨道能级高低的（n+0.7l）规则，与鲍利的近似能级图一致。

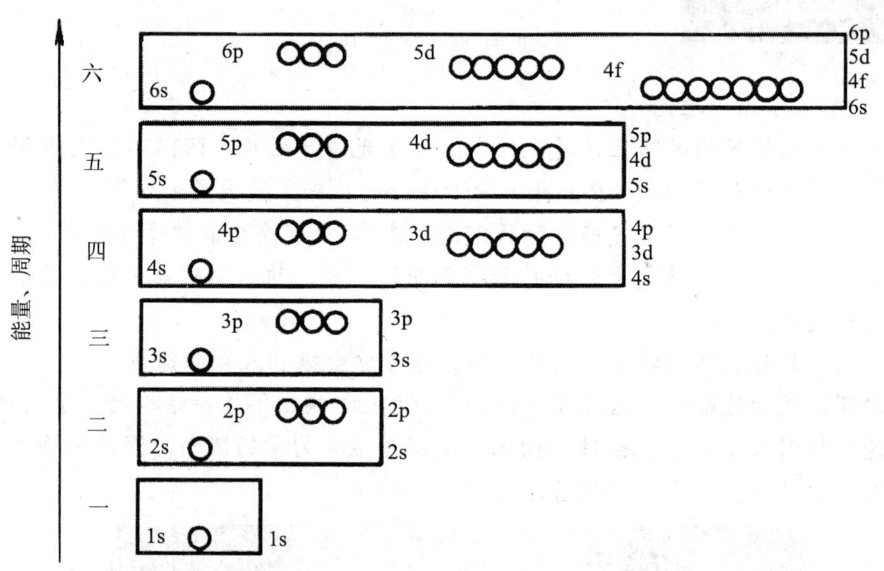

图 3-4 鲍利（Pauling）近似能级图

图 3-4 用圆圈表示原子轨道，依能量高低顺序排列，能量相近的能级放在同一个方框中组成一个能级组。能级组之间能量相差较大，而能级组内各能级的能量差别较小，能级组数与电子层数、周期数一致。

从图 3-4 可以看出：

（1）同一电子层内，各亚层之间的能量次序为：

$$E_{ns}<E_{np}<E_{nd}<E_{nf}$$

（2）不同电子层内，相同的亚层之间的能量次序为：

$$E_{1s}<E_{2s}<E_{3s}<E_{4s}$$

$$E_{2p}<E_{3p}<E_{4p}<E_{5p}$$

（3）当电子层数大于 3 时，不同类型的亚层之间，在能级组中常出现能级交错现象，如：

$$E_{4s}<E_{3d}<E_{4p}$$

$$E_{5s}<E_{4d}<E_{5p}$$

$$E_{6s}<E_{4f}<E_{5d}<E_{6p}$$

主量子数大的轨道能级低于主量子数小的轨道能级的现象叫做能级交错，其原因是原子中电子的屏蔽效应和钻穿效应。

历史典故

当代化学家——徐光宪院士

徐光宪，物理化学家、无机化学家和化学教育家。1920 年出生，浙江绍兴人。1944 年毕业于上海交通大学化学系。1948 年赴美留学，1951 年获哥伦比亚大学物理化学博士学位。在获得博士学位后，他冲破重重阻力从美国回到祖国，投身于新中国的建设。历任北京大学化学系教授兼无机化学教研室主任、技术物理系副主任，中国科学院化学部学部委员、中国化学会理事长、中国稀土学会副理事长。《分子科学学报》主编、《中国科学》《高等学校化学学报》《无机化学》副主编，《国际量子化学杂志》顾问编委等。

徐光宪院士多年从事量子化学、稀土化学、配位化学及萃取化学等方面的科研和教学工作，并注重自然辩证法和科学方法论的研究，多达 300 万字的著述奠定了他在化学界的泰斗地位。关于原子价的新概念、原子簇化合物的（nxcπ）规则及稀土量子化学方面的研究，受到国内外学者的重视。他专注稀土研究，其“串级萃取理论”把我国稀土萃取分离工艺提高到国际先进水平，并取得巨大经济效益和社会效益。师生们说：“只有置身于稀土元素周期表和稀土 4f 轨道模型之间，徐先生才会怡然而坐。”

徐光宪院士发表论文 200 余篇，著有《物质结构》《物质结构简明教程》《量子化学》等专著。其中《物质结构》在出版（1959 年）后的二十多年内是该课程在全国唯一的统编教材，被授予国家优秀教材特等奖。在徐院士整整 60 年的执教生涯中，像这样有影响的教科书他已著有十多部，并不断再版。徐光宪院士的著作影响了我国几代化学工作者。

几十年来，徐光宪院士忠诚党的教育事业，矢志不移，献身科学研究与教育事业，为国家培养了一大批教学和科研人才，并在物质结构、量子化学、配位化学、萃取化学、稀土科学等领域做出了突出的贡献。在工作和生活中，他也曾经遇到过许多困难和挫折，但从不气馁，坚定信念，百折不挠，继续前进。他勤奋过人，从不懈怠，正如他自己所说，他的每一项成果都是和刻苦努力分不开的。他总结20世纪化学学科的发展，前瞻化学在21世纪的发展方向，还关注科学研究的思维和方法，归纳总结知识与科学的分类与属性。2005年，徐光宪院士获得“何梁何利科学技术成就奖”。如今已经90高龄的他，仍活跃在科研和教学岗位上，不知疲倦地辛勤工作，仍在实现着他“志在千里”的雄心壮志。

二、原子核外电子的排布规律

原子核外电子的排布服从二个原理一个规则：

1. 鲍利（Pauling）不相容原理

运动状态完全相同的电子是不相容的。同一原子中没有运动状态完全相同的电子，即没有四个量子数完全相同的两个电子。

根据鲍利不相容原理，每个原子轨道中最多只能容纳两个自旋方向相反的电子。每个电子层中最多可容纳的电子总数为$2n^2$个。

科学家简介

化学家鲍利

美国化学家鲍利不仅是当代著名的化学家之一，也是唯一两次单独荣获诺贝尔奖的科学家。

1901年2月18日，鲍利出生在美国俄勒冈州波特兰市，1917年，鲍利以优异的成绩考入俄勒冈州农学院化学工程系，1925年，年仅24岁的鲍利以优异的成绩获得加州理工学院的化学哲学博士学位。

鲍利一生致力于结构化学的研究，在化学、生物学、医学等领域中，共发表了400多篇科学论文，出版了10多本专著。鲍利提出的元素电负性标度、原子轨道杂化理论等概念为每一位学习和研究化学的人所熟悉，特别是他所著的《化学键的本质》被称为20世纪最有影响的科学著作之一。1954年，他因研究化学键的本质以及用化学键理论阐明复杂物质的结构而获诺贝尔化学奖。

鲍利坚决反对把科技成果用于战争，特别反对核战争。他指出：“科学与和平是有联系的，世界已被科学的发明大大改变了，特别是在最近一个世纪。现在，我们增进了知识，提供了消除贫困和饥饿的可能性，提供了显著减少疾病造成的痛苦的可能性，提供了为人类利益有效地使用资源的可能性。”1962年，他因唤起公众对大气层核试验释放的放射线危害的注意，荣获诺贝尔和平奖。

他除了两度荣获诺贝尔奖外，还是40多项荣誉和奖章的获得者，全世界几十所大学授予他荣誉博士学位。

鲍利曾于1973年和1981年两次来我国访问讲学，受到我国广大科学工作者的热烈欢迎。

2．能量最低原理

自然界的一个普遍规律是能量越低越稳定，原子中的电子也是如此。在不违背鲍利原理的前提下，电子总是优先填充在能量最低的轨道中，只有当能量最低的轨道充满电子后，电子才依次进入能量较高的轨道。

多电子原子中电子进入轨道的能级顺序（图 3-5）与鲍利的近似能级图一致。

1s＜2s＜2p＜3s＜3p＜4s＜3d＜4p＜5s＜4d＜5p＜6s＜4f＜5d＜6p＜7s＜5f＜6d＜7p

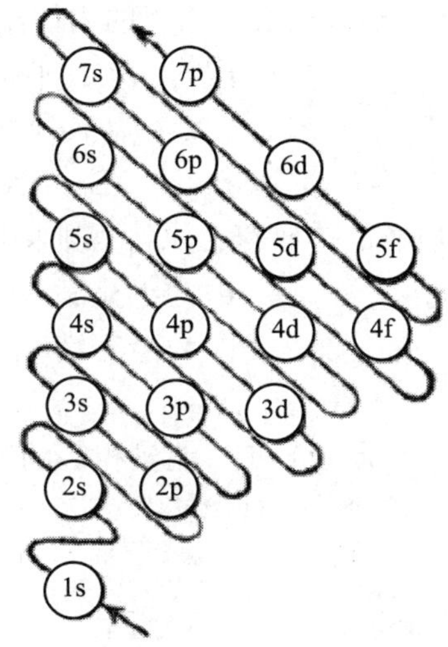

图 3-5　基态原子外层电子填充顺序

3. 洪特（Hunt）规则及其特例

洪特规则是洪特根据大量光谱实验的数据在 1925 年总结出来的规律，洪特规则也叫等价轨道原理。在能量相同的等价轨道中充填电子时，电子尽可能分占不同的轨道，且自旋方向相同，即等价的各轨道保持一致，则体系的能量最低。

洪特规则特例：当等价轨道处于全充满、半充满、全空时能量最低，为稳定状态。

全充满　　p^6、d^{10}、f^{14}

半充满　　p^3、d^5、f^7

全空　　p^0、d^0、f^0

洪特规则是一个经验规则，量子力学计算证明，电子按洪特规则分布可使原子体系能量最低，最稳定。因此，也认为洪特规则是能量最低原理的补充。

三、基态原子中电子的排布

根据核外电子排布遵循的原理和规则，可以得到每个元素基态原子的核外电子排布方式，电子在原子核外的排布常称为电子层构型，通常有以下两种表示方法：

（1）电子排布式

根据基态原子核外电子填充的顺序，在亚层符号的右上角标明填充的电子数。例如：

$_{7}N$ $1s^22s^22p^3$

$_{11}Na$ $1s^22s^22p^63s^1$

$_{26}Fe$ $1s^22s^22p^63s^23p^63d^64s^2$

由于参加化学反应的只是原子的外层电子，内层电子的结构一般是不变的，因此，可以用“原子实”（或原子芯）来表示原子的内层结构。例如：

$_{17}Cl$ $1s^22s^22p^63s^23p^5$ 原子实 $_{17}Cl$ $[Ne]3s^23p^5$

$_{20}Ca$ $1s^22s^22p^63s^23p^64s^2$ 原子实 $_{20}Ca$ $[Ar]4s^2$

$_{35}Br$ $1s^22s^22p^63s^23p^63d^{10}4s^24p^5$ 原子实 $_{35}Br$ $[Ar]\ 3d^{10}4s^24p^5$

注意：铬、铜原子核外电子的排布符合洪特规则特例。

$_{24}Cr$ $1s^22s^22p^63s^23p^6\underline{3d^54s^1}$ $3d^5$ 为半充满

$_{29}Cu$ $1s^22s^22p^63s^23p^6\underline{3d^{10}4s^1}$ $3d^{10}$ 为全充满

（2）轨道表示式

用一个圆圈或方格表示一个原子轨道（能量相等的等价轨道要连在一起），轨道的名称写在轨道符号的上方。用“↑”或“↓”表示电子的自旋方向。例如：

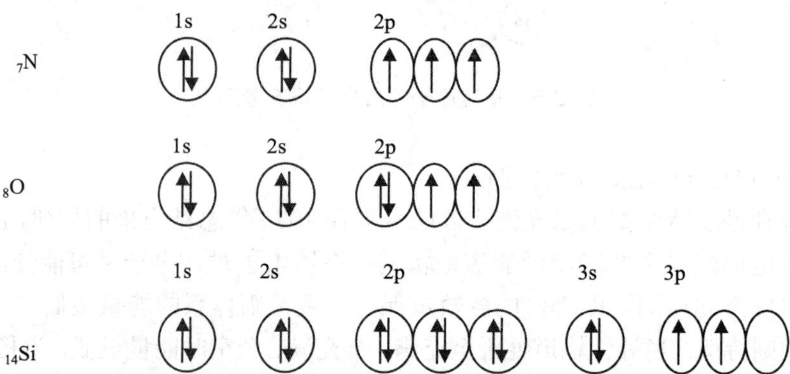

用电子排布式表示原子的电子层构型快速、简便；而轨道表示式形象、直观，能够体现鲍利不相容原理和洪特规则。

根据电子排布的原理和光谱实验测得的结果，可得到基态原子中电子的排布（表3-6）。

表 3-6 基态原子中电子的排布

周期	原子序数	元素符号	电子结构	周期	原子序数	元素符号	电子结构
1	1	H	$1s^1$	5	37	Rb	$[Kr]5s^1$
	2	He	$1s^2$		38	Sr	$[Kr]5s^2$
2	3	Li	$[He]2s^1$		39	Y	$[Kr]4d^15s^2$
	4	Be	$[He]2s^2$		40	Zr	$[Kr]4d^25s^2$
	5	B	$[He]2s^22p^1$		41	Nb	$[Kr]4d^45s^1$
	6	C	$[He]2s^22p^2$		42	Mo	$[Kr]4d^55s^1$
	7	N	$[He]2s^22p^3$		43	Tc	$[Kr]4d^55s^2$
	8	O	$[He]2s^22p^4$		44	Ru	$[Kr]4d^75s^1$
	9	F	$[He]2s^22p^5$		45	Rh	$[Kr]4d^85s^2$
	10	Ne	$[He]2s^22p^6$		46	Pd	$[Kr]4d^{10}$
3	11	Na	$[Ne]3s^1$		47	Ag	$[Kr]4d^{10}5s^1$
	12	Mg	$[Ne]3s^2$		48	Cd	$[Kr]4d^{10}5s^2$
	13	Al	$[Ne]3s^23p^1$		49	In	$[Kr]4d^{10}5s^25p^1$
	14	Si	$[Ne]3s^23p^2$		50	Sn	$[Kr]4d^{10}5s^25p^2$
	15	P	$[Ne]3s^23p^3$		51	Sb	$[Kr]4d^{10}5s^25p^3$
	16	S	$[Ne]3s^23p^4$		52	Te	$[Kr]4d^{10}5s^25p^4$
	17	Cl	$[Ne]3s^23p^5$		53	I	$[Kr]4d^{10}5s^25p^5$
	18	Ar	$[Ne]3s^23p^6$		54	Xe	$[Kr]4d^{10}5s^25p^6$
4	19	K	$[Ar]4s^1$	6	55	Cs	$[Xe]6s^1$
	20	Ca	$[Ar]4s^2$		56	Ba	$[Xe]6s^2$
	21	Sc	$[Ar]3d^14s^2$		57	La	$[Xe]5d^16s^2$
	22	Ti	$[Ar]3d^24s^2$		58	Ce	$[Xe]\ 4f^15d^16s^2$
	23	V	$[Ar]3d^34s^2$		59	Pr	$[Xe]\ 4f^36s^2$
	24	Cr	$[Ar]3d^54s^1$		60	Nd	$[Xe]\ 4f^46s^2$
	25	Mn	$[Ar]3d^54s^2$		61	Pm	$[Xe]\ 4f^56s^2$
	26	Fe	$[Ar]3d^64s^2$		62	Sm	$[Xe]\ 4f^66s^2$
	27	Co	$[Ar]3d^74s^2$		63	Eu	$[Xe]\ 4f^76s^2$
	28	Ni	$[Ar]3d^84s^2$		64	Gd	$[Xe]\ 4f^45d^16s^2$
	29	Cu	$[Ar]3d^{10}4s^1$		65	Tb	$[Xe]\ 4f^96s^2$
	30	Zn	$[Ar]3d^{10}4s^2$		66	Dy	$[Xe]\ 4f^{10}6s^2$
	31	Ga	$[Ar]3d^{10}4s^24p^1$		67	Ho	$[Xe]\ 4f^{11}6s^2$
	32	Ge	$[Ar]3d^{10}4s^24p^2$		68	Er	$[Xe]\ 4f^{12}6s^2$
	33	As	$[Ar]3d^{10}4s^24p^3$		69	Tm	$[Xe]\ 4f^{13}6s^2$
	34	Se	$[Ar]3d^{10}4s^24p^4$		70	Yb	$[Xe]\ 4f^{14}6s^2$
	35	Br	$[Ar]3d^{10}4s^24p^5$		71	Lu	$[Xe]\ 4f^{14}5d^16s^2$
	36	Kr	$[Ar]3d^{10}4s^24p^6$		72	Hf	$[Xe]\ 4f^{14}5d^26s^2$

周期	原子序数	元素符号	电子结构
6	73	Ta	[Xe] $4f^{14}5d^{3}6s^{2}$
	74	W	[Xe] $4f^{14}5d^{4}6s^{2}$
	75	Re	[Xe] $4f^{14}5d^{5}6s^{2}$
	76	Os	[Xe] $4f^{14}5d^{6}6s^{2}$
	77	Ir	[Xe] $4f^{14}5d^{7}6s^{2}$
	78	Pt	[Xe] $4f^{14}5d^{9}6s^{1}$
	79	Au	[Xe] $4f^{14}5d^{10}6s^{1}$
	80	Hg	[Xe] $4f^{14}5d^{10}6s^{2}$
	81	Tl	[Xe] $4f^{14}5d^{10}6s^{2}6p^{1}$
	82	Pb	[Xe] $4f^{14}5d^{10}6s^{2}6p^{2}$
	83	Bi	[Xe] $4f^{14}5d^{10}6s^{2}6p^{3}$
	84	Po	[Xe] $4f^{14}5d^{10}6s^{2}6p^{4}$
	85	At	[Xe] $4f^{14}5d^{10}6s^{2}6p^{5}$
	86	Rn	[Xe] $4f^{14}5d^{10}6s^{2}6p^{6}$
7	87	Fr	[Rn]$7s^{1}$
	88	Ra	[Rn]$7s^{2}$
	89	Ac	[Rn]$6d^{1}7s^{2}$
	90	Th	[Rn]$6d^{2}7s^{2}$
	91	Pa	[Rn]$5f^{2}6d^{1}7s^{2}$
	92	U	[Rn]$5f^{3}6d^{1}7s^{2}$
	93	Nb	[Rn]$5f^{4}6d^{1}7s^{2}$
	94	Pu	[Rn]$5f^{6}7s^{2}$
	95	Am	[Rn]$5f^{7}7s^{2}$
	96	Cm	[Rn]$5f^{7}6d^{1}7s^{2}$
	97	Bk	[Rn]$5f^{9}7s^{2}$
	98	Cf	[Rn]$5f^{10}7s^{2}$
	99	Es	[Rn]$5f^{11}7s^{2}$
	100	Fm	[Rn]$5f^{12}7s^{2}$
	101	Md	[Rn]$5f^{13}7s^{2}$
	102	No	[Rn]$5f^{14}7s^{2}$
	103	Lr	[Rn]$5f^{14}6s^{1}7s^{2}$
	104	Rf	[Rn]$5f^{14}6s^{2}7s^{2}$
	105	Db	[Rn]$5f^{14}6s^{3}7s^{2}$
	106	Sg	[Rn]$5f^{14}6s^{4}7s^{2}$
	107	Bh	[Rn]$5f^{14}6s^{5}7s^{2}$
	108	Hs	[Rn]$5f^{14}6s^{6}7s^{2}$
	109	Mt	[Rn]$5f^{14}6s^{7}7s^{2}$

*表中单框中的元素是过渡元素，双框中的元素是镧系或锕系元素。

核外电子排布的原理和规则是概括了大量事实后提出的一般规律，因此绝大多数原子的核外电子的实际排布与电子排布原理给出的结论是一致的；但也有些副族元素，特别是第五、六、七周期的某些元素，实验测定结果并不能用电子排布原理圆满地解释。原理总是有其相对的近似性，科学的任务是承认矛盾，发展原理，使它更加符合实际。因此，对于某一具体元素的原子，其核外电子的排布情况，要以光谱实验的结果为准。

科学家简介

门捷列夫

门捷列夫（Mehneneeb），俄国化学家，1834 年生于西伯利亚的托波尔斯克。他的父亲是个中学校长。父亲去世后，母亲为了让他上大学，变卖了财产，经过两千公里的马车旅行来到莫斯科。由于学区关系不能进入莫斯科。大学，转入彼得堡师范学院。1854 年大学毕业后，担任了一段时间的中学教师。1856 年以《硅酸盐化合物的结构》的论文获得硕士学位。1857年成为彼得堡大学的副教授。1859年赴德国深造，在本生的实验室里工作。1861年回国后，先后任彼得堡工艺学院和彼得堡大学化学教授。1893年被聘为国家度量衡所所长。曾获得戴维奖章、法拉第奖章和科普勒奖章。1907年在彼得堡逝世。

门捷列夫最大的贡献是发现了自然科学的一条基本定律——元素周期律。并据此预言了一些尚未被发现的元素，使无机化学系统化；提出了溶液水化理论，成为近代溶液理论的先驱；研究气体和液体的体积同温度和压力的关系，提出临界温度的概念；还提出将底下煤气化的主张；对石油工业、农业化学、无烟火药等也有较大贡献。共发表过四百多篇论著，其中最主要的是运用元素性质周期性的观点著的《化学原理》。

第三节　原子的电子层结构与元素周期律

人们发现元素以及由其形成的单质和化合物的性质，随着原子序数的递增呈现周期性的变化，这就是元素周期律。元素性质的周期性来源于原子电子层结构随着原子序数的递增而呈现的周期性，元素周期律正是原子内部结构周期性变化的反映，元素周期表是元素周期律的具体表现形式。元素在周期表中的位置与其原子的电子层结构有直接的关系。

一、周期与能级组

具有相同的电子层数而又按照原子序数递增的顺序排列的一系列元素称为一个周期。在近似能级图中，每个能级组对应于周期表中的一个周期，原子的电子层结构与周期的关系实际上就是能级组与周期的关系（表3-7）。

表3-7　能级组与周期的关系

周期	能级组	起止元素	元素数目	能级组所含能级	电子最大容量
1	1	$_{1}H \rightarrow _{2}He$	2	1s	2
2	2	$_{3}Li \rightarrow _{10}Ne$	8	2s 2p	8
3	3	$_{11}Na \rightarrow _{18}Ar$	8	3s 3p	8
4	4	$_{19}K \rightarrow _{36}Kr$	18	4s 3d 4p	18
5	5	$_{37}Rb \rightarrow _{54}Xe$	18	5s 4d 5p	18
6	6	$_{55}Cs \rightarrow _{86}Rn$	32	6s 4f 5d 6p	32
7	7	$_{87}Fr \rightarrow$ 未完	26（未完）	7s 5f 6d	26（未完）

周期表中共有七个能级组，所以共有七个周期，一个周期排成一个横行，各周期元素的数目等于相应能级组中原子轨道所能容纳的电子总数。由于每个能级组中所包含的能级数目不同，可以充填的电子数不同，所以每个周期中所含元素的种类也不相同。据此，周期表可划分为短周期（第 1、2、3 周期）、长周期（第 4、5、6 周期）和不完全周期（第 7 周期）。元素在周期表中的周期数等于该元素的电子层数。如 $_{11}$Na 的核外电子排布为 $1s^22s^22p^63s^1$，电子排到了第三层，故钠为第三周期的元素，是短周期元素。

二、族与价电子构型

元素的原子参加化学反应时，能参与化学键形成的电子称为价电子，价电子所在亚层称为价电子层（简称价层）。原子的价层电子构型是指价层的电子排布式，反映了该元素原子在电子层构型上的特征。

将元素原子的价层电子构型相同或相似的元素排成一个纵列，周期表中共有 18 个列，形成 16 个族，8 个主族（包括 0 族），8 个副族（包括Ⅷ族）。

1. 主族元素

凡原子核外最后一个填入 *n*s 或 *n*p 亚层上的元素都是主族元素，其价层电子构型为 $ns^{1\sim2}$ 或 $ns^2np^{1\sim6}$。主族元素（用 A 表示）的族号数等于原子最外层电子数，但稀有元素按习惯称为 0 族。周期表中的ⅠA～ⅦA 和 0 族的元素都是主族元素。例如：$_{11}$Na 的核外电子排布为 $1s^22s^22p^63s^1$，最后一个填入 3s 亚层，为主族元素，价层电子构型为 $3s^1$，即ⅠA。$_{17}$Cl 的核外电子排布为 $1s^22s^22p^63s^23p^5$，最后一个填入 3p 亚层，为主族元素，价层电子构型为 $3s^23p^5$，即ⅦA。主族元素的价电子数等于最外层电子数（*n*s+*n*p），也等于该元素所在的主族数。

0 族元素为稀有气体，价电子构型为 ns^2np^6，处于全充满状态，达到 8 电子稳定结构（He 为 $2s^2$），化学性质很不活泼，故又称为惰性气体。

2. 过渡元素

凡原子核外最后一个填入（*n*−1）d 亚层上的元素都是过渡元素[最后一个填入（*n*−2）f 亚层上的元素，称为内过渡元素]，过渡元素包括ⅠB～ⅦB 副族元素（用 B 表示）和Ⅷ族元素。其价层电子构型为 $(n-1)d^{1\sim10}ns^{1\sim2}$。

ⅢB～ⅧB 副族元素的价电子数等于最外层 s 电子数与次外层 d 电子数之和，也等于该元素所在的族序数。ⅠB～ⅡB 副族元素的族序数等于最外层 s 电子数。Ⅷ族有三个纵行，其价层电子构型为 $(n-1)d^{6\sim10}ns^{1\sim2}$，多数Ⅷ族元素在化学反应中表现的价电子数并不等于其族数。

例如 $_{25}$Mn 的核外电子排布为 $1s^22s^22p^63s^23p^63d^54s^2$，价层电子构型为 $3d^54s^2$，最后一个填入 3d 亚层，为ⅦB 元素。$_{30}$Zn 的核外电子排布为 $1s^22s^22p^63s^23p^63d^{10}4s^2$，为ⅡB 元素。$_{26}$Fe 的核外电子排布为 $1s^22s^22p^63s^23p^63d^64s^2$，为Ⅷ族元素。

综上所述，在同一主族内，虽然不同元素的原子电子层数各不相同，但都具有相同的最外层电子数。例如，ⅠA 为碱金属元素，价层电子构型为 ns^1，ⅦA 为卤素，价层电子构型为 ns^2np^5，同主族元素具有相似的化学性质。

三、元素的分区

根据原子的电子层结构与周期、族、价层电子构型的关系，可以将元素周期表划分为 5 个区域（图 3-6）。

<table>
<tr><td>周期</td><td>ⅠA</td><td></td><td></td><td></td><td></td><td>0</td></tr>
<tr><td>1</td><td></td><td>ⅡA</td><td colspan="2"></td><td>ⅢA～ⅦA</td><td></td></tr>
<tr><td>2</td><td colspan="2" rowspan="6">s 区</td><td colspan="2"></td><td colspan="2" rowspan="6">p 区</td></tr>
<tr><td>3</td><td rowspan="5">ⅢB～ⅦB，Ⅷ
d 区</td><td rowspan="5">ⅠB～ⅡB
ds 区</td></tr>
<tr><td>4</td></tr>
<tr><td>5</td></tr>
<tr><td>6</td></tr>
<tr><td>7</td></tr>
</table>

<table>
<tr><td>镧系元素</td><td rowspan="2">f 区</td></tr>
<tr><td>锕系元素</td></tr>
</table>

图 3-6　原子外层电子构型与周期系分区

（1）s 区：包括ⅠA 和ⅡA 族，价层电子构型为 $ns^{1\sim2}$，属于活泼金属，位于周期表的左侧。

（2）p 区：包括ⅢA，ⅣA，ⅤA，ⅥA，ⅦA 和 0 族，价层电子构型为 $ns^2np^{1\sim6}$，位于周期表的右侧。

s 区和 p 区元素的共同特点是最后一个电子处于最外层，族数等于价层电子中 s 电子与 p 电子数之和。若和数为 8，则为 0 族元素。

（3）d 区：包括ⅢB，ⅣB，ⅤB，ⅥB，ⅦB 和Ⅷ族，价层电子构型一般为 $(n-1)d^{1\sim10}ns^{1\sim2}$，为过渡金属。位于周期表的 s 区和 ds 区之间。

d 区元素的族数，等于价层电子中 $(n-1)$ d 的电子数与 ns 的电子数之和；若和数人于或等丁 8，则为Ⅷ族元素。

（4）ds 区：包括ⅠB 和ⅡB，价层电子构型为 $(n-1)d^{10}ns^{1\sim2}$，位于周期表的 d 区和 p 区之间。

ds 区元素的族数等于价层电子中 ns 的电子数，d 区和 ds 区统称为过渡金属区。

（5）f 区：包括镧系和锕系元素，价层电子构型为 $(n-2)f^{0\sim14}(n-1)d^{0\sim2}ns^2$，称为内过渡元素，通常将其摆放于元素周期表的下方。

原子的电子层结构与元素周期表之间存在着密切的关系。根据元素的原子序数，可以进行原子核外电子的排布，根据原子的电子层结构，可以判断元素在周期表中的位置（周期、族、区），还可以进一步推测元素及其化合物的性质。例如，16 号元素硫核外电子排布为 $1s^22s^22p^63s^23p^4$，位于周期表中的第三周期，ⅥA 族，为非金属元素。同样，根据元素在周期表中的位置，可以知道原子的电子层结构，推断原子序数和主要性质。

知识拓展

射线疗法治疗癌症

根据医学辞典的解释，治疗癌症最有效的手段之一就是放射治疗。对于内脏器官上的癌，以手术切除为主，照射为辅。

随着射线疗法的不断发展，有很多癌症病例采用射线疗法要比手术治疗效果更好。而且，有些癌症如用手术治疗已经为时过晚，对于这些患者，可以寄希望于射线疗法。

近年来，利用加速器治病获得很大发展。因为加速器产生的射线具有相当高的能量，有一定的穿透能力。如 X 射线、γ射线、电子束、质子束、中子束、介子束等，都能穿过人体皮肤和组织，到达肿瘤。大体上说，中子辐照时对癌细胞的杀伤力最强。

为什么射线疗法能够用于治疗癌症呢？那是因为，细胞分裂越是活跃的组织，它对射线的耐受能力就越弱。因此，像癌细胞那样，不断迅速繁殖的、无法控制的细胞组织，在射线进行照射时，对它的杀伤力就显得特别大。那正是射线疗法的目标，是人们所希望的。当然，对于正常的细胞，如果采用大剂量射线进行辐照，也会受到损伤。但是，只要对准癌细胞的巢穴，用适度的射线剂量进行适当的照射，可以做到只杀死癌细胞，而对其周围的正常组织不会造成伤害或少受伤害。

第四节　元素性质的周期性

元素的性质随着核电荷数的递增而呈现出周期性的变化规律，称为元素周期律。元素周期律正是原子内部结构周期性变化的反映，元素性质的周期性源于原子的电子层结构的周期性。下面通过元素的一些主要性质的周期性变化规律来揭示这种内在的联系。

一、原子半径（r）

由于电子在原子核外的运动是概率分布的，没有明显的界线，所以原子的大小无法直接测量。通常所说的原子半径，是根据原子不同的存在形式来定义的。根据原子间成键的类型不同，将原子半径分为以下三种类型：

（1）金属半径：金属晶体中两个相邻金属原子核间距的一半。

（2）共价半径：两种或同种元素的两个原子以共价单键结合时，其核间距的一半。

（3）范德华半径：分子晶体中相邻的两个非键合原子核间距的一半。

由于作用力性质不同，三种原子半径相互间没有可比性。但对于同一元素原子的范德华半径大于共价半径。原子半径的大小主要决定于核外电子层数和有效核电荷。表 3-8 列出了周期表中各元素的共价半径。

表 3-8 周期表中各元素的原子半径（单位：pm）

ⅠA																	0
H 32	ⅡA											ⅢA	ⅣA	ⅤA	ⅥA	ⅦA	He 93
Li 123	Be 89											B 82	C 77	N 70	O 66	F 64	Ne 112
Na 154	Mg 136	ⅢB	ⅣB	ⅤB	ⅥB	ⅦB	Ⅷ			ⅠB	ⅡB	Al 118	Si 117	P 110	S 104	Cl 99	Ar 154
K 203	Ca 174	Sc 144	Tl 132	V 122	Cr 118	Mn 116	Fe 117	Co 116	Ni 115	Cu 117	Zn 125	Ga 126	Ge 122	As 121	Se 117	Br 114	Ke 169
Rb 216	Sr 191	Y 162	Zr 145	Nb 134	Mo 130	Tc 127	Ru 125	Rh 125	Pd 128	Ag 134	Cd 148	In 144	Sn 140	Sb 141	Te 137	I 133	Xe 190
Cs 235	Ba 198	Lu 158	Hf 144	Ta 134	W 130	Re 128	Os 126	Ir 127	Pt 130	Au 134	Ag 144	Tl 148	Pb 147	Bi 146	Po 146	At 145	Rn 220

镧系	La 169	Ce 165	Pr 164	Nd 164	Pm 163	Sm 162	Eu 185	Gd 162	Tb 161	Dy 160	Ho 158	Er 158	Tm 158	Yb 170

表中数据显示出原子半径的变化规律：

（1）同周期元素原子半径的变化规律

同一周期从左到右，随着原子序数的增加原子半径逐渐减小。特别是主族元素随着原子序数的增加原子半径递减明显。

（2）同族元素原子半径的变化规律

同族元素由上而下，随着原子序数的增加原子半径依次增大。同样，主族元素变化明显。

二、电负性

元素的电负性表示元素原子在分子中吸引成键电子的能力。元素的电负性数值越大，表示其原子吸引电子的能力越强；元素的电负性数值越小，原子吸引电子的能力越弱。元素的电负性是一个相对数值，没有单位。通常指定 F 的电负性为 4.0，然后通过比较得到其他元素的电负性。常见元素的电负性数值见表 3-9。

表 3-9 常见元素的电负性

ⅠA																
H 2.1	ⅡA											ⅢA	ⅣA	ⅤA	ⅥA	ⅦA
Li 1.0	Be 1.6											B 1.0	C 2.6	N 3.0	O 3.4	F 4.0
Na 0.9	Mg 1.3	ⅢB	ⅣB	ⅤB	ⅥB	ⅦB	Ⅷ			ⅠB	ⅡB	Al 1.6	Si 1.9	P 2.2	S 2.6	Cl 3.2
K 0.8	Ca 1.0	Sc 1.4	Tl 1.5	V 1.6	Cr 1.7	Mn 1.6	Fe 1.8	Co 1.9	Ni 1.9	Cu 1.9	Zn 1.7	Ga 1.8	Ge 2.0	As 2.2	Se 2.6	Br 3.0
Rb 0.8	Sr 1.0	Y 1.2	Zr 1.3	Nb 1.6	Mo 2.2	Tc 1.9	Ru 2.2	Rh 2.3	Pd 2.2	Ag 1.9	Cd 1.7	In 1.8	Sn 2.0	Sb 2.1	Te 2.1	I 2.7
Cs 0.8	Ba 0.9	Lu 1.3	Hf 1.3	Ta 1.5	W 2.4	Re 1.9	Os 2.2	Ir 2.2	Pt 2.3	Au 2.5	Ag 2.0	Tl 2.0	Pb 2.3	Bi 2.0	Po 2.0	At 2.2
Fr 0.7	Ra 0.9															

电负性综合反映了原子得失电子的倾向，是元素金属性和非金属性的综合量度标准。由表 3-9 中数据可知：

（1）金属的电负性一般小于 2，非金属的电负性一般大于 2。

（2）F 的电负性最大，Fr 的电负性最小。

（3）随着原子序数的递增，电负性明显地呈周期性变化。同周期主族元素，从左到右，随着原子序数的递增电负性依次递增。同一主族元素，自上而下，电负性依次减小。

三、元素的金属性和非金属性

元素的金属性是指原子失去电子成为阳离子的倾向，元素的非金属性是指原子得到电子成为阴离子的倾向。元素的金属性和非金属性的相对强弱可直接用电负性的大小来衡量。元素的电负性越小，元素的金属性越强；元素的电负性越大，元素的非金属性越强。

元素的金属性及非金属性的变化规律是：同周期主族元素，从左到右，元素的非金属性逐渐增强，金属性逐渐减弱；同一主族元素，自上而下，元素的金属性逐渐增强，非金属性逐渐减弱。

知识点归纳

一、原子核外电子的运动状态

描述一个原子核外电子的运动状态，要用四个量子数 n，l，m 和 m_s。

（1）主量子数：表示电子离核的远近和能量的高低。也表示电子层数，n 越大离核越远，能量越高。

$E_1 < E_2 < E_3 < E_4 < E_5 < E_6 < E_7$

或：$E_K < E_L < E_M < E_N < E_O < E_P < E_Q$

（2）角量子数：表示同一电子层能量的微小差别和电子云形状的不同。

用 s，p，d，f，g … 表示。

电子云形状：s 圆球形；p 哑铃形；d 花瓣形；f 形状较复杂。能量变化规律是：

当亚层符号相同时：　$E_{1S} < E_{2S} < E_{3S} < E_{4S}$

在同一电子层上：　$E_S < E_P < E_d < E_f$

（3）磁量子数：决定原子轨道的空间取向。一个伸展方向就是一个轨道。

原子轨道：在一定的电子层上，具有一定形状和伸展方向的电子云所占据的空间称为一个轨道。s，p，d，f 分别有 1，3，5，7 个轨道。能量相同的各原子轨道称为等价轨道。

（4）自旋量子数

电子的自旋方式只有两种，通常用↑或↓表示。

二、原子核外电子的排布

1.多电子原子轨道的能级

Pauling 近似能级顺序：1s，2s2p，3s3p，4s3d4p，5s4d5p，6s4f5d6p，7s5f6d7p。

2. 基态原子中电子的排布原理

鲍利不相容原理：同一原子中没有运动状态完全相同的电子，即同一原子中没有四个量子数完全相同的两个电子。推论：每个原子轨道中最多只能容纳两个自旋方向相反的电子。延伸：每个电子层中最多可容纳 $2n^2$ 个电子。

能量最低原理：电子总是优先填充在能量最低的轨道中，只有当能量最低的轨道充满电子后，电子才依次填充到能量较高的轨道。

洪特规则：电子在能量相同的等价轨道中充填时，尽量以相同的自旋方式成单排布。洪特规则特例：等价轨道在全充满、半充满和全空的状态时，体系最稳定。

三、原子的电子层结构和元素周期律

1. 周期与能级组

具有相同的电子层数而又按原子序数递增的顺序排列的一系列元素为一个周期。周期表中共有七个周期。

短周期：1，2，3；　　长周期：4，5，6；　　不完全周期：7。

周期数=电子层数

2. 族与价电子层构型

价电子是指原子参加化学反应时，能用于成键的电子。价电子所在的亚层称为价电子层，即价层。价电子层构型是价层电子的排布式，反映元素原子在电子层结构上的特征。

周期表中共分为16个族。8个主族，8个副族。

主族：由短周期元素和长周期元素共同组成的族。包括ⅠA，ⅡA，ⅢA，ⅣA，ⅤA，ⅥA，ⅦA和0族。

主族数=最外层电子数

副族：完全由长周期和不完全周期元素组成的族。包括ⅠB，ⅡB，ⅢB，ⅣB，ⅤB，ⅥB，ⅦB和Ⅷ族。

3. 元素的分区

区	价层电子构型	所含元素
s	$ns^{1\sim2}$	ⅠA、ⅡA
p	$ns^2np^{1\sim6}$	ⅢA－ⅦA、0族
d	$(n-1)d^{1\text{-}10}ns^{1\sim2}$	ⅢB－ⅧB
ds	$(n-1)d^{10}ns^{1\sim2}$	ⅠB、ⅡB
f	$(n-2)f^{0\sim14}(n-1)d^{0\sim2}ns^2$	La系、Ac系

四、元素性质的周期性

1. 原子半径

同一周期从左到右，原子半径依次减小。同一主族，自上而下，原子半径依次增加。

2. 电负性

同一周期从左到右，电负性依次增大。同一主族，自上而下，电负性依次减小。

3. 金属性与非金属性

同一周期主族元素，从左到右，元素的金属性依次减弱，非金属性依次增强。

同一主族，由上而下，元素的金属性依次增强非金属性依次减弱。

思考与练习

1. 原子中的能级主要由哪些量子数来确定？

2. 说明下列符号的含义：$1s^2$、2p、d、4f。

3. d亚层和f亚层各有多少个轨道？在同一轨道中运动的电子可以有几种不同

的运动状态？

4. 当主量子数 n=4 时，有几个能级？各能级有几个轨道？最多可容纳多少个电子？

5. 下列说法是否正确，为什么？

（1）氢原子的 1s 电子云图中，小黑点越密的地方，电子越多。

（2）p 轨道的电子云形状为“8”字形，表明电子沿“8”字形轨道运动。

（3）一个原子中不可能存在两个运动状态完全相同的电子。

（4）主量子数为 1 时，有自旋相反的两条轨道。

（5）主量子数为 4 时，有 4s，4p，4d，4f 四个原子轨道。

6. 填空：

能级	电子层	电子亚层	轨道数	最多容纳的电子数
2p				
3d				
4f				

7. 用电子排布式表示原子序数为 13、17、20、26、36 等元素的电子构型。

8. 用轨道式表示原子序数为 7、16、24 等元素的电子构型。

9. 用原子结构的观点说明为什么元素性质随原子序数的递增呈现出周期性的变化？

10. 用原子结构的知识说明元素周期表中的周期和族各按什么划分的？什么叫做主族？什么叫做副族？

11. 对于主族元素，金属性和非金属性的变化规律是什么？

12. 某元素的电子层结构为 $1s^22s^22p^63s^23p^63d^{10}4s^1$

（1）这是什么元素？原子序数是多少？

（2）它有多少能级？多少轨道？

（3）它有几个成单电子？

（4）该元素属第几周期？第几族？是主族元素还是过渡元素？

13. 写出原子序数为 35 的元素的核外电子排布，并回答下列问题：

（1）核外电子总数是多少？有几个成单电子？价电子数是多少？

（2）原子中充填电子的电子层、能级组、能级数、轨道数分别是多少？

（3）该元素属于第几周期？第几族？是金属元素还是非金属元素？

14. 下列元素的基态原子电子排布违背了什么原理？写出正确的电子排布式。

（1）B：$1s^22s^3$　　（2）Be：$1s^22p^2$

（3）Ca：$1s^22s^22p^63s^23p^63d^2$　　（4）N：$1s^22s^22p_x^{\ 2}2p_y^{\ 1}$

（5）Zr：$1s^22s^22p^63s^23p^63d^{10}4s^24p^64d^4$

15．填空：

价层电子构型	区	周期	族	原子序数
$3s^23p^5$				
$4s^1$				
$3d^{10}4s^2$				
$3d^54s^1$				
$5s^25p^6$				

16．填空：

原子序数	电子层构型	区	周期	族	金属或非金属
	[Ne] $3s^23p^4$				
19					
	[Ar] $3d^{10}4s^24p^5$				
			4	IB	

17．具有下列外层电子构型的元素位于周期表中哪一个区？是金属元素还是非金属元素？

（1）ns^2　　（2）ns^2np^3　　（3）$(n-1)d^5ns^2$　　（4）$(n-1)d^{10}ns^1$

18．下列哪些元素容易得到电子成为负离子？哪些元素容易失去电子成为正离子？

O　Na　I　B　Sr　Al　Cs　Ba　S　Se

19. 不看周期表，试推测下列每组原子中哪一个原子具有较大的电负性？

（1）15 和 17　　（2）37 和 55　　（3）9 和 14

20．写出下列元素的名称、元素符号和核外电子排布式，并指出它们在周期表中的位置。

（1）第一种副族元素　　（2）第一种 p 区元素

（3）第一种 ds 区元素　　（4）第四周期的第 8 种元素

（5）第一种 f 区元素　　（6）4p 半充满的元素

（7）电负性最大的元素　　（8）原子半径最大的元素

（9）最外层为 $4s^1$，次外层 d 轨道半充满的元素

（10）4d 轨道全充满，5 s 轨道上有 1 个电子的元素

第四章　化学键与分子结构

知识目标

本章要求理解化学键的定义，熟悉化学键的类型；掌握离子键、共价键的形成条件和本质、理解杂化轨道理论的基本要点；掌握共价键的特征、掌握杂化轨道类型和分子空间构型的关系；了解键参数的意义、了解分子间力的特点、了解氢键及其形成条件。

能力目标

通过对本章的学习，学生能应用化学键的基本理论，判断化学键的极性和分子的极性，推测简单分子的空间构型，能解释分子间力和氢键对物质的某些物理性质的影响。

分子是保持物质化学性质的最小微粒，是参与化学反应的基本单元。大多数物质都能以分子或晶体形式存在，自然界的物质除稀有气体是单原子分子外，其他元素的原子都是通过一定的化学键结合成分子或晶体而存在的。分子或晶体中直接相邻的两个或多个原子（或离子）之间强烈的相互作用力叫做化学键。根据原子或离子间的相互作用方式不同，可将化学键分为三种基本类型：离子键、共价键和金属键。

化学键与分子结构通常包括两个方面的内容：一是化学键的类型和强弱问题，它是决定物质化学性质的重要因素；二是分子的空间构型及分子间相互作用力的问题，它影响着物质的物理性质。

本章将在讨论原子结构的基础上，介绍离子键的形成过程，重点讨论共价键理论和分子构型，并介绍分子间力和氢键的有关知识。

第一节　离子键

一、离子键的形成和特征

1．离子键的形成

活泼的金属元素与活泼的非金属元素之间的电负性相差较大，当它们的原子相互接近时，通过电子得失形成具有 8 e 稳定结构的阴、阳离子。阴、阳离子之间由于静电引力而相互靠近，同时原子核之间及电子之间又会互相排斥。当阴、阳离子间的吸引力和排斥力达到平衡状态时，整个体系的能量最低，形成了稳定的离子键。这种阴阳离子间通过静电作用形成的化学键叫做离子键。以 NaCl 的形成为例：

$$\left.\begin{array}{l} Na(3s^1) \xrightarrow{-e} Na^+(2s^22p^6) \\ Cl(3s^23p^5) \xrightarrow{+e} Cl^-(3s^23p^6) \end{array}\right\} \xrightarrow{\text{静电作用}} Na^+Cl^-$$

2．离子键的特征

（1）离子键的本质是静电引力。活泼金属原子与活泼非金属原子相互接近时，金属原子易失去电子形成带正电荷的阳离子，非金属原子易得到电子形成带负电荷的阴离子，阴阳离子间通过静电作用结合在一起形成离子化合物。所以，离子键的本质是阴阳离子间的静电作用力。

（2）离子键没有饱和性和方向性。离子的电荷分布是球形对称的，一个离子可以在空间任何方位上与带相反电荷的离子产生静电引力，离子键没有方向性。只要空间条件许可，一个离子周围可以吸引尽量多个带异号电荷的离子，所以离子键也没有饱和性。在离子晶体中，由于空间位阻的作用，每一个离子周围紧邻排列的带相反电荷的离子是有限的。例如：在 NaCl 晶体中，每一个 Na^+周围有 6 个 Cl^-紧邻，而在 CsCl 晶体中，每一个 Cs^+周围有 8 个 Cl^-靠得最近。

（3）离子键的部分共价性。离子键是由正、负电荷的静电作用而形成的，但并非是 100%的静电吸引，在正、负离子之间仍然存在着一定程度原子轨道的重叠，所以，离子键都具有部分的共价性。近代实验表明，即使电负性相差最大的元素所形成的化合物，如 CsF，其离子键的成分占 92%，共价键的成分占 8%。一般认为，成键元素间的电负性之差大于 1.7 时形成离子键。

二、离子的特性

1．离子的电荷

离子是带有电荷的原子或原子团。原子失去电子形成阳离子，得到电子形成阴离子。离子的电荷数等于原子得失电子的数目。阳离子的电荷数等于其原子失去的电子数，阴离子的电荷数等于其原子得到的电子数。

2．离子的电子构型

离子的电子构型是原子失去或得到电子后的构型。所有简单阴离子的电子构型都是相应稀有元素的 8e 稳定构型。如：Cl^-（$3s^23p^6$）、S^{2-}（$3s^23p^6$）与 Ar 的构型相同，Br^-（$4s^24p^6$）与 Kr 的构型相同。阳离子的构型比较复杂，主要有以下几种：

➢ 2 电子型：如 Li^+、Be^{2+}。

➢ 8 电子型：如ⅠA 的+1 价离子、ⅡA 的+2 价离子、ⅢA 的+3 价离子等。

- 18 电子型：如ⅠB 的+1 价离子、ⅡB 的+2 价离子等。
- 18+2 电子型：如 Sn^{2+}、Pb^{2+}、Sb^{3+}、Bi^{3+}等。
- 不规则型（9～17 电子型）：如 d 区元素的阳离子 Fe^{2+}、Fe^{3+}、Pt^{2+}、Cu^{2+}等。

2 电子型和 8 电子型是稳定的离子构型，其他构型的离子有一定程度的稳定性。

3. 离子半径

（1）简单阳离子的半径小于其原子半径，简单阴离子的半径大于其原子半径。

如：$r(Na^+) < r(Na)$　　　　$r(Cl^-) > r(Cl)$

（2）同一周期电子层结构相同的阳离子，半径随着核电荷数的增加而减小。

如：$r(Na^+) > r(Mg^{2+}) > r(Al^{3+})$

电子层结构相同的离子，半径随着核电荷数的增加而减小。

如：$r(F^-) > r(Ne) > r(Na^+) > r(Mg^{2+}) > r(Al^{3+}) > r(Si^{4+})$

（3）同族元素离子中，电荷数相同的离子半径随电子层数的增多而增大。

如：$r(Li^+) < r(Na^+) < r(K^+) < r(Rb^+) < r(Cs^+)$

$r(I^-) > r(Br^-) > r(Cl^-) > r(F^-)$

（4）同一元素形成不同价态的阳离子时，电荷数高的离子半径小。

如：$r(Fe^{2+}) > r(Fe^{3+})$

离子半径的大小是影响离子化合物性质的重要因素之一。离子半径越小，阴阳离子间的引力越大，离子键的强度越高，其熔点、沸点越高，硬度越大。

三、离子晶体

晶体是具有规则几何外形的固体，主要有离子晶体、分子晶体、原子晶体和金属晶体四种类型。

由离子键结合而成的晶体是离子晶体（图 4-1）。离子化合物在常温下以离子晶体的形式存在，由于阴、阳离子间静电作用力较强，破坏它需要较大的能量，所以离子晶体具有较高的熔点、沸点，硬度较高，密度较大，难于压缩、难于挥发。

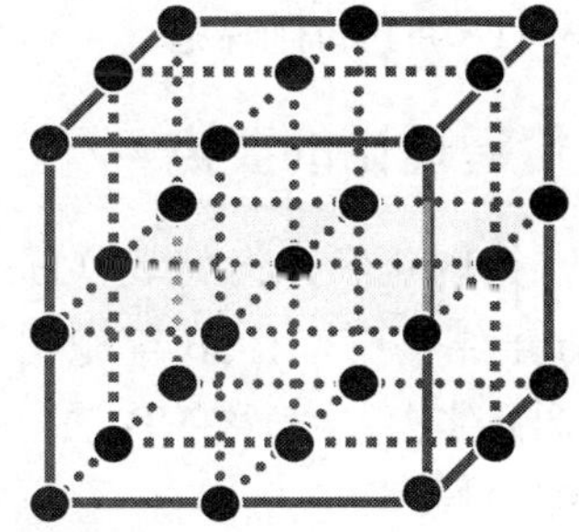

图 4-1　NaCl 型晶体结构

离子键理论能很好地说明活泼金属与活泼非金属元素的原子之间所形成的化学键，但是，对于非金属元素原子之间的相互作用，离子键理论却无能为力。1916 年，美国化学家路易斯（Lewis）提出了共价键理论。

第二节 共价键理论

一、共价键的形成

以 H_2 的形成为例。当两个 H 原子的成单电子自旋方向相反时，随着 H 原子的相互靠近，两个原子核之间电子云发生重叠，体系能量逐渐降低，在核间距达到 R_o 时体系能量最低，如果核间距继续缩短，随着两个原子核排斥力的增大，体系能量又逐渐升高。因此，两个 H 原子在核间距达到 R_o 时形成了稳定的 H_2 分子，此种状态称为 H_2 分子的基态（图 4-2）。

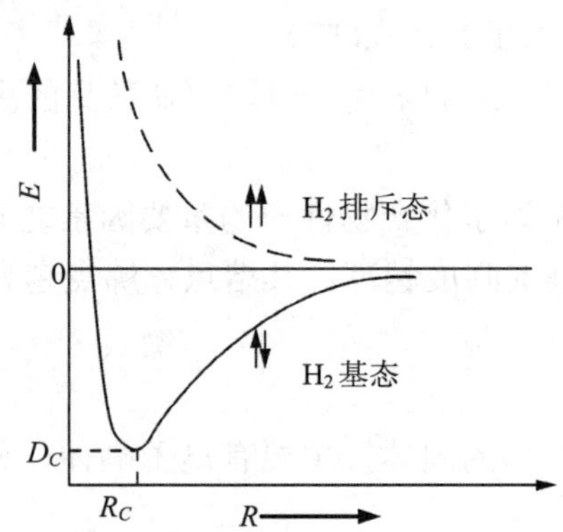

图 4-2 H_2 分子的形成过程中能量随核间距的变化曲线

如果两个 H 原子的成单电子自旋方向相同，则随着原子的逐渐靠近，两个原子核之间电子云互相排斥，体系的能量不断升高，处于不稳定状态，不能形成化学键，这种情况称为 H_2 分子的排斥态。

二、共价键理论的要点

1927 年，德国化学家海特勒（Heitler）和伦敦（London）将量子力学理论应用到化学键与分子结构中，1930 年鲍利（Pauling）在此基础上，建立和发展了现代价键理论（电子配对法），简称 VB 法。基本要点为：

1. 电子配对原理

两个原子互相接近时，各提供一个自旋方向相反的电子彼此配对，原子核间的电子云密度增大，形成稳定的共价键。

2. 最大重叠原理

成键电子的原子轨道重叠越多，两核之间的电子云密度越大，形成的共价键越牢固。

三、共价键的特征

原子间通过共用电子对即电子云重叠所形成的化学键叫做共价键，共价键的特征是既具有饱和性，又具有方向性。

1. 共价键的饱和性

根据电子配对原理，一个原子有几个未成对电子，就可以和几个自旋方向相反的电子配对成键，这就是共价键的饱和性。

共价键的数目由原子中成单电子（未成对电子）数决定，包括原有的和激发而生成的。例如 O 有两个成单电子，H 有一个成单电子，所以结合成水分子时，只能形成 2 个 O—H 共价键。C 最多能与 4 个 H 形成共价键。

2. 共价键的方向性

根据最大重叠原理，在形成共价键时，原子间总是尽可能沿电子云密度最大的方向重叠，这就是共价键的方向性。

原子轨道中除 s 轨道是球形对称无方向性外，p、d、f 轨道在空间都具有一定的伸展方向，因此，在成键时只能沿着一定的方向相互靠近才能实现电子云的最大重叠。例如当 H 原子的 1s 轨道与 Cl 原子的 3p 轨道发生重叠形成 HCl 分子时，H 原子的 1s 轨道必须沿着 x 轴才能与 Cl 原子的 3p 轨道发生最大限度的重叠形成稳定的共价键[图 4-3（a）]，而沿其他方向相互接近，则原子轨道不能重叠[图 4-3（c）]或重叠很少[图 4-3（b）]，不能形成稳定的共价键。

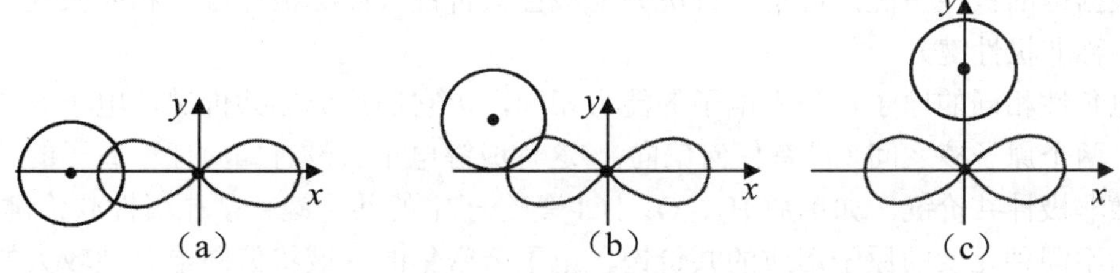

图 4-3　HCl 分子的形成

每一个原子与周围原子形成的共价键之间都有一定的角度，共价键的方向性决定了共价分子具有一定的空间构型。

四、共价键的类型

1. σ键和π键

按成键轨道与键轴之间的关系，共价键的键型主要分为σ键和π键两种。

原子轨道沿着轨道的对称轴方向以“头碰头”方式相互重叠所形成的键叫σ键（图 4-4）。

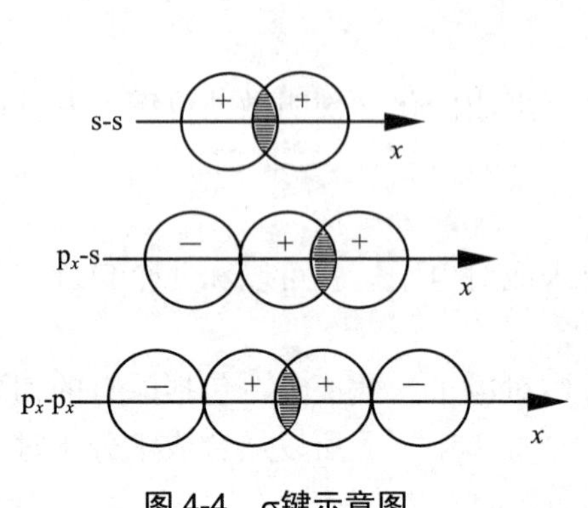

图 4-4 σ键示意图

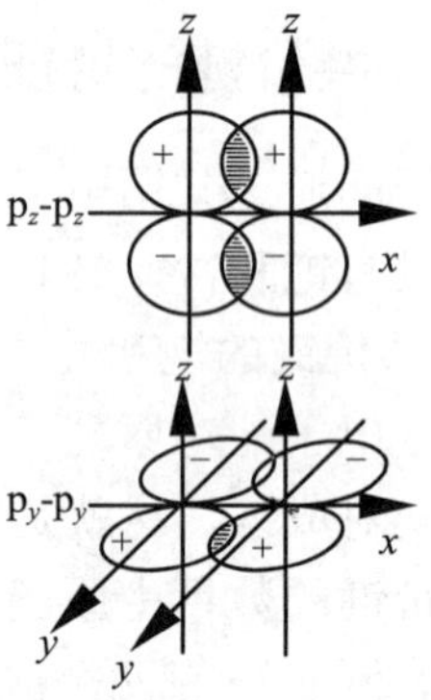

图 4-5 π键示意图

σ键特点：电子云成圆柱形对称分布于键轴周围，轨道重叠程度大，σ键可以自由旋转，稳定性高。两个原子间只能形成一个σ键。

由两个原子轨道彼此平行以“肩并肩”方式相互重叠所形成的键叫π键（图 4-5）。

π键特点：电子云分布于键轴上下，轨道重叠程度比σ键小，不能自由旋转，键能小，稳定性不如σ键。两个原子间可以形成一个或两个π键。

如果两个原子间只形成一个单键，必定是σ键；如形成多键，其中必有一个是σ键，其余为π键。共价分子的立体构型是由σ键决定的。

2. 极性共价键和非极性共价键

根据键的极性情况，可将共价键分为极性共价键（简称极性键）和非极性共价键（简称非极性键）。

电负性相同的原子，吸引电子的能力相同，由它们形成的共价键，电子云均匀分布于两个原子核之间（没有任何偏向）。这种成键电子云没有偏向任一原子的共价键叫做非极性共价键。如单质 H_2、O_2、Cl_2 等分子中的共价键就是非极性共价键。

由不同种元素的原子形成的共价键，电子云密集的区域将偏向电负性较大的元素一边，使其带负电荷，而电负性较小的原子带正电荷，电子云在两核之间分布不均匀，形成正、负两极。这种共用电子对有偏向的共价键叫做极性共价键。如 HCl、H_2O、NH_3 等共价分子中的 H-Cl 键、H-O 键、N-H 键就是极性共价键。

共价键极性的大小可用成键的两元素电负性差值（ΔX）来衡量。ΔX 为零形成非极性键。ΔX 大于零形成极性键，ΔX 值越小，键的极性越小；ΔX 值越大，键的极性越大。当ΔX 大于 1.7 时，共用电子对完全转移到电负性大的原子上，形成了离子键。

3. 配位键

共价键中的共用电子对通常是由两个成键原子分别提供，共用电子对若由一个原子单独提供，而与另一个原子共用的共价键叫做配位键。配位键是一种特殊的共价键。为了区别一般的共价键，配位键常用“→”表示，箭头的方向是从提供电子对的原子指向接受电子对的原子。

如：NH_4^+ 中就存在三个 N-H 共价键和一个 N→H 配位键。

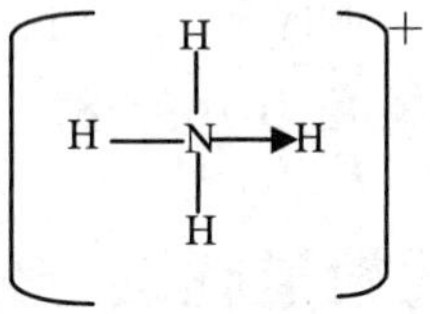

配位键的形成条件是：一个原子具有空轨道；另一个原子具有孤对电子。配位键与一般共价键的差别，仅仅表现在键的形成过程中共用电子对的来源不同，但在化学键形成后，两者并无任何差别。例如 NH_4^+ 中 4 个 N-H 键是完全等同的。

五、键参数

键参数是表征化学键性质的物理量，主要有键长、键能和键角。一般用键长和键能说明键的强弱，用键角描述分子的空间构型。

1. 键长

分子中成键的两个原子核间的平衡距离（核间距）叫做键长（键距）。一般情况下，成键原子的半径越小，成键的电子对越多，其键长越短，共价键越牢固。

2. 键能

在 298 K 的标准状态下，将 1 mol 气态 AB 分子的化学键断开，生成气态 A、B 原子所需要的能量，称为键能。键能越大，表明断裂该键所需的能量越大，共价键越牢固。对于双原子分子，键能等于离解能；对于多原子分子，键能等于平均离解能。表 4-1 列举了一些化学键的键长和键能。

表 4-1　一些共价键的键长（pm）和键能（$kJ\cdot mol^{-1}$）

共价键	键长	键能	共价键	键长	键能
H—H	74	436	C—H	109	416
O—O	148	146	N—H	101	391
F—F	128	158	O—H	96	467
Cl—Cl	199	242	F—H	92	566
Br—Br	228	193	Cl—H	127	431
I—I	267	151	Br—H	141	366
S—S	205	226	I—H	161	299
C—N	147	305	B—H	123	193
C—C	154	356	N—N	146	160
C=C	134	598	N=N	125	418
C≡C	120	813	N≡N	110	946

一般情况下，键长越短，键能越大，共价键越牢固，含有该键的分子越稳定。

3. 键角

分子中键与键之间的夹角称为键角，它是反映分子空间结构的重要因素。例如，H_2O 分子中 2 个 O—H 键的键角为 104°45′，为角锥形分子；CO_2 分子中 2 个 C═O 键的键角为 180°，为直线形分子；NH_3 分子中 N—H 键的键角为 107°18′，为三角锥形分子；CH_4 分子中 C—H 键的键角为 109°28′，为正四面体结构。

第三节 杂化轨道理论与分子的几何构型

用电子配对法可以解释许多分子的形成，但无法解释多原子分子的空间结构和性能。根据价键理论，水分子、氨分子中的键角应为 90°，而实际并非如此。同样，根据价键理论，C 原子只有两个成单电子，只能形成两个共价单键，键角应为 90°，实际上 CH_4 分子 4 个 C－H 键是完全等同的，键角均为 109.5°，CH_4 分子的空间构型为正四面体。1931 年，鲍利（Pauling）在价键理论的基础上提出了杂化轨道理论，较好地解释了许多分子的空间构型问题。

一、杂化轨道理论的基本要点

在形成多原子分子的过程中，中心原子的若干能量相近的原子轨道重新组合，形成一组新的原子轨道的过程叫做轨道的杂化，新产生的轨道叫做杂化轨道。杂化轨道理论的基本要点为：

（1）原子中，只有能量相近的不同类型的原子轨道才能相互杂化。

（2）新形成的杂化轨道的数目等于参与杂化的原子轨道总数。

（3）杂化轨道在空间的分布使电子云更加集中，在与其他原子成键时重叠程度更大，成键能力更强。

（4）形成的分子能量最低、最稳定。

二、杂化轨道类型与分子几何构型的关系

形成分子时，为提高成键能力，若干能级相近的轨道进行杂化。参与杂化的轨道数目决定了杂化轨道的类型和数目，杂化轨道的类型又决定了分子的空间构型。

1. sp 杂化

sp 杂化是同一个原子的 1 个 *n*s 轨道和 1 个 *n*p 轨道之间进行的杂化，形成 2 个等价的 sp 杂化轨道，相互间的夹角为 180°。在每个 sp 杂化轨道中，s 和 p 轨道的成分各占 1/2，两条杂化轨道呈直线形分布，所形成分子的空间构型为直线形，键角为 180°。

以 $BeCl_2$ 分子为例，实验测得 $BeCl_2$ 的分子构型为直线形，键角为 180°。该分

子的形成过程如下：

Be 原子的外层电子构型为 $2s^2$，没有成单电子，成键时 1 个 2s 电子激发到 1 个空的 2p 轨道上，与此同时，1 个 2s 轨道和 1 个 2p 轨道进行 sp 杂化，形成 2 个 sp 杂化轨道，每个杂化轨道中各有一个成单电子，分别与两个 Cl 原子含有成单电子的 3p 轨道进行重叠，形成 2 个σ键。

由于 Be 原子所提供的 sp 杂化轨道的夹角为 180°，因此所形成的 $BeCl_2$ 分子的空间构型为直线形。如图 4-6 所示。

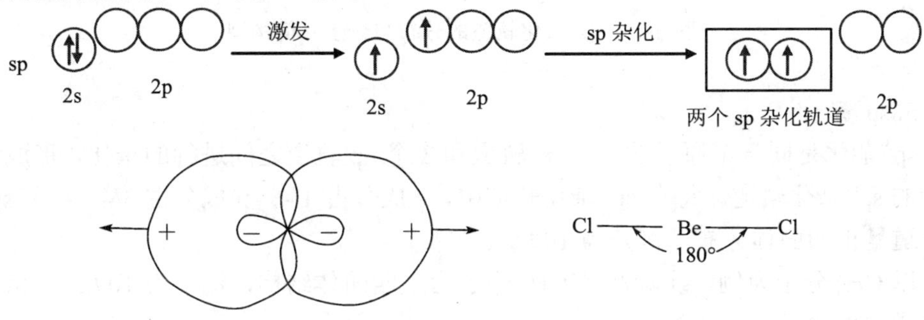

图 4-6　sp 杂化轨道的分布与分子几何构型

2. sp^2 杂化

sp^2 杂化是同一个原子的 1 个 *n*s 轨道和 2 个 *n*p 轨道之间进行的杂化，形成 3 个等价的 sp^2 杂化轨道，相互间的夹角为 120°。每个 sp^2 杂化轨道中，s 成分占 1/3，p 成分占 2/3，3 个 sp^2 杂化轨道呈三角形分布，形成的分子构型为平面正三角形，键角为 120°。

以 BF_3 分子为例，实验测得 BF_3 的分子构型为平面正三角形，键角为 120°。该分子的形成过程如下：

B 原子的外层电子构型为 $2s^22p^1$，成键时 1 个 2s 电子激发到 1 个空的 2p 轨道上，与此同时，1 个 2s 轨道和 2 个 2p 轨道进行 sp^2 杂化，形成 3 个 sp^2 杂化轨道，每个杂化轨道中各有一个成单电子，分别与 3 个 F 原子含有成单电子的 3p 轨道进行重叠，形成 3 个σ键。

由于 B 原子所提供的 sp^2 杂化轨道的夹角为 120°，因此所形成的 BF_3 分子的空间构型为平面正三角形。如图 4-7 所示。

sp^2　2s　2p　激发　2s　2p　sp^2 杂化　三个 sp^2 杂化轨道　2p

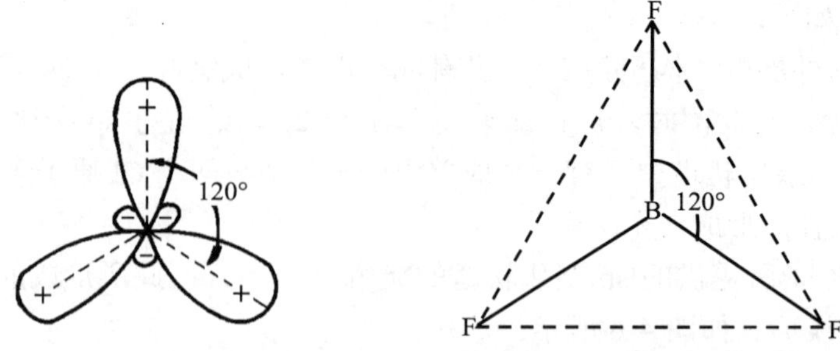

图 4-7 sp^2 杂化轨道的分布与分子几何构型

3. sp^3 杂化

sp^3 杂化是同一个原子的 1 个 ns 轨道和 3 个 np 轨道之间进行的杂化，形成 4 个等价的 sp^3 杂化轨道。每个 sp^3 杂化轨道中，s 成分占 1/4，p 成分占 3/4，4 个 sp^3 杂化轨道呈正四面体分布，键角为 109.5°。

以 CH_4 分子为例，实验测得 CH_4 分子为正四面体结构，键角为 109.5°。该分子的形成过程如下：

C 原子的外层电子构型为 $2s^22p^2$，成键时 1 个 2s 电子激发到 1 个空的 2p 轨道上，与此同时，1 个 2s 轨道和 3 个 2p 轨道进行 sp^3 杂化，形成 4 个 sp^3 杂化轨道，每个杂化轨道中各有一个成单电子，分别与 4 个 H 原子的 1s 轨道进行重叠，形成 4 个σ键。

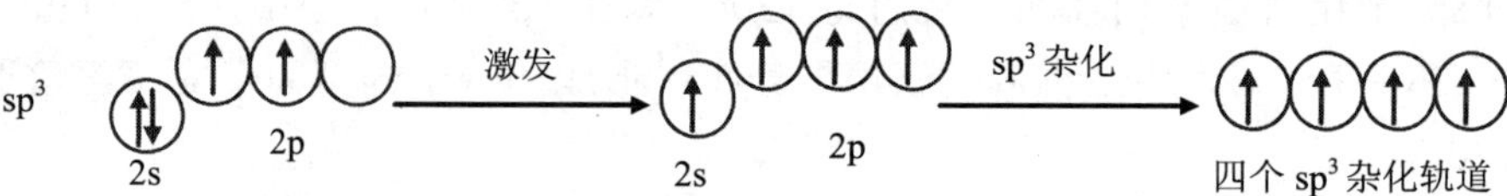

由于 C 原子所提供的 sp^3 杂化轨道的夹角为 109.5°，因此所形成的 CH_4 分子为正四面体结构。如图 4-8 所示。

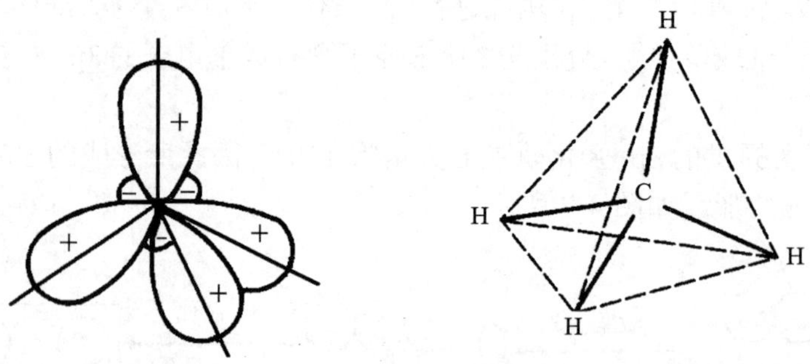

图 4-8 sp^3 杂化轨道的分布与分子几何构型

4. 等性杂化与不等性杂化

前面介绍的几种杂化轨道的形状和能量完全相同，所含 s 成分和 p 成分也相等，属于等性杂化。当几个能量相近的原子轨道杂化后，新形成的各杂化轨道成分不完全相等时，即为不等性杂化。

如在 H_2O 分子的形成过程中，O 原子采取的是 sp^3 杂化，但是在 4 个 sp^3 杂化轨道中，有 2 个轨道中各含有 1 个成单电子，另 2 个轨道各含有 1 对孤对电子，因此，它们在能量和空间占有体积上有所不同，为不等性 sp^3 杂化。O 原子的 2 个含成单电子的杂化轨道分别与 2 个 H 原子的 1s 轨道重叠形成 2 个σ键，另 2 个具有孤对电子的杂化轨道不参与成键，由于没有成键，离 O 原子核更近、相互间的排斥力更大，从而使得孤对电子对成键电子对产生了额外的“压迫”作用，2 个 O—H 键之间的夹角从正四面体中的 109.5°减小到 104.5°，使得 H_2O 的空间构型为角锥形即“V”形（图 4-9）。

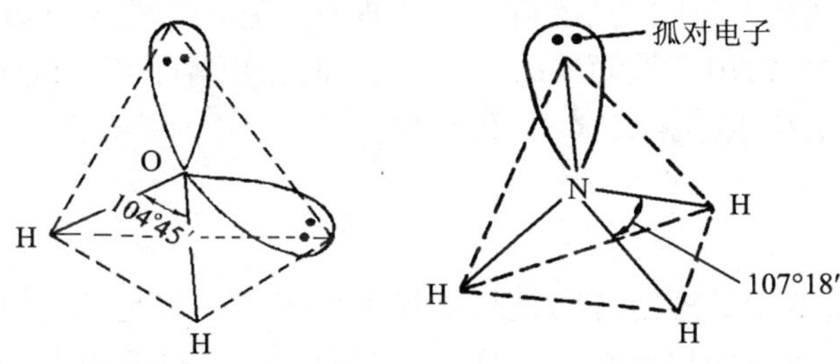

图 4-9 H_2O 和 NH_3 分子的空间构型

同理，NH_3 分子中，N 原子采取的也是不等性 sp^3 杂化，其中 3 个杂化轨道中各有 1 个成单电子，分别与 3 个 H 原子的 1s 轨道重叠形成 3 个σ键；另一个杂化轨道含有 1 对孤对电子不参与成键，由于受孤对电子斥力的影响，NH_3 分子中三个 N-H 键的键角为 107.3°，为三角锥形分子（图 4-9）。

第四节 分子间力和氢键

分子间力就是分子与分子之间的相互作用力，其强度较化学键弱。分子间力主要影响物质的物理性质，如熔点、沸点、溶解度等。分子间力是 1873 年由荷兰物理学家范德华（VanderWalls）首先提出的，故又称范德华引力。分子间力除与分子的结构有关外，还与分子的极性有关。

一、分子的极性

任何以共价键结合的分子中，正、负电荷重心重合的分子称为非极性分子；正、负电荷重心不重合的分子称为极性分子。

分子的极性与键的极性之间的关系，主要有以下两种情况：

（1）对于双原子分子，分子的极性与键的极性一致。

例如：H_2、O_2、Cl_2 等单质都是由非极性键结合的，是非极性分子；HF、HCl、CO 等分子都是由极性键结合的，是极性分子。

（2）对于多原子分子，分子的极性取决于键的极性和分子的空间构型。

对于多原子分子中的化学键是极性键的情况，如果分子具有规则的构型，键的极性在空间可以互相抵消，正、负电荷重心重合，为非极性分子。例如：$BeCl_2$、BF_3、CH_4 等分子中的 Be—Cl 键、B—F 键、C—H 键虽为极性键，但由于分子结构高度对称，键的极性相互抵消，整个分子中正、负电荷重心重合，它们都是非极性分子。

如果分子的空间构型不对称，则正、负电荷重心不重合，为极性分子。例如：H_2O、NH_3 等分子中的 O—H 键、N—H 键是极性键，但由于分子结构是不对称的角锥形和三角锥形，分子中正、负电荷重心不重合，它们都是极性分子。

分子极性的大小常用偶极矩（μ）来衡量，偶极矩等于正（或负）电荷重心的电量（q）与正、负电荷重心距离（d）和乘积。

$$\mu = q \cdot d$$

偶极矩是一个矢量，规定方向是从正极到负极，单位是库仑·米（C·m）。

偶极矩越大，分子的极性越大；偶极矩越小，分子的极性越小；偶极矩为零的分子是非极性分子。

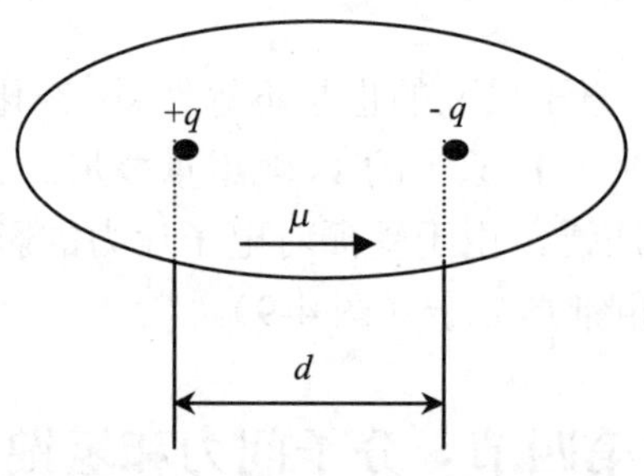

图 4-10　分子的偶极矩

二、分子间力

分子间力按产生的原因和特点不同，可分为取向力、诱导力和色散力三种。

1. 取向力

极性分子中正、负电荷重心不重合，存在着永久偶极（也称固有偶极）。当两个极性分子互相靠近时，因同极相斥、异极相吸，使分子发生相对转动而取向，处于异极相邻的状态。这种由于永久偶极之间取向而产生的分子间作用力称为取向力。

取向力只存在于极性分子之间。

2. 诱导力

当极性分子与非极性分子互相靠近时，在极性分子永久偶极的影响下，非极性分子中原来重合的正、负电荷重心发生相对位移而不再重合，由此产生的偶极称为诱导偶极。诱导偶极与永久偶极之间的作用力叫做诱导力。

同理，当极性分子互相靠近时，在永久偶极的影响下，每个极性分子也会产生诱导偶极，使分子的极性略有增大。所以极性分子间不仅有取向力，也有诱导力。

3. 色散力

虽然非极性分子的偶极距为零，但由于分子中的电子和原子核都在不停地运动着，在某一瞬间会发生分子内正、负电荷重心的相对位移而不再重合，从而产生瞬时偶极。这种由于非极性分子间瞬时偶极而产生的分子间力称为色散力。虽然瞬时偶极存在的时间短，但由于不断重复，使得色散力始终存在着。

色散力不仅存在于非极性分子间，也存在于极性分子间、非极性分子与极性分子间。色散力是分子间普遍存在而且是主要的分子间力。

综上所述，在极性分子间存在着取向力、诱导力和色散力；在极性分子与非极性分子间存在着诱导力和色散力；非极性分子间只存在着色散力。对于大多数分子而言，色散力是最主要的分子间力；只有当分子的极性很大时，取向力才比较明显；通常情况下诱导力都很小。

总之，分子间力是普遍存在于分子之间的一种较弱的相互作用力，它的能量比化学键的键能小 1~2 个数量级。分子间力是决定物质熔点、沸点、溶解度等物理性质的主要因素。对于组成和结构相似的物质，分子间力随着分子量的增加而增加，相应的熔点、沸点依次升高。如卤素单质 F_2、、Cl_2、Br_2、I_2 是非极性分子，分子间只存在色散力，由于色散力随着相对分子质量增大而增大，因此它们的熔、沸点也随着分子量的增大依次升高。而且，常温下 F_2、Cl_2 是气体，Br_2 是液体，I_2 是固体。

三、氢键

组成和结构相似的物质熔点、沸点一般随着相对分子量的增大而升高。但在氢化物中，HF、H_2O 和 NH_3 的沸点“反常”地高于同族氢化物很多（图 4-11）。

这说明 HF、H_2O 和 NH_3 分子间除了存在普通的分子间作用力外，还存在着特殊的分子间力，致使这些简单的分子成为缔合分子，分子缔合的重要原因是由于分子间形成了氢键，氢键是一种特殊的分子间作用力。

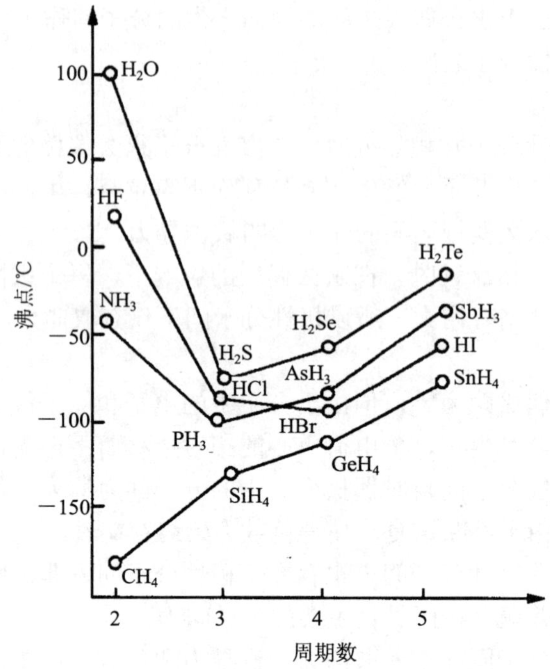

图 4-11 氢化物的沸点递变规律

1. 氢键的形成过程

当 H 原子与电负性很大、原子半径较小的 X 原子以共价键结合时，共用电子对强烈地偏向 X 原子一边，使得 H 原子几乎成为一个裸露的质子，这个正电很强的 H 原子能与另一个 Y 原子互相吸引，形成氢键。

氢键通常用 X—H---Y 表示，其中，X、Y 代表电负性很大、原子半径较小并且具有孤对电子的原子，一般是 F、O、N 等原子。X 和 Y 可以相同，也可以不同。

如：H_2O 分子间形成的氢键，可如图 4-12 所示：

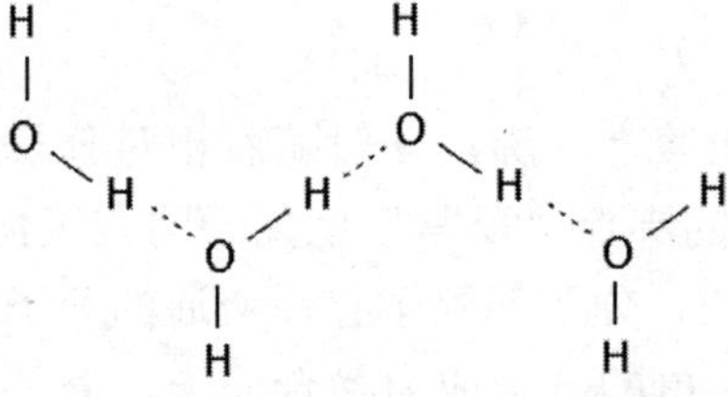

图 4-12 水分子间氢键示意图

根据氢键的形成区域不同，可分为分子间氢键和分子内氢键两种。

2. 氢键的形成条件

（1）X—H 为强极性共价键，即 X 元素的电负性要大、原子半径要小。

（2）Y 元素要有吸引 H 核的能力，即 Y 元素的电负性要大、原子半径要小，必须含孤对电子。

3. 氢键的特点

（1）氢键具有饱和性和方向性。每个 X—H 中的氢原子只能与一个 Y 原子相互吸引，并尽可能沿着 X—H 键轴的方向，只有 X—H---Y 三个原子在同一条直线上，氢键才最强。

（2）氢键的强弱与 X、Y 的电负性、原子半径有关。X、Y 元素的电负性越大，原子半径越小，形成的氢键越牢固。

氢键的强弱介于分子间力和化学键之间，是一种特殊的分子间作用力。

4. 氢键对化合物性质的影响

分子间氢键的形成使物质的熔、沸点升高，如 HF、H_2O 和 NH_3 的熔、沸点都高于同族氢化物的熔、沸点，就是由于存在着分子间氢键的缘故。而 CH_4 分子间只有色散力，不形成氢键，故熔点、沸点在同系列化合物中最小。

当溶质与溶剂分子间形成氢键时，可增大溶质的溶解度。如 HF 和 NH_3 极易溶于水，就是由于它们能与水分子间形成氢键的缘故。

许多有机化合物如醇、酚、羧酸、碳水化合物、氨基酸、蛋白质等分子中都存在着氢键，氢键在决定蛋白质、核酸等分子的结构和生物学功能方面起着非常重要的作用。

知识链接

氢键在生物体内广泛存在

氢键作用的范围非常广泛，在水溶液、醇、氨、酰胺、氨基酸、蛋白质等物质中氢键都扮演着重要角色。它的存在，影响着许多物质的存在状态以及许多重要的物理性质。

氢键作用存在于一些无机和有机分子之间，有机分子之间，许多有机分子本身的内部以及生物大分子之中。在生命科学研究领域，1951 年蛋白质的 α 螺旋和 β 折叠结构的发现，以及 1953 年 DNA 双螺旋结构中碱基对堆积作用的确认，使得人们进一步认识到了氢键在生物大分子体系和生命过程中的作用，氢键对于维持生物体分子结构和生物化学反应起着重要作用。

在维持蛋白质二级、三级空间结构上，氢键起着举足轻重的作用，氢键的形成让蛋白质分子拥有极为复杂的空间立体结构。氢键对稳定蛋白质的空间结构具有重要作用，一旦氢键被破坏，蛋白质的空间结构将发生改变，其生理功能就会丧失。

在生物大分子核酸DNA和RNA中，不同的核苷酸通过两组或三组氢键的作用使碱基形成特异的配对关系，从而将生物体的遗传信息储存在生物体内。氢键广泛存在于生物体生化反应中，分子识别，参与遗传信息在细胞内的表达，促成并控制代谢过程提供了可能。可以说，氢键是维持生物体系结构的重要作用力之一。深入揭示氢键形成的机制对于生物体系的研究，分子设计和药物设计等前沿学科都会产生重要的影响。

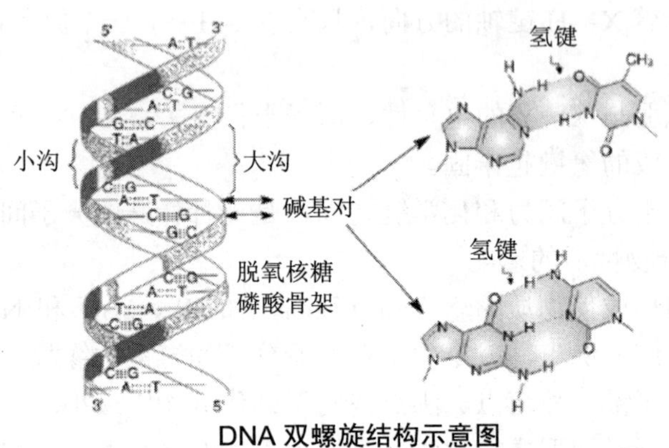

DNA双螺旋结构示意图

四、分子晶体和原子晶体

1. 分子晶体

分子间以范德华引力相互结合而成的晶体叫做分子晶体。分子晶体的晶格结点上排列的微粒是分子。虽然分子内部是以较强的共价键结合，但分子之间是较弱的范德华引力。由于范德华引力比化学键弱得多，因而分子晶体具有熔点低、沸点低、硬度小和挥发性大等特点。

大多数以共价键形成的共价型分子都可以形成分子晶体，如卤素、稀有气体、O_2、H_2、N_2等单质；H_2O、NH_3、CO_2（图4-13）、CO、SO_2、卤化氢等及大部分有机物，在固态时都是以分子晶体的形式存在的。

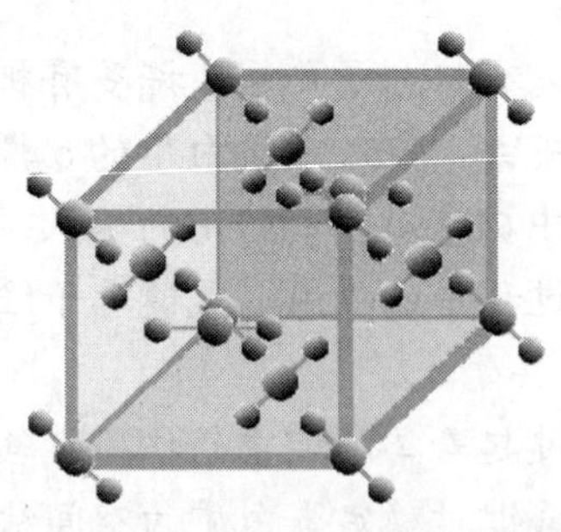
图4-13 干冰（CO_2）的晶体结构

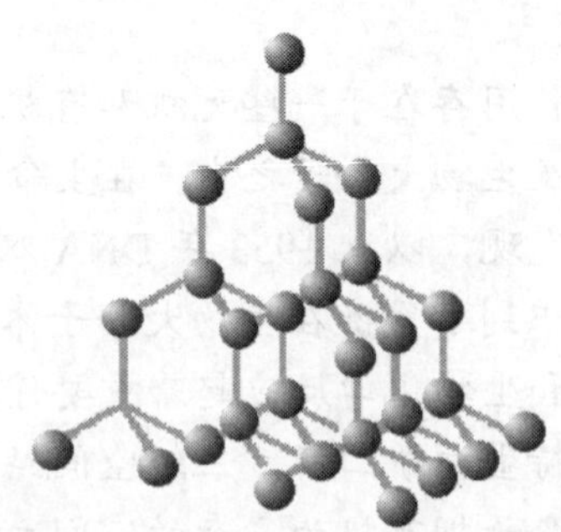
图4-14 金刚石（C）的晶体结构

2. 原子晶体

原子间通过共价键结合而成的晶体叫做原子晶体。原子晶体中晶格结点上排列的微粒是原子。典型的原子晶体并不多，常见的有金刚石（图 4-14）、单质硅、单质硼、碳化硅、石英等。在原子晶体中，由于原子间都是以较强的共价键相结合，因而原子晶体具有熔点高、沸点高、硬度大等特点。

历史典故

中国量子化学之父——唐敖庆

唐敖庆（1915—2008），男，江苏宜兴人，理论化学家、教育家和科技组织领导者。1940 年毕业于西南联合大学化学系。1949 年获美国哥伦比亚大学博士学位。国家自然科学基金委员会名誉主任，吉林大学教授、名誉校长，中国量子化学之父，复旦大学兼职教授。于 2008 年 7 月 15 日 11 时 15 分在北京逝世，享年 93 岁。

他是中国理论化学研究的开拓者，在配位场理论、分子轨道图形理论、高分子反应统计理论等领域取得了一系列杰出的研究成果，对中国理论化学学科的奠基和发展做出了突出贡献；他还曾但任国家自然科学基金委员会首届主任，创建了中国的科学基金制度。

唐敖庆教授是一位德高望重、诲人不倦、功绩卓越的教育家，由他 1978 年创建的吉林大学理论化学研究所，是国内的理论化学研究中心，在国际上享有一定声誉。唐敖庆教授学术造诣精深，远见卓识，抱有为国争光的雄心壮志，数十年如一日，始终把握住国际学术前沿的新动向、开拓新课题，不断地取得一系列的卓越成就。

20 世纪 50 年代初，唐敖庆教授提出计算复杂分子旋转能量变化规律的“势能函数公式”，为从结构上改变物质性能提供了比较可靠的依据；1955 年这项研究成果发表后，受到国内外化学界的高度评价，被国际学术界誉为 “分子内旋转的先驱者”。

50 年代中期为解决国家建设急需的高分子合成和改性问题，他转入高分子反应与结构关系的研究，对高分子缩聚、交联与固化、同聚、共聚及裂解等反应逐一进行深入研究，形成了具有明显特色的高分子反应统计理论体系。1955 年这项研究成果发表后，引起国内外学术界广泛重视，并获得国家自然科学二等奖。

60 年代初投入化学键理论的重要分支——配位场理论这一科学前沿课题的研究，带领其研究集体取得了突破性成果，创造性地发展完善了配位场理论及其研究方法。此项成果荣获国家自然科学一等奖。

70 年代以来唐敖庆教授与江元生教授共同着手分子轨道图形理论的系统研究，经过 10 多年努力，提出了本征多项式的计算、分子轨道系统计算、对称性约化三条定理，使量子化学形式体系，不论就计算还是对有关实验现象的解释，均表达为概括性高、含义直观、简便易行的分子图形的推理形式。1987 年，该成果获得国家自然科学一等奖。《分子轨道图形理论方法及其应用》得到国内外学术界的好评和广泛应用，被誉为中国学派的分子轨道图形理论，唐敖庆教授也被誉为中国量子化学之父。

唐敖庆教授最突出的贡献是在科学研究和培养人才方面的卓越成就，在中国建立了理论化学学科，是中国理论化学的奠基人。唐敖庆教授五十余年的教学与科研生涯，发表论文 260 余篇，研究集体合作出版《配位场理论（中、英文版）》《分子轨道图式理论（中、英文版）》《高分子反应统计理论》《量子化学》《应用量子化学》《约化密度矩阵引论》《配位场理论方法补编（中、英文版）》《微观反应动态学》等多部学术专著。为我国理论化学和高等教育事业做出了卓越的贡献，他不愧为中国著名教育家和现代理论化学的开拓者和奠基人。

知识点归纳

一、离子键

（一）离子键的形成：阴、阳离子间通过静电作用形成的化学键叫做离子键。

（二）离子键的特征

1. 离子键的本质是静电引力
2. 离子键没有饱和性和方向性
3. 离子键的部分共价性

（三）离子的特性

1. 离子的电荷

离子的电荷数等于阴、阳离子得失的电子数。

2. 离子的电子构型

离子的电子构型是原子失去或得到电子后的外围电子构型。主要有 2 电子型、8 电子型、18 电子型、18+2 电子型和不规则型（9～17 电子型）。

3. 离子半径

阳离子的半径小于其原子半径，简单阴离子的半径大于其原子半径；同一周期电子层结构相同的阳离子的半径随着核电荷数的增加而减小；同族元素电荷数相同的离子，其半径随电子层数的增多而增大；同一元素形成不同价态的阳离子时，电荷数高的离子半径小。

二、共价键

（一）电子配对原理

两个成键原子互相接近时，各提供一个自旋方向相反的电子彼此配对，形成共价键。

（二）最大重叠原理

成键电子的原子轨道重叠越多，两核间的电子云密度越大，形成的共价键越牢固。

（三）共价键的特征

1. 饱和性：一个原子有几个未成对电子，就可以和几个自旋方向相反的电子配对成键。

2. 方向性：共价键的形成尽可能沿着电子云密度最大的方向重叠。

（四）共价键的类型

1. σ键和π键　σ键是沿键轴的“头碰头”重叠。π键是平行于键轴的“肩并肩”重叠。σ键电子云重叠程度大，所以σ键比π键更稳定。

2. 极性键和非共价键　相同原子形成的共价键，$\Delta X=0$，为非极性共价键。不同原子形成的共价键，$\Delta X>0$，为极性共价键。

3. 配位键

配位键是特殊的共价键，共用电子对由一个原子单独提供，而与另一个原子共用。配位键的形成条件是一个原子具有空轨道，另一个原子具有孤对电子。

三、杂化轨道理论与分子的几何构型

在形成多原子分子的过程中，中心原子的若干能量相近的原子轨道重新组合，形成一组新的原子轨道的过程叫做杂化，产生的新轨道叫做杂化轨道。

杂化轨道类型与分子的几何构型的关系为：

杂化类型	杂化轨道数	分子构型	键角
等性 sp 杂化	2	直线形	180°
等性 sp^2 杂化	3	平面正三角形	120°
等性 sp^3 杂化	4	正四面体	109.5°

四、分子间力和氢键

（一）分子的极性

分子的正电重心和负电重心不重合，则为极性分子，其极性的大小可以用偶极矩μ来度量。

$$\mu = q \cdot d$$

1. 非极性分子（μ=0）

非极性分子包括以非极性键结合的双原子分子、以极性键结合的空间几何构型对称的多原子分子。

2. 极性分子（$\mu \neq 0$）

极性分子包括以极性键结合的双原子分子、空间几何构型不对称的多原子分子。

通常情况下，由极性键结合的多原子分子中，若中心原子没有孤对电子对，发生的是等性杂化，且结合的原子（配位原子）是同一原子，则分子无极性；若中心原子具有孤对电子且参与杂化，则为不等性杂化，无论配位原子是否为同一原子，分子都具有极性。

（二）分子间力

1. 分子间力的定义

分子间力指分子与分子之间的相互作用力，主要影响物质的物理性质。包括：

①取向力：极性分子间由于永久偶极的作用而产生的作用力。只存在于极性分子之间。

②诱导力：分子间由于诱导偶极的作用而产生的作用力。存在于极性分子与极性分子、极性分子与非极性分子之间。

③色散力：分子间由于瞬时偶极的作用而产生的作用力。存在于极性分子与极性分子、极性分子与非极性分子、非极性分子与非极性分子之间。

2. 分子间力的特点

（1）分子间力是一种较弱的电性引力，其作用能大小在 2 ~ 20 $kJ \cdot mol^{-1}$，而化学键的键能在 100 ~ 600 $kJ \cdot mol^{-1}$。

（2）分子间力没有方向性和饱和性。

（3）分子间力随分子间距离的增大而迅速减小，是一种短距离作用力。

（4）三种分子间作用力中，以色散力为主。

3. 氢键

氢键是氢原子同时与两个电负性较大、原子半径较小且带有孤对电子的元素的原子间的作用力。氢键是一种特殊的分子间作用力，其本质是静电引力，具有饱和性和方向性。分子间氢键使物质的熔、沸点升高。物质与水分子间形成氢键，则可增加其在水中的溶解度。

氢键的形成条件为：

（1）有与电负性大且 r 小的 X 原子（F，O，N）相连的 H;

（2）有电负性大、r 小且具有孤对电子的 Y 原子。

4. 三种晶体的结构与性质比较

晶体类型	晶格结点上的微粒	微粒间的作用力	晶体的性质	实例
离子晶体	阴、阳离子	离子键	熔点较高、硬度大而脆，固态不导电，熔融或溶解态导电	NaCl、CsCl ZnS
分子晶体	分子	分子间力	熔点低、硬度小，不导电	CO_2、NH_3
原子晶体	原子	共价键	熔点高、硬度大，不导电	金刚石、SiC

思考与练习

1. 区别下列各组概念

（1）σ键和π键　　（2）离子键和共价键

（3）共价键和配位键　　（4）永久偶极和瞬时偶极

（5）极性分子和非极性分子　　（6）分子间力和氢键

2. 用轨道式表示 Mg^{2+}、Al^{3+}、Fe^{3+}、F^{-}的电子层结构。

3. 结合共价键的形成条件，说明共价键为什么具有饱和性和方向性。

4. 简要说明σ键和π键的形成和主要特征。

5. 在酸性溶液中，H^{+} 常与 H_2O 分子结合成 H_3O^{+}（水合氢离子），试用配位键理论解释 H_3O^{+}的形成。

6. 常见的 sp 型杂化轨道有几种？杂化轨道间的夹角各是多少？

7. 为什么水分子的空间构型是 V 字型？

8. 试用杂化轨道理论解释 H_2S 分子的键角为 92°，而 PCl_3 分子的键角为 102°.

9. 下列说明是否正确？为什么？

（1）分子中只有离子键的化合物才是离子化合物。

（2）分子中具有共价键的化合物一定是共价化合物。

（3）非极性分子中的化学键一定是非极性键。

（4）由极性键组成的分子一定是极性分子。

（5）分子间力和离子键都类似是静电作用力。

10. 根据电负性数值，判断下列物质中化学键的类型：

（1）KBr （2）CCl_4 （3）N_2 （4）CaO （5）H_2S （6）CuO （7）MgO （8）$AlCl_3$

11. 下列分子中哪些是极性分子？哪些是非极性分子？从分子的构型加以说明。

（1）NO （2）CS_2 （3）SO_2 （4）H_2S （5）Cl_2 （6）HF （7）SiH_4 （8）CO_2

12. 分子间力有哪几种？各种力产生的原因是什么？试举例说明极性分子之

间、极性分子和非极性分子之间、非极性分子之间的分子间作用力。在大多数分子中以哪一种分子间力为主？

13. 什么叫氢键？哪些分子间易形成氢键？形成氢键对物质的性质有哪些影响？

14. 为什么氨易溶于水又容易液化？

15. 解释下列原因。

（1）为什么室温下，CH_4为气体，CCl_4为液体，而CI_4为固体？

（2）为什么H_2O的沸点高于H_2S，而CH_4的沸点却低于SiH_4？

16. 指出下列各组化合物中，哪个键的极性最小？哪个键的极性最大？

（1）NaCl、$MgCl_2$、$AlCl_3$、$SiCl_4$、PCl_5。

（2）HF、HCl、HBr、HI。

（3）LiF、NaF、KF、RbF、CsF。

17. 试比较离子键、共价键、氢键、分子间作用力等能量级的差别及作用力的特点。

18. 将下列物质按化学键的极性由大到小排列：

AgCl、HCl、NaCl、Cl_2、CCl_4

19. 试判断下列各组中的两种分子间存在哪些分子间作用力？

（1）Cl_2 和 CCl_4　（2）CO_2和H_2O　（3）H_2S 和 H_2O　（4）NH_3和H_2O

20. 判断下列化合物中有无氢键存在；若有，是分子间氢键还是分子内氢键？

（1）C_6H_6　（2）C_2H_6　（3）NH_3　（4）HNO_3

第五章　酸碱平衡

知识目标

本章要求熟悉弱电解质的离解平衡，离解度及其影响因素；掌握水的离解平衡和水的离子积常数，溶液的酸碱性和溶液 pH 值的计算；掌握同离子效应和缓冲溶液的含义，掌握缓冲溶液酸碱度的计算；理解盐类的水解，水解常数及水解度的概念。了解酸碱质子理论的基本要点。

能力目标

能进行酸、碱、盐溶液 pH 值的计算。能利用平衡移动原理解释同离子效应和缓冲溶液的作用原理。能根据盐的组成判断其水溶液的酸碱性，正确写出盐类水解的离子方程式。

第一节　电解质溶液

我们已经学习了化学反应速率和化学平衡，本章重点讨论水溶液中的化学平衡。人们按物质在溶解或熔融状态下能否导电，将其分为电解质和非电解质。在溶解或熔融状态下，能够导电的化合物叫做电解质；而在溶解和熔融状态下，都不能够导电的化合物叫做非电解质。

一、强电解质和弱电解质

通常根据导电能力的强弱把电解质分为强电解质和弱电解质。在水溶液中能全部离解成离子的电解质叫做强电解质。在水溶液中只有一部分离解的电解质叫做弱电解质。

强酸、强碱和绝大多数可溶性的盐在水溶液里都能全部离解，它们都是强电解质。从化合物结构来看，有典型离子键的化合物（如氢氧化钠等强碱和大部分盐类），以及那些在水分子作用下能完全离解的强极性键化合物（如硫酸、硝酸、盐酸等强酸）都属于强电解质。

弱酸、弱碱在水溶液里只能部分离解，它们都是弱电解质。在水溶液里仅部分离解的极性化合物（如醋酸、氢硫酸、氨水等弱酸、弱碱）和少部分由共价键结合的盐类，如 $Pb(Ac)_2$、$HgCl_2$、$Hg(CN)_2$ 都属于弱电解质。

弱电解质的离解过程是可逆的。例如醋酸的离解过程表示为：

$$HAc \rightleftharpoons H^{+}+Ac^{-}$$

达到离解平衡时，弱电解质的离解百分率叫做离解度（或电离度），用符号α表示。

$$\alpha=\frac{\text{已离解的弱电解质浓度}}{\text{弱电解质的起始浓度}}\times 100\% \tag{5-1}$$

【例 5-1】在 298 K 时，已知 0.1 $mol\cdot L^{-1}$ 醋酸（HAc）溶液中，$[H^{+}]=1.3\times 10^{-3}$ $mol\cdot L^{-1}$，求醋酸的离解度。

解：0.1 $mol\cdot L^{-1}$ 醋酸（HAc）溶液中，$[H^{+}]=1.3\times 10^{-3}$ $mol\cdot L^{-1}$，则醋酸的离解度为：

$$\alpha=\frac{1.3\times 10^{-3}}{0.1}\times 100\%=1.3\%$$

离解度的大小，除与电解质的本性有关外，还与溶剂、溶液的温度和浓度等因素有关。一般情况下，弱电解质分子中化学键的极性越弱，分子在水溶液中能离解出离子的趋势越小，离解度也就越小。所以离解度的数值大小可表示弱电解质的相对强弱。

二、强电解质溶液

（1）表观离解度

按照强电解质在水中全部离解的观点，像离子型化合物（如 KCl、NaCl 等）或具有强极性键的共价化合物（如 HCl、H_2SO_4 等），在水中是完全离解成离子的。它们的离解度似乎应该为 100%。但是，由于离子浓度较大，离子间平均距离较小，离子间吸引力和排斥力显著，每一个离子周围分布多个带有相反电荷的离子，彼此相互牵制。这种情形可认为是负离子周围形成了由正离子组成的“离子氛”，正离子周围也有负离子组成的“离子氛”。结果使得离子不能完全自由运动，在单位体积的电解质溶液内所含离子数显得比完全离解所计算出来的离子数要少，因而表现出似乎没有完全离解。所以溶液导电性实验所测得的离解度一般都小于 100%，这种实际测得的离解度称为表观离解度。

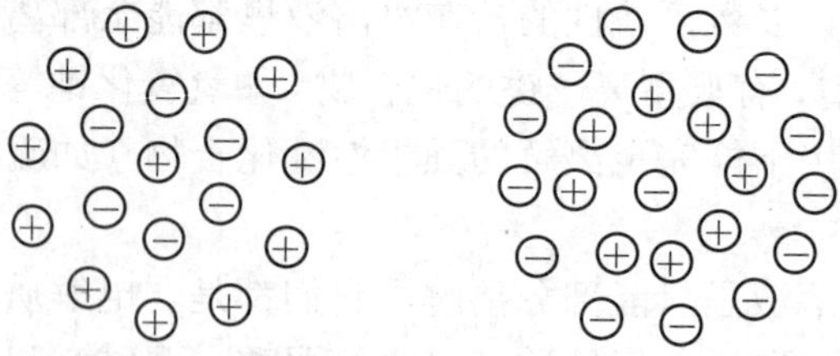

图 5-1 离子氛示意图

由此可见，强电解质离解度的含义与弱电解质不同：弱电解质的离解度是达到平衡时弱电解质离解的百分数；而强电解质的离解度却是反映其溶液中离子相互牵制作用的强弱程度。

一般情况下，溶液越浓或离子价数越高，强电解质的表观离解度越小。如 18℃时，0.1 $mol \cdot L^{-1}$ KCl 溶液，其表观离解度 α ＝86%；1.0 $mol \cdot L^{-1}$ KCl 溶液，其表观离解度 α ＝76%；2.0 $mol \cdot L^{-1}$ KCl 溶液，其表观离解度 α ＝71%。

表 5-1 强电解质的表观离解度（25℃，0.1 $mol \cdot L^{-1}$）

电解质	电离式	表观离解度/%
氯化钾	$KCl \longrightarrow K^+ + Cl^-$	86
硫酸锌	$ZnSO_4 \longrightarrow Zn^{2+} + SO_4^{2-}$	40
盐酸	$HCl \longrightarrow H^+ + Cl^-$	92
硝酸	$HNO_3 \longrightarrow H^+ + NO^-_3$	92
硫酸	$H_2SO_4 \longrightarrow H^+ + HSO_4^-$	61
氢氧化钠	$NaOH \longrightarrow Na^+ + OH^-$	91
氢氧化钡	$Ba(OH)_2 \longrightarrow Ba^{2+} + 2OH^-$	81

（2）活度与活度系数

当强电解质溶液稀释时，离子浓度降低，离子间的牵制作用减弱，会逐渐接近实际的完全离解。相反，强电解质溶液中的离子浓度越大，离子间的相互牵制作用就越强，溶液中能自由运动的离子的浓度就越小。为了定量地反映强电解质溶液中离子间相互牵制作用的强弱，引入活度（常用符号 a 表示）和活度系数（常用符号γ表示）的概念。

活度与活度系数的关系是：

$$a = \gamma c \tag{5-2}$$

活度系数γ无量纲，活度 a 与浓度 c 的单位都为 $mol \cdot L^{-1}$。

一般来说，活度系数$\gamma<1$，活度系数γ表示电解质溶液中离子间相互牵制作用的大小，它与溶液中所有离子的浓度和离子电荷有关。离子浓度越大，电荷越高，离子间作用越大，γ越小。当溶液无限稀释时，离子活动的自由程度非常大，接近 100%，离子间作用非常小，接近为 0，活度系数等于 1，活度等于离子浓度。

知识拓展

阿仑尼乌斯（1859—1927）

科学上的许多重大发现都需要科学家具有冲破旧思想和权威思想的勇气，化学史上这类事例很多。例如，1883 年阿仑尼乌斯提出的电离（离解）理论就是如此。

阿仑尼乌斯是瑞典杰出的物理化学家，电离理论的创立者，也是物理化学创始人之一。1859 年 2 月 19 日，他出生于瑞典乌普萨拉（Uppsala）的一个大学教师家庭，6 岁时就能进行复杂的计算，少年时期显出数、理、化方面的特长，成绩一直名列前茅，在大学时被校方认为是奇才。他用法文写的博士论文题为“电解质的电导率研究”和“电解质的化学理论”，在这个博士论文中，他首次提出了电离理论。

在 1870—1880 年，与化学、物理学密切相关的电化学获得了卓越的成就。范霍夫（J. H. VanHoff）研究证明：1 mol·L^{-1} NaCl 溶液的渗透压为 1 mol·L^{-1} 蔗糖溶液的两倍。法拉第（Faraday）认为电流通过酸、碱、盐溶液时，化合物因受电流作用而分离为离子。在此基础上年轻的阿仑尼乌斯提出了电解质自动离解成游离带电离子的概念，以其丰富的想象力与判断力，开创了电解质溶液理论的新纪元。

但在当时，人们认为正、负离子只能相互吸引结合到一起，不可能相互分开，阿仑尼乌斯却敢于大胆设想，提出了在溶液中电解质正、负离子相互分开发生离解的思想。离解理论的提出，立即遭到了权威的指责，如英国的阿姆斯特朗、特劳贝、俄国的门捷列夫等都反对，认为这是一个错误的理论。甚至连他的老师克利维也认为是“纯粹的空想”。在离解理论遭到反对的情况下，阿仑尼乌斯仍然坚持自己的观点，他将论文分寄给当时有名的化学家，首先得到奥斯瓦尔德的高度赞扬和大力支持，邀请他到俄国里加工学院当副教授。后来又得到科尔劳乌施和范霍夫的指点，于 1887 年用德文发表了“论水溶液中物质的离解”一文，终于使离解理论成为化学上的重要理论。

阿仑尼乌斯，S.A.

奥斯特瓦尔德
德国化学家
1853-1932

范霍夫

1889 年，阿仑尼乌斯到德国奥斯特瓦尔德实验室做实验，提出了反应速率的指数定律和活化分子、活化能的概念。由于他的研究内容部分属于物理学范畴，所以 1901 年、1902 年两次诺贝尔化学奖提名都被否决，直到 1903 年才荣获诺贝尔化学奖。

第二节　水的离解和溶液的 pH

一、水的离解平衡

水是一种非常弱的电解质，存在下述离解平衡：

$$H_2O+H_2O \rightleftharpoons H_3O^++OH^-$$

可简写为：$H_2O \rightleftharpoons H^++OH^-$

平衡常数可表示为：

$$K=\frac{[H^+][OH^-]}{[H_2O]}$$

$$K\,[H_2O]=K_w=[H^+][OH^-]$$

K_w 叫做水的离子积常数。它表明在一定温度下，水的离解达到平衡状态时，水中的 H^+与 OH^-浓度的乘积为一定值。此关系式亦适用于任何水溶液体系。

水的离子积常数和其他平衡常数一样，与浓度无关，与温度有关。因为水的离解过程是吸热的（$\Delta H=5.84\ kJ\cdot mol^{-1}$），所以，当温度升高时，$[H^+][OH^-]$的乘积增大，$K_w$ 值亦增大。

在 25℃时，$K_w=1.00\times10^{-14}$，1 L 水中仅有 1.00×10^{-7} mol 的水发生了离解。

表 5-2　不同温度下水的离子积常数

t/°C	0	25	40	60
K_w	0.115×10^{-14}	1.008×10^{-14}	2.94×10^{-14}	9.5×10^{-14}

二、溶液的酸碱性和 pH 值

通常情况下，常用 H^+浓度来表示溶液的酸碱性。例如 0.5 $mol\cdot L^{-1}$HAc 溶液，$[H^+]=2.96\times10^{-3}\ mol\cdot L^{-1}$；0.2 $mol\cdot L^{-1}$HCl 溶液，$[H^+]=0.2\ mol\cdot L^{-1}$；25℃的纯水，$[H^+]=1.00\times10^{-7}\ mol\cdot L^{-1}$。这种表示方法使用起来很不方便，索伦森于 1909 年首先提出了用$-lg[H^+]$来表示溶液的酸度，并称此值为 pH 值，表示为：

$$pH=-lg[H^+] \tag{5-3}$$

若溶液中

$$[H^+]=m\times10^{-n} \tag{5-4}$$

则

$$pH=n-lgm \tag{5-5}$$

pH 值是溶液酸碱性的标度。pH 值越小，$[H^+]$越大，溶液酸性越强；反之，pH 值越大，$[H^+]$越小，溶液酸性越弱，碱性越强。

pH 值的应用范围一般是 0～14，此时溶液中$[H^+]$浓度范围是 $1\sim10^{-14}\ mol\cdot L^{-1}$。

在酸碱性较强的溶液中，通常还是用$[H^+]$或$[OH^-]$的浓度直接表示其酸碱性更为方便。

溶液的酸碱性也可以用 pOH 来表示。pOH 是溶液中OH^-浓度的负对数：

$$pOH = -\lg[OH^-] \tag{5-6}$$

因为 25℃时，$[H^+][OH^-] = K_w = 1.00\times10^{-14}$。如果两边取负对数，则：

$$-\lg[H^+]+（-\lg[OH^-]）= 14$$

即

$$pH + pOH = 14 \tag{5-7}$$

可见，任何物质的水溶液，H^+与OH^-之间存在着互相依存、互相制约的关系。溶液所呈现的酸碱性，可由溶液中H^+与OH^-浓度的相对大小来决定。

25℃时，在中性、酸性、碱性溶液中H^+与OH^-浓度关系如下：

中性溶液：$[H^+]=[OH^-]= 1.00\times10^{-7}\ mol\cdot L^{-1}$，pH = pOH = 7

酸性溶液：$[H^+]>1.00\times10^{-7}\ mol\cdot L^{-1}$，$[H^+]>[OH^-]$；pH＜7＜pOH

碱性溶液：$[OH^-]>1.00\times10^{-7}\ mol\cdot L^{-1}$，$[H^+]<[OH^-]$；pH＞7＞pOH

pH 与人体健康关系非常密切，人的体液的 pH 是 7.35～7.45 时为正常；pH＜7.35 时，人体处于亚健康状况；pH=6.9 时，变成植物人；pH 是 6.85～6.45 时，会死亡。

人的血浆 pH 为 7.36～7.44，唾液的 pH 为 6.35～6.85，胆囊胆汁的 pH 为 6.4～6.9。如果血液的 pH 低于 7.3 或高于 7.5，会出现酸中毒或碱中毒；如果血液的 pH 降低至 7.0 或升高至 7.8，都会迅速致命。

我们可以通过饮食来调节体液的 pH 值，例如在常吃的食物中，肉、蛋等为酸性食物，而蔬菜、水果等为碱性食物。一些常见水溶液的 pH 值列于表 5-3 中。

表 5-3　一些常见水溶液的 pH 值

名称	pH	名称	pH	名称	pH
食醋	3.0	番茄汁	3.5	海水	8.3
啤酒	4~5	柠檬汁	2.2~2.4	饮用水	6.5~8.0
牛奶	6.3~6.6	葡萄酒	2.8~3.8	人唾液	6.5~7.5
乳酪	4.8~6.4	鸡蛋清	7.0~8.0	人尿液	4.8~8.4

【例 5-2】计算 $0.050\ mol\cdot L^{-1}$ 的 HCl 溶液的 pH 和 pOH 值。

解：盐酸为强电解质，在溶液中全部离解：

$HCl \longrightarrow H^+ + Cl^-$

$[H^+]=0.050\ mol\cdot L^{-1}=5\times10^{-2}\ mol\cdot L^{-1}$

$pH=2-\lg5.0=2-0.70=1.30$

$pOH=14-pH=14-1.30=12.70$

需要指出的是：在弱酸或弱碱水溶液中，还同时存在水的电离平衡，这两个平衡相互联系、相互影响。但是当 $K_w << K_a$（或 $K_w << K_b$），而弱电解质又不是很稀时，溶液中$[H^+]$或$[OH^-]$主要由弱电解质的离解产生，计算时可以忽略水的离解。

知识拓展

酸 雨

所谓酸雨，正确的名称应为“酸性沉降”，它可分为“湿沉降”与“干沉降”两大类，前者指的是所有气状污染物或粒状污染物，随着雨、雪、雾或雹等落到地面的物质；后者则是指在不下雨的日子，从空中降下来的落尘所带的酸性物质。未被污染的雨雪是中性的，pH 接近于 7。当它为大气中二氧化碳饱和时，略呈酸性，pH 为 5.65。被大气中存在的酸性气体污染，pH 小于 5.65 的酸性降雨叫酸雨；pH 小于 5.65 的雪叫酸雪；在高空或高山（如峨眉山）上弥漫的雾，pH 小于 5.65 时叫酸雾。

酸雨中的酸主要是硫酸和硝酸。目前，酸雨的酸度不断增加，范围日益扩大。过去酸雨污染只限于大城市和工业集中地，近年来，欧洲、北美、南美等地已发展到中小城市甚至农村。在美国五大湖区及西欧已出现 pH 在 4.5 以下的酸雨，湖泊及森林所遭受的危害非常严重。同时，因为硫、氮氧化物所形成的悬浮微粒能在大气中停滞很久，随着气流的扩散，所能影响的范围也就越来越大，甚至某国排放的污染物质会造成其他邻近国家雨水酸化。酸雨不仅发生在发达国家，也扩展到发展中国家，我国南方酸雨危害较严重。

造成雨水酸化的污染物质有 SO_2、NO_x、HCl、有机酸等。酸性气体主要来源于工厂、汽车排放出的废气；煤、石油等矿物质的燃烧；有机物的燃烧和腐烂。

酸雨因 pH 小于 5.65，造成土壤、岩石中的有毒金属元素溶解，流入河川或湖泊，严重时使得鱼类大量死亡。水生植物和以河川酸化水质灌溉的农作物，因累积有毒金属，将经由食物链进入人体，危害人类的健康。酸雨会影响农林作物的叶子，同时土壤中的金属元素因被酸雨溶解，造成矿物质大量流失，植物无法获得充足的养分，将枯萎、死亡。湖泊酸化后，可能使生态系统改变，甚至湖中生物死亡，生态系统活动因而无法进行，最后变成死湖。酸雨还腐蚀建筑物、公共设施、古迹和金属物质，造成人类经济、财物及文化遗产的损失。同时，酸雨还刺激人类眼睛和皮肤，对人体造成伤害。

减小和防止酸雨的形成，主要应从消除污染源着手。如减少 SO_2，要采用低硫分煤、石油、天然气等燃料，以及加工制成低硫或脱硫的燃料；更好的措施是发展新的能源，如太阳能、氢燃料、地热、核能以及用乙醇部分代替汽油等。使大气污染减少到最低限度，从而消灭酸雨，这样才能创造出人类美好的生存环境。

三、酸碱指示剂

酸碱指示剂是一种有机染料，一般为有机弱酸或弱碱，当溶液 pH 值变化时，它们由于本身结构变化而呈现不同的颜色。

例如：甲基橙为有机弱碱，pH＜3.1 为红色；pH ＞4.4 为黄色（红色为其酸色，黄色为其碱色）。酚酞为二元弱酸，pH＜8.0 为无色；pH ＞10.0 为红色（无色为其酸色，红色为其碱色）。每种指示剂都有一定的变色范围，可以从指示剂在溶液中的平衡移动来解释。

弱酸型指示剂的酸式为 HIn，碱式为 In^-，指示剂的离解常数为 K_{HIn}，也叫指示剂常数。当溶液达到平衡时：

$$HIn \rightleftharpoons H^+ + In^-$$

则有 $K_{HIn}=\dfrac{[H^+][In^-]}{[HIn]}$，即：$\dfrac{K_{HIn}}{[H^+]}=\dfrac{[In^-]}{[HIn]}$。

当 $\dfrac{[In^-]}{[HIn]}=1$ 时，显酸色和碱色的中间色，此时，$\dfrac{K_{HIn}}{[H^+]}=1$，即 $pH=pK_{HIn}$，称为指示剂的理论变色点。

对某种指示剂来说，当溶液的 pH 从 $pK_{HIn}-1$ 上升到 $pK_{HIn}+1$ 时，就可明显地看到指示剂由酸色变为碱色。则可得出酸碱指示剂的理论变色范围：$pH=pK_{HIn}\pm 1$，为两个 pH 单位。

不同的指示剂具有不同的 K_{HIn} 值。所以具有不同的变色范围。表 5-4 列出了常用的酸碱指示剂及其变色范围。

表 5-4 常用的酸碱指示剂及变色范围

指示剂	变色范围	颜色变化	pK_{HIn}	浓度
百里酚蓝	1.2～2.8	红～黄	1.62	0.1%的 20%乙醇溶液
甲基黄	2.9～4.0	红～黄	3.25	0.1%的 90%乙醇溶液
甲基橙	3.1～4.4	红～黄	3.45	0.1%的水溶液
溴酚蓝	3.0～4.6	黄～紫	4.1	0.1%的 20%乙醇溶液或其钠盐水溶液
溴甲酚绿	4.0～5.6	黄～蓝	4.9	0.1%的 20%乙醇溶液或其钠盐水溶液
甲基红	4.4～6.2	红～黄	5.0	0.1%的 60%乙醇溶液或其钠盐水溶液
溴百里酚蓝	6.2～7.6	黄～蓝	7.3	0.1%的 20%乙醇溶液或其钠盐水溶液
中性红	6.8～8.0	红～黄橙	7.4	0.1%的 60%乙醇溶液
苯酚红	6.8～8.4	黄～红	8.0	0.1%的 60%乙醇溶液或其钠盐水溶液
酚酞	8.0～10.0	无～红	9.1	0.2%的 90%乙醇溶液
百里酚蓝	8.0～9.6	黄～蓝	8.9	0.1%的 20%乙醇溶液
百里酚酞	9.4～10.6	无～蓝	10.0	0.1%的 90%乙醇溶液

第三节　弱电解质的离解平衡

一、一元弱酸的离解平衡

1. 离解常数

弱电解质在水溶液中部分离解，因此存在着分子与离子之间的离解平衡。以醋酸 HAc 为例，它的离解平衡方程式为：

$$HAc+H_2O \rightleftharpoons H_3O^++Ac^-$$

一般可简写成：

$$HAc \rightleftharpoons H^++Ac^-$$

在一定温度下，当达到离解平衡时，醋酸溶液中氢离子 H^+、醋酸根离子 Ac^- 及未离解的醋酸分子 HAc 之间的浓度关系，可表示为：

$$K_a=\frac{[H^+][Ac^-]}{[HAc]}$$

式中的 K_a 叫做弱酸的离解平衡常数，简称离解常数。离解常数和所有的平衡常数一样，与温度有关，而与浓度无关。不同温度下，离解常数 K_a 值不同。25℃下，常见一元弱酸的离解常数见表 5-5。

表 5-5　常见一元弱酸在水中的离解常数（25℃）

弱酸	分子式	离解常数 K_a	pK_a
氢氰酸	HCN	6.2×10^{-10}	9.21
氢氟酸	HF	6.6×10^{-4}	3.18
亚硝酸	HNO_2	5.1×10^{-4}	3.29
醋酸	CH_3COOH	1.8×10^{-5}	4.74
苯甲酸	C_6H_5COOH	6.2×10^{-5}	4.21
苯酚	C_6H_5OH	1.1×10^{-10}	9.95

离解常数 K_a 是一种平衡常数。它表示达到离解平衡时，弱电解质离解为离子的趋势大小。K_a 值越大，表示弱电解质离解为离子的趋势越大；反之，K_a 值越小，表示弱电解质离解为离子的趋势越小。因此，在相同温度条件下，同类型的弱酸的相对强弱，可以通过离解常数的数值大小来决定。K_a 越大，表示酸性越强。

2. 离解度

离解度和离解常数都能表示弱电解质离解程度的大小，但二者是有区别的。离解常数是在弱电解质溶液体系中的一种平衡常数，不受浓度影响。不同弱电解质具有不同的离解常数值。离解度是达到离解平衡时，弱电解质的离解百分率。也就是化学平衡中的转化率在弱电解质溶液体系中的一种表现形式，离解度随浓度的变化而变化。所以离解常数比离解度能更好地表明弱电解质的相对强弱。

以一元弱酸 HA 为例，其离解度为 α，离解常数 K_a 和浓度 c 之间的关系推导如下：

$$HA \rightleftharpoons H^+ + A^-$$

	HA	H^+	A^-
起始浓度	c	0	0
平衡浓度	$c(1-\alpha)$	$c\alpha$	$c\alpha$

$$K_a = \frac{[H^+][A^-]}{[HA]} = \frac{(c\alpha)^2}{c(1-\alpha)} = \frac{c\alpha^2}{1-\alpha}$$

一般来说，当 $c/K_a > 400$ 时，可以认为 $1-\alpha \approx 1$，作近似处理，可得 $K_a = c\alpha^2$ 即

$$\alpha = \sqrt{\frac{K_a}{c}} \tag{5-8}$$

这个关系式表明了离解常数、离解度、溶液浓度三者之间的关系，称为稀释定律。对同一弱电解质，离解度 α 与浓度的平方根成反比，即溶液越稀，弱电解质离解度 α 的值越大。

溶液中 H^+浓度：

$$[H^+] = c\alpha = c\sqrt{\frac{K_a}{c}} = \sqrt{K_a c} \tag{5-9}$$

【例 5-3】已知 298 K 醋酸的 $K_a = 1.8\times10^{-5}$，计算 0.10 $mol\cdot L^{-1}$HAc 溶液中 H^+离子浓度和醋酸的离解度。

解：设 HAc 溶液达平衡时$[H^+] = x\ mol\cdot L^{-1}$

$$HAc \rightleftharpoons H^+ + Ac^-$$

	HAc	H^+	Ac^-
起始浓度/$mol\cdot L^{-1}$	0.10	0	0
平衡浓度/$mol\cdot L^{-1}$	$0.10-x$	x	x

则

$$K_a = \frac{x^2}{0.10-x}$$

由于 $c/K_a > 400$，可以认为 $0.10-x \approx 0.10$，

因此，

$$x = \sqrt{0.10\times K_a} = 1.3\times10^{-3}\ mol\cdot L^{-1}$$

$$[H^+] = 1.3\times10^{-3}\ mol\cdot L^{-1}$$

$$\alpha = \sqrt{\frac{K_a}{c}} = \sqrt{\frac{1.8\times10^{-5}}{0.10}} = 1.3\%$$

二、一元弱碱的离解平衡

一元弱碱的离解情况和一元弱酸相同。例如氨水溶液的离解平衡方程式为：

$$NH_3 \cdot H_2O \rightleftharpoons NH_4^+ + OH^-$$

$$K_b = \frac{[NH_4^+][OH^-]}{[NH_3 \cdot H_2O]}$$

式中：K_b——弱碱的离解常数。

常见一元弱碱的离解常数见表 5-6。

表 5-6 常见一元弱碱在水中的离解常数（25℃）

弱碱	分子式	离解常数 K_b	pK_b
氨水	NH_3	1.8×10^{-5}	4.74
羟胺	NH_2OH	9.1×10^{-6}	8.04
苯胺	$C_6H_5NH_2$	4.6×10^{-10}	9.34
六次甲基四胺	$(CH_2)_6N_4$	1.4×10^{-9}	8.85
吡啶	C_5H_5N	1.7×10^{-5}	8.77

由表中数据可知，在相同温度条件下，对于同类型的弱碱，K_b越大，表示碱性越强。

同样，对于一元弱碱溶液，有：

$$\alpha = \sqrt{\frac{K_b}{c}} \tag{5-10}$$

溶液中 OH^-浓度：

$$[OH^-] = c\alpha = c\sqrt{\frac{K_b}{c}} = \sqrt{K_b c} \tag{5-11}$$

【例 5-4】计算 0.5 $mol\cdot L^{-1}$ $NH_3\cdot H_2O$（$K_b = 1.8\times10^{-5}$）溶液中$[H^+]$、$[OH^-]$、离解度及 pH 值。

解：$NH_3 \cdot H_2O \rightleftharpoons NH_4^+ + OH^-$

$$K_b = \frac{[NH_4^+][OH^-]}{[NH_3 \cdot H_2O]} = 1.8\times10^{-5}$$

$\frac{c}{K_b} > 500$，可采用近似公式计算：

$$[OH^-] = \sqrt{K_b c} = \sqrt{1.8\times10^{-5}\times0.5} = 3.0\times10^{-3}\ mol\cdot L^{-1}$$

$$[H^+] = \frac{K_w}{[OH^-]} = \frac{1.0\times10^{-14}}{3.0\times10^{-3}} = 3.33\times10^{-12}\ mol\cdot L^{-1}$$

$$\alpha=\sqrt{\frac{K_b}{c}}=\sqrt{\frac{1.8\times10^{-5}}{0.5}}=6.0\times10^{-3}$$

或：$\alpha=\frac{[OH^-]}{c}=\frac{3.0\times10^{-3}}{0.5}\times100\%=0.60\%$

三、多元弱酸的离解平衡

多元酸是指一个酸分子能离解出一个以上的 H^+离子的酸。如 H_2S、H_2CO_3、H_2SO_3、H_3PO_4 等。多元弱酸在水溶液中是分步离解的，每一步离解都有相应的离解平衡关系及离解常数。

以 H_2S 为例：

第一步离解：$H_2S \rightleftharpoons H^+ + HS^-$ $\quad K_{a1}=\frac{[H^+][HS^-]}{[H_2S]}=1.3\times10^{-7}$

第二步离解：$HS^- \rightleftharpoons H^+ + S^{2-}$ $\quad K_{a2}=\frac{[H^+][S^{2-}]}{[HS^-]}=7.1\times10^{-15}$

表 5-7 列出一些常见多元弱酸的各级离解常数。

表 5-7 常见多元弱酸的各级离解常数（25℃）

弱酸	分子式	离解常数 K_a	pK_a
砷酸	H_3AsO_4	6.3×10^{-3}（K_{a1}） 1.0×10^{-7}（K_{a2}） 3.2×10^{-12}（K_{a3}）	2.20 7.00 11.50
碳酸	H_2CO_3	4.2×10^{-7}（K_{a1}） 5.6×10^{-11}（K_{a2}）	6.38 10.25
磷酸	H_3PO_4	7.6×10^{-3}（K_{a1}） 6.3×10^{-8}（K_{a2}） 4.4×10^{-13}（K_{a3}）	2.12 7.2 12.36
氢硫酸	H_2S	1.3×10^{-7}（K_{a1}） 7.1×10^{-15}（K_{a2}）	6.88 14.15
亚硫酸	H_3SO_3	1.3×10^{-2}（K_{a1}） 6.3×10^{-8}（K_{a2}）	1.90 7.20
草酸	$H_2C_2O_4$	5.9×10^{-2}（K_{a1}） 6.4×10^{-5}（K_{a2}）	1.22 4.19

由表中数据可以看出，多级离解的离解常数是逐级显著减小的，这是多级离解的一个规律。例如，由 H_2S 的两级离解平衡常数可知，$K_{a2} << K_{a1}$，即 H_2S 的第二步离解要比第一步离解困难得多。所以在 H_2S 溶液中 H^+ 主要来源于第一步离解，第二步离解出的 H^+ 很少，可忽略不计。也就是说 HS^- 只有极少一部分发生第二步离解，因此可以认为体系中的 $[HS^-]$ 和 $[H^+]$ 近似相等，即 $[H^+] \approx [HS^-]$。

【例 5-5】已知在室温、101.325 kPa 下，硫化氢饱和水溶液中，H_2S 的浓度为 0.1 mol·L^{-1}，试求此饱和 H_2S 水溶液中 H^+、HS^- 和 S^{2-} 的浓度。

解：设 H_2S 溶液达平衡时 $[H^+] = x$ mol·L^{-1}

第一步离解	$H_2S \rightleftharpoons$	H^+ +	HS^-
起始浓度/mol·L^{-1}	0.1	0	0
平衡浓度/mol·L^{-1}	$0.1-x$	x	x

$$K_{a1} = \frac{[H^+][HS^-]}{[H_2S]} = \frac{x^2}{0.1-x} = 1.3 \times 10^{-7}$$

由于 $c/K_a > 400$，可以认为 $0.1-x \approx 0.1$，因此，$x = 1.14 \times 10^{-4}$

即：$[H^+] \approx [HS^-] = 1.14 \times 10^{-4}$ mol·L^{-1}

在一种溶液中，各离子之间的平衡是同时建立的，涉及多种平衡的离子，其浓度必须同时满足该溶液中的所有平衡，这是求解溶液中多种平衡共存问题的重要原则。

由于在 H_2S 溶液中，同时存在第一步离解平衡和第二步离解平衡，所以溶液中 H^+ 浓度和 HS^- 浓度必须满足两个平衡。

第二步离解：$HS^- \rightleftharpoons H^+ + S^{2-}$ $\quad K_{a2} = \dfrac{[H^+][S^{2-}]}{[HS^-]}$

由于 $[H^+] \approx [HS^-]$，因此，$[S^{2-}] \approx K_{a2} = 7.1 \times 10^{-15}$ mol·L^{-1}

对于二元弱酸，我们可以得到如下结论：

（1）二元弱酸的氢离子浓度按第一级离解平衡来计算。所以，比较二元弱酸的强弱时，只要比较第一级离解常数的大小即可；

（2）由于 $[H^+] \approx [HS^-]$，二元弱酸的酸根离子浓度近似等于二级离解常数，即 $[S^{2-}] \approx K_{a2}$。

三元弱酸离解的情况与二元弱酸相似。例如磷酸就是分三步逐级离解的。

$$H_3PO_4 \rightleftharpoons H^+ + H_2PO_4^- \qquad K_{a1} = 7.6 \times 10^{-3}$$
$$H_2PO_4^- \rightleftharpoons H^+ + HPO_4^{2-} \qquad K_{a2} = 6.3 \times 10^{-8}$$
$$HPO_4^{2-} \rightleftharpoons H^+ + PO_4^{3-} \qquad K_{a3} = 4.4 \times 10^{-13}$$

由于三步离解的离解平衡常数逐级减小，且相差很大，因此，磷酸的 $[H^+]$ 也主要来自于第一步离解。

第四节 同离子效应和缓冲溶液

离解平衡和其他化学平衡一样，当外界条件（浓度、温度）改变时，化学平衡就会发生移动。离子浓度的变化是影响离解平衡移动的重要因素。

一、同离子效应

若在HAc溶液中加入少量NaAc，由于NaAc在溶液中完全离解，使溶液中Ac^-浓度增加，HAc的离解平衡左移，从而降低了HAc的离解度。

$$NaAc \longrightarrow Na^+ + Ac^-$$

$$HAc \rightleftharpoons H^+ + Ac^-$$

在氨水中加入NH_4Cl的情况也与此相似。由于NH_4Cl在溶液中完全离解，使溶液中NH_4^+浓度增加，则氨水的离解平衡将向左移动，降低了氨水的离解度。

$$NH_4Cl \longrightarrow NH_4^+ + Cl^-$$

$$NH_3 \cdot H_2O \rightleftharpoons NH_4^+ + OH^-$$

这种在弱电解质溶液中，加入与弱电解质具有相同离子的强电解质，使得弱电解质的离解度降低的现象，称为同离子效应。

【例 5-6】在 0.10 mol·L^{-1} HAc 溶液中加入少量固体醋酸钠，使其浓度为 0.10 mol·L^{-1}，计算此时溶液中的氢离子浓度和HAc的离解度，并与例5-3的结果进行比较。

解：醋酸钠在水溶液中全部离解。

$$NaAc \longrightarrow Na^+ + Ac^-$$

醋酸的离解平衡式如下，设达平衡时有 x mol·L^{-1} 的醋酸离解

$$HAc \rightleftharpoons H^+ + Ac^-$$

	HAc	H^+	Ac^-
起始浓度/mol·L^{-1}	0.10	0	0.10
平衡浓度/mol·L^{-1}	$0.10-x$	x	$0.10+x$

$$K_a = \frac{x(0.10+x)}{0.10-x}$$

由于同离子效应，HAc的离解度减小，因此，可以认为 $0.10+x \approx 0.10$，$0.10-x \approx 0.10$，代入平衡关系式，得 $x = K_a = 1.8 \times 10^{-5}$。

即 $[H^+] = 1.8 \times 10^{-5}$ mol·L^{-1}

则HAc的离解度 $\alpha = \frac{[H^+]}{0.10} = \frac{1.8 \times 10^{-5}}{0.10} = 0.018\%$

在例5-3中 0.10 mol·L^{-1} 醋酸的离解度为1.3%。可见，加入少量醋酸钠后，醋

酸的离解度降低了 75 倍。

二、缓冲溶液

许多化学反应要在一定的 pH 条件下进行，因此，如何控制反应的 pH 值是保证反应正常进行的一个重要条件。人们研究出一种可以抵抗少量酸碱的影响，从而控制溶液 pH 值的溶液，这就是缓冲溶液。因此，缓冲溶液就是一种能够抵抗外加的少量强酸、强碱或适当稀释，而保持体系的 pH 值基本不变的溶液。

1. 缓冲溶液的组成

缓冲溶液一般由弱酸及其盐组成，例如 HAc-NaAc 等；由弱碱及其盐组成，例如 $NH_3{\cdot}H_2O$-NH_4Cl 等；由多元弱酸的酸式盐及其次级盐组成，例如 NaH_2PO_4-Na_2HPO_4 等；也可由某些正盐和它的酸式盐组成，例如 $NaHCO_3$-Na_2CO_3 等。它们都可以配制成为保持不同 pH 值的缓冲溶液。

2. 缓冲溶液的作用原理

缓冲溶液保持体系的 pH 基本不变的作用，称为缓冲作用，缓冲作用的原理与同离子效应有关。以 HAc-NaAc 缓冲溶液为例分析如下。

在 HAc-NaAc 溶液中存在着下列反应：

$$HAc \rightleftharpoons H^+ + Ac^-$$

$$NaAc \longrightarrow Na^+ + Ac^-$$

由于 NaAc 在溶液中完全离解，使溶液中 Ac^-浓度增加，HAc 的离解平衡左移，从而降低了 HAc 的离解度。因此，在混合溶液中存在着大量的 HAc 分子和 Ac^-。这种在溶液中同时大量存在的弱酸分子及其弱酸根离子，组成缓冲对。

当在溶液中加入少量强碱如 NaOH 时，OH^-与溶液中的 H^+结合生成难离解的水分子，使 HAc 的离解平衡向右移动，从而进一步产生 H^+，使被消耗的 H^+得以补充。当达到新的平衡时，溶液中 OH^-的浓度几乎不变。

$$OH^- + H^+ \rightleftharpoons H_2O$$

$$HAc \rightleftharpoons H^+ + Ac^-$$

总的反应式为：

$$HAc + OH^- \rightleftharpoons Ac^- + H_2O$$

因此，HAc 具有抵抗外来强碱的能力，通常称作 HAc-NaAc 缓冲溶液的抗碱成分。

当在缓冲溶液中加入少量强酸（如 HCl）时，强酸完全离解的 H^+与溶液中的 Ac^-结合，生成弱酸 HAc，使醋酸的离解平衡向左移动。当达到新的平衡时，溶液中 H^+的浓度不会显著增加。

$$H^+ + Ac^- \rightleftharpoons HAc$$

因此，Ac^-具有抵抗外来强酸的能力，通常称作 HAc-NaAc 缓冲溶液的抗酸成分。

由于缓冲对中的抗酸成分或抗碱成分的作用，缓冲溶液能够抵抗外加少量的强酸、强碱，而保持体系的 pH 值基本不变。

3. 缓冲溶液的 pH 值

（1）一元弱酸及其盐

以 HAc-NaAc 为例，设 $c_{酸}$为 HAc 的浓度，$c_{盐}$为 Ac^-的浓度，x 为 H^+的浓度

$$HAc \rightleftharpoons H^+ + Ac^-$$

起始浓度/$mol·L^{-1}$ $c_{酸}$ 0 $c_{盐}$

平衡浓度/$mol·L^{-1}$ $c_{酸}-x$ x $c_{盐}+x$

由于同离子效应，使 HAc 的离解度减小，因此，可以认为 $c_{盐}+x \approx c_{盐}$，$c_{酸}-x \approx c_{酸}$，代入平衡关系式，得：

$$K_a = \frac{[H^+][Ac^-]}{[HAc]} = \frac{xc_{盐}}{c_{酸}}$$

故有 $$x = [H^+] = K_a \frac{c_{酸}}{c_{盐}}$$

取负对数 $$pH = pK_a - \lg\frac{c_{酸}}{c_{盐}} \qquad (5\text{-}12)$$

由以上公式可知，缓冲溶液的 pH 值，首先取决于 K_a 值，其次取决于弱酸和弱酸盐的浓度之比。

当$\frac{c_{酸}}{c_{盐}}=1$时，$pH = pK_a$；当$\frac{c_{酸}}{c_{盐}}=10$时，$pH = pK_a - 1$；当$\frac{c_{酸}}{c_{盐}}=\frac{1}{10}$时，$pH = pK_a + 1$；

所以缓冲溶液的 pH 缓冲范围一般为：$pH = pK_a \pm 1$。例如，HAc-NaAc 缓冲溶液范围为 $pH = 4.74 \pm 1$，即 pH = 3.74～5.74 为适宜的缓冲范围。

缓冲溶液的缓冲能力用缓冲容量来衡量，缓冲容量取决于酸及盐的浓度大小及 $c_{酸}$与 $c_{盐}$的比值。当 $c_{酸}$与 $c_{盐}$的浓度较大，且$\frac{c_{酸}}{c_{盐}}=1$时，缓冲溶液的缓冲能力最大。

应当指出，缓冲溶液的缓冲能力是有一定限度的，如果在缓冲溶液中加入大量的强酸、强碱或用大量水稀释，溶液就失去了缓冲能力。

（2）一元弱碱及其盐

以 $NH_3·H_2O$-NH_4Cl 为例，同理可以推导出公式：

$$pOH = pK_b - \lg\frac{c_{碱}}{c_{盐}} \qquad (5\text{-}13)$$

缓冲溶液的 pOH 缓冲范围一般为：$pOH = pK_b \pm 1$。

【例 5-7】计算将浓度为 0.08 $mol \cdot L^{-1}$ 的 HAc 溶液与 0.20 $mol \cdot L^{-1}$ 的 NaAc 溶液等体积混合后，求溶液的 pH。（已知 HAc 的 $pK_a = 4.75$）

解：根据题意知混合后，溶液中：

$$[HAc] = \frac{0.08}{2} = 0.04\ mol \cdot L^{-1}$$

$$[Ac^-] = \frac{0.2}{2} = 0.1\ mol \cdot L^{-1}$$

代入公式，得：$pH = pK_a + \lg\frac{[Ac^-]}{[HAc]} = 4.75 + \lg\frac{0.1}{0.04}$

$$= 4.75 + 0.4 = 5.15$$

4. 缓冲溶液的选择和配制

用于控制溶液酸度的缓冲溶液有很多，可以根据实际需要，选择不同的缓冲溶液。选择缓冲溶液的原则是：

（1）缓冲溶液应对体系的反应无干扰。

（2）所需控制的 pH 应在缓冲溶液的缓冲范围内。

（3）若缓冲溶液是由弱酸及其盐组成的，所控制的 pH 应尽量与 pK_a 一致；若是由弱碱及其盐组成的，所控制的 pH 应尽量与 pK_b 一致；且浓度应较大，使缓冲溶液有足够大的缓冲容量。

（4）缓冲物质应价廉易得，避免污染。

表 5-8 介绍了常用缓冲溶液的配制方法和 pH 值。

表 5-8 常用 pH 缓冲溶液的配制方法和 pH 值

序号	溶液名称	配制方法	pH 值
1	氯化钾-盐酸	13.0 mL 0.2 $mol \cdot L^{-1}$ HCl 与 25.0 mL 0.2 $mol \cdot L^{-1}$ KCl 混合均匀后，加水稀释至 100 mL	1.7
2	氨基乙酸-盐酸	在 500 mL 水中溶解氨基乙酸 150 g，加 480 mL 浓盐酸，再加水稀释至 1L	2.3
3	一氯乙酸-氢氧化钠	在 200 mL 水中溶解 2 g 一氯乙酸后，加 40 g NaOH，溶解完全后再加水稀释至 1 L	2.8
4	邻苯二甲酸氢钾-盐酸	把 25.0 mL 0.2 $mol \cdot L^{-1}$ 的邻苯二甲酸氢钾溶液与 6.0 mL 0.1 $mol \cdot L^{-1}$ HCl 混合均匀，加水稀释至 100 mL	3.6
5	邻苯二甲酸氢钾-氢氧化钠	把 25.0 mL 0.2 $mol \cdot L^{-1}$ 的邻苯二甲酸氢钾溶液与 17.5 mL 0.1 $mol \cdot L^{-1}$ NaOH 混合均匀，加水稀释至 100 mL	4.8
6	六亚甲基四胺-盐酸	在 200 mL 水中溶解六亚甲基四胺 40 g，加浓 HCl 10 mL，再加水稀释至 1 L	5.4

序号	溶液名称	配制方法	pH 值
7	磷酸二氢钾-氢氧化钠	把 25.0 mL 0.2 mol·L^{-1} 的磷酸二氢钾与 23.6 mL 0.1 mol·L^{-1} NaOH 混合均匀，加水稀释至 100 mL	6.8
8	硼酸-氯化钾-氢氧化钠	把 25.0 mL 0.2 mol·L^{-1} 的硼酸-氯化钾与 4.0 mL 0.1 mol·L^{-1} NaOH 混合均匀，加水稀释至 100 mL	8.0
9	氯化铵-氨水	把 0.1 mol·L^{-1} 氯化铵与 0.1 mol·L^{-1} 氨水以 2∶1 比例混合均匀	9.1
10	硼酸-氯化钾-氢氧化钠	把 25.0 mL 0.2 mol·L^{-1} 的硼酸-氯化钾与 43.9 mL 0.1 mol·L^{-1} NaOH 混合均匀，加水稀释至 100 mL	10.0
11	氨基乙酸-氯化钠-氢氧化钠	把 49.0 mL 0.1 mol·L^{-1} 氨基乙酸-氯化钠与 51.0 mL 0.1 mol·L^{-1} NaOH 混合均匀	11.6
12	磷酸氢二钠-氢氧化钠	把 50.0 mL 0.05 mol·L^{-1} Na_2HPO_4 与 26.9 mL 0.1 mol·L^{-1} NaOH 混合均匀，加水稀释至 100 mL	12.0
13	氯化钾-氢氧化钠	把 25.0 mL 0.2 mol·L^{-1} KCl 与 66.0 mL 0.2 mol·L^{-1} NaOH 混合均匀，加水稀释至 100 mL	13.0

（5）缓冲溶液的应用

缓冲溶液在生物化学系统非常重要。人体中有如下缓冲对：H_2CO_3-HCO_3^-、$H_2PO_4^-$-HPO_4^{2-} 和 Na 蛋白质—H 蛋白质。在植物体中也含有机酸（酒石酸、柠檬酸、草酸等）及其盐类所组成的缓冲系统。土壤也有缓冲系统，它由碳酸-碳酸盐、土壤腐质酸及其盐类所组成，这是保证植物生长的必要条件。适宜作物生长的 pH 范围在 5～8。

在制药工业，大多数药物都有自己稳定的 pH 范围，例如配制氯霉素眼药水时，要加入硼酸缓冲溶液，保持 pH 值在 7.0 左右。在化学化工的实验和生产中许多离子的分离、提纯以及分析检验时，也大量用到缓冲溶液，可以有选择性地除去杂质离子的干扰。半导体器件硅片表面的氧化物（SiO_2）通常用 HF－NH_4F 的混合液来腐蚀，可以缓慢地除去 SiO_2，以保持硅片的平整。

知识拓展

为什么正常人血液的 pH 值维持在 7.35～7.45？

临床上把 pH 小于 7.35 的称为酸中毒，pH 大于 7.45 的称为碱中毒。人体通过体内的缓冲对的缓冲作用、呼吸作用和肾脏调节功能，使正常人血液的 pH 值维持在 7.35~7.45 这样一个狭小的范围内。正常血液缓冲比为 20∶1，按说缓冲能力应该非常有限，而事实是在血液中它们的缓冲能力很强，这是因为当代谢过程产生比 H_2CO_3 更强的酸进入血液中，则 HCO_3^- 与 H^+ 结合生成 H_2CO_3，又立刻被带到肺部分解成 $H_2O+CO_2\uparrow$，呼出体外。反之，代谢过程产生碱物进入血液时，H_2CO_3 立即与

OH^-作用，生成 H_2O 和 HCO_3^-，经肾脏调节由尿排出，可用下式表示：

$$
\begin{array}{ccc}
HCO_3^- & \underset{H^+}{\overset{OH^-}{\rightleftharpoons}} & HCO_3^- \\
\Updownarrow & & \Updownarrow \\
CO_2+H_2O & & \text{肾}\rightarrow\text{尿排出} \\
\llcorner\rightarrow\text{肺呼出} & &
\end{array}
$$

各种因素都有可能引起血液中的酸度的改变，例如充血性心力衰竭，支气管炎、糖尿病及食用低糖和高脂肪食物引起的代谢酸增多等，此时将消耗大量的抗酸成分（HCO_3^-），并生成大量的 CO_2。机体首先通过加快呼吸速度来排除多余的 CO_2，其次通过肾脏调节，使 HCO_3^-浓度回升，从而维持血液 pH 值基本不变。发烧、气喘、严重呕吐及摄入过多的碱性食物，都会引起血液的碱量增加，此时通过降低肺部 CO_2 的排出量和增加肾脏 HCO_3^-排泄量来维持 HCO_3^-和 CO_2 浓度不变，从而保持血液的 pH 值基本不变。

第五节　盐类的水解

盐溶解于水中得到的溶液可能显中性、酸性或碱性，这和盐的性质有关。由强酸强碱作用生成强酸强碱盐，如 NaCl、KNO_3 等，它们的水溶液显中性；由强碱和弱酸生成的强碱弱酸盐，如 NaAc、Na_2CO_3 等，它们的水溶液显碱性；由强酸和弱碱生成的强酸弱碱盐，如 NH_4Cl、$Al_2(SO_4)_3$ 等，它们的水溶液显酸性；而由弱酸和弱碱生成的弱酸弱碱盐，如 NH_4Ac、NH_4CN 等，它们的水溶液可能显中性、酸性或碱性，这取决于弱酸和弱碱的相对强弱。

造成盐类溶液具有酸碱性的原因是组成盐的阴离子或阳离子和水离解出来的 OH^-或 H^+结合生成弱电解质（弱酸或弱碱），使水的离解平衡发生了移动，导致溶液中 H^+或 OH^-浓度不相等，呈现出一定的酸碱性，这种作用称为盐类的水解。

一、盐类的水解

1. 强碱弱酸盐的水解

以 NaAc 为例，讨论强碱弱酸盐的水解。NaAc 在水中全部离解，离解出的 Ac^-能与水离解出来的 H^+结合生成弱电解质 HAc 分子。

$$
\begin{array}{lcl}
NaAc & \longrightarrow & Na^+ + Ac^- \\
 & & \qquad\quad + \\
H_2O & \rightleftharpoons & OH^- + H^+ \\
 & & \qquad\quad \Updownarrow \\
 & & \qquad\quad HAc
\end{array}
$$

由于 HAc 的形成，溶液中 H^+的浓度减小，使水的离解平衡右移。结果再达到平衡时，溶液中$[OH^-]>[H^+]$，溶液显碱性。此时，溶液中同时存在着水和弱酸的两个离解平衡。

$$H_2O \rightleftharpoons OH^- + H^+ \quad K_w = [H^+][OH^-]$$

$$HAc \rightleftharpoons H^+ + Ac^- \quad K_a = \frac{[H^+][Ac^-]}{[HAc]}$$

两个反应式相减，得 NaAc 的水解平衡反应式：

$$Ac^- + H_2O \rightleftharpoons HAc + OH^-$$

两个平衡常数关系式相除，得水解反应的平衡常数，即水解常数为：

$$K_h = \frac{[HAc][OH^-]}{[Ac^-]} = \frac{K_w}{K_a}$$

由此可知，强碱弱酸盐的水解常数 K_h 是水的离子积 K_w 与弱酸的离解常数 K_a 的比值。NaAc 的水解常数为 $K_h = \frac{K_w}{K_a} = \frac{1.0\times10^{-14}}{1.8\times10^{-5}} = 5.6\times10^{-10}$。

强碱弱酸盐的水解实际上是阴离子（酸根离子）的水解，水解后溶液显碱性。组成盐的酸越弱，即 K_a 越小，则水解常数 K_h 越大，相应盐的水解倾向越大。

设 c 为 Ac^-的浓度，x 为 OH^-的浓度

	$Ac^- + H_2O \rightleftharpoons$	HAc	$+OH^-$
起始浓度/$mol \cdot L^{-1}$	c	0	0
平衡浓度/$mol \cdot L^{-1}$	$c-x$	x	x

由于 K_h 很小，近似有 $c-x \approx c$

故 $K_h = \frac{[HAc][OH^-]}{[Ac^-]} = \frac{x^2}{c}$

即 $x = [OH^-] = \sqrt{K_h c}$

也可以写成

$$[OH^-] = \sqrt{K_h c} = \sqrt{\frac{K_w c}{K_a}} \qquad (5\text{-}14)$$

盐类水解的程度常用水解度 h 来表示：

$$h = \frac{\text{已水解盐的浓度}}{\text{盐的起始浓度}} \times 100\%$$

NaAc 溶液中

$$h = \frac{[OH^-]}{c} = \sqrt{\frac{K_h}{c}} \qquad (5\text{-}15)$$

【例 5-8】求 298 K 时，0.10 mol·L^{-1} NaCN 溶液的 pH 和盐的水解度。

解：NaCN 为强碱弱酸盐，

$$K_h = \frac{K_w}{K_a} = \frac{1.0\times10^{-14}}{6.2\times10^{-10}} = 1.6\times10^{-5}$$

由于 $\frac{c}{K_h} = \frac{0.10}{1.6\times10^{-5}} = 6.3\times10^{3} > 400$，可以近似计算。

$$[OH^-] = \sqrt{K_h c} = \sqrt{1.6\times10^{-5}\times0.10} = 1.3\times10^{-3}$$

$$pH = 14.00 - pOH = 14.00 + \lg 1.3\times10^{-3} = 14.00 - 2.89 = 11.11$$

$$h = \frac{[OH^-]}{c} = \frac{1.3\times10^{-3}}{0.10}\times100\% = 1.3\%$$

2. 强酸弱碱盐的水解

以 NH_4Cl 为例，讨论强酸弱碱盐的水解。NH_4Cl 在水中全部离解，离解出的 NH_4^+ 能与 OH^-结合生成弱电解质 $NH_3 \cdot H_2O$ 分子。

$$\begin{array}{ccc} NH_4Cl & \longrightarrow & NH_4^+ + Cl^- \\ & & + \\ H_2O & \rightleftharpoons & OH^- + H^+ \\ & & \Updownarrow \\ & & NH_3\cdot H_2O \end{array}$$

由于 $NH_3 \cdot H_2O$ 的形成，溶液中 OH^-的浓度减小，使水的离解平衡右移。结果再达到平衡时，溶液中$[H^+] > [OH^-]$，溶液显酸性。

总的水解平衡反应式：

$$NH_4^+ + H_2O \rightleftharpoons NH_3\cdot H_2O + H^+$$

水解反应的平衡常数，即水解常数为：

$$K_h = \frac{[NH_3\cdot H_2O][H^+]}{[NH_4^+]} = \frac{K_w}{K_b}$$

当盐的水解程度很小时，可以近似计算出

$$[H^+] = \sqrt{K_h c} = \sqrt{\frac{K_w c}{K_b}} \qquad (5\text{-}16)$$

NH_4Cl 溶液中 $$h = \frac{[H^+]}{c} = \sqrt{\frac{K_h}{c}} \tag{5-17}$$

由此可见，强酸弱碱盐的水解实际上是阳离子的水解，水解后溶液显酸性。组成盐的碱越弱，即 K_b 越小，则水解常数 K_h 越大，相应的强酸弱碱盐的水解倾向越大。

【例 5-9】计算 $0.10\ mol \cdot L^{-1}(NH_4)_2SO_4$ 溶液的 pH 值。

解：硫酸铵为强酸弱碱盐，实际发生水解的是 NH_4^+

$$NH_4^+ + H_2O \rightleftharpoons NH_3 \cdot H_2O + H^+$$

起始浓度/$mol \cdot L^{-1}$ 0.20 0 0

平衡浓度/$mol \cdot L^{-1}$ $0.20-x$ x x

$$K_h = \frac{[NH_3 \cdot H_2O][H^+]}{[NH_4^+]} = \frac{K_w}{K_b} = \frac{1.0 \times 10^{-14}}{1.8 \times 10^{-5}} = 5.6 \times 10^{-10}$$

$$K_h = \frac{x^2}{0.20 - x}$$

由于 $\frac{c}{K_h} = \frac{0.20}{5.6 \times 10^{-10}} = 3.6 \times 10^8 > 400$，可以近似计算：

$$[H^+] = \sqrt{K_h c} = \sqrt{5.6 \times 10^{-10} \times 0.20} = 1.1 \times 10^{-5}$$

$$pH = 5 - \lg 1.1 = 4.96$$

3. 弱酸弱碱盐的水解

弱酸弱碱盐溶于水时，阳离子和阴离子都发生了水解。以 NH_4Ac 为例，讨论弱酸弱碱盐的水解。

$$NH_4Ac \longrightarrow NH_4^+ + Ac^-$$
$$+ \qquad +$$
$$H_2O \rightleftharpoons OH^- + H^+$$
$$\upharpoonleft\downharpoonright \qquad \upharpoonleft\downharpoonright$$
$$NH_3 \cdot H_2O \quad HAc$$

NH_4Ac 全部离解，离解产生的 NH_4^+ 与水离解产生的 OH^- 结合生成弱碱 $NH_3 \cdot H_2O$，Ac^- 与水离解产生的 H^+ 结合生成弱酸 HAc。由于 OH^- 和 H^+ 都在减少，水的离解平衡强烈右移，因此，弱酸弱碱盐的水解程度较大。

NH_4Ac 的水解方程式：

$$NH_4^+ + Ac^- + H_2O \rightleftharpoons NH_3 \cdot H_2O + HAc$$

与上面同样处理，可得弱酸弱碱盐的水解平衡常数：

$$K_h = \frac{[NH_3 \cdot H_2O][HAc]}{[NH_4^+][Ac^-]} = \frac{K_w}{K_a K_b}$$

弱酸弱碱盐水溶液的酸碱性与盐的浓度无关，仅取决于弱酸弱碱离解常数的相对大小，即弱酸和弱碱的相对强弱：

当 $K_a \approx K_b$ 时，$[H^+] = \sqrt{K_w} = 1.00\times10^{-7}\ mol\cdot L^{-1}$，则溶液近于中性，如 NH_4Ac；
当 $K_a > K_b$ 时，$[H^+] > 1.00\times10^{-7}\ mol\cdot L^{-1}$，则溶液为酸性，如 $HCOONH_4$；
当 $K_a < K_b$ 时，$[H^+] < 1.00\times10^{-7}\ mol\cdot L^{-1}$，则溶液为碱性，如 NH_4CN。

4. 强酸强碱盐

强酸强碱盐在水中完全离解，但阳离子和阴离子都不能与水离解出来的 OH^- 和 H^+ 结合生成弱电解质，对水的离解平衡没有影响。所以，强酸强碱盐不水解，溶液呈中性。

5. 多元弱酸盐或多元弱碱盐的水解

（1）多元弱酸盐的水解

与多元弱酸分步离解相似，多元弱酸盐的水解也是分步的，以 Na_2CO_3 为例：

第一步：$CO_3^{2-} + H_2O \rightleftharpoons HCO_3^- + OH^-$，$K_{h1} = \dfrac{K_w}{K_{a2}}$

第二步：$HCO_3^- + H_2O \rightleftharpoons H_2CO_3 + OH^-$，$K_{h2} = \dfrac{K_w}{K_{a1}}$

由于 $K_{a2} << K_{a1}$，因此，$K_{h1} >> K_{h2}$。可见，多元弱酸盐水解以第一步水解为主，在计算溶液酸碱性时，按一元弱酸盐处理，溶液显碱性。

$$[OH^-] = \sqrt{K_{h1} c} \qquad (5\text{-}18)$$

【例 5-10】计算 $0.1\ mol\cdot L^{-1}$ Na_2CO_3 溶液的 pH 值。

解：按一元强碱弱酸盐计算：$CO_3^{2-} + H_2O \rightleftharpoons HCO_3^- + OH^-$

$$[OH^-] = \sqrt{K_{h1} c} = \sqrt{\frac{K_w c}{K_{a2}}} = \sqrt{\frac{1.0\times10^{-14}\times0.1}{4.7\times10^{-11}}} = 4.6\times10^{-3}\ mol\cdot L^{-1}$$

$pH = 14 - pOH = 14 - (-\lg 4.6\times10^{-3}) = 11.66$

（2）多元弱酸酸式盐的水解

以 $NaHCO_3$ 为例，讨论多元弱酸酸式盐的水解。

$NaHCO_3$ 在水溶液中完全离解，$NaHCO_3 \longrightarrow Na^+ + HCO_3^-$

HCO_3^- 在水溶液中有两种变化：

HCO_3^- 的离解，$HCO_3^- \rightleftharpoons H^+ + CO_3^{2-}$，$K_{a2} = 5.6\times10^{-11}$

HCO_3^- 的水解，$HCO_3^- + H_2O \rightleftharpoons H_2CO_3 + OH^-$

$$K_{h2} = \frac{K_w}{K_{a1}} = \frac{1.0\times10^{-14}}{4.2\times10^{-7}} = 2.4\times10^{-8}$$

可以得出：$K_{h2} >> K_{a2}$，因此，HCO_3^-在水溶液中以水解为主，溶液显碱性。

对于多元弱酸酸式盐溶液中的$[H^+]$，采取近似计算。

对于 NaHA、NaH_2A 型的酸式盐： $[H^+] = \sqrt{K_{a1}K_{a2}}$ （5-19）

对于 Na_2HA 型的酸式盐： $[H^+] = \sqrt{K_{a2}K_{a3}}$ （5-20）

【例 5-11】计算 0.1 $mol\cdot L^{-1}$ $NaHCO_3$ 溶液的 pH 值。

解：$[H^+] = \sqrt{K_{a1}K_{a2}} = \sqrt{4.2\times10^{-7}\times5.6\times10^{-11}} = 4.8\times10^{-9}\ mol\cdot L^{-1}$

$pH = 9-\lg4.8 = 8.31$

二、影响盐类水解的因素

盐类的水解作为一种化学平衡，水解程度的大小，首先取决于发生水解的盐本身的性质，其次，外界因素的改变，对水解平衡也有一定的影响。

1. 盐的本性

盐类在水溶液中离解出的离子本身与H^+或OH^-结合能力的大小，决定了水解程度的大小。盐类水解时生成的弱酸或弱碱的离解常数越小，盐的水解常数越大，水解程度越大。水解常数与弱酸、弱碱的离解常数的关系为：

$$K_h = \frac{K_w}{K_a} \qquad K_h = \frac{K_w}{K_b} \qquad K_h = \frac{K_w}{K_aK_b}$$

2. 浓度

浓度对水解常数 K_h 无影响，但是对水解度 h 有影响。

$$h = \sqrt{\frac{K_h}{c}}$$

对于同一种盐，K_h 是常数，则盐的浓度越小，水解程度越大。即稀释会促进盐类的水解。

3. 温度

酸碱中和反应是放热反应，而盐类的水解是中和反应的逆过程，因此，盐类的水解是吸热反应。根据平衡移动原理，加热促进吸热反应的进行，所以，升高温度，水解程度增大。

在分析化学或无机制备中，常采用加热促进水解，达到离子分离或去除杂质的目的。如：$FeCl_3$ 的水解在常温下并不明显，但是将 $FeCl_3$ 溶于大量沸水中，$FeCl_3$ 的水解进行得比较彻底，生成 $Fe(OH)_3$ 胶体。

4. 酸碱度

盐类水解能引起水中H^+或OH^-浓度的改变，根据平衡移动原理，调节溶液酸碱度，可以控制水解平衡。

例如：配制$SnCl_2$时，会水解生成沉淀，

$$SnCl_2+H_2O \rightleftharpoons Sn(OH)Cl\downarrow +HCl$$

因此，实验室配制$SnCl_2$溶液时，先用较浓的HCl溶解固体$SnCl_2$，然后再加水稀释到所需浓度。即加入HCl使平衡左移，抑制$SnCl_2$水解的发生。

又如，KCN是剧毒物质，它在水中有明显的水解现象，生成挥发性的剧毒物质HCN。

$$CN^-+H_2O \rightleftharpoons HCN+OH^-$$

为了阻止HCN的生成，在配制KCN溶液时，常先在水溶液中加入适量的碱，抑制KCN水解的发生。

第六节　酸碱质子理论

酸碱物质和酸碱反应是化学研究的重要内容。在科学实验和生产实际中有着广泛的应用。人们对酸碱物质的认识是不断深化的。1887年阿仑尼乌斯（S. A. Arrhenius）在酸碱离解理论的基础上把酸碱定义为：酸是在水溶液中离解生成的正离子全部是H^+的物质；碱是在水溶液中离解生成的负离子全部是OH^-的物质。酸碱反应的实质是H^+和OH^-结合生成H_2O。酸碱离解理论对化学，尤其是酸碱理论的发展起了积极作用，至今仍应用广泛。

随着生产和科学技术的发展和进步，酸碱离解理论显现出其局限性。它只适用于水溶液中，对于近年来兴起的大量非水体系的研究显得无能为力。于是，科学家又先后提出多种酸碱理论，其中比较重要的有酸碱质子理论和酸碱电子理论。本节主要介绍酸碱质子理论。

1923年丹麦化学家布朗斯特（J. N. Bronsted）和英国化学家劳莱（T. M. Lowry）分别独立提出了酸碱质子理论。

酸碱质子理论认为：酸是能给出质子的物质；碱是能接受质子的物质。简单地说，酸是质子的给予体，而碱是质子的接受体。酸碱可以是中性分子、正离子或负离子，酸碱不仅限于水溶液中。

根据酸碱质子理论，酸和碱并不是彼此孤立的，而是统一在对质子的关系上，这种关系可以表示为：

$$\text{酸} \rightleftharpoons \text{碱}+\text{质子}$$

表 5-9 酸碱质子理论对酸碱的分类

	酸	碱
中性分子	HI、HBr、HCl、HF、HNO_3、$HClO_4$、H_2SO_4、H_3PO_4、H_2S、HCN、H_2CO_3、H_2O	NH_3、H_2O、N_2H_4、NH_2OH
正离子	$[Al(H_2O)_6]^{3+}$、NH_4^+、$[Fe(H_2O)_6]^{3+}$、$[Cu(H_2O)_4]^{2+}$	$[Al(H_2O)_5OH]^{2+}$、$[Fe(H_2O)_5OH]^{2+}$、$[Cu(H_2O)_3OH]^+$
负离子	HSO_4^-、$H_2PO_4^-$、HCO_3^-、HS^-	I^-、Br^-、Cl^-、F^-、HSO_4^-、SO_4^{2-}、HPO_4^{2-}、HS^-、S^{2-}、OH^-、CN^-、HCO_3^-、CO_3^{2-}

这样的一对酸碱，它们依赖获得或给出质子互相依存，叫做共轭酸碱对。酸碱的这种相互依存、相互转化的关系称为共轭关系。例如：

$$HCl \rightleftharpoons Cl^- + H^+$$

所以 HCl 和 Cl^-就是共轭酸碱对，Cl^-是 HCl 的共轭碱，而 HCl 是 Cl^-的共轭酸。一般来说，共轭酸的酸性越强，共轭碱的碱性就越弱。表 5-10 列出了一些常见的共轭酸碱对。

表 5-10 一些常见的共轭酸碱对

酸	共轭碱	酸	共轭碱
HCl	Cl^-	H_2S	HS^-
H_2SO_4	HSO_4^-	$H_2PO_4^-$	HPO_4^{2-}
HNO_3	NO_3^-	NH_4^+	NH_3
H_3O^+	H_2O	HCN	CN^-
HSO_4^-	SO_4^{2-}	HCO_3^-	CO_3^{2-}
H_2SO_3	HSO_3^-	HPO_4^{2-}	PO_4^{3-}
H_3PO_4	$H_2PO_4^-$	HS^-	S^{2-}
HF	F^-	H_2O	OH^-
H_2CO_3	HCO_3^-	NH_3	NH_2^-

有些物质既能给出质子又能接受质子，是两性物质。水和多元酸的酸式盐都是两性物质。如 HPO_4^{2-}在一个反应中是碱，在另一个反应中是酸。

$$H_2PO_4^- \rightleftharpoons HPO_4^{2-} + H^+$$

$$HPO_4^{2-} \rightleftharpoons PO_4^{3-} + H^+$$

酸碱反应的实质是质子的传递，反应达平衡后，得失质子的物质的量应该相等。例如：HAc 在水溶液中离解时，溶剂水就是接受质子的碱，两个酸碱对相互作用达到平衡。即 HAc（酸$_1$）把质子传递给 H_2O（碱$_2$），然后各自转变成其共轭物质。反应式如下：

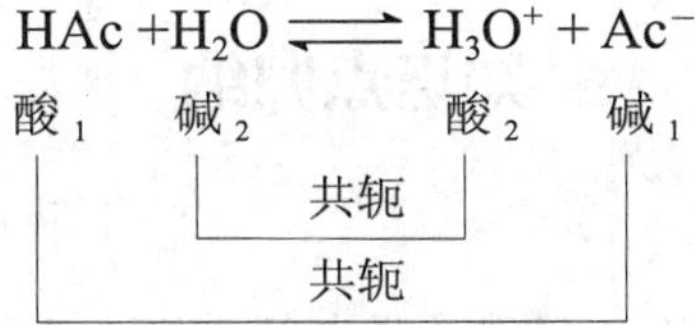

又如：NH_3在水溶液中离解时，溶剂水也参加了反应，反应式如下：

$$NH_3 + H_2O \rightleftharpoons OH^- + NH_4^+$$

碱₁ 酸₂ 碱₂ 酸₁（碱₁与酸₁共轭，酸₂与碱₂共轭）

酸碱质子理论中，任何酸碱反应都是两个共轭酸碱对之间质子的传递。即：

$$酸_1 + 碱_2 \rightleftharpoons 酸_2 + 碱_1 \quad (H^+ 由酸_1 传递给碱_2)$$

质子的传递，可以在水溶剂、非水溶剂或无溶剂等条件下进行。如 HCl 和 NH_3 的中和反应，无论在水溶液中，还是在气相或苯溶液中进行，其实质都是 H^+ 转移的反应。

$$HCl + NH_3 \rightleftharpoons NH_4^+ + Cl^- \quad (H^+)$$

盐类的水解，也可以看做是H^+转移的反应。

$$NH_4^+ + H_2O \rightleftharpoons NH_3 + H_3O^+ \quad (H^+)$$

从 HAc 与 H_2O 、NH_3 与 H_2O 的相互作用可以知道，水也是一种两性物质，水分子之间也可以发生质子的传递，叫做溶剂水的质子自递反应。

$$H_2O + H_2O \rightleftharpoons H_3O^+ + OH^- \quad (H^+)$$

因此，酸碱质子理论揭示了各类酸碱反应共同的实质。质子酸碱理论扩大了酸碱物质和酸碱反应的范围，把中和、离解、水解等反应都概括为质子传递反应，还适用于非水溶液和无溶剂体系。这是该理论的优点。但质子酸碱理论仅限于讨论含质子的物质，对无质子转移的酸碱反应并不能进行研究。

知识点归纳

一、电解质溶液

在水溶液中能全部离解的电解质是强电解质，仅部分离解的电解质是弱电解质。

弱电解质达到离解平衡时的离解百分率叫做离解度，用符号α表示。

$$\alpha = \frac{\text{已离解的弱电解质浓度}}{\text{弱电解质的起始浓度}} \times 100\%$$

二、水的离解和溶液的pH

（一）水的离解平衡

$$H_2O \rightleftharpoons H^+ + OH \qquad K_w = [H^+][OH^-]$$

（二）溶液的酸碱性和pH值

$pH = -\lg[H^+]$　　$pOH = -\lg[OH^-]$　　$pH + pOH = 14$

中性溶液：$[H^+] = [OH^-] = 1.00 \times 10^{-7}\ mol \cdot L^{-1}$，$pH = pOH = 7$

酸性溶液：$[H^+] > 1.00 \times 10^{-7}\ mol \cdot L^{-1}$，$[H^+] > [OH^-]$；$pH < 7 < pOH$

碱性溶液：$[OH^-] > 1.00 \times 10^{-7}\ mol \cdot L^{-1}$，$[H^+] < [OH^-]$；$pH > 7 > pOH$

（三）酸碱指示剂

酸碱指示剂一般为有机弱酸或弱碱，当溶液 pH 值变化时，由于本身结构变化而呈现不同的颜色。

三、弱电解质的离解平衡

（一）一元弱酸的离解平衡

1. 离解常数

$$HAc \rightleftharpoons H^+ + Ac^-$$

$$K_a = \frac{[H^+][Ac^-]}{[HAc]}$$

2. 离解度

$$\alpha = \sqrt{\frac{K_a}{c}}$$

$$[H^+] = c\alpha = \sqrt{K_a c}$$

（二）一元弱碱的离解平衡

$$NH_3 \cdot H_2O \rightleftharpoons NH_4^+ + OH^-$$

$$K_b=\frac{[NH_4^+][OH^-]}{[NH_3\cdot H_2O]}$$

$$\alpha=\sqrt{\frac{K_b}{c}}$$

$$[OH^-]=c\alpha=\sqrt{K_b c}$$

（三）多元弱酸的离解平衡

多元弱酸在水溶液中分步离解，由于 $K_{a1}>>K_{a2}$，因此，溶液中氢离子浓度按第一级离解平衡来计算；二元弱酸的酸根离子浓度约等于第二级离解常数。

四、同离子效应和缓冲溶液

（一）同离子效应

在弱电解质溶液中，由于加入具有相同离子的强电解质，使得弱电解质的离解度降低的现象，称为同离子效应。

（二）缓冲溶液

缓冲溶液是能够抵抗外加少量的强酸、强碱或适当稀释，而保持溶液 pH 值基本不变的溶液。

1. 缓冲溶液的组成

弱酸和弱酸盐，例如 HAc-NaAc 等；

弱碱和弱碱盐，例如 $NH_3\cdot H_2O$-NH_4Cl 等；

多元弱酸的酸式盐及其次级盐，例如 NaH_2PO_4-Na_2HPO_4 等。

2. 缓冲溶液的作用原理

当向缓冲溶液中加入少量的强酸或强碱时，由于抗酸成分和抗碱成分的作用，仅仅造成弱电解质离解平衡的左右移动，实现了抗酸成分和抗碱成分的互变，溶液的 pH 值基本不变。缓冲溶液适当稀释时两组分浓度以相同倍数减小，所以 pH 值基本不变。

3. 缓冲溶液的 pH 值

（1）一元弱酸及其弱酸盐

$$pH=pK_a-\lg\frac{c_{酸}}{c_{盐}}$$

（2）一元弱碱及其弱碱盐

$$pOH=pK_b-\lg\frac{c_{碱}}{c_{盐}}$$

4. 缓冲溶液的选择和配制

五、盐类的水解

（一）盐类的水解

1. 强碱弱酸盐：水解后溶液显碱性

$$[OH^-] = \sqrt{K_h c} = \sqrt{\frac{K_w c}{K_a}}$$

2. 强酸弱碱盐：水解后溶液显酸性

$$[H^+] = \sqrt{K_h c} = \sqrt{\frac{K_w c}{K_b}}$$

3. 弱酸弱碱盐：剧烈水解

$$K_h = \frac{K_w}{K_a K_b}$$

溶液的酸碱性仅取决于弱酸弱碱离解常数的相对大小，与盐的浓度无关。

当 $K_a \approx K_b$ 时，$[H^+]=10^{-7}\ mol \cdot L^{-1}$，则溶液显中性，如 NH_4Ac；

当 $K_a > K_b$ 时，$[H^+] > 10^{-7}\ mol \cdot L^{-1}$，则溶液显酸性，如 $HCOONH_4$；

当 $K_a < K_b$ 时，$[H^+] < 10^{-7}\ mol \cdot L^{-1}$，则溶液显碱性，如 NH_4CN。

4. 强酸强碱盐

强酸强碱盐不水解，溶液显中性。

5. 多元弱酸盐或多元弱碱盐的水解

（1）多元弱酸盐的水解

多元弱酸盐水解以第一步水解为主：$[OH^-] = \sqrt{K_{h1} c}$。

（2）多元弱酸酸式盐的水解

对于 NaHA、NaH_2A 型盐，$[H^+] = \sqrt{K_{a1} K_{a2}}$。

对于 Na_2HA 型盐，$[H^+] = \sqrt{K_{a2} K_{a3}}$。

（二）影响盐类水解的因素

1. 盐的本性

盐类水解所生成的弱酸、弱碱的离解常数越小，盐的水解常数越大。

2. 浓度

盐的浓度越小，水解程度越大。

3. 温度

盐的水解是吸热反应，升高温度，水解程度增大。

4. 酸碱度

盐类水解能引起水中H^+或OH^-浓度的改变，根据平衡移动原理，可以调节溶液酸碱度，可以控制水解平衡。

六、酸碱质子理论

酸是能给出质子的物质；碱是能接受质子的物质。任何酸碱反应都是两个共轭酸碱对之间质子的传递反应。

思考与练习

1．是非题

（1）酸性水溶液中不含OH^-，碱性水溶液中不含H^+。

（2）在一定温度下，改变溶液的 pH 值，水的离子积常数不变。

（3）弱电解质的解离度随弱电解质浓度的降低而增大。

（4）H_2S 溶液中$[H^+] = 2[S^{2-}]$。

（5）稀释可以使醋酸的离解度增大，因而可使其酸度增强。

（6）缓冲溶液是能消除外来酸碱影响的一种溶液。

（7）某些盐类的水溶液常呈现酸碱性，可以用它来代替酸碱使用。

2．选择题

（1）10^{-8} $mol \cdot L^{-1}$ 盐酸溶液的 pH 值是：

A. 8　　B. 7　　C. 略小于 7　　D. 约为 3

（2）在 298 K，100 mL 0.10 $mol \cdot L^{-1}$ 的 HAc 溶液中，加入 1 g NaAc 后，溶液的 pH 值：

A. 升高　　B. 降低　　C. 不变　　D. 不能判断

（3）人的血液中，$[H_2CO_3]=1.25\times10^{-3}$ $mol \cdot L^{-1}$（含 CO_2），$[HCO_3^-]=2.5\times10^{-2}$ $mol \cdot L^{-1}$，假设平衡条件在体温 37℃时与 25℃相同，则血液的 pH 值是：

A. 7.5　　B. 7.67　　C. 7.0　　D.7.2

3．填空题

（1）根据酸碱质子理论，PO_4^{3-}，NH_4^+，HCO_3^-，S^{2-}，Ac^-中，是酸而不是碱的是___，其共轭碱分别是_____，是碱而不是酸的是____，其共轭酸分别是______，既是酸又是碱的是______。

（2）水能微弱离解，它既是质子酸，又是____，H_3O^+的共轭碱是___，OH^-的共轭酸是____。

（3）0.10 $mol \cdot L^{-1}$ H_2S 溶液中，$[H^+]$为 1.14×10^{-4} $mol \cdot L^{-1}$，则$[HS^-]$为______，$[S^{2-}]$为______。

（4）在弱酸 HA 溶液中，加入_________能使其离解度降低，引起平衡向____移动，称为______效应。

4．把下列氢离子浓度、氢氧根离子浓度换算成 pH 和 pOH 值。

（1）$[H^+] = 3.2\times10^{-5}$ mol·L^{-1} （2）$[H^+] = 6.7\times10^{-9}$ mol·L^{-1}

（3）$[OH^-] = 2.0\times10^{-6}$ mol·L^{-1} （4）$[OH^-] = 4.0\times10^{-12}$ mol·L^{-1}

5．把下列 pH 和 pOH 值换算成氢离子浓度和氢氧根离子浓度。

（1）pH = 0.24 （2）pH = 7.5 （3）pOH = 4.6 （4）pOH = 10.2

6．试计算

（1）pH 值=1.00 与 pH 值=2.00 的 HCl 溶液等体积混合后溶液的 pH 值。

（2）pH 值=2.00 的 HCl 溶液与 pH 值=13.00 的 NaOH 溶液等体积混合后溶液的 pH 值。

7．计算 0.5 mol·L^{-1} $NH_3\cdot H_2O$（$K_b = 1.8\times10^{-5}$）溶液中$[H^+]$、$[OH^-]$、离解度及 pH 值。

8．已知在 298 K 时，某一元弱酸的浓度为 0.010 mol·L^{-1}，测得其 pH 为 4.0，求这一弱酸的离解常数 K_a 及该条件下的离解度α，并计算稀释溶液至体积变为 2 倍后的 K_a 及 pH 值。

9．求 0.10 mol·L^{-1} H_2S 溶液的离解度及溶液的 pH 值。

10．有一混合酸溶液，其中 HF 的浓度为 1.0 mol·L^{-1}，HAc 的浓度为 0.10 mol·L^{-1}，求溶液中 H^+，F^-，Ac^-，HF 和 HAc 的浓度。

11．什么是缓冲溶液？举例说明缓冲溶液的作用原理。

12．在氨水中加入下列物质时，$NH_3\cdot H_2O$ 的离解度和溶液的 pH 值将如何变化？

（1）加 NH_4Cl； （2）加 NaOH； （3）加 HCl； （4）加水稀释。

13．将 0.10 L 的 0.20 mol·L^{-1} HAc 和 0.050 L 的 0.20 mol·L^{-1} NaOH 溶液混合，求混合溶液的 pH 值。

14．在 1.0 L 的 0.1 mol·L^{-1} 氨水溶液中，应加入多少克 NH_4Cl 固体，才能使溶液的 pH 值等于 9.00（忽略溶液体积的变化），求溶液的 pH 值变化多少？

15．取 100 g $NaAc\cdot 3H_2O$，加入 13 mL 的 6.0 mol·L^{-1}HAc 溶液，然后用水稀释至 1.0L，此缓冲溶液的 pH 值是多少？若向此溶液中通入 0.1 mol HCl 气体（忽略溶液体积的变化），求溶液的 pH 值变化多少？

16．影响盐类水解的因素有哪些？举例说明增大或抑制盐类水解在实际工作中的应用。

17．试回答下列问题：

（1）如何配制 $SnCl_2$、$Bi(NO_3)_3$、Na_2S 溶液？

（2）将 Na_2CO_3 和 $FeCl_3$ 溶液混合，得到的产物是什么？

（3）农村用草木灰作为钾肥（含碳酸钾），为什么草木灰不宜与氮肥（如 NH_4Cl）混合使用？

（4）为什么不能用铝盐溶液与可溶性硫化物反应制备 Al_2S_3？

18．分别计算下列浓度均为 0.10 $mol\cdot L^{-1}$ 溶液的 pH 值。

（1）NH_4Cl；（2）Na_2S；（3）NaH_2PO_4

19．试说明酸碱质子理论与离解理论的主要不同是什么？

20．写出下列分子或离子的共轭酸。

SO_4^{2-}，S^{2-}，$H_2PO_4^-$，NH_3，HNO_3，H_2O

21．写出下列分子或离子的共轭碱。

HAc，H_2O，NH_3，HPO_4^{2-}，HS^-

第六章　沉淀—溶解平衡

知识目标

本章要求掌握难溶电解质的溶度积常数，溶度积常数和溶解度之间的关系及换算；掌握溶度积规则及其应用，掌握沉淀的生成和溶解；理解沉淀溶解平衡与酸碱平衡、氧化还原平衡及配位平衡之间的关系；了解分步沉淀和沉淀的转化。

能力目标

通过对本章的学习，学生能运用溶度积规则判断沉淀的生成和溶解。

第一节　溶解度和溶度积

在中学化学中，常用沉淀反应来鉴别一些金属离子或酸根离子，这就涉及一些难溶电解质的沉淀和溶解问题。

事实上物质的溶解度只有大小不同，绝对不溶解的物质是不存在的。通常把在水中溶解度小于 0.01 g/100 g H_2O 的电解质，叫做难溶电解质。将溶解度大于 0.1 g/100 g H_2O 的物质称为易溶电解质，将溶解度在 0.01～0.1 g/100 g H_2O 的物质称为微溶电解质。

在含有固体的难溶电解质的饱和溶液中，存在着固体难溶电解质与溶液中相应各离子间的多相平衡。本章以化学平衡原理为基础，讨论难溶电解质的沉淀—溶解平衡原理及其应用。

一、沉淀—溶解平衡

AgCl 是由 Ag^+和 Cl^-构成的难溶电解质，是离子型化合物，为强电解质。在一定温度下，把固体 AgCl 放到水中，由于水是极性分子，因此，有些水分子的正极与 AgCl 固体表面的 Cl^-相吸引，而另一些水分子的负极与 AgCl 固体表面的 Ag^+相吸引。这种相互作用削弱了 AgCl 固体中 Ag^+和 Cl^-之间的相互作用，使得 AgCl 表面上的部分 Ag^+和 Cl^-在 H_2O 分子作用下，脱离晶体表面进入水中成为水合离子。这种由于水分子和固体表面的离子相互作用，使溶质离子脱离固体表面以水合离子状态进入溶液的过程称为溶解。

另一方面，溶解在水中的 Ag^+与 Cl^-不断地做无规则运动，随着 Ag^+和 Cl^-的不断增多，它们在运动中相互碰撞，结合成 AgCl 固体或碰到 AgCl 固体表面，受到固体表面的吸引，又可能沉积在固体表面上。这种处于溶液中的溶质离子转为固体状态，并从溶液中析出的过程，称为沉淀。

沉淀和溶解这两个过程各自不断进行。当溶解速度与沉淀速度相等时，在体系中就存在着固体与溶液中离子之间的动态平衡，称为沉淀—溶解平衡。可表示为：

$$AgCl(s) \underset{\text{沉淀}}{\overset{\text{溶解}}{\rightleftharpoons}} Ag^{+}+Cl^{-}$$

达到沉淀-溶解平衡时，形成的是饱和溶液。

知识拓展

电解质的强弱与溶解度大小无关

有的难溶电解质盐类如AgCl在水中难溶解，但溶于水的那部分能完全电离，它们还是强电解质。而醋酸、氨水几乎全部溶解于水，但只能部分电离，是弱电解质。所以，不要把物质溶解度的大小与电解质的强弱相混淆。

二、溶度积常数

沉淀—溶解平衡是一种多相化学平衡，它服从化学平衡的一般规律，即建立平衡后，尽管沉淀和溶解两个过程仍在不断进行，但是溶液中各个离子的浓度不再改变。上述沉淀—溶解平衡的平衡常数表示式为：

$$K=\frac{[Ag^{+}][Cl^{-}]}{[AgCl]}$$

与其他化学平衡一样，固体物质的浓度不列入化学平衡表达式中。可以认为固体AgCl的“浓度”是一常数，因此，可并入常数K中，即：

$$K_{sp} = [Ag^{+}][Cl^{-}] \tag{6-1}$$

式中的 K_{sp} 叫作难溶电解质的溶度积常数，简称溶度积。它表示定温下，在难溶电解质的饱和溶液中，各组分离子浓度以反应式中化学计量系数为指数的幂的乘积为一常数。

例如，难溶电解质$Fe(OH)_3$的溶度积表达式为：

$$Fe(OH)_3 \rightleftharpoons Fe^{3+}+3OH^{-}$$

$$K_{sp}=[Fe^{3+}][OH^{-}]^3$$

难溶电解质$Ca_3(PO_4)_2$的溶度积表达式为：

$$Ca_3(PO_4)_2(s) \rightleftharpoons 3Ca^{2+}+2PO_4^{3-}$$

$$K_{sp}=[Ca^{2+}]^3[PO_4^{3-}]^2$$

对于难溶电解质A_mB_n，其溶度积的一般表达式为：

$$A_mB_n(s) \rightleftharpoons mA^{n+} + nB^{m-}$$

$$K_{sp} = [A^{n+}]^m[B^{m-}]^n \tag{6-2}$$

溶度积常数 K_{sp} 与其他平衡常数一样，随温度而变化，在一定温度下，K_{sp} 是一个常数。常见难溶电解质的溶度积常数 K_{sp} 见表 6-1。

表 6-1 一些常见难溶电解质的溶度积常数 K_{sp}（291～298 K）

化合物	K_{sp}	化合物	K_{sp}
AgCl	1.8×10^{-10}	$Fe(OH)_2$	8.0×10^{-16}
AgBr	5.0×10^{-13}	$Fe(OH)_3$	4.0×10^{-38}
AgI	9.3×10^{-17}	Hg_2Cl_2	1.3×10^{-18}
Ag_2CrO_4	2.0×10^{-12}	Hg_2I_2	4.5×10^{-29}
Ag_2S	2.0×10^{-49}	HgS（红色）	4×10^{-53}
$BaCO_3$	5.1×10^{-9}	$Mg(OH)_2$	1.8×10^{-11}
$BaSO_4$	1.1×10^{-10}	MnS（晶型）	2×10^{-13}
$BaCrO_4$	1.2×10^{-10}	$PbCO_3$	7.4×10^{-14}
$CaCO_3$	2.9×10^{-9}	$PbCrO_4$	2.8×10^{-13}
CaC_2O_4	2.0×10^{-9}	$PbSO_4$	1.6×10^{-8}
CaF_2	2.7×10^{-11}	PbS	1.3×10^{-28}
CuS	6.0×10^{-36}	PbI_2	7.1×10^{-9}
CuBr	5.2×10^{-9}	ZnS	2.0×10^{-22}
CuI	1.1×10^{-12}	$Zn(OH)_2$	1.2×10^{-17}

溶度积的大小反映了难溶电解质溶解能力的大小。对于同种类型的难溶电解质，溶度积越大，溶解度也越大；对于不同类型的难溶电解质，就不能直接用 K_{sp} 大小来比较溶解能力的大小，必须把溶度积换算成溶解度。

三、溶度积和溶解度的相互换算

难溶电解质的溶解度 S 和溶度积 K_{sp} 都是表示难溶电解质溶解能力大小的物理量，因此，它们之间存在着相互依赖的关系，是可以进行换算的，可以从 S 求 K_{sp}，也可以从 K_{sp} 求 S。

换算时应注意以下三点：

（1）溶度积 K_{sp} 为无量纲的常数，但是 K_{sp} 表达式中浓度单位必须应用 $mol\cdot L^{-1}$。而溶解度 S 常以 g/100 g H_2O 表示，需要进行单位的换算，以使其与 K_{sp} 中离子浓度单位一致。

（2）由于难溶电解质溶液的浓度很稀，即 S 很小，换算时可以近似认为其溶液的密度和纯水一样，为 $1\ g\cdot cm^{-3}$，这样 100 g 溶液的体积就是 100 mL。

（3）难溶电解质的溶解度 S 和 K_{sp} 之间的换算，关键在于找出电解质溶解和电离出的离子的浓度与溶解度 S 之间的关系。

1. 已知溶解度求溶度积

已知物质的溶解度 S（用物质的量浓度 $mol \cdot L^{-1}$ 表示），就可以计算它的溶度积 K_{sp}。

【例 6-1】已知室温时 AgBr 的溶解度是 7.1×10^{-7} $mol \cdot L^{-1}$，求 AgBr 的溶度积。

解：　$AgBr(s) \rightleftharpoons Ag^{+} + Br^{-}$

平衡浓度/$mol \cdot L^{-1}$　　S　　S

溶解的 AgBr 完全电离：$S = [Ag^{+}] = [Br^{-}] = 7.1 \times 10^{-7}$ $mol \cdot L^{-1}$

$K_{sp}(AgBr) = [Ag^{+}][Br^{-}] = S^2 = (7.1 \times 10^{-7})^2 = 5.0 \times 10^{-13}$

【例 6-2】已知室温时，每升 Ag_2CrO_4 饱和溶液中含有 2.16×10^{-2} g 的 Ag_2CrO_4，求其溶度积。

解：饱和溶液中 Ag_2CrO_4 的溶解度：

$$S = \frac{2.16 \times 10^{-2}\ \mathrm{g}}{331.18\ \mathrm{g \cdot mol^{-1}} \times 1\ \mathrm{L}} = 6.5 \times 10^{-5}\ \mathrm{mol \cdot L^{-1}}$$

$$Ag_2CrO_4(s) \rightleftharpoons 2Ag^{+} + CrO_4^{2-}$$

平衡浓度/$mol \cdot L^{-1}$　　$2S$　　S

$$K_{sp}(Ag_2CrO_4) = [Ag^{+}]^2[CrO_4^{2-}] = (2S)^2 \times S = 4S^3$$
$$= 4 \times (6.5 \times 10^{-5})^3 = 1.1 \times 10^{-12}$$

溶解度与溶度积的换算公式总结如表 6-2 所示。

表 6-2　溶解度与溶度积的换算

电解质类型	实例	计算公式（溶解度 S 以 $mol \cdot L^{-1}$ 表示）
AB	AgBr	$K_{sp} = S^2$
A_2B 或 AB_2	Ag_2CrO_4、CaF_2	$K_{sp} = 4S^3$
AB_3 或 A_3B	$Fe(OH)_3$，Ag_3PO_4	$K_{sp} = S(3S)^3 = 27S^4$
A_3B_2	$Ca_3(PO_4)_2$	$K_{sp} = (3S)^3(2S)^2 = 108S^5$

2. 已知溶度积求溶解度

已知物质的溶度积 K_{sp}，就可以计算它的溶解度 S（用物质的量浓度 $mol \cdot L^{-1}$ 表示）。

【例 6-3】已知 25℃时，AgCl 的 K_{sp} 为 1.80×10^{-10}，求纯水中 AgCl 的溶解度。

解：设 AgCl 在饱和溶液中的溶解度为 S $mol \cdot L^{-1}$

$$AgCl(s) \rightleftharpoons Ag^{+} + Cl^{-}$$

平衡浓度/$mol \cdot L^{-1}$　　S　　S

溶解的 AgCl 可认为完全电离，$S = [Ag^{+}] = [Cl^{-}]$

$$K_{sp}(AgCl)=[Ag^+][Cl^-]=S^2$$

因此，纯水中 AgCl 的溶解度 $S=\sqrt{K_{sp}}=\sqrt{1.8\times10^{-10}}=1.3\times10^{-5}\ mol\cdot L^{-1}$

【例 6-4】已知 CaF_2 的溶度积是 2.7×10^{-11}，问它在纯水中的溶解度是多少？

解：设 CaF_2 的溶解度为 $S\ mol\cdot L^{-1}$，

$$CaF_2(s) \rightleftharpoons Ca^{2+}+2F^-$$

平衡浓度/$mol\cdot L^{-1}$　　　　S　　$2S$

因为溶解的 CaF_2 可认为完全电离，则在 CaF_2 饱和溶液中，$[Ca^{2+}]=S$，$[F^-]=2S$

$$K_{sp}(CaF_2)=[Ca^{2+}][F^-]^2=S(2S)^2=4S^3=2.7\times10^{-11}$$

$$S=\sqrt[3]{\frac{K_{sp}}{4}}=\sqrt[3]{\frac{2.7\times10^{-11}}{4}}=1.6\times10^{-4}\ mol\cdot L^{-1}$$

对于同类型的难溶电解质，在一定温度下，K_{sp} 越大，溶解度越大。

对于不同类型的电解质，不能从溶度积的大小立即判断出物质的溶解度，必须利用前面的公式进行换算，才能得出准确的结论。表 6-3 列出了几种难溶电解质的溶度积与溶解度。

表 6-3　难溶电解质的溶度积与溶解度的对比

难溶电解质类型	AB 型		AB_2 型		A_2B 型	
	AgCl	$CaSO_4$	$PbCl_2$	$Mg(OH)_2$	Ag_2SO_4	Ag_2CrO_4
溶度积 K_{sp}	1.8×10^{-10}	9.1×10^{-6}	1.6×10^{-5}	1.8×10^{-11}	1.4×10^{-5}	1.1×10^{-12}
溶解度/（$mol\cdot L^{-1}$）	1.3×10^{-5}	3.0×10^{-3}	1.6×10^{-2}	1.7×10^{-4}	1.5×10^{-2}	6.5×10^{-5}

第二节　沉淀的生成和溶解

一、溶度积规则

将化学平衡移动原理应用到难溶电解质的多相离子平衡体系，可以判断难溶电解质沉淀的生成和溶解。

对于一般的难溶电解质 A_mB_n，其在溶液中的多相离子平衡为：

$$A_mB_n(s) \rightleftharpoons mA^{n+}+nB^{m-}$$

在任意状态时，各组分离子浓度以反应式中化学计量系数为指数的幂的乘积，称为离子积，以 Q 表示。由于离子积 Q 是非平衡状态下离子浓度的乘积，所以 Q 值不固定。

$$Q=c^m(A^{n+})\cdot c^n(B^{m-}) \tag{6-3}$$

根据平衡移动原理，对于一种给定的难溶电解质溶液，在任意状态下它们的离子浓度的乘积即离子积和溶度积之间可能存在三种情况：

当 $Q>K_{sp}$，溶液呈过饱和状态，将有沉淀析出，直到溶液中 $Q=K_{sp}$ 为止；

当 $Q<K_{sp}$，溶液处于不饱和状态，若体系有沉淀，则沉淀将溶解，直到 $Q=K_{sp}$；

当 $Q=K_{sp}$，为饱和溶液，溶液处于沉淀和溶解的动态平衡状态。

以上关系称为溶度积规则，利用此规则，我们可以判断体系是否有沉淀生成或体系中的沉淀是否溶解；也可以控制离子浓度，使体系产生沉淀或使沉淀溶解。

二、沉淀的生成

1. 产生沉淀的唯一条件

在难溶电解质溶液中，产生沉淀的唯一条件是离子积 Q 大于该物质的溶度积 K_{sp}。

【例 6-5】将 5 mL 1×10^{-5} mol·L^{-1} 的 $AgNO_3$ 溶液和 15 mL 4×10^{-5} mol·L^{-1} 的 K_2CrO_4 溶液混合时，有无砖红色 Ag_2CrO_4 沉淀生成？已知 Ag_2CrO_4 的 $K_{sp}=2.0\times10^{-12}$。

解：混合后溶液总体积为 15 + 5 = 20 mL

因此，混合溶液中 Ag^+ 与 CrO_4^{2-} 的浓度分别为：

$$c(Ag^+)=1\times10^{-5}\times\frac{5}{20}=2.5\times10^{-6}\ \text{mol·L}^{-1}$$

$$c(CrO_4^{2-})=4\times10^{-5}\times\frac{15}{20}=3.0\times10^{-5}\ \text{mol·L}^{-1}$$

$$Ag_2CrO_4(s) \rightleftharpoons 2Ag^+ + CrO_4^{2-}$$

$Q=c^2(Ag^+)c(CrO_4^{2-})=(2.5\times10^{-6})^2\times3.0\times10^{-5}=1.9\times10^{-16}$

已知 $K_{sp}(Ag_2CrO_4)=2.0\times10^{-12}$，有 $Q<K_{sp}$

因此，无砖红色 Ag_2CrO_4 沉淀生成。

2. 沉淀的完全程度

用沉淀反应制备产品或分离杂质时，关键问题是看沉淀是否完全。在一定温度下，沉淀和溶解达到平衡时，K_{sp} 为一常数，故溶液中没有一种离子的浓度等于 0，即没有一种沉淀反应是绝对完全的。分析化学中认为若残留在溶液中的离子浓度＜10^{-5} mol·L^{-1}，则沉淀完全。

【例 6-6】向 1.0×10^{-3} mol·L^{-1} 的 K_2CrO_4 溶液中滴加 $AgNO_3$ 溶液，求：

（1）开始有 Ag_2CrO_4 沉淀生成时的银离子浓度。

（2）CrO_4^{2-} 沉淀完全时，银离子浓度为多大？已知 Ag_2CrO_4 的 $K_{sp}-2.0\times10^{-12}$。

解：（1）$Ag_2CrO_4(s) \rightleftharpoons 2Ag^+ + CrO_4^{2-}$

$$K_{sp}=[Ag^+]^2[CrO_4^{2-}]$$

故 $[Ag^+]=\sqrt{\dfrac{K_{sp}}{[CrO_4^{2-}]}}=\sqrt{\dfrac{2.0\times10^{-12}}{1.0\times10^{-3}}}=4.5\times10^{-5}\ \text{mol·L}^{-1}$

当 $[Ag^+]=4.5\times10^{-5}$ mol·L^{-1} 时，开始有 Ag_2CrO_4 沉淀生成。

（2）一般认为，残留在溶液中的离子浓度＜10^{-5}mol·L^{-1}时，可认为沉淀完全。

当[CrO_4^{2-}]＝10^{-5} mol·L^{-1}时，

$$[Ag^+] = \sqrt{\frac{K_{sp}}{[CrO_4^{2-}]}} = \sqrt{\frac{2.0\times10^{-12}}{1.0\times10^{-5}}} = 4.5\times10^{-4}\,\text{mol·L}^{-1}$$

当[Ag^+]＝4.5×10^{-4} mol·L^{-1}时，CrO_4^{2-}沉淀完全。

3. 同离子效应

在难溶电解质的溶液中加入含有相同离子的强电解质时，使难溶电解质的溶解度降低的效应称为同离子效应。

【例 6-7】已知 25℃时，AgCl 的 K_{sp} 为 1.8×10^{-10}，求 1L 1.0 mol·L^{-1}的盐酸中 AgCl 的溶解度。并与例 6-3 中纯水中 AgCl 的溶解度相比较。

解：设 AgCl 在 1 L 的 1.0 mol·L^{-1}的盐酸中的溶解度为 S'mol·L^{-1}

$$AgCl(s) \rightleftharpoons Ag^+ + Cl^-$$

起始浓度/ mol·L^{-1}　　　　1.0

平衡浓度/mol·L^{-1}　　　　S'　　1.0+S'

达到饱和时，AgCl 的溶解度可以用[Ag^+]来表示：

$$K_{sp}(AgCl) = [Ag^+][Cl^-] = S'(1.0+S')$$

由于 $S' \ll 1.0$，故 $1.0+S' \approx 1.0$

因此，$S' = K_{sp}(AgCl) = 1.8\times10^{-10}$ mol·L^{-1}

即在 1.0 mol·L^{-1}的盐酸中 AgCl 的溶解度为 1.8×10^{-10} mol·L^{-1}，与例 6-3 的结果相比较，在纯水中 AgCl 的溶解度为 1.3×10^{-5} mol·L^{-1}。可见在 1.0 mol·L^{-1}的盐酸中 AgCl 的溶解度远小于其在纯水中的溶解度。

因此，同离子效应使得难溶电解质的溶解度因加入有相同离子的强电解质而降低。

4. 盐效应

在 AgCl 饱和溶液中加入少许强电解质 KNO_3，由于 KNO_3 在溶液中完全电离为 K^+和 NO_3^-，此时溶液中 K^+、NO_3^-、Ag^+、Cl^-同时存在，溶液中的离子总数明显增多。由于离子间的相互作用，使得 Ag^+与 Cl^-相互碰撞结合成 AgCl 的沉淀速度有所降低，因而破坏了 AgCl 的沉淀溶解平衡关系，促使 AgCl 溶解，直至达到新的平衡状态，这时 AgCl 的溶解度比纯水中的大。

这种由于加入大量非相同离子的强电解质（或过量沉淀剂），使得难溶电解质的溶解度增大的现象称为盐效应。例如：$PbSO_4$ 在 Na_2SO_4 溶液中的溶解度列于表 6-4 中。

开始时，同离子效应起主导作用，随着 Na_2SO_4 溶液浓度的增加，$PbSO_4$ 溶解度降低；但当 Na_2SO_4 溶液的浓度超过 0.04 mol·L^{-1}时，$PbSO_4$ 的溶解度又随着 Na_2SO_4 溶液浓度的增加而增大，这时盐效应起主导作用。所以，为了使沉淀完全，加入沉淀剂的量一般以过量 20%～50%为宜。

表 6-4 $PbSO_4$ 在 Na_2SO_4 溶液中的溶解度

Na_2SO_4 浓度/（$mol\cdot L^{-1}$）	0	0.01	0.02	0.04	0.10	0.20
$PbSO_4$ 溶解度/（$mol\cdot L^{-1}$）	1.5×10^{-4}	1.6×10^{-5}	1.4×10^{-5}	1.3×10^{-5}	1.6×10^{-5}	2.3×10^{-5}

由此可见，难溶电解质产生同离子效应时，也伴随着盐效应，但二者相比较，盐效应很小，可以忽略不计。

知识拓展

化学沉淀法处理工业废水

利用化学物质做沉淀剂，使沉淀剂与工业废水中的某些可溶性污染物发生化学反应，生成溶度积小、难溶于水的化合物，从废水中沉淀出来，然后再分离出去，从而降低溶解性污染物的浓度，这样的水处理方法称为化学沉淀法。

化学沉淀法常用于去除废水中的重金属离子，如汞、镉、铅、锌等；也可以去除废水中的营养物质，如磷等；还可以去除含有硫、氰、氟、砷的有毒化合物。

常用的方法有：中和沉淀法、氢氧化物沉淀法和硫化物沉淀法。例如，许多重金属离子可以通过加碱或加石灰水，调节废水的 pH 值，使其生成氢氧化物沉淀。重金属离子还可以通过加硫化氢或加硫化钠等沉淀剂，形成硫化物沉淀。一般硫化物沉淀法比氢氧化物沉淀法能更完全地去除重金属离子，但是其处理费用较高。硫化物的沉降较困难，还常需投加凝聚剂以加强沉淀效果，因此，硫化物沉淀仅用作氢氧化物沉淀法的补充处理方法。

化学沉淀法形成的沉淀物中，含有一些较高浓度的重金属，需考虑回收利用或加以处理。

三、沉淀的溶解

根据溶度积规则，在沉淀物与饱和溶液共存的情况下，如果能使 $Q<K_{sp}$，则体系中的沉淀将溶解。因此，创造条件降低溶液中离子浓度，减小 Q，可以使沉淀溶解。通常采用使有关离子生成弱电解质、通过氧化还原反应改变离子价态、生成配合物等方法，降低有关离子浓度，使 $Q<K_{sp}$，从而达到使沉淀溶解的目的。

1. 生成弱电解质

利用酸、碱或某些盐（如铵盐）与难溶电解质组分离子结合，生成弱电解质（弱酸、弱碱或水），而使某些弱碱盐、弱酸盐和氢氧化物等沉淀溶解。

（1）生成弱酸。难溶弱酸盐，如碳酸盐、醋酸盐、硫化物等，与强酸作用，由于生成了相应的弱酸，而使沉淀溶解。

如硫化亚铁在盐酸中，因 S^{2-}与盐酸中的 H^+结合，生成弱电解质硫化氢，使沉淀溶解平衡右移，引起硫化亚铁溶解。这个过程可以示意为：

$$FeS(s) \rightleftharpoons Fe^{2+} + S^{2-}$$
$$+$$
$$2HCl \longrightarrow 2Cl^- + 2H^+$$
$$\updownarrow$$
$$H_2S$$

上述溶解过程的总反应为：$FeS(s) + 2HCl \longrightarrow FeCl_2 + H_2S$

只要$[H^+]$足够大，就会使FeS溶解。

（2）生成弱碱。如氢氧化镁在铵盐溶液中，因生成弱电解质氨水，降低了 OH^- 的浓度，使平衡向右移动，从而导致沉淀溶解。

$$Mg(OH)_2(s) \rightleftharpoons Mg^{2+} + 2OH^-$$
$$+$$
$$2NH_4Cl \longrightarrow 2Cl^- + 2NH_4^+$$
$$\updownarrow$$
$$2NH_3 \cdot H_2O$$

上述沉淀溶解的总反应为：$Mg(OH)_2 + 2NH_4Cl \longrightarrow MgCl_2 + 2NH_3 \cdot H_2O$

（3）生成水。如氢氧化镁在盐酸中，因生成水而溶解。

$$Mg(OH)_2(s) \rightleftharpoons Mg^{2+} + 2OH^-$$
$$+$$
$$2HCl \longrightarrow 2Cl^- + 2H^+$$
$$\updownarrow$$
$$2H_2O$$

上述沉淀溶解的总反应为：$Mg(OH)_2 + 2HCl \longrightarrow MgCl_2 + 2H_2O$

2. 发生氧化还原反应

对于不能溶解于酸的一些难溶化合物（K_{sp} 较小），可以借助氧化还原反应来溶解。其原理是通过氧化剂（或还原剂）和难溶化合物中的离子发生氧化还原反应，改变离子的氧化数，降低难溶化合物在溶液中离子的浓度，使 $Q<K_{sp}$，沉淀溶解。

如硫化铜溶解度太小（$K_{sp}=6.0\times10^{-36}$）不溶于盐酸，但可溶于稀硝酸。这是由于S^{2-}被氧化为单质硫，并有一氧化氮生成。

$$CuS(s) \rightleftharpoons Cu^{2+} + S^{2-}$$
$$+$$
$$HNO_3 \longrightarrow S\downarrow + NO\uparrow + H_2O$$

S^{2-}浓度降低，从而使$Q<K_{sp}$，平衡向右移动，使CuS沉淀溶解。

上述溶解的总反应为：$3CuS + 8HNO_3(稀) = 3S\downarrow + 2NO\uparrow + 3Cu(NO_3)_2 + 4H_2O$

3. 生成配合物

有些难溶化合物的 K_{sp} 非常小，用氧化还原的方法仍不能使其溶解，可以采用加入配位剂的方法，使配位剂和难溶化合物的离子形成稳定的配合物，来降低难溶化合物在溶液中离子的浓度，从而使平衡向右移动，沉淀溶解。

例如：AgCl 沉淀可溶于氨水，就是因为生成了稳定的配离子$[Ag(NH_3)_2]^+$，从而降低了 Ag^+的浓度，使 $Q<K_{sp}$，沉淀溶解。

$$
\begin{array}{ccc}
AgCl(s) & \rightleftharpoons & Ag^+ + Cl^- \\
& & + \\
& & 2NH_3 \cdot H_2O \\
& & \Updownarrow \\
& & [Ag(NH_3)_2]^+ + 2H_2O
\end{array}
$$

上述溶解的总反应为：$AgCl+2NH_3 \cdot H_2O = [Ag(NH_3)_2]Cl+2H_2O$

知识拓展

尿结石的形成

尿结石是最常见的泌尿外科疾病之一，男性多于女性。尿路结石在肾和膀胱内形成。上尿路结石大多数为草酸钙结石。膀胱结石中磷酸镁铵结石较上尿路多见。

尿结石主要由无机盐、有机盐或有机酸组成，大部分为晶体状态。无机盐主要为不溶于水的草酸盐、磷酸盐和碳酸盐等，有机盐主要为尿酸盐等。通常小的结石不会堵塞通道，可不断随尿液排出；若某些疾病或代谢平衡失调，使这些微小结石在肾小管中的滞留时间过长，小结石就会继续生长、聚集形成大的结石。

人在摄食大量的动物蛋白和糖后，就会在体内生成较多的草酸和尿酸，并可促进肠道对钙的吸收，脂肪摄入过多则可增加尿液中的草酸盐含量。欧美发达国家的结石发病率明显增高，其原因与这些国家对动物蛋白、脂肪和糖的消费量增加有关。造成尿结石的另一个饮食因素是经常食用含草酸较高的食物，例如菠菜、甜菜、桔子、巧克力及浓茶等，尤其是菠菜和浓茶可导致高草酸尿。据测定，人食菠菜后 5～7 小时，尿中草酸仍高于正常水平。

饮食中动物蛋白、精制糖增多，纤维素减少，促使上尿路结石形成。

大量饮水使尿液稀释，能减少尿中晶体形成，发生结石的机会就会降低。

第三节 分步沉淀和沉淀的转化

一、分步沉淀

如果在体系中同时含有多种离子，这些离子均可能与加入的沉淀剂发生沉淀反应，但由于各自的溶解度不同，所以沉淀时所需沉淀剂的量也不同。利用这一差别，可通过逐滴加入沉淀剂，控制加入沉淀剂的浓度，让其分别沉淀。溶解度小的先沉淀，溶解度大的后沉淀，这种现象称为分步沉淀。

1.同类型难溶电解质的分步沉淀

对于同一类型的难溶电解质，在离子浓度相同或相近的情况下，溶解度较小的难溶电解质的离子积首先达到溶度积而析出沉淀。

例如，在 0.010 $mol·L^{-1}$ 的 I^-和 0.010 $mol·L^{-1}$ 的 Cl^-溶液中，逐滴加入 $AgNO_3$ 溶液，先有黄色沉淀，后有白色沉淀。运用溶度积规则，可以通过计算给予说明。

已知：AgCl 的 K_{sp}=1.8×10^{-10}，AgI 的 K_{sp}=9.3×10^{-17}，所以生成 AgCl 沉淀所需 Ag^+最低浓度为：

$$[Ag^+]=\frac{K_{sp}(AgCl)}{[Cl^-]}=\frac{1.8\times10^{-10}}{0.010}=1.8\times10^{-8}\ mol\cdot L^{-1}$$

生成 AgI 沉淀所需 Ag^+最低浓度为：

$$[Ag^+]=\frac{K_{sp}(AgI)}{[I^-]}=\frac{9.3\times10^{-17}}{0.010}=9.3\times10^{-15}\ mol\cdot L^{-1}$$

AgI 沉淀析出所需 Ag^+浓度少，所以 AgI 先沉淀。

当滴加 $AgNO_3$ 溶液，AgI 沉淀不断析出时，溶液中的 I^-浓度不断减少，为了继续析出 AgI 沉淀，Ag^+浓度必须不断增加，当 Ag^+浓度增加到能够使 AgCl 开始沉淀时，溶液对 AgCl 和 AgI 来说都是饱和溶液，Ag^+浓度同时满足 AgCl 和 AgI 的溶度积。

$$[Ag^+][I^-]=9.3\times10^{-17}$$

$$[Ag^+][Cl^-]=1.8\times10^{-10}$$

两式相除，得下列关系：

$$\frac{[Cl^-]}{[I^-]}=1.9\times10^{6}$$

即当 Cl^-浓度为 I^-浓度的 1.9×10^6 倍时，AgCl 开始沉淀。

而当$[Cl^-]$=0.01 $mol·L^{-1}$

$$[I^-]=\frac{0.01}{1.9\times10^{6}}=5.3\times10^{-9}$$

即当 AgCl 开始沉淀时，I^-早就沉淀完全了。

2. 分步沉淀的次序

分步沉淀的先后次序，不仅与溶度积有关，还与溶液中对应各离子的浓度有关。

上述实验中，如果当溶液中的$[Cl^-]>1.9\times10^6[I^-]$时，滴加 $AgNO_3$ 溶液时，则首先生成 AgCl 沉淀，AgI 沉淀后析出。例如在试管中盛有海水，逐滴加入 $AgNO_3$ 溶液，会发现先有白色沉淀，这就是由于在海水中 $\dfrac{[Cl^-]}{[I^-]}>1.9\times10^6$。因此，只要适当改变被沉淀离子的浓度，就可以使分步沉淀的顺序发生变化。

3. 利用分步沉淀进行分离和提纯

同一类型的难溶电解质的溶度积差别越大，利用分步沉淀的方法分离难溶电解质的效果越好。

例如，很多金属硫化物的溶解度很小，可以利用其溶解度的差别进行沉淀分离。在 H_2S 的饱和溶液中，S^{2-}的浓度可以通过控制溶液的 pH 值来调节，以使具有不同溶度积的硫化物在适当条件下沉淀出来。

难溶金属氢氧化物从溶液中开始沉淀和沉淀完全时的 pH 值，取决于其溶度积的大小。调节溶液的 pH 值，可使溶液中某些金属离子沉淀为氢氧化物，另一些金属离子仍留在溶液中，达到分离和提纯的目的。表 6-5 列出了一些金属离子在不同浓度时生成氢氧化物沉淀所需的 pH 值。

表 6-5　一些金属离子在不同浓度时生成氢氧化物沉淀的 pH 值

金属离子 \ 沉淀 pH 值 \ $c/(mol\cdot L^{-1})$	10^{-1}	10^{-3}	10^{-5}（沉淀完全）	K_{sp}
Fe^{3+}	1.9	2.5	3.2	4.0×10^{-38}
Al^{3+}	3.4	4.0	4.7	1.3×10^{-33}
Cr^{3+}	4.3	4.9	5.6	6.0×10^{-31}
Cu^{2+}	4.7	5.7	6.7	2.2×10^{-20}
Fe^{2+}	7.0	8.0	9.0	8.0×10^{-16}
Ni^{2+}	7.2	8.2	9.2	2.0×10^{-15}
Mn^{2+}	8.1	9.1	10.1	1.9×10^{-13}
Mg^{2+}	9.1	10.1	11.1	1.8×10^{-11}

二、沉淀的转化

在 $Pb(NO_3)_2$ 溶液中加入 NaCl 溶液，则 Pb^{2+}与 Cl^-结合生成白色的 $PbCl_2$ 沉淀。滴加 Na_2S 溶液后，白色沉淀消失，黑色的 PbS 沉淀生成。这种由一种难溶电解质转化为另一种难溶电解质的过程，叫做沉淀的转化。

这种过程可表示为：

$$
\begin{array}{ccl}
PbCl_2(s) & \rightleftharpoons & Pb^{2+} + 2Cl^- \\
 & & \quad + \\
Na_2S & \rightarrow & S^{2-} + 2Na^+ \\
 & & \quad \rightleftharpoons \\
 & & PbS(s)
\end{array}
$$

$PbCl_2$ 白色沉淀与溶液中的 Pb^{2+} 和 Cl^- 建立了沉淀—溶解平衡，当加入 Na_2S 溶液时，S^{2-} 与 Pb^{2+} 生成黑色沉淀 PbS，此时 PbS 又与溶液中 S^{2-}、Pb^{2+} 建立新的沉淀—溶解平衡。由于 PbS 的 K_{sp}（1.3×10^{-28}）小于 $PbCl_2$ 的 K_{sp}（1.6×10^{-5}），因此，PbS 的沉淀—溶解平衡破坏了 $PbCl_2$ 的沉淀—溶解平衡。由于 Pb^{2+} 浓度的降低，使得 $PbCl_2$ 的平衡不断向右移动，$PbCl_2$ 不断溶解，PbS 不断生成。

总反应式为：$PbCl_2 + S^{2-} \rightleftharpoons PbS\downarrow + 2Cl^-$

1. 溶解度大的沉淀容易转化成溶解度小的沉淀

沉淀转化的发生，一般是由溶解度较大的沉淀转化成溶解度较小的沉淀。对于同类型的难溶电解质，沉淀转化程度的大小取决于它们溶度积的相对大小。两种沉淀物的溶度积相差越大，沉淀转化越完全。

例如：往盛有 $BaCO_3$ 白色粉末的试管中加入黄色的 K_2CrO_4 溶液，搅拌后溶液呈无色，沉淀变成淡黄色。

这是由于 $K_{sp}(BaCO_3) = 5.1\times10^{-9} > K_{sp}(BaCrO_4) = 1.2\times10^{-10}$，因此，白色的 $BaCO_3$ 转化为黄色的 $BaCrO_4$。

$$
\begin{array}{ccl}
BaCO_3(s) & \rightleftharpoons & Ba^{2+} + CO_3^{2-} \\
 & & \quad + \\
K_2CrO_4 & \rightarrow & CrO_4^{2-} + 2K^+ \\
 & & \quad \rightleftharpoons \\
 & & BaCrO_4\downarrow
\end{array}
$$

由一种难溶物转化为另一种更难溶的物质的过程是比较容易的。若上述两种沉淀同时存在，则有：

$$K_{sp}(BaCrO_4) = [Ba^{2+}][CrO_4^{2-}] = 1.2\times10^{-10}$$

$$K_{sp}(BaCO_3) = [Ba^{2+}][CO_3^{2-}] = 5.1\times10^{-9}$$

两式相除得 $\dfrac{[CrO_4^{2-}]}{[CO_3^{2-}]} = 0.02$，这说明，只要 $[CrO_4^{2-}] > 0.02[CO_3^{2-}]$，则 $BaCO_3$ 就会转化为 $BaCrO_4$。

2. 溶解度小的沉淀很难转化成溶解度大的沉淀

由溶解度小的沉淀转化成溶解度大的沉淀，比较困难。但是，通过控制离子浓度，K_{sp} 小的沉淀也可以向 K_{sp} 大的沉淀转化。

例如：上述溶液中，当 $BaCO_3$ 沉淀和 $BaCrO_4$ 沉淀同时存在时，只有保持 $[CO_3^{2-}] > 50[CrO_4^{2-}]$ 时，才能使 $BaCrO_4$ 沉淀转化为 $BaCO_3$ 沉淀。

总之，沉淀—溶解平衡是暂时的、有条件的，只要改变条件，沉淀和溶解这对矛盾就可以相互转化。

知识拓展

菠菜和豆腐能一起吃吗

菠菜炖豆腐营养丰富、物美价廉，是中国人的传统美食。虽然菠菜含有大量的草酸，能与豆腐中的钙形成草酸钙沉淀，妨碍人体对钙的吸收，但事物都有其两面性：菠菜当中也含有多种促进钙利用、减少钙排泄的因素，包括丰富的钾和镁，还有维生素 k。

钙与酸碱平衡关系密切。在蛋白质类食品摄入过量时，酸碱平衡失衡，人体的钙排泄量就会增大。如果此时能多吃一些绿叶蔬菜，就可以充分摄入钾和镁，帮助维持酸碱平衡，减少钙的排泄数量，对骨骼健康非常有益。100 g 菠菜中含钾达 311 mg，含镁 58 mg，在蔬菜中位居前茅，是富士苹果钾含量的 2.7 倍，镁含量的 11.6 倍。有了菠菜中丰富的钾和镁，豆腐中的钙就能更好地留在人体当中。

维生素 k 是近年来营养学的研究热点之一，它是“骨钙素”形成的必要成分。维生素 k 具有促进骨钙形成的强大功效。维生素 k 主要存在于绿叶蔬菜和植物油中，而菠菜是含量最高的蔬菜之一，仅次于羽衣甘蓝，含量达 415 μg/100 g。调查数据表明，中老年妇女每日摄入的维生素 k 在 109 μg 以上，骨折危险可降低 30%。每天补充 200 μg 的维生素 k，就有维持和提高骨密度的作用。每天只需吃不到 100 g 菠菜，就可以达到这个效果。

研究表明，如果在补充钙的同时增加维生素 k，可以大大提高补钙的效果，促进钙沉积入骨骼当中。富含钙和蛋白质的豆腐，加上富含钾、镁和维生素 k 的菠菜，正是补钙健骨的绝配。单独吃菠菜，其中的草酸会结合胃内食糜中的部分铁和锌，而且草酸还能够进入血液，沉淀血液中所含的钙。而将豆腐与菠菜同食，豆腐中的钙与菠菜中的草酸结合后，就能够保护食物中的铁和锌等元素，还能保证人体内的钙不被草酸结合。

由于草酸极易溶于水，只需把菠菜在沸水中焯 1 min 捞出，即可除去 80%以上的草酸。维生素 k 不怕热，也不溶于水，所以焯菠菜不会引起它的损失。然而，维生素 k 和胡萝卜素一样，需要油脂帮助吸收，因而在做菠菜豆腐汤的时候，一定要记得放些油。先炒豆腐，再放焯过的菠菜，混在一起吃就没有问题了。

知识点归纳

一、溶解度和溶度积

通常把溶解度小于 0.01 g/100 g H_2O 的电解质，叫做难溶电解质。

（一）沉淀—溶解平衡

当难溶电解质的溶解与沉淀速度相等时，达到沉淀—溶解平衡。

$$A_mB_n(s) \underset{沉淀}{\overset{溶解}{\rightleftharpoons}} mA^{n+} + nB^{m-}$$

（二）溶度积常数

对于一般的难溶电解质 A_mB_n，其溶度积常数的一般表示式为：

$$A_mB_n(s) \rightleftharpoons mA^{n+} + nB^{m-}$$

$$K_{sp} = [A^{n+}]^m[B^{m-}]^n$$

（三）溶度积和溶解度的相互换算

电解质类型	举例	计算公式（溶解度 S 以 $mol \cdot L^{-1}$ 表示）
AB	AgBr	$K_{sp}=S^2$
A_2B 或 AB_2	Ag_2CrO_4、CaF_2	$K_{sp}=4S^3$
AB_3 或 A_3B	$Fe(OH)_3$，Ag_3PO_4	$K_{sp}=S(3S)^3=27S^4$

对于同类型的难溶电解质，在一定温度下，K_{sp} 越大，溶解度越大。

对于不同类型的电解质，不能从溶度积的大小立即判断出物质的溶解度，必须换算后，才能得出准确的结论。

二、沉淀的生成和溶解

（一）溶度积规则

对于一般的难溶电解质 A_mB_n 在溶液中的多相离子平衡为：

$$A_mB_n(s) \rightleftharpoons mA^{n+} + nB^{m-}$$

在任意状态下，各组分离子浓度以反应式中化学计量系数为指数的幂的乘积，称为离子积 Q:

$$Q = c(A^{n+})^m \cdot c(B^{m-})^n$$

当 $Q > K_{sp}$，溶液呈过饱和态，将有沉淀析出，直到溶液中的 $Q = K_{sp}$ 为止；

当 $Q < K_{sp}$，溶液处于不饱和态，若体系有沉淀，沉淀将溶解直到 $Q = K_{sp}$；

当 $Q = K_{sp}$，为饱和溶液，体系处于沉淀溶解平衡状态。

（二）沉淀的生成

1. 产生沉淀的唯一条件

溶液中离子积大于该物质的溶度积：$Q > K_{sp}$。

2. 沉淀的完全程度

分析化学中，若残留在溶液中离子的浓度$< 10^{-5}\ mol \cdot L^{-1}$，则认为沉淀完全。

3. 同离子效应

难溶电解质的溶液中，加入含有相同离子的强电解质，使难溶电解质的溶解度降低的效应，称为同离子效应。

4. 盐效应

由于加入过量沉淀剂或加入其他非共同离子的强电解质，使难溶电解质的溶解度增大的现象称为盐效应。一般情况下，盐效应远远小于同离子效应。

（三）沉淀的溶解

（1）生成弱电解质：生成弱酸、生成弱碱、生成水等。

（2）发生氧化还原反应。

（3）生成配合物。

三、分步沉淀和沉淀的转化

（一）分步沉淀

1. 对于同一类型的难溶电解质，在离子浓度相同或相近情况下，溶解度较小的难溶电解质首先达到溶度积而析出沉淀。

2. 分步沉淀的先后次序，不仅与溶度积有关，还与溶液中相应各离子的浓度有关。

3. 同一类型的难溶电解质的溶度积差别越大，利用分步沉淀的方法，分离难溶电解质的效果越好。

（二）沉淀的转化

由一种难溶电解质转化为另一种难溶电解质的过程，叫做沉淀的转化。

1. 沉淀转化的发生，一般是由溶解度较大的沉淀转化成溶解度较小的沉淀。

2. 由溶解度小的沉淀转化成溶解度大的沉淀，非常困难。

思考与练习

1. 是非题

（1）在混合离子溶液中，加入一种沉淀剂时，常常是溶度积小的盐首先沉淀出来。

（2）难溶电解质中，溶度积小的一定比溶度积大的溶解度要小。

（3）沉淀是否完全的标志是被沉淀离子是否符合规定的某种限度，不一定被沉淀离子在溶液中就不存在。

（4）加入沉淀剂于溶液中，离子的沉淀反应发生的先后顺序，不仅与溶度积的大小有关，而且也与溶液中离子的起始浓度有关。

2．选择题

（1）已知 K_{sp}（$PbSO_4$）$=1.8\times10^{-8}$，在 c（Pb^{2+}）为 0.200 $mol\cdot L^{-1}$ 的溶液中，若每升加入 0.201 mol 的 Na_2SO_4（设条件不变），留在溶液中的 Pb^{2+}的百分率是：

A. $1\times10^{-3}\%$　　B. $2\times10^{-4}\%$　　C. $9\times10^{-3}\%$　　D. $2.5\times10^{-2}\%$

（2）已知 K_{sp}（Ag_2CO_3）$= 8.1\times10^{-12}$，K_{sp}（$Ag_2C_2O_4$）$=3.4\times10^{-11}$，欲使 Ag_2CO_3 转化为 $Ag_2C_2O_4$ 必须使平衡浓度满足：

A. $[C_2O_4^{2-}]<4.2\,[CO_3^{2-}]$　　B. $[C_2O_4^{2-}]<0.42\,[CO_3^{2-}]$

C. $[C_2O_4^{2-}]>0.42\,[CO_3^{2-}]$　　D. $[C_2O_4^{2-}]>4.2\,[CO_3^{2-}]$

（3）如果已知 Ca_3（PO_4）$_2$ 的 K_{sp}，则在其饱和溶液中，$[Ca^{2+}]$为：

A. $\sqrt[5]{K_{sp}}\ mol\cdot L^{-1}$　　B. $\frac{9}{4}\sqrt[5]{K_{sp}}\ mol\cdot L^{-1}$

C. $\frac{1}{108}\sqrt[5]{K_{sp}}\ mol\cdot L^{-1}$　　D. $\frac{2}{3}\sqrt[5]{K_{sp}}\ mol\cdot L^{-1}$

（4）欲使 0.10 mol 固体 $Mg(OH)_2$ 刚好完全溶于 1.0LNH_4Cl 溶液中，则平衡时 NH_4^+的浓度为：

A. $0.063\frac{K(NH_3\cdot H_2O)}{K_{sp}[Mg(OH)_2]}\ mol\cdot L^{-1}$　　B. $0.063\frac{K(NH_3\cdot H_2O)}{\sqrt{K_{sp}[Mg(OH)_2]}}\ mol\cdot L^{-1}$

C. $0.01\frac{K(NH_3\cdot H_2O)}{K_{sp}[Mg(OH)_2]}\ mol\cdot L^{-1}$　　D. $0.032\frac{K(NH_3\cdot H_2O)}{\sqrt{K_{sp}[Mg(OH)_2]}}\ mol\cdot L^{-1}$

3．已知 0.10 $mol\cdot L^{-1}$ 氨水 500 mL，问：

（1）该溶液含有哪些微粒？

（2）加入等体积的 0.50 $mol\cdot L^{-1}$$MgCl_2$ 溶液是否有沉淀产生？

（3）该溶液的 pH 值在加入 $MgCl_2$ 后有何变化？为什么？

4．在 $ZnSO_4$ 溶液中通入 H_2S 气体只出现少量的白色沉淀，但若在通入 H_2S 之前，加入适量固体 NaAc 则可形成大量的沉淀，为什么？

5．$CaCO_3$ 在下列哪种试剂中的溶解度最大？为什么？

（1）纯水；

（2）0.1 $mol\cdot L^{-1}$$NaHCO_3$ 溶液；

（3）0.1 $mol\cdot L^{-1}$$Na_2CO_3$ 溶液；

（4）0.1 $mol\cdot L^{-1}$$CaCl_2$ 溶液；

（5）0.5 $mol\cdot L^{-1}$ KNO_3 溶液。

6．为什么 Ag_2CrO_4 在 0.01 $mol\cdot L^{-1}$$AgNO_3$ 溶液中的溶解度小于在 K_2CrO_4 溶液

中的溶解度？

7．已知 $Zn(OH)_2$ 的溶度积为 1.2×10^{-17}，求其溶解度。

8．已知室温时，下列各种盐的溶解度，求它们的 K_{sp}。

（1）AgBr 的溶解度为 8.8×10^{-7} $mol\cdot L^{-1}$

（2）$Mg(NH_4)PO_4$ 的溶解度为 6.3×10^{-5} $mol\cdot L^{-1}$

（3）Pb（IO_3）$_2$ 的溶解度为 3.1×10^{-5} $mol\cdot L^{-1}$

9. 已知 CaF_2 的溶度积为 5.2×10^{-9}，求 CaF_2 在下列情况时的溶解度（以 $mol\cdot L^{-1}$ 表示）。

（1）在纯水中；

（2）在 1.0×10^{-2} $mol\cdot L^{-1}$NaF 溶液中；

（3）在 1.0×10^{-2} $mol\cdot L^{-1}$$CaCl_2$ 溶液中。

10. 在 0.10 L 含有 2.0×10^{-3} $mol\cdot L^{-1}$ 的 Pb^{2+}溶液中，加入 0.10L 含有 0.040 $mol\cdot L^{-1}$ I^-的溶液后，能否生成 PbI_2 沉淀？

11．通过计算说明，将下列各组溶液以等体积混合时，哪些可以生成沉淀？哪些不能？各混合溶液中 Ag^+和 Cl^-的浓度分别是多少？

（1）1.5×10^{-6} $mol\cdot L^{-1}$ 的 $AgNO_3$ 和 1.5×10^{-5} $mol\cdot L^{-1}$ 的 NaCl

（2）1.5×10^{-4} $mol\cdot L^{-1}$ 的 $AgNO_3$ 和 1.5×10^{-4} $mol\cdot L^{-1}$ 的 NaCl

（3）1.0×10^{-2} $mol\cdot L^{-1}$ 的 $AgNO_3$ 和 1.0×10^{-3} $mol\cdot L^{-1}$ 的 NaCl

（4）8.5×10^{-6} $mg\cdot L^{-1}$ 的 $AgNO_3$ 和 5.85×10^{-4} $mg\cdot L^{-1}$ 的 NaCl（都溶于 10.0LH_2O 中）

12．由下面所给定的条件，计算 K_{sp}：

（1）$Mg(OH)_2$ 饱和溶液的 pH = 0.52；

（2）$Ni(OH)_2$ 在 pH = 9.00 溶液中的溶解度是 2.0×10^{-5} $mol\cdot L^{-1}$。

13．海水中几种离子的浓度如下：

M^{n+}	Na^+	Mg^{2+}	Ca^{2+}	Al^{3+}	Fe^{3+}
$[M^{n+}]$/（$mol\cdot L^{-1}$）	0.46	0.050	0.010	4.0×10^{-7}	2.0×10^{-7}

（1）OH^-浓度多大时，$Mg(OH)_2$ 开始沉淀？

（2）在该 OH^-浓度下，是否还有别的离子沉淀？

14．工业废水的排放标准规定 Cd^{2+}降到 0.1 mg L^{-1} 以下即可排放。若用加消石灰 $Ca(OH)_2$ 中和沉淀法除去 Cd^{2+}，按理论计算，废水溶液中的 pH 值至少应为多大？

15.（1）在 10 mL1.5×10^{-3} $mol\cdot L^{-1}$ 的 $MnSO_4$ 溶液中，加入 5.0 mL 0.15 $mol\cdot L^{-1}$ 的 $NH_3\cdot H_2O$，能否生成 $Mn(OH)_2$ 沉淀？

（2）若在原 $MnSO_4$ 溶液中，先加入 0.495 g$(NH_4)_2SO_4$ 固体（忽略体积变化），然后再加入上述 $NH_3\cdot H_2O$ 5 mL，能否生成 $Mn(OH)_2$ 沉淀？

16．将 5.0×10^{-3} L 的浓度为 0.20 $mol\cdot L^{-1}$ 的 $MgCl_2$ 溶液与 5.0×10^{-3} L 的浓度为 0.10 $mol\cdot L^{-1}$ 的 $NH_3\cdot H_2O$ 溶液混合时，有无 $Mg(OH)_2$ 沉淀产生？为了使溶液中不析出 $Mg(OH)_2$ 沉淀，在溶液中至少要加入固体 NH_4Cl 多少克？（忽略由于加入固体 NH_4Cl 后溶液体积的变化）

17．将 0.010 mol 的 CuS 溶于 1.0L 盐酸中，计算所需要的盐酸的浓度。从计算结果说明盐酸能否溶解 CuS？

18．现有 0.10L 溶液，其中含有 0.0010 mol 的 NaCl 和 0.0010 mol 的 K_2CrO_4，逐滴加入 $AgNO_3$ 溶液时，何者先沉淀？

19．某溶液中含有 0.10 $mol\cdot L^{-1}$ Ba^{2+}和 0.10 $mol\cdot L^{-1}$ Ag^+，在滴加 Na_2SO_4 溶液时（忽略体积的变化），哪种离子首先沉淀出来？当第二种离子沉淀析出时，第一种被沉淀离子是否沉淀完全？

20．现有一瓶含有 Fe^{3+}杂质的 0.10 $mol\cdot L^{-1}$ $MgCl_2$ 溶液，欲使 Fe^{3+}以 $Fe(OH)_3$ 沉淀形式除去，溶液的 pH 值应控制在什么范围？

21．一种混合液中含有 3.0×10^{-2} $mol\cdot L^{-1}$ Pb^{2+}和 2.0×10^{-2} $mol\cdot L^{-1}$ Cr^{3+}，若向其中逐滴加入浓 NaOH 溶液（忽略溶液体积的变化），Pb^{2+}与 Cr^{3+}均有可能形成氢氧化物沉淀。问：

（1）哪种离子先被沉淀？

（2）若要分离这两种离子，溶液的 pH 值应控制在什么范围？

22．如果 $BaCO_3$ 沉淀中尚有 0.100 mol 的 $BaSO_4$，在 1.0L 此沉淀的饱和溶液中，应加入多少摩尔的 Na_2CO_3，才能使 $BaSO_4$ 完全转化为 $BaCO_3$？

第七章　氧化还原平衡

知识目标

1. 理解氧化数、氧化与还原、氧化剂与还原剂等概念。
2. 掌握氧化还原方程式的配平方法。
3. 了解原电池的组成和表示符号。
4. 理解电极电势的概念，掌握能斯特方程式及影响因素。

能力目标

1. 会用氧化数法和离子电子法配平氧化还原方程式。
2. 能利用能斯特方程式进行有关计算，并判断氧化还原反应进行的程度。
3. 会利用电极电势的数值比较氧化剂和还原剂的相对强弱，判断氧化还原反应进行的方向。

化学反应可分为两大类：一类是在反应过程中，反应物之间没有发生电子的得失或偏移的反应，如酸碱反应、沉淀反应和配位反应等，统称为非氧化还原反应；另一类是在反应过程中，反应物之间发生了电子的得失或偏移的反应，称为氧化还原反应。

氧化还原反应是普遍存在而又很重要的一类化学反应，如金属的制备和精炼、动植物体内的代谢过程、土壤中某些元素存在形态的转化及许多化工生产等都涉及氧化还原反应。

第一节　氧化还原反应的基本概念

一、氧化数

1．氧化数

（1）氧化数的定义

1970 年国际纯化学和应用化学联合会（IUPAC）确定，氧化数是某元素一个原子的荷电数，这个荷电数可以由假设把每个成键中的电子指定给电负性较大的原子而求得。例如，在 NaCl 中，Cl 的电负性比 Na 的电负性大，所以 Cl 的氧化数为−1，Na 的氧化数为+1。又如 H_2O 中，O 的电负性较大，成键电子偏近电负性较大的氧元素，所以 O 的氧化数为−2，H 的氧化数为+1。

（2）氧化数的确定规则

①单质中元素的氧化数等于零。如 H_2、Na、Cl_2 等单质中，元素的氧化数为零。

②氢在化合物中的氧化数一般为+1，但在活泼金属的氢化物中（如 NaH 等），氢的氧化数为−1。

③氟化合物中氟的氧化数为−1。

④氧在化合物中的氧化数一般为−2，但在过氧化物（如 H_2O_2、Na_2O_2 等）中，氧的氧化数为−1；在超氧化物（如 KO_2）中氧化数为−1/2；在氧的氟化物（如 O_2F_2、OF_2）中，氧化数分别为+1 和+2。

⑤化合物中，所有元素的氧化数的代数和等于零。

⑥单原子离子的氧化数等于它所带的电荷数，如 Zn^{2+}、Cl^- 中锌和氯的氧化数分别为+2 和−1。

⑦多原子离子中，所有元素氧化数的代数和等于该离子所带的电荷数，如 SO_4^{2-} 中硫和氧的氧化数分别为+6 和−2。

根据上述规则，我们可以计算出物质中的任一元素的氧化数。

【例 7-1】试确定下列指定元素的氧化数。

（1）MnO_4^- 中 Mn 的氧化数；

（2）$Cr_2O_7^{2-}$ 中 Cr 的氧化数；

（3）Fe_3O_4 中 Fe 的氧化数。

解：（1）已知 O 的氧化数为−2，设 Mn 的氧化数为 x，则

$x+4\times(-2)=-1 \quad \therefore \quad x=+7$

即 MnO_4^- 中 Mn 的氧化数为+7；

（2）已知 O 的氧化数为−2，设 Cr 的氧化数为 x，则

$2x+7\times(-2)=-2 \quad \therefore \quad x=+6$

即 $Cr_2O_7^{2-}$ 中 Cr 的氧化数为+6；

（3）已知 O 的氧化数为−2，设 Fe 的氧化数为 x，则

$3x+4\times(-2)=0 \quad \therefore \quad x=+8/3$

即 Fe_3O_4 中 Fe 的氧化数为+8/3。

氧化数是人为规定性的概念，是按一定规则指定的物质分子中元素的形式电荷的数值，它可以是正数、负数或零，也可以是整数或分数。而化合价是某一个原子能结合几个其他元素的原子的能力，只能是整数。

2. 氧化还原反应

氧化还原反应的特征是反应前后反应物之间发生了电子的转移。失去电子的变化叫氧化，失去电子的反应是氧化反应；得到电子的变化是还原，得到电子的反应是还原反应。一种物质失去电子，必然有另一种物质得到电子，凡是有电子转移（电子得失或共用电子对偏移）的化学反应是氧化还原反应。如金属钠和氯气的反应：

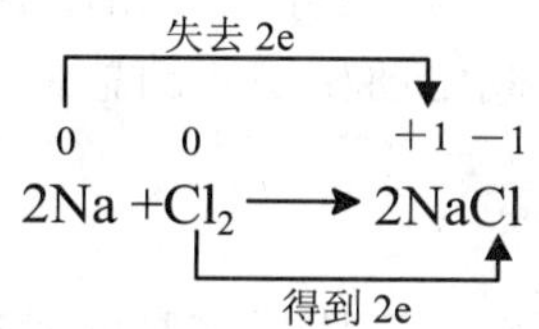

上述反应中，Na 失去电子，发生氧化反应，Cl 得到电子，发生还原反应，氧化反应和还原反应总是同时发生的，且 Na 失去的电子总数与 Cl 得到的电子总数相等。

在氧化还原反应中失去电子的反应物是还原剂，得到电子的反应物是氧化剂。上例中 Na 是还原剂，因为 Na 失去的电子能使 Cl 还原，Na 本身被氧化；而 Cl_2 则是氧化剂，因为 Cl 得到的电子能使 Na 氧化，Cl_2 本身被还原。

在离子化合物的反应中，反应物之间电子的转移是很明显的。但共价化合物参与的反应中，反应物间没有电子的转移，而是发生了电子对的偏移。例如 H_2 与 Cl_2 的反应：

$$H_2 + Cl_2 \longrightarrow 2HCl$$

由于 Cl 的电负性大于 H，所以 HCl 分子中的共用电子对靠近 Cl 原子，偏离 H 原子。尽管 Cl 和 H 都没有获得或失去电子，却有一定程度的电子对的偏移。共用电子对偏离的反应物是还原剂，共用电子对靠近的反应物是氧化剂，所以上述反应中 H_2 是还原剂，Cl_2 是氧化剂。

综上所述，氧化还原反应的实质是在化学反应中原子间发生了电子的转移。凡反应前后元素的氧化数发生变化的反应称为氧化还原反应，元素氧化数的变化是由原子间电子的转移引起的。

3. 氧化与还原

在氧化还原反应中，元素氧化数升高的过程是氧化反应，元素氧化数降低的过程是还原反应。反应中氧化数升高（电子失去或偏离）的反应物称为还原剂，氧化数降低（电子得到或偏向）的反应物称为氧化剂。

金属锌与硫酸铜的反应为：

氧化数升高

$$\overset{0}{Zn} + \overset{+2}{Cu}SO_4 = \overset{0}{Cu} + \overset{+2}{Zn}SO_4$$

氧化数降低

上述反应中，Zn 原子失去电子，氧化数升高，发生了氧化反应，所以金属 Zn 是还原剂；Cu^{2+}得到电子，氧化数降低，发生了还原反应，$CuSO_4$ 是氧化剂，此反应是氧化还原反应。

在氧化还原反应中，一种元素的氧化数升高时，必定有另一种元素的氧化数降低，即氧化反应和还原反应总是同时发生的，而且元素氧化数升高的总数一定等于元素氧化数降低的总数。因此，氧化剂和还原剂总是互相依存的。

4. 氧化剂与还原剂

（1）氧化还原电对

在氧化还原反应中，氧化反应和还原反应是同时进行的，所以典型的氧化还原反应可由一个氧化反应和一个还原反应组成。例如氧化还原反应：

$$Cu^{2+} + Zn = Cu + Zn^{2+}$$

上述反应是由金属 Zn 失去 2 个电子变为 Zn^{2+}的氧化反应和 Cu^{2+}得到 2 个电子变成金属 Cu 的还原反应组成，可分别表示为：

$$Zn - 2e \longrightarrow Zn^{2+} \qquad \text{氧化反应}$$

$$Cu^{2+} + 2e \longrightarrow Cu \qquad \text{还原反应}$$

氧化反应或还原反应称为氧化还原反应的半反应。把这两个反应合并消去电子即为总的氧化还原反应。

在半反应中，同一种元素的不同氧化态物质构成一个氧化还原电对，如上述反应中的两个电对分别是锌电对（Zn^{2+}和 Zn 组成）和铜电对（Cu^{2+}和 Cu 组成）。在氧化还原电对中，氧化数较高的物质称氧化态（或氧化型）物质，氧化数较低的物质称还原态（还原型）物质。如锌电对中 Zn^{2+}是氧化态，Zn 是还原态；铜电对中 Cu^{2+}是氧化态，Cu 是还原态。

在书写氧化还原电对时，氧化态物质写在左侧，还原态物质写在右侧，中间用“/”隔开。锌电对和铜电对，可分别表示为 Zn^{2+}/Zn、Cu^{2+}/Cu。

氧化还原半反应的一般表示形式为：

$$\text{氧化态}+ne \rightleftharpoons \text{还原态}$$

每一个氧化还原电对都对应于一个氧化还原半反应，例如：

$$Br_2/Br^-：Br_2+2e \rightleftharpoons 2Br^-$$

$$Cl_2/Cl^-：Cl_2+2e \rightleftharpoons 2Cl^-$$

$$MnO_4^-/Mn^{2+}：MnO_4^-+8H^++5e \rightleftharpoons Mn^{2+}+4H_2O$$

由上述氧化还原半反应可以看出，电对中氧化态物质得到电子，被还原，在反应中作氧化剂；还原态物质失去电子，被氧化，在反应中作还原剂。氧化态物质的氧化能力与还原态物质的还原能力的强弱关系与共轭酸碱对强弱关系相似，即氧化态物质的氧化能力越强，相应的还原态物质的还原能力就越弱；反之，氧化态物质的氧化能力越弱，相应的还原态物质的还原能力越强。如电对 MnO_4^-/Mn^{2+}中，MnO_4^-的氧化能力很强，是强氧化剂，而 Mn^{2+}的还原能力很弱，是弱还原剂。又如 Zn^{2+}/Zn 电对中，Zn 是强还原剂，Zn^{2+}是弱氧化剂。

同一物质在不同的氧化还原电对中可表现出不同的性质。如在 MnO_4^-/Mn^{2+}电对中，Mn^{2+}为还原态，在反应中作还原剂；而在 Mn^{2+}/Mn 电对中，Mn^{2+}为氧化态，在反应中做氧化剂。又如在 Cl_2/Cl^-电对中，Cl_2 是氧化态，而在 ClO^-/Cl_2 电对中，Cl_2 是还原态。这说明物质的氧化还原能力的大小是相对的。物质与强氧化剂作用时，表现出还原性，而与强还原剂作用时，则表现出氧化性。如：H_2O_2 与 $KMnO_4$ 作用时表现出还原性，其反应为：

$$2MnO_4^-+5H_2O_2+6H^+ \rightleftharpoons 2Mn^{2+}+5O_2\uparrow+8H_2O$$

当H_2O_2与KI作用时，表现出氧化性，其反应为：

$$H_2O_2+2I^-+2H^+ \rightleftharpoons 2H_2O+I_2$$

（2）常见的氧化剂和还原剂

常见的氧化剂一般是活泼的非金属单质和一些具有较高氧化数的化合物。因其元素的氧化数有降低（得到电子）的趋势，容易被还原，故作氧化剂。常见的氧化剂有：

①活泼的非金属单质，如 O_2、F_2、Cl_2、I_2 等；

②元素处于较高氧化数的含氧化合物，如 $KMnO_4$、$KClO_3$、K_2CrO_7、浓硫酸和硝酸等；

③具有较高氧化态的金属离子及其配合物，如 Fe^{3+}、Ce^{4+}等。

常见的还原剂一般是活泼的金属和一些具有较低氧化数的化合物，因其元素的氧化数有升高（失去电子）的趋势，容易被氧化，故作还原剂。常见的还原剂有：

①活泼的金属单质，如 Fe、Zn、Al 等；

②元素处于较低氧化数的化合物，如 H_2S、CO 等；

③非金属单质，如 C、H_2 等。

处于中间氧化态的物质既可作氧化剂又可作还原剂。如：H_2O_2、H_2SO_3、SO_2、Fe^{2+}等。

二、氧化还原反应方程式的配平

氧化还原反应比较复杂，反应产物也因介质、反应条件的不同而不同，很难用一般的观察法配平氧化还原反应方程式。

常用的氧化还原反应方程式的配平方法有两种：氧化数法和离子—电子法（又称半反应法）。

1. 氧化数法

（1）氧化数法配平反应方程式的原则是：

①还原剂中元素氧化数升高的总数等丁氧化剂中元素的氧化数降低的总数。

②反应方程式两边各种元素原子的总数相等。

（2）氧化还原方程式的配平步骤

①根据实验事实确定氧化还原产物，写出基本反应方程式：

【例 7-2】$S+HNO_3 \longrightarrow SO_2+NO+H_2O$

②确定被氧化元素原子氧化数的升高值和被还原元素原子氧化数的降低值：

氧化数升高 4

$$\overset{0}{S} + H\overset{+5}{N}O_3 \longrightarrow \overset{+4}{S}O_2 + \overset{+2}{N}O + H_2O$$

氧化数降低 3

③ 根据最小公倍数法的原则，使氧化数升高值和降低值相等，在相应的化学式前乘以适当的系数：

氧化数升高 4×3

$$3\overset{0}{S} + 4H\overset{+5}{N}O_3 \longrightarrow 3\overset{+4}{S}O_2 + 4\overset{+2}{N}O + H_2O$$

氧化数降低 3×4

④ 用观察法配平其他元素的原子个数：

氧化数升高 4×3

$$3\overset{0}{S} + 4H\overset{+5}{N}O_3 \longrightarrow 3\overset{+4}{S}O_2 + 4\overset{+2}{N}O + 2H_2O$$

氧化数降低 3×4

⑤ 检查并核对各元素的原子个数，将箭号改成等号：

$$3S+4HNO_3 = 3SO_2+4NO+2H_2O$$

【例 7-3】配平高锰酸钾与盐酸的反应方程式。

解：按步骤①

$$KMnO_4+HCl \longrightarrow MnCl_2+KCl+Cl_2+H_2O$$

按步骤②

氧化数升高 1×2

$$K\overset{+7}{Mn}O_4 + 2H\overset{-1}{Cl} \longrightarrow \overset{+2}{Mn}Cl_2 + KCl + \overset{0}{Cl_2} + H_2O$$

氧化数降低 5

按步骤③

$$2K\overset{+7}{Mn}O_4 + 10H\overset{-1}{Cl} \longrightarrow 2\overset{+2}{Mn}Cl_2 + KCl + 5\overset{0}{Cl_2} + H_2O$$

氧化数降低 5×2

按步骤④

氧化数升高 1×2×5

$$2K\overset{+7}{Mn}O_4 + 16H\overset{-1}{Cl} \longrightarrow 2\overset{+2}{Mn}Cl_2 + 2KCl + 5\overset{0}{Cl_2} + 8H_2O$$

氧化数降低 5×2

按步骤⑤

$$2KMnO_4+16HCl = 2MnCl_2+2KCl+5Cl_2+8H_2O$$

用氧化数法配平氧化还原反应方程式的优点是简便、快速，既适用于水溶液中的氧化还原反应，也适用于非水体系和高温下进行的氧化还原反应。

2.离子-电子法（半反应法）

（1）离子-电子法配平反应方程式的原则是：

①还原剂失去电子的总数等于氧化剂获得电子的总数。

②反应方程式两边各种元素原子的总数相等，离子电荷总数也相等。

（2）氧化还原方程式的配平步骤

【例 7-4】配平酸性溶液中的反应：

$$KMnO_4+K_2SO_3 \longrightarrow K_2SO_4+MnSO_4$$

① 写出主要反应物和产物的离子方程式。

$$MnO_4^-+SO_3^{2-}+H^+ \longrightarrow Mn^{2+}+SO_4^{2-}+H_2O$$

② 将上述离子方程式改写成两个氧化还原半反应式中的电对，一个表示氧化剂被还原，另一个表示还原剂被氧化。

还原半反应：$MnO_4^- \longrightarrow Mn^{2+}$

氧化半反应：$SO_3^{2-} \longrightarrow SO_4^{2-}$

③ 分别配平上述两个半反应式，使半反应式两边的原子总数和电荷总数相等。

在还原半反应中，MnO_4^-被还原为 Mn^{2+}时，要减少 4 个 O 原子，在酸性介质中可加入 8 个 H^+结合生成 4 个 H_2O，即：

$$MnO_4^-+8H^+ \longrightarrow Mn^{2+}+4H_2O$$

上式中左边的净电荷数为+7，右边的净电荷数为+2，所以需要在左边加上 5 个电子（1 个电子带一个负电荷），使两边的电荷总数相等，即：

$$MnO_4^-+8H^++5e = Mn^{2+}+4H_2O \quad (7\text{-}1)$$

在氧化半反应中，SO_3^{2-}被氧化为 SO_4^{2-}时，要增加 1 个 O 原子，在酸性介质中可由 H_2O 提供，同时可生成 2 个 H^+，即

$$SO_3^{2-}+H_2O \longrightarrow SO_4^{2-}+2H^+$$

上式中左边的净电荷数为−2，右边的净电荷数为0，所以需要在右边加上2个电子，即：

$$SO_3^{2-}+H_2O = SO_4^{2-}+2H^++2e \quad (7\text{-}2)$$

④ 根据还原剂失去电子的总数等于氧化剂获得电子的总数的原则，两个半反应式各乘以适当的系数，使其得失电子数相等。

式（7-1）×2：　　$2MnO_4^- + 16H^+ + 10e = 2Mn^{2+} + 8H_2O$

式（7-2）×5：　　$5SO_3^{2-} + 5H_2O = 5SO_4^{2-} + 10H^+ + 10e$

⑤ 将上述两个半反应相加，合并成一个配平的离子方程式。

$$2MnO_4^- + 16H^+ + 5SO_3^{2-} + 5H_2O = 2Mn^{2+} + 8H_2O + 5SO_4^{2-} + 10H^+$$

经整理可得：

$$2MnO_4^- + 5SO_3^{2-} + 6H^+ = 2Mn^{2+} + 5SO_4^{2-} + 3H_2O$$

核对等式两边各元素原子个数和电荷数是否相等。

⑥ 将离子反应式改写成化学反应方程式。

根据题目要求，将离子方程式改写为分子（或化学式）方程式。加入不参与反应的阳离子或阴离子，引入的酸根离子以不引入其他杂质、不参与氧化还原反应为原则。

$$2KMnO_4 + 5K_2SO_3 + 3H_2SO_4 = 2MnSO_4 + 6K_2SO_4 + 3H_2O$$

离子-电子法则更能反映电解质溶液中氧化还原反应的本质，对于配平水溶液中进行的氧化还原反应、有复杂化合物及有机物参加的反应比较方便，但不适用于非水溶液和高温固相反应方程式的配平。

第二节　原电池

不同物质在水溶液中的氧化、还原能力是不同的，为了能定量地度量在水溶液中各种氧化剂和还原剂相对强弱，判断在实验条件下氧化还原反应自发进行的可能性及进行的程度，有必要学习有关原电池和电极电势的知识。

一、原电池的组成

将金属 Zn 片放入 $CuSO_4$ 溶液中，可看到 Zn 片逐渐溶解，随着蓝色的 $CuSO_4$ 溶液的颜色逐渐变浅，在 Zn 片上不断析出紫红色的 Cu。此现象表明：Zn 给出电子氧化为 Zn^{2+} 而溶解，Cu^{2+} 获得电子还原为 Cu 而析出。Zn 和 $CuSO_4$ 之间发生了氧化还原反应，其反应离子方程式可表示为：

$$Zn + Cu^{2+} = Zn^{2+} + Cu$$

由于 Zn 片与 $CuSO_4$ 溶液直接接触，随着反应的进行，温度升高，说明反应过程中化学能转变成热能，但我们无法直接观察到金属和溶液交界处的电子转移，观察不到电流的产生。

如果 Zn 片与 $CuSO_4$ 溶液不直接接触，而是在一定的装置中进行，则可将化学能转变为电能，获得电流。氧化还原反应是伴随电子转移的反应，这一点可进一步通过实验来证明。在一个盛有 $ZnSO_4$ 溶液的烧杯中插入锌片，另一个盛有 $CuSO_4$ 溶液的烧杯中插入铜片，将两个烧杯的溶液用一个充满电解质溶液的盐桥（由饱和 KCl 的琼脂冻胶装入 U 形玻璃管中而成）连接起来，用金属导线将两金属片及检流计串联组成图 7-1 的装置。观察电流计指针和锌片、铜片的变化。

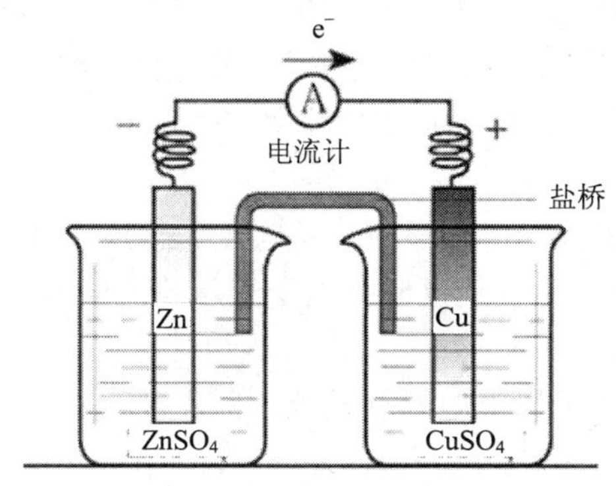

图 7-1　铜锌原电池

实验现象及分析：

①电流计指针发生偏转，说明导线中有电流通过。从电流计指针偏转的方向可知，电子是从锌片经导线流向铜片（电流方向与电子流向相反），所以锌片是负极，铜片是正极。

②锌片不断溶解，而铜不断沉积在铜片上。说明锌片失去电子成为 Zn^{2+}，进入溶液，锌片上发生了氧化反应；而 $CuSO_4$ 溶液中的 Cu^{2+}在铜片上得到电子，析出金属 Cu，铜片上发生了还原反应。

③若取出盐桥，电流计指针回至零点，放入盐桥，电流计指针偏转，说明盐桥起构成通路的作用。若没有盐桥，$ZnSO_4$ 溶液会因为 Zn 溶解为 Zn^{2+}而带上正电荷，$CuSO_4$ 溶液会因为 Cu^{2+}变为 Cu 使得溶液中 SO_4^{2-}过多而带上负电荷，溶液不能保持中性，从而影响放电的继续进行，不再有电流通过。由于盐桥的存在，使两个烧杯中的溶液始终呈中性，反应得以持续进行。

上述装置中，反应物 Zn 和 $CuSO_4$ 溶液虽然分开了，但反应中的电子通过导线由 Zn 转移给了 Cu^{2+}，电子形成了定向运动，从而产生了电流，使化学能转变成电能。

这种借助于氧化还原反应，将化学能转变为电能的装置，叫做原电池。

二、原电池的电动势

在 Cu-Zn 原电池中，发生了电子的定向流动，说明两极的电势是不等的，即正、负极间存在着电势差，我们把两个电极之间的电势差称为原电池的电动势，即正极的电极电势与负极的电极电势之差就是原电池的电动势，用 E 表示：

$$E = \varphi_{(+)} - \varphi_{(-)} \tag{7-3}$$

1. 原电池的电极反应及电池反应

每一种原电池都是由两个“半电池”所组成，例如，Cu-Zn 原电池就是由 Zn 和 $ZnSO_4$ 溶液、Cu 和 $CuSO_4$ 溶液所构成的两个“半电池”组成，每个半电池对应一个氧化还原电对，Cu-Zn 原电池中的电对分别是 Zn^{2+}/Zn 和 Cu^{2+}/Cu。在半电池中有一固态物质作为导体，称为电极。

半电池发生的反应称为半电池反应（或电极反应）。原电池中，电子流出的电极为负极（如锌片），负极发生氧化反应；电子流入的电极为正极（如铜片），正极发生还原反应。

两个半电池反应构成了原电池的总反应，也称电池反应。例如，Cu-Zn 原电池中发生了如下反应：

负极（锌片）：$Zn-2e \rightleftharpoons Zn^{2+}$　　氧化反应

正极（铜片）：$Cu^{2+}+2e \rightleftharpoons Cu$　　还原反应

电池反应：$Zn+Cu^{2+} \rightleftharpoons Zn^{2+}+Cu$　　氧化还原反应

2. 原电池的表示方法

为了书写的方便，电化学中常用特定方式表示原电池。例如，铜锌原电池可表示为：

（—）$Zn(s) \mid ZnSO_4(c_1) \parallel CuSO_4(c_2) \mid Cu(s)$（+）

书写电池符号的规则如下：

① 写出正极和负极符号，负极（—）写在左边，正极（+）写在右边。

② 用“|”表示物质间的两相界面。如 Zn（s）|$ZnSO_4$（c_1）。

③ 用“‖”表示盐桥，盐桥左右分别为原电池的负极、正极。

④ 用“c”表示电解质溶液的浓度，若为气体则为分压 p。

⑤ 无固体电极的电对如 Fe^{3+}/Fe^{2+}，O_2/OH^-等，可采用惰性电极（不参加电极反应，仅起导电作用。常用的惰性电极是铂和石墨）。惰性电极在电池符号中要表示出来。

【例 7-5】将氧化还原反应 $2MnO_4^-+10Cl^-+16H^+ \rightleftharpoons 2Mn^{2+}+5Cl_2+8H_2O$ 设计成原电池，并写出其原电池符号。

解：氧化反应：$2Cl^- -2e \rightleftharpoons Cl_2$

还原反应：$MnO_4^-+8H^++5e \rightleftharpoons Mn^{2+}+4H_2O$

在原电池中负极发生氧化反应，正极发生还原反应，因此，Cl_2/Cl^-电对构成原电池的负极，MnO_4^-/Mn^{2+}电对构成原电池的正极。所以原电池符号为：

（–）$Pt \mid Cl_2(p) \mid Cl^-(c_1) \parallel H^+(c_2), Mn^{2+}(c_3), MnO_4^-(c_4) \mid Pt$（+）

3. 电极的类型

根据电极组成的不同，常见的电极可分为四类。

（1） 金属-金属离子电极。这类电极由金属插入其相应离子的溶液组成。如Cu^{2+}/Cu电极：

电极反应：$Cu^{2+}+2e \rightleftharpoons Cu$

电极符号：$Cu(s) \mid Cu^{2+}(c)$

（2）气体-离子电极。这类电极由气体与其饱和的离子溶液及惰性电极材料组成。如氯电极：

电极反应：$Cl_2+2e \rightleftharpoons 2Cl^-$

电极符号：$Pt \mid Cl_2(p) \mid Cl^-(c)$

（3）氧化还原电极。这类电极由同一元素、不同氧化数对应的物质、介质及惰性电极组成。如电对$Cr_2O_7^{2-}/Cr^{3+}$对应的电极：

电极反应：$Cr_2O_7^{2-}+14H^++6e \rightleftharpoons 2Cr^{3+}+7H_2O$

电极符号：$Pt \mid Cr_2O_7^{2-}(c_1)$，$Cr^{3+}(c_2)$，$H^+(c_3)$

（4）金属-金属难溶盐电极（又称固体电极）。这类电极是将金属表面涂上该金属的难溶盐（或氧化物），再插入该金属难溶盐的阴离子溶液中构成的。如银-氯化银电极：

电极反应：$AgCl+e \rightleftharpoons Ag+Cl^-$

电极反应：$Ag(s)$，$AgCl(s) \mid Cl^-(c)$

原电池的出现不仅使化学能转变成电能成为现实，同时证明了氧化还原反应中有电子的转移。原电池把电现象与化学反应联系起来，使人们利用电学探讨化学反应成为可能，从而形成了化学的一个重要分支——电化学。从理论上讲，任何一个自发的氧化还原反应，都可以构成原电池。但对于一些比较复杂的氧化还原反应，实际上却很难，所以真正实用的化学电池并不多。

第三节　电极电势

一、电极电势的产生

Cu-Zn 原电池中，电子从锌极流向铜极，说明锌极的电势比较低，而铜极的电势比较高。为什么两个电极的电势不等？电极电势又是如何产生的呢？ 这与金属及其盐溶液之间的相互作用有关。

金属晶体中包括金属原子、金属阳离子和自由电子。当把金属插入其相应的盐溶液时，溶液中同时发生两个相反的过程：一方面，因热运动和受极性水分子的作用，金属表面的原子脱离金属表面进入溶液成为水合离子，并把电子留在金属表面上，这一过程称为溶解。这时金属片上由于有过剩的电子而带负电荷。金属越活泼，溶液中金属离子的浓度越小，溶解程度就越大。另一方面，溶液中的金属离子也与金属表面自由电子结合成中性原子而沉积在金属表面上，这时金属片上由于自由电子数的减少而带正电荷。金属越不活泼，溶液中金属离子浓度越大，沉积程度就越大。

一定条件下，当金属在溶液中溶解速率和沉积速率相等时，在金属表面和附近溶液将会建立以下平衡。

$$M \rightleftharpoons M^{n+}{}_{(aq)} + ne$$

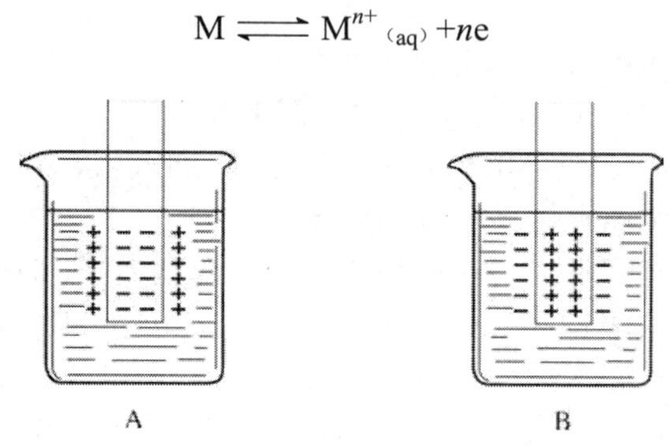

图 7-2 双电层结构示意

若金属溶解的速率大于金属离子沉积的速率，则达到平衡时，金属表面因积累了过剩的电子而带负电荷，溶液中则因有过剩的金属正离子而带正电荷。因为静电引力，过剩的金属正离子聚集在金属表面附近的溶液中，从而形成了双电层，如图 7-2A 所示。相反，若金属溶解的速率小于金属离子沉积的速率，则达到平衡时，金属表面因积累了过剩的金属正离子而带正电荷，溶液中则因有过剩的负离子而带负电荷，溶液中过剩的负离子聚集在金属表面附近的溶液中，从而形成了另一种双电层，如图 7-2B 所示。

由于双电层的形成，在金属及其盐溶液之间便存在一个电势差，这个电势差称为金属的电极电势（或平衡电势）。电极电势用符号 φ 表示，单位为 V（伏）。如锌电极的电极电势用 φ（Zn^{2+}/Zn）表示，铜电极的电极电势用 φ（Cu^{2+}/Cu）表示。电极电势的大小主要取决于电极的本性，另外还与溶液中金属离子的浓度及温度有关。金属越活泼，溶液中金属离子浓度越小，电极电势就越低；反之，金属越不活泼，溶液中金属离子浓度越大，电极电势就越高。

二、标准电极电势

根据式（7-5）可知，原电池的电动势可由它的两个电极的电极电势之差求得。由于目前无法由实验测定单个电极的绝对电势 φ，选择一个标准电极作为参比电极，并规定它的电极电势为零。将该电极与待测电极组成原电池，通过测出该电池的电动势，从而可求出待测电极的电极电势的相对值。

1953 年，国际纯粹与应用化学联合会（IUPAC）建议采用标准氢电极（SHE）作为参比电极。

1．标准氢电极　将表面镀上一层多孔的铂黑（细粉状的铂）的铂片，浸入氢离子浓度为 1.0 $mol \cdot L^{-1}$ 的酸溶液中（如 HCl）。在 298.15 K 条件下不断通入压力为 100 kPa 的纯净氢气，使铂黑吸附氢气达到饱和，这样的氢电极即为标准氢电极，见图 7-3。并规定标准氢电极的电极电势为零。标准氢电极的电极反应为：

$$2H^{+}+2e \rightleftharpoons H_2$$

则标准氢电极的电极电势可表示为：$\varphi^{\ominus}$（H^{+}/H_2）=0.00V

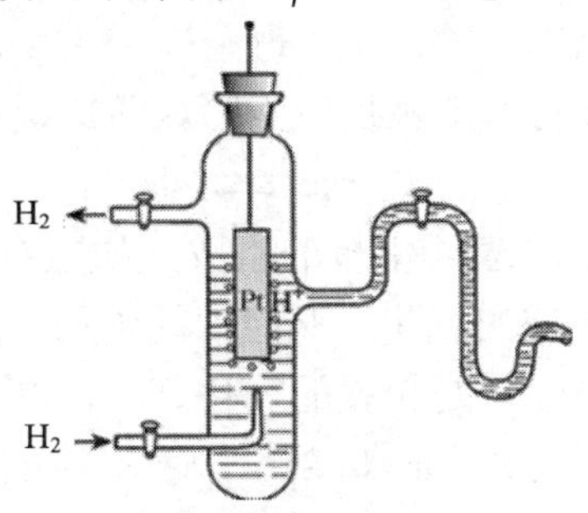

图 7-3　标准氢电极

2．标准电极电势

标准电极电势是指在标准状态下，将该电极与标准氢电极组成原电池测得的电极电势，用$\varphi^{\ominus}$表示。标准状态是指温度为 298.15 K，物质皆为纯净物，组成电极的有关物质的浓度（实际应为活度）均为 1.0 $mol \cdot L^{-1}$，气体的压力为 100 kPa 时的状态。

3．标准电极电势的测定

通过实验测定某电极标准电极电势的方法是：用标准氢电极与待测标准电极组成原电池，测定该电池的标准电动势。由于标准氢电极标准电极电势为零，所以测得的标准电池电动势在数值上就等于待测电极的标准电极电势。例如，将标准氢电极与标准锌电极组成原电池，测得标准电池电动势为 0.763 V。从电位计指针偏转的方向可知，电子是由锌电极流向氢电极，所以锌电极为负极，氢电极为正极。电池符号表示为：

$$(-)\ Zn(s) \mid Zn^{2+}(1mol \cdot L^{-1}) \parallel H^{+}(1mol \cdot L^{-1}) \mid H_2(100\ kPa) \mid Pt\ (+)$$

根据原电池电动势的计算公式有：

$$E^{\ominus}=\varphi^{\ominus}(H^{+}/H_2)-\varphi^{\ominus}(Zn^{2+}/Zn)=0.763\ V$$

$\because$　$\varphi^{\ominus}$（H^{+}/H_2）＝0.00V

∴ $0.00-\varphi^{\ominus}(Zn^{2+}/Zn)=0.763\ V$

∴ $\varphi^{\ominus}(Zn^{2+}/Zn)=-0.763\ V$

同理可测得铜电极的标准电极电势为$\varphi^{\ominus}(Cu^{2+}/Cu)=0.337\ V$。

从测定的数据来看，Zn^{2+}/Zn 电对的电极电势为负，而 Cu^{2+}/Cu 电对的电极电势为正。负号表示该电极的标准电极电势低于氢电极的标准电极电势，也表明 Zn 失电子的能力大于 H_2，或 Zn^{2+}得到电子成为 Zn 的能力小于 H^+；正号表示其标准电极电势高于氢电极的标准电极电势，也表明 Cu 失电子的能力小于 H_2，或说 Cu^{2+}得到电子的能力大于 H^+。

按这种方法，可以得出各个电极的标准电极电势的数值（参见附录标准电极电势表）。标准电极电势的数值是按照电极电势的代数值递增的顺序排列而成的。使用标准电极电势表时，应注意以下的几个问题：

①表中采用的是还原电势，电极反应均写成还原反应形式。即：

$$M^{n+}+ne \rightleftharpoons M$$

用电对“氧化态/还原态”表示电极的组成，如电对 Mn^{2+}/Mn。

②$\varphi^{\ominus}$值的大小，反映物质的氧化还原能力的强弱。$\varphi^{\ominus}$值越大，表示该电对的氧化态物质获得电子的能力越强，是较强的氧化剂，而其对应的还原态物质则越难失去电子，是较弱的还原剂。反之，$\varphi^{\ominus}$值越小，表示该电对的还原态物质失去电子的能力越强，是较强的还原剂，反之，其氧化态物质是较弱的氧化剂。例如：

$$MnO_4^-+8H^++8e \rightleftharpoons Mn^{2+}+4H_2O \quad \varphi^{\ominus}=1.51\ V$$

$$Zn^{2+}+2e \rightleftharpoons Zn \quad \varphi^{\ominus}=-0.763\ V$$

从它们的标准电极电势大小可知，MnO_4^-是较强的氧化剂，Mn^{2+}是较弱的还原剂；相反 Zn^{2+}是较弱的氧化剂，Zn 是较强的还原剂。

③标准电极电势的大小仅表示物质在水溶液中得失电子的能力，与得失电子的多少无关，即与半反应中的系数无关。例如：

$$Cu^{2+}+2e \rightleftharpoons Cu \quad \varphi^{\ominus}=3.37\ V$$

$$\frac{1}{2}Cu^{2+}+e \rightleftharpoons \frac{1}{2}Cu \quad \varphi^{\ominus}=3.37\ V$$

④标准电极电势与电极反应方向无关。无论是其氧化态作氧化剂，还是还原态作还原剂，其电极电势值不变。

$$2H^++2e^- \rightleftharpoons H_2 \quad \varphi^{\ominus}(H^+/H_2)=0.00\ V$$

$$H_2 \rightleftharpoons 2H^++2e \quad \varphi^{\ominus}(H^+/H_2)=0.00\ V$$

⑤氧化还原反应与介质的酸碱性有关，电对的$\varphi^{\ominus}$值也与介质条件有关。因此，查表时应注意溶液的酸碱性。

⑥$\varphi^{\ominus}$值是在标准状态下的水溶液中测定的，不适用于非水溶液、高温下固相及液相反应。

根据标准电极电势表，可以计算由任意两个标准电极组成的电池的电动势。位置在上的，即电极电势小的为负极，位置在下的，即电极电势大的为正极。例如铜-锌原电池，如果溶液中各离子的浓度均为 1.0 mol·L^{-1}，查表可得，298.15 K 时，$\varphi^{\ominus}$（Zn^{2+}/Zn）＝−0.763 V，$\varphi^{\ominus}$（Cu^{2+}/Cu）＝0.337 V，所以该电池的电动势为：

$E^{\ominus}=\varphi^{\ominus}_{(+)}-\varphi^{\ominus}_{(-)}$

$E^{\ominus}=\varphi^{\ominus}$（$Cu^{2+}/Cu$）$-\varphi^{\ominus}$（$Zn^{2+}/Zn$）＝0.337−（−0.763）＝1.10 V

从理论上讲，用上述方法可以测定各种电对的标准电极电势，但是由于标准氢电极的使用条件十分严格，而且制作也比较麻烦，因此在实际应用中常采用饱和甘汞电极（SCE）作为参比电极。饱和甘汞电极不仅使用方便而且性质稳定。甘汞电极的电极反应为：

$$Hg_2Cl_2+2e \rightleftharpoons 2Hg+2Cl^- \qquad \varphi^{\ominus}=0.268\ \text{V}$$

饱和甘汞电极的电极电势φ为 0.241 5 V。

三、影响电极电势的因素

标准电极电势是在标准状态下测定的，但是绝大多数的氧化还原反应都是在非标准状态下进行的。当电极处于非标准状态时，其电极电势值的大小除由电对的本性决定外，还受温度、溶液中离子的浓度、气体的分压和溶液的酸度等因素的影响。

1. 能斯特方程式

德国科学家能斯特（H.W.Nernst）从理论上推导出电极电势与反应温度、反应物的浓度（或压力）、溶液的酸度之间的定量关系式，称为能斯特方程式。对于任意给定的电极反应：

$$a\,\text{氧化态}+ne \rightleftharpoons b\,\text{还原态}$$

能斯特方程式为：

$$\varphi=\varphi^{\ominus}+\frac{RT}{nF}\ln\frac{[\text{氧化态}]^a}{[\text{还原态}]^b} \qquad (7\text{-}4)$$

式中：φ—— 非标准态下电极的电极电势，V；

$\varphi^{\ominus}$—— 电极的标准电极电势，V；

R—— 气体热力学常数，8.314 J/(mol·K)；

T—— 反应的热力学温度，K；

F—— 法拉第常数，96 485 C/mol；

n—— 电极反应中转移的电子数；

a，b—— 分别为氧化态和还原态物质的计量系数；

[氧化态]、[还原态]—— 分别为氧化态和还原态的浓度（活度）。

一般情况下，不考虑离子强度的影响，离子的活度可近似的以浓度代替。将有关常数代入式（7-4），并取常用对数，则在 298.15 K 时，能斯特方程式可简化为：

$$\varphi=\varphi^{\ominus}+\frac{0.059\,2}{n}\lg\frac{[\text{氧化态}]^{a}}{[\text{还原态}]^{b}} \qquad (7\text{-}5)$$

使用能斯特方程时应注意以下几个问题：

（1）温度不同，方程式中的系数不同。如 298.15 K 时为 0.059 2；而 291.15 K 时为 0.058 2。

（2）气体的浓度用其相对分压表示；固体、纯液体和水的浓度为常数，不在能斯特方程式中。

（3）物质的浓度用物质的量浓度表示。例如：

$$Fe^{2+}+2e \rightleftharpoons Fe$$

$$\varphi（Fe^{2+}/Fe）=\varphi^{\ominus}（Fe^{2+}/Fe）+\frac{0.059\,2}{2}\lg\frac{[Fe^{2+}]}{1}$$

$$Cl_2+2e \rightleftharpoons 2Cl^-$$

$$\varphi（Cl_2/Cl^-）=\varphi^{\ominus}（Cl_2/Cl^-）+\frac{0.059\,2}{2}\lg\frac{p(Cl_2)}{[Cl^-]^2}$$

（4）在电极反应中，除了氧化态物质和还原态物质外，还含有H^+或OH^-时，则其浓度也应包含在能斯特方程式中。例如：

$$Cr_2O_7^{2-}+14H^++6e \rightleftharpoons 2Cr^{3+}+7H_2O$$

$$\varphi（Cr_2O_7^{2-}/Cr^{3+}）=\varphi^{\ominus}（Cr_2O_7^{2-}/Cr^{3+}）+\frac{0.059\,2}{6}\lg\frac{[Cr_2O_7^{2-}][H^+]^{14}}{[Cr^{3+}]^2}$$

2. 浓度对电极电势的影响

从能斯特方程式可知，当电对中氧化型物质或还原型物质的浓度发生变化时，会使电极电位改变，利用能斯特方程式可以计算电对在各种浓度下的电极电势，这在实际应用中非常重要。

【例7-6】已知$\varphi^{\ominus}（Zn^{2+}/Zn）=-0.763$ V，求298.15 K时金属锌放入0.1 $mol\cdot L^{-1}$ Zn^{2+}溶液中的电极电势。

解：已知电极反应：$Zn^{2+}+2e \rightleftharpoons Zn$

因还原态 Zn 为纯固体，浓度为常数，作 1 处理。代入能斯特方程得：

$$\varphi（Zn^{2+}/Zn）=\varphi^{\ominus}（Zn^{2+}/Zn）+\frac{0.059\,2}{2}\lg\frac{[Zn^{2+}]}{1}$$

$$\varphi（Zn^{2+}/Zn）=-0.763+\frac{0.059\,2}{2}\lg 0.1=-0.763+\frac{0.059\,2}{2}\times(-1)$$

$$=-0.763-0.029\,6=-0.793\ \text{V}$$

可见，氧化态物质的浓度越大或还原态物质的浓度越小，电极电势值越大，氧化态获得电子的倾向越大；反之，氧化态物质的浓度越小或还原态物质的浓度越大，电极电势值越小，还原态失去电子的倾向越大。

3. 酸度对电极电势的影响

对于有 H^+或 OH^-参加的反应，溶液酸度的改变也会使电极电势发生变化，有时会成为决定电极电势大小的主要因素。

【例 7-7】设 $c(MnO_4^-)=c(Mn^{2+})=1.0\ mol\cdot L^{-1}$，计算电对 MnO_4^-/Mn^{2+}分别在$[H^+]=0.10\ mol\cdot L^{-1}$ 时的酸性介质溶液和中性溶液中（$[H^+]=1.0\times10^{-7}\ mol\cdot L^{-1}$）的电极电势。已知：$\varphi^\ominus$（$MnO_4^-/Mn^{2+}$）$=+1.507$ V。

解：电极反应：$MnO_4^-+8H^++5e \rightleftharpoons Mn^{2+}+4H_2O$

$$\varphi(MnO_4^-/Mn^{2+})=\varphi^\ominus(MnO_4^-/Mn^{2+})+\frac{0.059\,2}{5}\lg\frac{[MnO_4^-][H^+]^8}{[Mn^{2+}]}$$

在$[H^+]=0.10\ mol\cdot L^{-1}$ 时的酸性介质溶液中：

$$\varphi(MnO_4^-/Mn^{2+})=1.507+\frac{0.059\,2}{5}\lg\frac{1.0\times0.1^8}{1.0}=1.412\ V$$

在中性溶液中，$[H^+]=1.0\times10^{-7}\ mol\cdot L^{-1}$，则：

$$\varphi(MnO_4^-/Mn^{2+})=1.507+\frac{0.059\,2}{5}\lg\frac{1.0\times(10^{-7})^8}{1.0}=0.844\ V$$

由此可见，介质的酸碱性对氧化还原电对的电极电势影响较大，当溶液从酸性到中性时，电极电势从 1.412 V 降到 0.844 V，使 $KMnO_4$ 的氧化能力减弱。可见，$KMnO_4$、$K_2Cr_2O_7$ 等大多数含氧酸盐，其氧化能力受溶液酸度的影响非常大，溶液酸度越高，其氧化能力就越强。

阅读材料

氧化还原反应在生活中的应用

工业生产中所需要的各种各样的金属，都是通过氧化还原反应从矿石中提炼而得到的。如制造活泼的有色金属要用电解或置换的方法；制造黑色金属和有色金属都是在高温条件下用还原的方法；制备贵重金属常用湿法还原，等等。许多重要化工产品的制造，如合成氨、合成盐酸、接触法制硫酸、氨氧化法制硝酸、电解食盐水制烧碱等，主要反应也是氧化还原反应。石油化工里的催化加氢、链烃氧化制羧酸、环氧树脂的合成等也都是氧化还原反应。

在农业生产中，植物的光合作用、呼吸作用是复杂的氧化还原反应。施入土壤的肥料的变化，如铵态氮转化为硝态氨，SO_4^{2-}转化为 H_2S 等，虽然需要有细菌起作用，但就其实质来说，也是氧化还原反应。土壤里铁或锰的氧化态的变化直接影响农作物的营养，晒田和灌田主要就是为了控制土壤里氧化还原反应的进行。

我们通常应用的干电池、蓄电池以及在空间技术上应用的高能电池都发生着氧化还原反应，否则就不可能把化学能转变成电能、把电能转变成化学能。

人和动物的呼吸，把葡萄糖氧化为二氧化碳和水。通过呼吸把储藏在食物的分子内的能，转变为存在于三磷酸腺苷（ATP）的高能磷酸键的化学能，这种化学能再供给人和动物进行机械运动、维持体温、合成代谢、细胞的主动运输等所需要的能量。煤、石油、天然气等燃料的燃烧更是供给人们生活和生产所必需的大量的能。

第四节 电极电势的应用

标准电极电势是电化学中的重要数据，利用标准电极电势数值，可以判断氧化还原反应发生的可能性，氧化还原反应进行的方向及程度。

一、比较氧化剂和还原剂的相对强弱

氧化剂氧化能力和还原剂还原能力的相对大小，可以由电极电势φ值表现出来。电极电势值φ越大，电对中氧化态物质的氧化能力越强，而对应的还原态物质的还原能力越弱；反之，电极电势φ值越小，电对中还原态物质的还原能力越强，而对应的氧化态物质的氧化能力越弱。通常条件下电极电势φ值与标准电极电势$\varphi^{\ominus}$值相差不大，所以一般用标准电极电势$\varphi^{\ominus}$值来判断氧化剂或还原剂的相对强弱。例如：

$$Cu^{2+}+2e \rightleftharpoons Cu \qquad \varphi^{\ominus}(Cu^{2+}/Cu)=+0.337\ V$$

$$I_2+2e \rightleftharpoons 2I^- \qquad \varphi^{\ominus}(I_2/I^-)=+0.535\ V$$

$$Fe^{3+}+e \rightleftharpoons Fe^{2+} \qquad \varphi^{\ominus}(Fe^{3+}/Fe^{2+})=+0.771\ V$$

从它们的标准电极电势可以看出 Fe^{3+}是最强的氧化剂，Cu 是最强的还原剂。

各氧化态氧化能力的顺序：$Fe^{3+}>I_2>Cu^{2+}$

各还原态还原能力的顺序：$Cu>I^->Fe^{2+}$

实验室常用的强氧化剂，其电对的φ值一般都大于 1.0 V，例如 $KMnO_4$、$K_2Cr_2O_7$、HNO_3、H_2O_2 等；常用的强还原剂，其电对的φ值一般都小于 0.0 V，例如 Fe、Zn、Sn^{2+}等。

二、计算原电池的电动势

在原电池中，正极发生还原反应，负极发生氧化反应。因此电极电势较大的一极为正极，电极电势较小的一极为负极。正极的电极电势减去负极的电极电势即可为原电池的电动势。

【例 7-8】判断下述二电极组成的原电池的正、负极，并计算此电池在 298.15 K 时的电动势。

（1）$Cu|Cu^{2+}(0.1\ mol\cdot L^{-1})$；

（2）$Ag|Ag^{+}(0.1\ mol\cdot L^{-1})$。

解：查表知

$Cu^{2+}+2e \rightleftharpoons Cu$　　$\varphi^{\ominus}(Cu^{2+}/Cu)=0.337\ V$

$Ag^{+}+e \rightleftharpoons Ag$　　$\varphi^{\ominus}(Ag^{+}/Ag)=0.799\ V$

根据能斯特方程式可写出：

$$\varphi(Cu^{2+}/Cu)=\varphi^{\ominus}(Cu^{2+}/Cu)+\frac{0.059\,2}{2}\lg[Cu^{2+}]$$

$$=0.337+\frac{0.059\,2}{2}\lg 0.1=0.307\ V$$

$$\varphi(Ag^{+}/Ag)=\varphi^{\ominus}(Ag^{+}/Ag)+\frac{0.059\,2}{2}\lg[Ag^{+}]$$

$$=0.799+0.059\,2\lg 0.1=0.740\ V$$

根据计算结果可知，银电极为正极，铜电极为负极。该电池的符号为：

$(-)Cu(s)\mid Cu^{2+}(0.1mol\cdot L^{-1})\parallel Ag^{+}(0.1\ mol\cdot L^{-1})\mid Ag(s)(+)$

原电池电动势为：

$E=\varphi_{(+)}-\varphi_{(-)}$

$E=\varphi(Ag^{+}/Ag)-\varphi(Cu^{2+}/Cu)=0.740-0.307=0.433\ V$

三、判断氧化还原反应进行的方向

氧化还原反应进行的方向与反应物的性质、浓度、介质的酸度和温度等多种因素有关。当外界条件一定时，反应的方向只取决于氧化剂和还原剂的本性。

氧化还原反应的方向可以表示为：

强氧化剂 1+强还原剂 2＝弱还原剂 1+弱氧化剂 2

氧化还原反应总是由较强的氧化剂（标准电极电势$\varphi^{\ominus}$值较大）与较强的还原剂（标准电极电势$\varphi^{\ominus}$值较小）相互作用，向着生成较弱还原剂和较弱氧化剂的方向进行。因此，在标准电极电势表中，氧化还原反应发生的方向，是右上方的还原态物质与左下方的氧化态物质作用，即“对角线方向相互反应”。

利用原电池的电动势可以判断氧化还原反应进行的方向。在标准状态下，如果原电池的标准电动势 $E^{\ominus}>0$，则电池反应能自发正向进行；如果原电池的标准电动势 $E^{\ominus}<0$，则电池反应能自发逆向进行。如果反应是在非标准状态下，则需先用能斯特方程计算出 E，然后再判断。

因此，要判断一个氧化还原反应的方向，只要将此反应组成原电池，使反应物质中的氧化剂电对作正极，还原剂电对作负极，再比较两个电极电势值的大小即可。其具体步骤如下：

①首先根据氧化数的变化确定反应方程式中的氧化剂和还原剂；

②分别查出氧化剂和还原剂电对的标准电极电势；

③以反应方程式中氧化剂的电对作正极，还原剂的电对作负极，求出电池标准

状态的电动势：

$E^{\ominus}=\varphi^{\ominus}{}_{(+)}-\varphi^{\ominus}{}_{(-)}$

若 $E^{\ominus}>0$，即 $\varphi^{\ominus}{}_{(+)}>\varphi^{\ominus}{}_{(-)}$，则反应自发正向（向右）进行；

若 $E^{\ominus}=0$，即 $\varphi^{\ominus}{}_{(+)}=\varphi^{\ominus}{}_{(-)}$，则反应处于平衡状态；

若 $E^{\ominus}<0$，即 $\varphi^{\ominus}{}_{(+)}<\varphi^{\ominus}{}_{(-)}$，则反应自发逆向（向左）进行。

【例 7-9】判断反应 $Cl_2+2Fe^{2+} \rightleftharpoons 2Fe^{3+}+2Cl^-$ 在标准状态下进行的方向。

解：查表知：$Fe^{3+}+e \rightleftharpoons Fe^{2+}$　　$\varphi^{\ominus}$（Fe^{3+}/Fe^{2+}）=+0.771 V

$Cl_2+2e \rightleftharpoons 2Cl^-$　　$\varphi^{\ominus}$（Cl_2/Cl^-）=+1.36 V

由反应式可知：Cl_2 是氧化剂（正极），Fe^{2+} 是还原剂（负极）。

故上述电池的标准电动势为：

$E^{\ominus}=\varphi^{\ominus}{}_{(+)}-\varphi^{\ominus}{}_{(-)}=1.36-0.771=0.589\ V>0$

所以在标准状态下，上述原电池自发向右进行。

通常，溶液浓度的变化对电极电势影响不大，若两个电对的标准电极电势相差较大（大于 0.2 V）时，一般可以直接用标准电极电势来判断氧化还原反应进行的方向；但是，若两个电对的标准电极电势相差较小（小于 0.2 V）时，离子浓度的变化，有可能导致氧化还原反应方向的改变，此时不能直接用 $E^{\ominus}$ 判断，而必须用 E 判断反应的方向。

四、确定氧化还原反应进行的程度

氧化还原反应属于可逆反应，当反应达到平衡时，可用平衡常数 K 衡量反应进行的程度。对于一般的氧化还原反应，平衡常数表达式为：

$$\lg K=\frac{n\times[\varphi^{\ominus}{}_{(+)}-\varphi^{\ominus}{}_{(-)}]}{0.059\ 2}$$

或

$$\lg K=\frac{n\times E^{\ominus}}{0.059\ 2}$$

式中 n 为氧化还原反应中电子转移的数目。

由公式可知，在一定温度下，氧化还原反应的平衡常数与标准状态下原电池的电动势及转移的电子数目有关，当原电池的电动势越大，电子转移的数目越多，则平衡常数 K 就越大，反应进行得越完全。

【例 7-10】计算在 298.15 K 时反应 $Cr_2O_7^{2-}+6I^-+14H^+ \rightleftharpoons 2Cr^{3+}+3I_2+7H_2O$ 的平衡常数。

解：查表知

$Cr_2O_7^{2-}+6I^-+6e \rightleftharpoons 2Cr^{3+}+7H_2O$　　$\varphi^{\ominus}$（$Cr_2O_7^{2-}/Cr^{3+}$）=+1.33 V

$I_2+2e \rightleftharpoons 2I^-$　　$\varphi^{\ominus}$（I_2/I^-）= +0.535 V

根据反应方程式可知，$\varphi^{\ominus}$（$Cr_2O_7^{2-}/Cr^{3+}$）为正极，$\varphi^{\ominus}$（I_2/I^-）为负极，

$$\lg K=\frac{6\times[\varphi^{\ominus}_{(+)}-\varphi^{\ominus}_{(-)}]}{0.059\,2}=\frac{6\times(1.33-0.535)}{0.059\,2}=80.62$$

$$K=10^{80.62}=4.27\times10^{80}$$

此反应的平衡常数很大，说明该氧化还原反应进行得很完全。

需要注意的是，由电极电势的大小可以判断氧化还原反应进行的方向和程度，但不能由电极电势的大小判断氧化还原反应速率的大小。虽然有的氧化还原反应进行得很彻底，但反应速率并不大，常要选择合适的催化剂，反应才能迅速进行。

知识拓展

金属的腐蚀和防护

一、金属的腐蚀

金属或合金与周围接触的气体或液体发生化学反应，造成金属或合金的腐蚀损耗的过程称为金属的腐蚀。

金属腐蚀的现象是十分普遍的。例如钢铁在潮湿的空气中生锈，铝制品在使用后表面会出现白色斑点，铜制品久置后会产生铜绿等。金属制成的日用品、生产工具、机器部件、海轮船的船壳、水中金属设施等一切金属制品，在金属发生腐蚀后，轻者使外形、色泽以及机械性能等发生变化，使机械设备、仪器、仪表的精密度和灵敏度降低，严重时会因设备腐蚀损坏而造成停工停产、产品质量下降、污染环境，甚至造成严重事故。

根据与金属接触的介质的不同，金属的腐蚀分为化学腐蚀和电化学腐蚀。

1. 化学腐蚀

金属与干燥的气体（如 O_2、SO_2、H_2S、Cl_2 等）直接接触发生化学作用而引起的腐蚀，叫做化学腐蚀。化学腐蚀的特点是：腐蚀只发生在金属表面，在金属表面形成一层化合物，如氧化物、硫化物、氯化物等。如果所生成的化合物是一层致密的膜覆盖在金属表面，还可以保护金属内部，使腐蚀速率降低。例如铝、铬等金属，其表面被氧化而形成的氧化膜结构紧密而坚固，覆盖在金属表面，能够阻止金属继续氧化。这种氧化膜的保护作用叫做钝化。正是钝化现象，使这些金属在常温下的中性环境中耐腐蚀性能极强。

化学腐蚀的化学反应比较简单，仅仅是金属与氧化剂之间直接发生氧化还原反应。在常温时腐蚀比较慢，其反应速率随温度升高而加快，高温时比较显著。

2. 电化学腐蚀

不纯的金属（或合金）与电解质溶液接触，由于发生原电池反应，使比较活泼的金属失去电子被腐蚀的过程，叫做电化学腐蚀。

电化学腐蚀比化学腐蚀更普遍，危害性更大，造成大量的金属损耗。例如钢铁在潮湿空气里发生的腐蚀就是电化学腐蚀。钢铁中除含铁外，还含有 Si、Mn 等杂质。钢铁暴露在空气中，它的表面会吸附水气，形成一层极薄的水膜，这层水膜又溶入空气中的 CO_2、SO_2、H_2S 等气体，使水膜中 H^+浓度增加，形成了电解质溶液。这样 Fe 原子和可导电的杂质与电解质溶液接触正好构成了原电池。其中，铁是负极，杂质是正极。铁作为负极失去电子被腐蚀。由于杂质是极小的颗粒，又分散在钢铁各处，所以在钢铁表面同时形成了这样的无数微小的原电池。

负极（Fe）：　$Fe-2e═Fe^{2+}$

Fe^{2+}与水膜中的 OH^-结合生成的 $Fe(OH)_2$，继续被空气中的 O_2 氧化为 $Fe(OH)_3$，$Fe(OH)_3$ 不稳定，脱水生成铁锈（$Fe_2O_3 \cdot xH_2O$）。

在电化学腐蚀中，腐蚀速度的快慢很大程度上取决于电解质溶液的导电能力。电解质溶液导电能力越强，金属腐蚀速度越快，如钢铁在潮湿的土壤中、海水中都会因腐蚀而很快生锈。即使耐腐蚀能力较强的铝制品，较长时间与食盐水接触也会被腐蚀穿孔。同样，不锈钢餐具也不宜用来长时间盛装含 NaCl 的食物，否则虽然看不见生锈，但不锈钢中较活泼的金属铬会溶解进入食物中，对人体构成危害。

化学腐蚀和电化学腐蚀的本质，都是金属原子失去电子成为阳离子的氧化过程。在一般情况下，这两种腐蚀往往同时发生。高温下主要是化学腐蚀。常温下在潮湿的环境中电化学腐蚀极普遍，破坏作用也最强。所以，金属的腐蚀主要是电化学腐蚀。

二、防止金属腐蚀的方法

金属的腐蚀主要是由于金属与周围物质发生氧化还原反应引起的。因此要防止金属腐蚀，必须从金属与周围物质两方面来考虑。

1. 改变金属内部的组织结构

不锈钢是在普通钢里加了少许铬、镍等元素制成的，改变了钢内部的组织结构。不锈钢制品具有较强的抗腐蚀性能，不易生锈，常用它制作医疗器械、反应釜、厨房用具等。

2. 隔离法

在金属表面覆盖致密的保护层，使金属与周围物质隔离开来。如在金属表面涂上矿物性油脂、油漆或覆盖搪瓷、塑料等物质，或通过电镀、喷镀等方法，在金属表面镀一层不易被腐蚀的金属，如锌、锡、铬、镍等，可以使金属制品与周围介质隔开。例如，机器常涂矿物性油脂，汽车外壳常喷油漆，自行车的钢圈是用电镀的方法镀上了一层铬或镍，白铁皮是在薄钢板上镀了一层锌。锌虽然是活泼金属，但它在空气中具有钝化现象，从而保护了内部金属不受腐蚀。

3. 电化学保护法

电化学保护法是在被保护的金属上连接一种更为活泼的金属或合金。活泼金属或合金作为原电池的负极被腐蚀，被保护的金属作为正极受到了保护。如在轮船尾部和船壳的水线以下部分，焊上一定数量的锌块，当轮船在水中航行时，船壳和锌块就构成了原电池。活泼金属锌块作为原电池的负极，不断被腐蚀损耗，船壳作为原电池的正极，得到了保护。

目前，电化学保护法广泛应用于海水、河道中钢铁设备的保护，以及电缆、石油管道、地下设备的防护。

除此之外，防止金属腐蚀还有化学处理法、缓蚀剂法等。

知识点归纳

1. 氧化还原反应的实质是反应物间存在电子的转移或偏移。物质失去电子（或氧化数升高）是还原剂，自身被氧化；物质得到电子（或氧化数减低）是氧化剂，自身被还原。氧化反应与还原反应同时发生、相互依存。氧化还原电对是指同一元素得失电子后，形成的不同氧化态之间的关系。

2. 原电池是将化学能转变为电能的装置，电池的正极发生还原反应，负极发生氧化反应，正负电极的电势差为电池的电动势，$E=\varphi_{正}-\varphi_{负}$。

3. 电极电势受物质的本性、溶液中离子的浓度、温度等因素的影响，其关系可用能斯特方程式表示：

$$\varphi=\varphi^{\ominus}+\frac{0.059\,2}{n}\lg\frac{[\text{氧化态}]^{a}}{[\text{还原态}]^{b}}$$

4. 电极电势值的大小标志着物质氧化还原能力的大小。φ 值越大，说明电对中氧化态物质的氧化能力越强，φ 值越小，说明电对中还原态物质的还原能力越强。

5. 当 $\varphi_{正}>\varphi_{负}$ 时，氧化还原反应正方向进行；当 $\varphi_{正}<\varphi_{负}$ 时，氧化还原反应逆方向进行。

思考与练习

1. 指出下列物质中画线元素的氧化数。

$K\underline{Cl}O_4$、$\underline{Cu}_2O$、Na_2O_2、$\underline{S}_8$、$Na_2\underline{S}_2O_3$、$Na_2\underline{S}_4O_6$、$\underline{N}_2O$、$\underline{N}H_4^{+}$、$\underline{Pb}_3O_4$、$\underline{Cr}_2O_7^{2-}$

2. 下列反应是否为氧化还原反应？如果是，请指出被氧化的元素、被还原的元素、氧化剂和还原剂。

（1）$2HgCl_2+SnCl_2 === Hg_2Cl_2+SnCl_4$

（2）$2\,KI+Br_2 === 2\,KBr+I_2$

（3）$KClO_3+6HCl === 3Cl_2\uparrow+KCl+3H_2O$

（4）$CaCO_3+2HCl === CO_2\uparrow+CaCl_2+H_2O$

（5）$HgCl_2+Hg === Hg_2Cl_2$

（6）$Cl_2+H_2O === HClO+HCl$

3．用氧化数法配平下列氧化还原方程式。

（1）Cu_2S+HNO_3（稀）$\longrightarrow$ Cu（NO_3）$_2+H_2SO_4+NO+H_2O$

（2）$K_2Cr_2O_7+KI+H_2SO_4 \longrightarrow K_2SO_4+Cr_2$（$SO_4$）$_3+I_2+H_2O$

（3）$FeSO_4+H_2SO_4+O_2 \longrightarrow Fe_2$（$SO_4$）$_3+H_2O$

（4）$KNO_2+H_2SO_4 \longrightarrow KNO_3+K_2SO_4+NO+H_2O$

4．离子-电子法配平下列反应方程式。

（1）$I^-+H_2O_2+H^+ \longrightarrow I_2+H_2O$

（2）$MnO_4^-+SO_3^{2-}+OH^- \longrightarrow MnO_4^{2-}+SO_4^{2-}+H_2O$

（3）$Fe^{2+}+ClO^-+H^+ \longrightarrow Fe^{3+}+Cl^-+H_2O$

（4）$H_2O_2+Cr_2O_7^{2-}+H^+ \longrightarrow Cr^{3+}+O_2\uparrow+H_2O$

5．将下列氧化还原反应设计为原电池，并写出原电池的符号。

（1）$MnO_4^-+5Fe^{2+}+8H^+ \longrightarrow Mn^{2+}+5Fe^{3+}+4H_2O$

（2）$Zn+CdSO_4 \longrightarrow ZnSO_4+Cd$

6．下列说法是否正确？

（1）由于$\varphi^\ominus$（Fe^{2+}/Fe）=−0.440V，$\varphi^\ominus$（Fe^{3+}/Fe^{2+}）=0.771V，故 Fe^{3+}与 Fe^{2+}能发生氧化还原反应；

（2）因为电极反应 $Cu^{2+}+2e^-=Cu$ 的$\varphi_1^\ominus=-0.25$ V，故 $2Cu^{2+}+4e^-=2Cu$ 的$\varphi_2^\ominus=2\varphi_1^\ominus$；

（3）在氧化还原反应中，若两个电对的$\varphi^\ominus$值相差越大，则反应进行得越快。

7．求下列电极在 298.15 K 时的电极电势：

（1）Cu｜Cu^{2+}(0.50 mol·L^{-1})

（2）Pt｜Cl_2(100 kPa)｜Cl^-(0.1 mol·L^{-1})

（3）Pt｜Fe^{3+}(0.01 mol·L^{-1})｜Fe^{2+}(0.001 mol·L^{-1})

8．根据标准电极电势，判断下列反应自发进行的方向。

（1）$2Ag+Cu(NO_3)_2 \longrightarrow 2AgNO_3+Cu$

（2）$2\ KI+SnCl_4 \longrightarrow SnCl_2+I_2+2\ KCl$

（3）$5I^-+IO_3^-+6H^+ \longrightarrow 3I_2+3H_2O$

（4）$2MnO_4^-+5H_2O_2+6H^+ \longrightarrow 2Mn^{2+}+5O_2\uparrow+8H_2O$

9．原电池：Pt｜Fe^{2+}(1.00 mol·L^{-1})，Fe^{3+}(1.00×10^{-4} mol·L^{-1})‖I^-(1.00×10^{-4} mol·L^{-1})｜I_2，Pt

已知：$\varphi^\ominus(Fe^{3+}/Fe^{2+})=0.771$ V　　$\varphi^\ominus(I_2/I^-)=+0.535$ V

（1）求电极电势$\varphi(Fe^{3+}/Fe^{2+})$，$\varphi^\ominus(I_2/I^-)$和电动势 E；

（2）写出电极反应和电池反应。

10．若溶液中$[MnO_4^-]=[Mn^{2+}]$，问：

（1）pH＝3.00 时，MnO_4^-能否氧化 Cl^-、Br^-、I^-？

（2）pH＝6.00 时，MnO_4^-能否氧化 Cl^-、Br^-、I^-？

已知：$\varphi^\ominus(MnO_4^-/Mn^{2+})=+1.51\ V$　　$\varphi^\ominus(Cl_2/Cl^-)=+1.36\ V$

$\varphi^\ominus(Br_2/Br^-)=+1.08V$　　$\varphi^\ominus(I_2/I^-)=+0.54\ V$

11．已知$\varphi^\ominus$（AsO_4^{3-}/AsO_3^{3-}）＝+0.58 V，$\varphi^\ominus$（I_2/I^-）＝+0.535 V

对于反应：$AsO_3^{3-}+I_2+H_2O=AsO_4^{3-}+2I^-+2H^+$

（1）判断上述反应在标准状态下的自发方向。

（2）要使反应向右进行，溶液的 pH 应控制在什么值？

12．已知：$\varphi^\ominus(Cu^{2+}/Cu^+)=+0.159\ V$，$\varphi^\ominus(Cu^+/Cu)=+0.522\ V$，$2Cu^+=Cu+Cu^{2+}$。求反应在 298 K 时的平衡常数。简单+1 价铜离子是否可以在水溶液中稳定存在？

13．计算下列反应在 298.15 K 时的标准平衡常数

$$MnO_2+2Cl^-+4H^+ \longrightarrow Mn^{2+}+Cl_2\uparrow+2H_2O$$

14．已知反应：$2Ag^++Zn \rightleftharpoons 2Ag+Zn^{2+}$

（1）开始时 Ag^+和 Zn^{2+}的浓度分别为 0.01 mol·L^{-1}和 0.30 mol·L^{-1}。求$\varphi(Ag^+/Ag)$、$\varphi(Zn^{2+}/Zn)$及电动势；

（2）计算反应的 K 和 $E^\ominus$值；

（3）求达到平衡时溶液中剩余的 Ag^+的浓度。

第八章 配位平衡

知识目标

本章要求理解配合物的概念，理解配合物稳定常数的意义，理解水溶液中配位平衡及影响因素，掌握配合物的组成和命名；了解螯合物、螯合物结构及特点。熟悉四大平衡之间的相互转化。

能力目标

通过对本章的学习，能利用进行稳定常数有关计算。

第一节 配位化合物的基本概念

配位化合物简称配合物，也称络合物。最早发现的配合物就是亚铁氰化铁（普鲁士蓝）。它是在1704年普鲁士人狄斯巴赫在染料作坊中为寻找蓝色染料，而将兽皮、兽血同碳酸钠在铁锅中强烈地煮沸而得到。后来研究确定其化学式为$Fe_4[Fe(CN)_6]_3$。配合物与医学关系密切，我们人体内存在着许多重要的微量元素，如Zn、Fe、Sn等几乎都是以配合物的形式存在的，在医学上常用配位化学的原理，引入金属元素以补充体内的不足；用配合物作为药物排除体内过量或有害的元素，以及治疗各种金属代谢障碍性疾病。在进行药物分析时，也经常需要用到配合物的相关知识。

一、配位化合物的定义

配合物是一类组成比较复杂，而又普遍存在的化合物。例如在硫酸铜溶液中加入氨水，开始时有蓝色$Cu(OH)_2$沉淀生成，当加入的氨水过量时，蓝色沉淀溶解变成深蓝色的$[Cu(NH_3)_4]SO_4$溶液。总反应为：

$$CuSO_4 + 4NH_3 = [Cu(NH_3)_4]SO_4$$

从上述溶液中可以分离出$[Cu(NH_3)_4]SO_4$. 如果将$[Cu(NH_3)_4]SO_4$溶于水，得到的溶液分成两份：在一份中加入少量$BaCl_2$溶液，有白色的$BaSO_4$沉淀生成，说明溶液中有SO_4^{2-}。在另一份中加入少量的NaOH溶液，没有$Cu(OH)_2$沉淀和NH_3气体产生，说明溶液中游离的Cu^{2+}和NH_4^+很少。实验证明，在水溶液中$[Cu(NH_3)_4]SO_4$离解方程式为：

$$[Cu(NH_3)_4]SO_4 \rightleftharpoons [Cu(NH_3)_4]^{2+} + SO_4^{2-}$$

即该化合物中含有能够稳定存在的复杂离子$[Cu(NH_3)_4]^{2+}$。这种复杂离子称为配离子，含有配离子的化合物称为配合物。

在配合物形成过程中，既没有电子得失而形成的离子键，也没有由两个原子分别提供单电子配对而形成的共价键。配合物是由可以给出孤对电子的离子、分子、原子（配位体）和具有空轨道的原子、离子（形成体）按一定的组成形成的含有配位键的化合物。

二、配合物的组成

配合物一般分成内界和外界两部分，内界和外界之间是离子键。以$[Cu(NH_3)_4]SO_4$和$K_3[Fe(CN)_6]$为例，其组成可表示为：

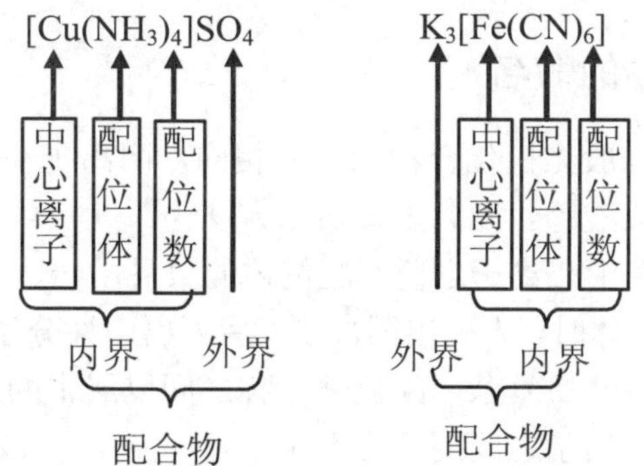

（1）中心离子（原子）

中心离子（原子）是配合物的形成体，它位于配合物的中心。配合物形成体一般是金属离子或原子，特别是过渡金属离子，如$[Cu(NH_3)_4]SO_4$中的Cu^{2+}，$K_3[Fe(CN)_6]$中的Fe^{3+}，但也有金属原子或高氧化数的非金属元素为形成体，如$[Fe(CO)_5]$中的Fe原子，$[SiF_6]^{2-}$中的Si^{4+}。

（2）配位体

配合物中与中心离子直接结合的阴离子或中性分子称为配位体，简称配体。如Cl^-、CN^-、OH^-、SCN^-、NH_3、H_2O等。在配位体中直接与中心离子结合的原子称为配位原子。常见的配位原子主要是电负性较大的非金属原子如：F、Cl、Br、I、O、N、S、P、C等，这些原子的特点是含有孤对电子。

只含有一个配位原了的配位体叫做单齿（基）配位体。如：NH_3、CN^-、Cl^-、H_2O、NO_2^-、SCN^-、CO等。含有两个或两个以上配位原子同时与一个中心离子（原子）结合的配位体叫做多齿（基）配位体。如乙二胺$H_2NCH_2CH_2NH_2$（简写en）和草酸根$C_2O_4^{2-}$为双齿配体，乙二胺四乙酸（简写EDTA）为六齿配体。

（3）配位数

配合物中，直接同中心离子相连的配位原子的总数称为该中心离子的配位数。

若配体为单齿配体，中心离子的配位数等于配体总数；若配体为多齿配体，中心离子的配位数为配体数乘以齿数。如$[Co(NH_3)_6]^{3+}$中 Co^{3+}的配位数为 6，$[Cu(en)_2]^{2+}$中Cu^{2+}的配位数为 4。通常情况下，中心离子有一个特征配位数。

常见的特征配位数为 2、4、6。配位数为 2 的有 Ag^+、Cu^+等，配位数为 4 的有Cu^{2+}、Zn^{2+}、Hg^{2+}、Ni^{2+}等，配位数为 6 的有 Fe^{2+}、Fe^{3+}、Co^{2+}、Co^{3+}、Cr^{3+}、Al^{3+}等。

（4）内界和外界

中心离子（原子）和配位体组成内界，也称为配离子，通常写在方括号内，如$[Cu(NH_3)_4]^{2+}$、$[Fe(CN)_6]^{3-}$。方括号外的部分称为外界，如 SO_4^{2-}、K^+。配离子的电荷数等于中心离子和配位体电荷的代数和，如$[Fe(CN)_6]^{3-}$配离子，中心离子为 Fe^{3+}，配位体为 CN^-，配离子电荷为-3。由配合物外界的电荷总数可以推断配离子的电荷数。

三、配位化合物的命名

配合物的命名与一般无机化合物的命名相同，阴离子在前，阳离子在后，称为某化某，某酸某或某某酸等。配离子的命名方法为：

（1）配位体名称在中心离子之前，配位体的数目用一、二、三、四等数字表示；

（2）含有几种配位体时，先列出阴离子，后列出中性分子，如有几种阴离子（或中性分子）时应先简单，后复杂，配位体名称之间以居中的点“·”分开；

（3）配位体与中心离子之间用“合”字连接；

（4）中心离子后用罗马数字标明氧化数，并加括号。

如含配阴离子配合物：称“某酸某”或“某某酸”。

$K_3[Fe(CN)_6]$ 六氰合铁（III）酸钾

$NH_4[Cr(SCN)_4(NH_3)_2]$ 四硫氰·二氨合铬（III）酸铵

$H_2[SiF_6]$ 六氟合硅（IV）酸

$Na_2[Zn(OH)_4]$ 四羟基合锌（II）酸钠

含配阳离子配合物：称“某化某”或“某酸某”。

$[CrCl_2(NH_3)_4]Cl$ 氯化二氯·四氨合铬（III）

$[Ag(NH_3)_2]OH$ 氢氧化二氨合银（I）

$[CoCl_2(NH_3)_3H_2O]Cl$ 氯化二氯·三氨·一水合钴（III）

中性配合物：

$[PtCl_2(NH_3)_2]$ 二氯·二氨合铂（II）

$[Ni(CO)_4]$ 四羰基合镍

历史典故

配位化学的奠基人——化学家维尔纳

维尔纳（A.Werner，1866—1919），瑞士化学家。生于法国米卢斯。从小热爱化学，12 岁时就在自己家中的车库内建立了一个小小的化学实验室。中学毕业后考入瑞士苏黎世工业学院，1889 年获工业化学学士学位，并在化学家隆格的指导下从事有机氮立体化学的研究。

1890 年以“氮分子中氮原子的立体排列”论文获博士学位。1892 年任苏黎世综合工业学院讲师。1893 年任苏黎世大学副教授，1895 年晋升为教授。1909 年兼任苏黎世化学研究所所长。

维尔纳的主要成就有两大方面：

一方面是他创立了划时代的配位学说，这是对近代化学键理论作出的重大发展。他大胆地提出了新的化学键——配位键，并用它来解释配合物的形成，其重要意义在于结束了当时无机化学界对配合物的模糊认识，而且为后来电子理论在化学上的应用以及配位化学的形成开了先河。

另一方面是维尔纳和化学家汉奇共同建立了碳元素为主的立体化学，可以用它来解释无机化学领域中立体效应引起的许多现象，为立体无机化学奠定了扎实的基础。

维尔纳一生共发表论文达 170 篇之多，重要著作有《立体化学教程》和《无机化学领域的新观点》。他曾获 1913 年的诺贝尔化学奖。1893 年，瑞士化学家维尔纳根据大量实验事实，提出了配位化合物的配位价键理论。

维尔纳配位理论的创立背景情况可以说是一个“天才闪现”的又一经典范例，可与凯库勒（Kekule.A，1829—1896）梦见碳原子的自相键合（1858）和苯环的价键结构相媲美。

那时的维尔纳年仅 26 岁，是苏黎世联邦工科大学的一个不甚知名的讲师，但他已经深入思索金属 - 氨化合物的结构。因为这些化合物不符合当时流行的价键理论，所以将它们列为“分子化合物”，以别于价键理论可以说明结构的“原子价化合物”。据说一天夜里，维尔纳做了一个梦。这夜二时许，他醒来，分子化合物形成之谜的解答如闪电的火花来到脑际。他随即起床，奋笔疾书，一口气写到下午五时，完成了现在著名的开创配位化学的划时代论文。其后，维尔纳相继发表了20多篇配位化学的相关论文，于是配位化学体系正式创立。

维尔纳价键理论不仅正确地解释了实验事实，还提出了配位体的异构现象，为立体化学的发展开辟了新的领域。但维尔纳配位价键理论与当时流行的原子价理论有很大的出入，而且他原本的研究领域是有机化学，在无机化学方面尚未取得任何重要的实验工作，他所引用的实验数据都是别人的，故在理论提出后受到北欧国家和英国等国家化学家的冷遇与抵制。例如英国化学家弗兰德（Friend.J A N，1881—1966）一直在攻击维尔纳的理论，到1916年才休止。还有他的另一个最主要对手——丹麦著名化学家袁根生自始至终与他论战。尽管面对的是这些有力的对手与经典化学的权威，但是维尔纳没有退缩。他用他后半生的全部精力致力于论证配位价键理论的实验工作。通过他与学生的有力验证，到20世纪初，配位价键理论逐渐为各国化学家所接受。此后，配位化学在世界范围内蓬勃发展。

第二节 配位离解平衡

一、配位离解平衡

配合物的内界和外界之间是以离子键结合的，当溶于水时，完全离解为配离子和外界离子。配离子在水溶液中比较稳定，但如弱电解质一样，能够部分离解。将氨水加入 $CuSO_4$ 溶液中生成深蓝色的$[Cu(NH_3)_4]^{2+}$，若在$[Cu(NH_3)_4]^{2+}$溶液中再加入 Na_2S 溶液，就会出现黑色的 CuS 沉淀。这说明 Cu^{2+}和 NH_3 发生配位反应的同时还存在$[Cu(NH_3)_4]^{2+}$的离解，即存在着配位离解平衡。

$$Cu^{2+} + 4NH_3 \underset{离解}{\overset{配位}{\rightleftharpoons}} [Cu(NH_3)_4]^{2+}$$

$$K_{稳} = \frac{[Cu(NH_3)_4{}^{2+}]}{[Cu^{2+}][NH_3]^4}$$

$K_{稳}$称为配离子的稳定常数。其数值越大，说明生成配离子的倾向越大，而离解的倾向越小，即配离子越稳定。

如果以配离子的离解为正反应，则：

$$[Cu(NH_3)_4]^{2+} \rightleftharpoons Cu^{2+}+4NH_3$$

$$K_{不稳} = \frac{[Cu^{2+}][NH_3]^4}{[Cu(NH_3)_4{}^{2+}]}$$

$K_{不稳}$称为配离子的不稳定常数，又称离解常数。其数值越大，说明配离子离解的倾向越大，配离子越不稳定。显然，对同一种配离子的不稳定常数与其稳定常数互为倒数，即：

$$K_{不稳} = \frac{1}{K_{稳}}$$

在溶液中，配离子的生成或离解，都是分步进行的。因此溶液中存在着一系列的配位离解平衡，每一步都有相应的稳定常数或不稳定常数，称为配离子的逐级稳定常数或逐级不稳定常数。例如：

$$Ag^+ + NH_3 \rightleftharpoons [Ag(NH_3)]^+$$

$$K_{稳1} = \frac{[Ag(NH_3)]^+}{[Ag^+][NH_3]}$$

$$[Ag(NH_3)]^+ + NH_3 \rightleftharpoons [Ag(NH_3)_2]^+$$

$$K_{稳2} = \frac{[Ag(NH_3)_2{}^+]}{[Ag(NH_3)]^+[NH_3]}$$

根据多重平衡规则，$[Ag(NH_3)_2]^+$的稳定常数等于其逐级稳定常数的乘积，即：

$$K_{稳} = K_{稳1} \times K_{稳2}$$

对于同类型的配离子，即配位体数目相同的配离子，可根据其$K_{稳}$值的大小来判断稳定性的大小。如$[Ag(CN)_2]^-$（$K_{稳}=1.26\times10^{21}$）比$[Ag(NH_3)_2]^+$（$K_{稳}=1.6\times10^7$）稳定得多。

二、配位平衡移动

配位平衡的移动同样遵循化学平衡移动的原理。在配位平衡系统中加入酸或碱、沉淀剂、氧化剂或还原剂、其他配位剂，如果这些试剂能与中心离子或配位体发生化学反应，就会使中心离子或配位体的浓度改变，从而导致配位平衡发生移动。

（一）配位平衡与酸碱平衡

很多配位体为弱酸根离子，如 F^-、CN^-、SCN^-、$C_2O_4^{2-}$ 等，因此，溶液酸度的改变有可能使配位平衡移动。例如，在含有$[FeF_6]^{3-}$溶液中加入强酸，使溶液中 H^+ 离子浓度增加，弱酸根 F^-就会与 H^+结合成弱酸 HF，使配位平衡向离解的方向移动。这时溶液中存在着配位平衡和酸碱平衡的竞争，用反应式表示为：

$$Fe^{3+}+6F^- \rightleftharpoons [FeF_6]^{3-}$$

$$6F^-+6H^+ \rightleftharpoons 6HF$$

总反应为： $[FeF_6]^{3-}+6H^+ \rightleftharpoons Fe^{3+}+6HF$

如果在$[FeF_6]^{3-}$溶液中加入强碱，使溶液中 OH^-离子浓度增加，Fe^{3+}就会和 OH^-发生反应生成氢氧化铁，使用 Fe^{3+}浓度的降低，使配位平衡向离解的方向移动。

由此可见，溶液的酸度对配离子的稳定性影响很大，要使配位离子在溶液中稳定存在，溶液的酸度必须控制在一定的范围内。

（二）配位平衡与沉淀溶解平衡

配位平衡与沉淀溶解平衡的关系，实质上是沉淀剂与配合剂对金属离子的争夺。例如，在含有$[Cu(NH_3)_4]^{2+}$的溶液中加入 Na_2S 溶液，溶液中存在配位平衡与沉淀溶解平衡的竞争，用反应式表示为：

$$Cu^{2+}+4NH_3 \rightleftharpoons [Cu(NH_3)_4]^{2+}$$

$$Cu^{2+}+S^{2-} \rightleftharpoons CuS\downarrow$$

总反应为：$[Cu(NH_3)_4]^{2+}+S^{2-} \rightleftharpoons CuS\downarrow+4NH_3$

总反应的平衡常数：

$$K=\frac{1}{K_{稳}[Cu(NH_3)_4{}^{2+}]\cdot K_{sp}(CuS)}=\frac{1}{4.3\times10^{13}\times6.3\times10^{-36}}=3.7\times10^{21}$$

K 很大，平衡向$[Cu(NH_3)_4]^{2+}$离解的方向移动。

又如，在含有 AgCl 的溶液中加入 NH_3 溶液，其反应式表示为：

$$Ag^++Cl^- \rightleftharpoons AgCl\text{（s）}$$

$$Ag^++2NH_3 \rightleftharpoons [Ag(NH_3)_2]^+$$

总反应为：$AgCl(s)+2NH_3 \rightleftharpoons [Ag(NH_3)_2]^++Cl^-$

总反应的平衡常数：

$$K=K_{稳}[Ag(NH_3)_2^+]\cdot K_{sp}(AgCl)=1.7\times10^7\times1.8\times10^{-10}=3.1\times10^{-3}$$

K 值不算大，但当 NH_3 浓度达到一定值时，AgCl 即可溶解。

由此可见，难溶物的溶度积和配离子的稳定常数越大，表示难溶物越易溶解，难溶物的溶度积和配离子的稳定常数越小，表示难溶物越难溶解，配离子越易离解。

（三）配位平衡与氧化还原平衡

配位反应的发生可使溶液中金属离子的浓度降低，从而改变金属离子的氧化还原能力，使一些通常不能发生的氧化还原反应得以进行。例如，Fe^{3+}可以氧化 I^-，其反应式为：

$$2Fe^{3+}+2I^- \longrightarrow 2Fe^{2+}+I_2$$

但如果在该溶液中加入 F^-，Fe^{3+}就会和 F^-生成较稳定的$[FeF_6]^{3-}$配离子，这样就大大降低了溶液中的 Fe^{3+}浓度，使电对 Fe^{3+}/Fe^{2+}的电极电势大大降低，从而使 Fe^{3+}的氧化能力减弱，Fe^{2+}还原能力增强，Fe^{2+}能够还原 I_2，其反应方程式为：

$$2Fe^{2+}+I_2+12F^- \longrightarrow 2[FeF_6]^{3-}+2I^-$$

（四）配合物之间的转化

如果在一种配合物的溶液中，加入另一种能与中心离子形成更稳定的配离子的配位剂，那么配合物就会发生转化。例如，在含有血红色$[Fe(SCN)_6]^{3-}$配离子的溶液中加入足量的 NaF，血红色就会消失，其反应方程式为：

$$[Fe(SCN)_6]^{3-}+6F^- \rightleftharpoons [FeF_6]^{3-}+6SCN^-$$

$$K = \frac{K_{稳}[FeF_6{}^{3-}]}{K_{稳}[Fe(SCN)_6{}^{3-}]} = \frac{2\times10^{15}}{1.3\times10^{9}} = 1.5\times10^{6}$$

K 很大，表示反应能够进行完全。配合物之间的转化，总是向着生成更稳定的配离子方向进行。

第三节　螯合物

一、螯合物的概念

多齿配体以两个或两个以上的配位原子同时与一个中心离子形成的具有环状结构的配合物称为螯合物。

例如：Cu^{2+}与双齿配位体乙二胺（en）生成$[Cu(en)_2]^{2+}$：

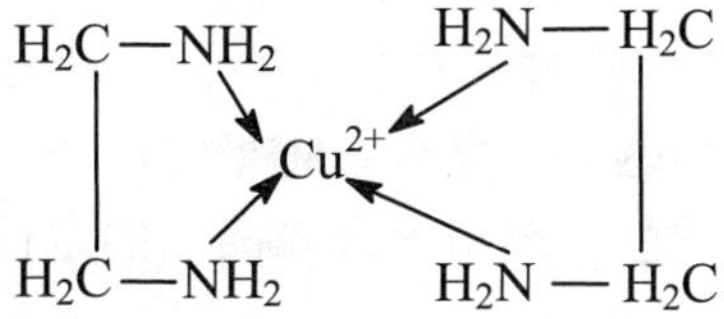

$$\begin{array}{ccccc} H_2C-NH_2 & & & & H_2N-H_2C \\ | & \searrow & & \swarrow & | \\ | & & Cu^{2+} & & | \\ | & \nearrow & & \nwarrow & | \\ H_2C-NH_2 & & & & H_2N-H_2C \end{array}$$

并不是所有的多齿配位体均可形成螯合物。多齿配体中相近的两个配位原子间必须间隔两个或三个其他原子，才能与中心离子形成稳定的含有五原子环或六原子环的螯合物。乙二胺四乙酸（EDTA）与 Ca^{2+}离子配位时，能形成五个五原子环，形成的螯合物其结构式如下：

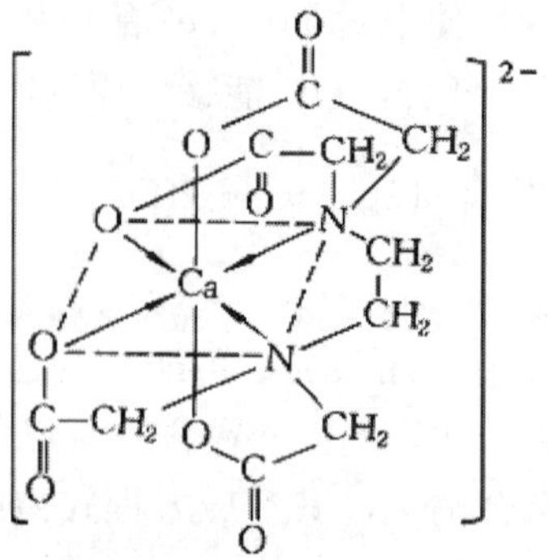

EDTA 是六齿配体，不仅可与主族元素 Na、K、Ca、Mg 等形成螯合物，还可与过渡金属元素形成螯合物。因此在配位滴定法中常用 EDTA 作标准溶液，测定水的总硬度；在采用螯合疗法排除体内有害金属时，可用 Na_2[Ca（EDTA）]（依地酸二钠钙）静脉滴注，顺利排除体内的铅而使血钙不受影响。

知识拓展

食品防腐剂

多数螯合剂与食物中的痕量金属起反应生成螯合物，使金属不再对食物分解或氧化起催化作用。EDTA 的隔离能力正是它用于处理重金属毒物的原因。EDTA 的钠盐和钙盐作为螯合剂被允许加到饮料、熟蟹肉、色拉调料、煎饼油、猪油、汤、干酪、植物油、布丁、醋、糖果、人造黄油和其他食物中，其用量在 0.002 5%~0.15%。

二、螯合物的特性

中心离子相同、配位原子相同的螯合物比一般配合物稳定。例如配离子 $[Cu(en)_2]^{2+}$、$[Cu(NH_3)_4]^{2+}$的稳定常数分别为 1.0×10^{20} 和 4.3×10^{13}，螯合物的稳定性还与螯环的数目多少有关，螯环越多，螯合物越稳定。

某些螯合物具有特征的颜色，可用于金属离子的定性或定量分析。

知识拓展

配体疗法排除金属中毒

环境污染，过量服用金属元素药物等，都能引起体内 Cd、Cr、Pb、As 等污染元素的积累和 Fe、Cu、Zn、Ca 等必需元素的过量，最终导致人体金属中毒。

目前，体内自身无法将有些有毒的金属离子转变为无毒形式排出体外。现在体内过量金属元素的去除和解毒可用配体疗法，主要是选用能与有毒金属元素结合生成水溶性大的无毒配合物，从而从之自体内排出。

金属中毒主要采用螯合疗法，即通过选择合适的配位体排除体内有毒或过量的金属离子；所用的螯合剂（配位体）称为促排剂（或解毒剂）。如二巯基丙醇（BAL）与金属离子亲和力大，可形成稳定的配合物，随尿排出，主要用于治疗砷、汞中毒和儿童急性铅脑病；D青霉胺毒性小，是汞、铅等重金属离子的有效解毒剂；柠檬酸钠（又称枸橼酸钠，$Na_3C_6H_5O_7$）是一种防治职业性铅中毒的有效药物，它能迅速减轻症状和促进体内铅的排出。近年来，临床上除用 $Na_2[Ca(EDTA)]$（依地酸二钠钙，即EDTA二钠与钙形成的螯合物，又称依地酸钙钠）治疗职业性铅中毒外，也可用于治疗镉、锰、镍、钴的中毒。

第四节 配位化合物的应用

随着科学技术的发展，对于配位化合物的研究不断深入，目前已经发展成为一门独立的学科——配位化学。

配合物极为普遍，已经渗透到许多自然科学领域和重工业部门，如分析化学、生物化学、医学、催化反应，以及染料、电镀、湿法冶金、半导体、原子能等工业中都得到广泛应用。

一、在分析化学中的应用

（1）离子的鉴定

某些配位剂能够与金属离子生成具有特征颜色的配合物，在定性分析中，常用于离子的鉴定。例如：

$$Fe^{3+} + 6SCN^- \longrightarrow \underset{\text{血红色}}{[Fe(SCN)_6]^{3-}}$$

硫氰酸盐是鉴定 Fe^{3+} 的特征试剂。

再如，丁二酮肟与 Ni^{2+} 能生成红色螯合物沉淀，是鉴定 Ni^{2+} 的特征试剂；氨水与 Cu^{2+} 能生成深蓝色溶液，是鉴定 Cu^{2+} 的特征试剂。配合物本身也可以作为一种特征试剂鉴定一些离子。例如：

$$3Fe^{2+} + 2[Fe(CN)_6]^{3-} \rightarrow \underset{\text{深蓝色（藤氏蓝）}}{Fe_3[Fe(CN)_6]_2\downarrow}$$

（2）物质含量的测定

溶液中 Fe^{3+} 含量不同，与 SCN^- 形成的配离子颜色的深浅也不同，将其与标准色阶进行比色，可以测定 Fe^{3+} 的含量。

用EDTA作配位剂，选择适当的酸度和指示剂，采用直接滴定法或返滴定法可以测定 Ca^{2+}、Mg^{2+}、Al^{3+}、Fe^{3+} 等金属离子的含量。

（3）干扰离子的掩蔽

在定量分析中，常常遇到的是混合物。当有几种金属离子共存时，要测定其中某种金属离子，其他共存离子也可能发生类似反应而干扰测定，可以通过加入一种与干扰离子形成稳定配合物的试剂（称为掩蔽剂），即可消除干扰。例如，用配位滴定法测定水中 Ca^{2+}、Mg^{2+}含量时，Fe^{3+}和 Al^{3+}的干扰可加入三乙醇胺，使 Fe^{3+}和 Al^{3+}形成更稳定的配合物而被掩蔽，从而消除其干扰。

（4）物质的分离

如果有 $BaSO_4$ 与 AgCl 的混合物体系，为了使两种物质分离，可加入浓 $NH_3·H_2O$，AgCl 溶解于浓 $NH_3·H_2O$ 中形成$[Ag(NH_3)_2]^+$，而 $BaSO_4$ 不溶，从而达到分离目的。这种分离方法在稀有元素的分离中，有十分重要的意义。

二、在工业中的应用

湿法冶金工业中，常利用含配位剂的溶液从矿石中直接把金属以化合物的形式浸取出来，然后再还原为金属。湿法冶金比火法冶金更经济，广泛用于从矿石中提取稀有金属。例如，从矿石中提取金，可先用氰化物溶液浸泡矿石，使金与 CN^-形成配合物$[Au(CN)_2]^-$：

$$4Au+8CN^-+2H_2O+O_2 \longrightarrow 4[Au(CN)_2]^-+4OH^-$$

这样可从含金量很低的矿石中将金基本浸出。然后将含有 $[Au(CN)_2]^-$的溶液用锌还原成单质金：

$$Zn+2[Au(CN)_2]^- \longrightarrow 2Au+[Zn(CN)_4]^{2-}$$

电镀工业中，为了得到良好的镀层，常在电镀液中加入适当的配位剂使金属离子形成更难还原的配离子，减慢金属离子的沉积速度，从而得到光滑、均匀、致密的镀层。例如，镀锌时采用氨三乙酸—氯化铵电镀液，镀铜时采用焦磷酸钾作配位剂，镀锡时采用焦磷酸钾和柠檬酸钠作配位剂。

三、在生物、医药方面的应用

生物体内许多种重要物质都是配合物。例如，动物血液中起输送氧气作用的血红素是 Fe^{2+}离子的螯合物；植物中起光合作用的叶绿素是 Mg^{2+}离子的螯合物；胰岛素是 Zn^{2+}离子的螯合物；在豆类植物的固氮菌中能固定大气中氮气的固氮酶是铁钼蛋白螯合物。

在医药领域中，配合物已成为药物治疗的一个重要方面。例如：EDTA 已用作 Pb^{2+}、Hg^{2+}等中毒的解毒剂；顺式$[Pt(NH_3)_2Cl_2]$（又称顺铂）具有抗癌作用而用作治癌药物。在医药上，以金属配合物为基础的抗癌药物受到了高度的重视，正在逐步地用于临床治疗。顺式二氯·二氨合铂（Ⅱ），就有抑制某些癌的作用，临床效果很好。这方面的研究和发展也很快。

柠檬酸钠可用来治疗铅中毒，它和积聚在骨骼中的 $PbSO_4$ 作用，生成难解离的可溶性[Pb（$C_6H_5O_7$）]⁻配离子，经肾脏从尿中排出。柠檬酸钠和 Ca^{2+} 也能配合，防止血液的凝结，这是医药上常用的血液抗凝剂。

知识拓展

金属配合物抗癌药物

癌症是危害人类健康的一大顽症，专家预计癌症将成为人类的第一杀手。根据世界卫生组织曾披露的癌症发展趋势表明，预计 2015 年发达国家癌症死亡人数将为 300 万人，发展中国家为 600 万人，全年预计死亡人数达 900 万人。

化疗是治疗癌症的重要手段，但是其毒副作用较大，于是寻求高效、低毒的抗癌药物一直是人们孜孜以求、不懈努力的奋斗目标。

自 1965 年美国 Rosenberg 偶然发现顺铂具有抗癌活性以来，金属配合物的药用性引起了人们的广泛关注，开辟了金属配合物抗癌药物研究的新领域。随着人们对金属配合物的药理作用认识的进一步深入，新的高效、低毒、具有抗癌活性的金属配合物不断被合成出来。其中包括某些新型铂配合物、有机锡配合物、有机锗配合物、茂钛衍生物、稀土配合物、多酸化合物等。

铂族金属包括铂、钯、铑、铱、锇、钌六种元素。它们具有一些独特的和卓越的理化性质，一直在高新技术方面发挥着重要的作用，被喻为现代工业的维生素。第一代铂族抗癌药物顺铂（Cisplatin）于 1978 年上市。第二代铂族抗癌药物卡铂（Carboplatin）于 1986 年上市。第三代铂族抗癌药物奥沙利铂（Oxaliplatin）于 1996 年在法国上市。随着人们对铂类药物的抗癌作用机制的进一步研究和了解，铂族金属药物成为当前最为活跃的抗癌药物研究和开发领域之一。

金属配合物作为抗癌药物，虽有的已经应用于临床，并且显示出了较好的临床效果，但是大多数仍处于实验阶段，人们对它们的抗癌机理仍不是十分清楚。随着人们对金属配合物的抗癌机理以及其构效关系的进一步认识，必将合成出更多的高效低毒的金属配合物，金属配合物的抗癌前景将更为广阔。

四、配位催化

在有机合成中，利用配合物的形成所起的催化作用，称为配位催化。

例如，用乙烯氧化法制乙醛时，将乙烯和空气通入含有铜盐的 $PdCl_2$-HCl 水溶液中，乙烯几乎全部转化为乙醛，而 $PdCl_2$ 被还原为 Pd，Pd 在 $CuCl_2$ 作用下被氧化而再生为 $PdCl_2$。反应方程式为：

$$PdCl_2+2Cl^- \longrightarrow PdCl_4^{2-}$$

$$C_2H_4+PdCl_4^{2-}+H_2O \longrightarrow CH_3CHO+Pd+2H^++4Cl^-$$

$$Pd+2CuCl_2+4Cl^- \longrightarrow PdCl_4^{2-}+2CuCl_2^-$$

$$4CuCl_2^-+4H^++O_2 \longrightarrow 4CuCl_2+2H_2O$$

由于是均相催化，催化剂和反应物可充分接触，工艺流程较为简单，反应条件温和，在常温常压下即可进行。

再如原子能、半导体、激光材料、太阳能储存等高科技领域，环境保护、印染、鞣革等部门也都与配合物有关。配合物的研究与应用，无疑具有广阔的前景。

知识拓展

配合物在化妆品中的应用

微量元素进入化妆品，是通过与蛋白质、氨基酸甚至脱氧核糖核酸连接而实现的，它代表了一种新型的化妆用品重要成分。当这些微量元素被配合时，其配合物更具有生物利用性，使产品更具调理性和润湿性，而且它们更易于被皮肤、头发和指甲吸收和利用，实现化妆品护肤美容的真实目的。

目前，铜、铁、碘、锗、硅、硒和铬等微量元素在化妆品中的应用已经被许多国内外学者所肯定，而且逐渐为广大消费者所接受。

国内外已把活性成分为铜的超氧化物歧化酶（SOD）加入化妆品中。经临床验证和长期使用表明，SOD 作为化妆品的优质添加剂，能透过皮肤吸收，且可保存其活性，不仅有抗皱、祛斑、去色素等作用，还有抗炎、防晒、延缓皮肤衰老的作用。

铁对保持微循环和完善微血管起重要作用。人体汗腺和表面皮层的脱落造成体内铁的损失，当女同胞梳理头发时损伤头皮，非贫血缺铁也可能是病原因素引起的。化妆品中的铁，主要以铁－蛋白质配合物形式加入，该配合物可溶于血液，易复配到皮肤、头发和指甲体，有利于对铁的吸收和利用。

在护发观念上，人们往往关注头发脱落和过早变白，却忽视了对头发干裂的预防。给予毛发光泽，阻止分叉断裂是微量元素碘的功能之一，碘刺激与毛发生长有密切关系的甲状腺荷尔蒙的分泌，对毛发的正常生长有不可缺少的作用。国内外广泛被应用到护发品中的含碘添加剂主要是海中植物如海带、海蜇、海藻、紫菜及发菜等的萃取液。

有机锗化妆品八十年代初兴起于日本，这类化妆品不仅作用于皮肤的表面，而且通过微血管、皮下细胞作用于深层，更能有效地发挥化妆品中各组分的作用。有机锗具有抗氧化能力，防止脂质过氧化，有助于保护机体，延缓衰老。它还能明显减少皮肤中不溶性胶原的含量，维持皮肤的弹性，减缓皱纹。有机锗还有较好的增白美容作用，对日照或分娩引起的异常色素沉着斑有消除作用，还可治疗痤疮、湿疹和腋臭。

知识点归纳

一、配合物的基本概念

1. 配合物的定义及组成

（1）配合物的定义 配位化合物是由可以给出孤对电子的一定数目的离子、分子、原子（配位体）和具有空轨道的离子、原子（形成体）按一定的组成形成的化合物。

（2）配合物的组成 配合物由内界和外界组成，内界和外界以离子键结合。内界（配离子）由中心离子（原子）与配位体以配位键结合。

2. 配合物的命名

（1）配离子的命名方法:

①配位体名称在中心离子之前，配位体的数目用一、二、三、四等数字表示;

②含有几种配位体时，先列出阴离子，后列出中性分子，如有几种阴离子（或中性分子）应先简单，后复杂，配位体名称之间以居中的点“·”分开;

③配位体与中心离子之间用“合”字连接;

④中心离子后用罗马数字标明氧化数，并加括号。

（2）含配阴离子配合物：先命名配阴离子，后命名外界阳离子，称“某酸某”或“某某酸”。

（3）含配阳离子配合物的：先命名外界阴离子，后命名配阳离子，称“某化某”或“某酸某”。

（4）中性配合物：与配离子命名相同。

二、配合物的结构

配离子的化学键 配离子内的中心离子与配位体是以配位键相结合的。在形成过程中，中心离子的空轨道以一定的方式杂化，杂化后的空轨道接受来自配位体中配位原子的孤对电子，形成配位键。

三、配合物的离解平衡

1. 配位平衡及平衡移动 在一定的条件下，配离子与中心离子、配位体之间在溶液中能建立起一个配位平衡。配位平衡的移动遵循化学平衡移动的原理。

2. 配合物的稳定常数 $K_{稳}$ $K_{稳}$越大，配合物越稳定。

四、配合物的应用

随着对配合物研究不断深入，配合物在分析化学、工业生产、生物、医药、配位催化等方面都有着广泛的应用。

思考与练习

1. 解释下列名词：

中心离子（原子） 配位体 配位原子 配位数 配合物的内界、外界 螯合物

2. 完成下表

配合物	中心离子	配位体	配位数	配离子电荷	名称
$K_3[AlF_6]$					
$H_2[PtCl_6]$					
$[CrCl(NH_3)_5]Cl_2$					
$[Fe(CO)_5]$					
$[Ag(NH_3)_2]OH$					

3. 根据下列配合物的名称，写出它们的化学式：

（1）氯化二氯·四水合铬（Ⅲ） （2）氢氧化二羟·四水合铝（Ⅲ）

（3）四硫氰合汞（Ⅱ）酸钙 （4）四氰合铂（Ⅱ）酸六氨合铂（Ⅱ）

（5）二氯·二氨合铂（Ⅱ） （6）硫酸二乙二胺合铜（Ⅱ）

4. 组成相同的三种配合物化学式为 $CrCl_3·6H_2O$，其颜色各不相同。分别加入足量的 $AgNO_3$ 后，亮绿色者有 2/3 的氯沉淀析出；暗绿色者有 1/3 的氯沉淀析出；紫色者能沉淀出全部的氯。请分别写出它们的结构式。

5. 判断题

（1）配合物中的配体数目就是中心离子的配位数。

（2）中心离子配位数为 4，配合物均为四面体。

（3）只有金属离子才能成为配合物的中心离子。

（4）配合物的稳定性与溶液的酸度有关。

6. 选择题

（1）下列各配体中能作螯合剂的是（ ）

A. F^- B. H_2O C. NH_3 D. $C_2O_4^{2-}$

（2）下列具有相同配位数的一组配合物是（ ）

A. $[Cu(NH_3)_4]SO_4$ $[Ni(en)_2]Cl_2$ B. $[Ag(NH_3)_2]Cl$ $[Cu(en)_2]SO_4$

C. $K_2[Co(SCN)_4]$ $K_3[Co(C_2O_4)_2Cl_2]$ D. $[Ni(H_2O)_4Cl_2]$ $[Fe(CO)_5]$

（3）下列配合物的中心离子氧化数为+2 的是（ ）

A. $K_3[Fe(CN)_6]$ B. $K_4[Fe(CN)_6]$ C. $H_2[PtCl_6]$ D. $[Fe(CO)_5]$

（4）对于配合物$[Cu(NH_3)_4][PtCl_4]$下列说法正确的是（ ）

A. 前者肯定是外界 B. 后者肯定是外界

C．二者都是配离子　　　　D．二者都是外界

7．求出下列反应的 K 并判断反应进行的方向

（1） $[Cu(NH_3)_4]^{2+} + Zn^{2+} \rightleftharpoons [Zn(NH_3)_4]^{2+} + Cu^{2+}$

（2） $[Ag(NH_3)_2]^{+} + 2CN^{-} \rightleftharpoons [Ag(CN)_2]^{-} + 2NH_3$

8．在 0.1 $mol \cdot L^{-1}$ $[Ag(NH_3)_2]^{+}$ 溶液中含有浓度为 1.0 $mol \cdot L^{-1}$ 的氨水，试计算溶液中 Ag^{+}的浓度。

9．将 0.10 $mol \cdot L^{-1}$ Ni^{2+}离子溶液与等体积的 2.0 $mol \cdot L^{-1}$ 氨水混合，计算溶液中 Ni^{2+}离子、NH_3 和$[Ni(NH_3)_6]^{2+}$配离子的浓度。

10．有一配合物，其元素组成的质量分数为硫 11.6%，氢 5.4%、氧 23.2%、氮 25.4%、钴 21.4%、氯 13.0%。该配合物的水溶液与硝酸银溶液不生成沉淀，但与氯化钡溶液生成沉淀。若其化学式量为 275.5，试写出其化学式。

第九章　主族元素及化合物

知识目标

本章要求熟悉主族元素及重要化合物的结构、制备和用途；理解原子结构对元素及其化合物的性质的影响；掌握主族元素及重要化合物基本化学性质和物质间的相互转化；了解环境中有害元素的毒性及其转化。

能力目标

通过对本章的学习，学生能操作常见物质的鉴别和制备；能处理实验中产生的有毒物质并进行防护。

第一节　主族元素概述

主族元素包括ⅠA～ⅧA，共8个族，在元素周期表的s区和p区。它们位于周期表的两侧（图9-1），其价层电子构型为$ns^{1\sim2}$或$ns^2np^{1\sim6}$，且价电子总数等于其主族序数。

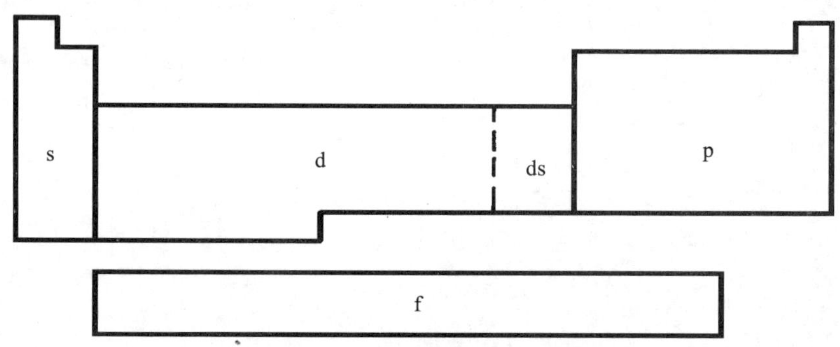

图9-1　主族元素在周期表中的位置

在同一主族中，从上到下随着电子层逐渐增多，原子半径逐渐增大，元素的非金属性逐渐减弱，金属性逐渐增强；从左到右随着原子序数的增大，原子半径逐渐减小，元素的非金属性逐渐增强，而金属性逐渐减弱（除稀有气体外）。

主族元素的最高正氧化数等于其价层电子数（除F和O外）。对于p区元素（除F），一般有多种氧化态。见表9-1。

本章主要讨论碱金属、碱土金属、硼族元素、碳族元素、氮族元素、氧族元素和卤素。

表 9-1 主族元素的氧化态

	ⅠA 碱金属	ⅡA 碱土金属	ⅢA 硼族	ⅣA 碳族	ⅤA 氮族	ⅥA 氧族	ⅦA 卤素	ⅧA 稀有气体
价层电子构型	ns^1	ns^2	ns^2np^1	ns^2np^2	ns^2np^3	ns^2np^4	ns^2np^5	ns^2np^6
氧化值	+1	+2	+3	+4，+2	+5，+3 （N 还有-3、+1、+2、+4）	+6，+4 -2	+7，+5， +3，+1 -1	+8
最高氧化值实例	Na_2O	CaO	Al_2O_3	SiO_2	N_2O_5	SO_3	Cl_2O_7	Na_4XeO_6

第二节 碱金属和碱土金属

碱金属和碱土金属在周期表的 s 区，分别为ⅠA 族和ⅡA 族。ⅠA 族包括锂(Li)、钠（Na)、钾（K)、铷（Rb)、铯（Cs）和钫（Fr）六种元素，其中钫是放射性元素。由于它们的氧化物的水溶液显强碱性，所以称为碱金属，本族元素的原子的价层电子构型为 ns^1。ⅡA 族包括铍（Be)、镁（Mg)、钙（Ca)、锶（Sr)、钡（Ba)、镭（Ra）六种，其中镭是放射性元素。由于它们的氧化物兼有“碱性”和“土性”(化学上把难溶于水和难熔融的性质称为“土性”)，所以称为碱土金属，本族元素的原子的价层电子构型为 ns^2。其基本性质分别列于表 9-2 和表 9-3。

表 9-2 碱金属元素的基本性质

	锂 Li	钠 Na	钾 K	铷 Rb	铯 Cs
原子序数	3	11	19	37	55
价电子构型	$2s^1$	$3s^1$	$4s^1$	$5s^1$	$6s^1$
氧化值	+1	+1	+1	+1	+1
金属半径/pm	152	190	227.2	247.5	265.4
电负性	1.0	0.9	0.8	0.8	0.7
电极电势 E^0（M^+/M）/V	−3.045	−2.714	−2.925	−2.925	−2.923
固体密度/（$g·cm^{-3}$）	0.53	0.97	0.86	1.53	1.90
熔点/℃	180.54	97.8	63.2	39.0	28.5
沸点/℃	1 347	881.4	756.5	688	705
硬度（金刚石=10）	0.6	0.4	0.5	0.3	0.2

表 9-3 碱土金属元素的性质

	铍 Be	镁 Mg	钙 Ca	锶 Sr	钡 Ba
原子序数	4	12	20	38	56
价电子构型	$2s^2$	$3s^2$	$4s^2$	$5s^2$	$6s^2$
氧化值	+2	+2	+2	+2	+2
金属半径/pm	111.3	160	197.3	215.1	217.3
电负性	1.5	1.2	1.0	1.0	0.9
电极电势 E^0（M^+/M）/V	−1.85	−2.37	−2.87	−2.89	−2.90
固体密度/（$g·cm^{-3}$）	1.85	1.74	1.55	2.63	3.62
熔点/℃	1 287	649	839	768	727
沸点/℃	2 500	1 105	1 494	1 381	（1 850）
硬度（金刚石=10）	4	2.5	2	1.8	

由表可见变化规律为：同族元素随着原子序数的逐渐增大，其原子半径逐渐减小，电负性逐渐增大，金属性逐渐增强；而碱金属比同周期的碱土金属的原子半径大，而电负性却小，因此碱金属的金属性比碱土金属的金属性要强。

在 S 区元素中，无论同一族元素自上而下，或是同一周期从左到右，性质的变化都呈现明显的规律性。其中变化趋势如图 9-2 所示。

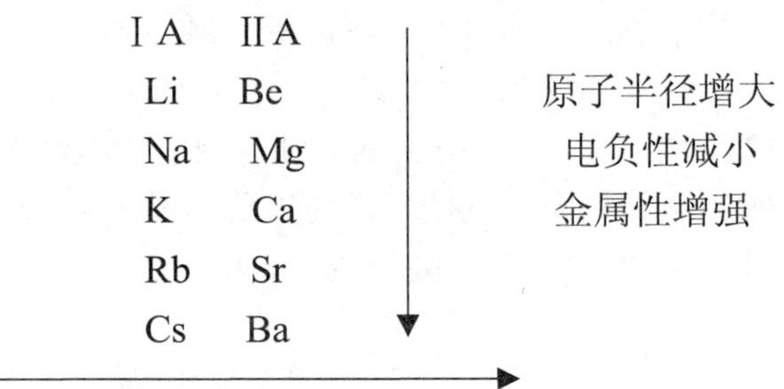

图 9-2 s 区元素性质变化趋势

碱金属和碱土金属元素的性质具有以下几个特点：

（1）单质的密度较小，均为轻金属。硬度较小。熔点、沸点较低。这是因为它们原子半径较大，而价层电子较少，金属晶体内金属键较弱。

（2）它们均为活泼的金属元素。其单质一般作强还原剂，除了铍、镁外，都易和水反应生成碱和氢气，也易和大多数的非金属反应，例如极易在空气中燃烧。

（3）它们只有一种稳定的氧化态。ⅠA 族为+1，ⅡA 族为+2。其氧化物对应的水化物大多为强碱。

（4）它们的化合物大多数为离子化合物。但锂、铍及少数镁的化合物是共价型的。这是因为 Li^+、Be^+的离子半径较小，有较强的极化作用。

（5）常温下它们的盐类在水溶液中大多不发生水解反应。除铍外，它们都能溶于液氨生成蓝色的还原性溶液。

（6）它们的价电子易受光激发而电离。焰色反应时，其焰色各具特征，据此可以对它们进行定性鉴别。见表 9-4。

表 9-4 碱金属和碱土金属的火焰颜色

元素	Li	Na	K	Rb	Cs	Be	Mg	Ca	Sr	Ba
焰色	深红	黄	紫	红紫	蓝	白	白	橙红	洋红	绿

一、碱金属

（一）碱金属的单质

碱金属的元素在自然界中以化合态存在，它们的单质由人工制得。碱金属除铯略带金色光泽外，其余的都呈银白色，且质地柔软。

碱金属具有很强的还原性，它们与氧、硫、氯等非金属都能发生剧烈反应，还能从许多金属化合物中置换出金属。并且其活泼性随着原子半径的增大而增强。例如钠和水剧烈反应，钾则更剧烈，而铷、铯遇水会发生爆炸。

钠、钾可以和其他金属反应生成合金。例如钠溶于汞中得到钠汞齐，Na 还原性强，反应猛烈，不易控制，但钠汞齐却是平和的还原剂。

锂半径最小，极化能力强，表现出与 Na 和 K 等的不同性质，它与ⅡA 族里的 Mg 相似。锂的密度特别小，它与镁、铝制成的合金，具有质轻、强度大、塑性好等优良特点，尤其适用于航空、航天工程。锂也是一种能源材料，锂电池质量轻、体积小，寿命长，被用于心脏起搏器。

钠是人体中不可缺少的成分，碳酸氢钠是血液中主要的缓冲剂，同时又是一种兴奋剂，钠还是骨骼、肌肉收缩和心脏正常跳动必不可少的元素，钠离子对人体的神经末梢具有刺激作用。钠缺乏会导致肌肉痉挛、头痛，当人体过度劳累出汗过多时，补充适当的钠会很快调节细胞平衡。

钾是人体中不可缺少的元素之一。是细胞内液的主要离子，维持细胞的新陈代谢。它呈离子状态存在于血液中，具有电化学和信使功能。若体内缺钾，会经常出现手足麻木、肌肉无力、心律失常等病症。

钠、钾的主要功能是调节体液的渗透压、电解质的平衡和酸碱平衡，通过钠-钾泵，将钾离子、葡萄糖和氨基酸输入细胞内部，维持核糖体的最大活性，以便有效地合成蛋白质。钾离子也是稳定细胞内酶结构的重要辅助因子。同时，钠离子、钾离子还参与神经信息的传递。

钠、钾具很强的还原性和较好的传热性。在冶金工业是重要的还原剂，用来把钛、铌、钽等金属从它们卤化物中还原出来，也可以用于制取过氧化物、氢化物等；钠钾合金（钾的质量分数为 50%～80%）是原子反应堆的导热剂。过去金属钠大量用于汽油抗爆剂（四乙基铅）的生产，因铅对环境有严重的污染，含铅汽油已经被无铅汽油代替，近年来钠的消耗明显减少。

工业上制备钠用电解熔融的 NaCl，但 Na 的沸点与 NaCl 的熔点相近，容易挥发损失 Na，因此要加助熔剂（如加 $CaCl_2$）来降低熔点，使 NaCl 在比 Na 的沸点低的温度下就可熔化。由于钠密度小，液态的钠浮在熔盐上面，容易收集。但产物中总有少许 Ca。

工业上制备钾一般采用置换法，用金属钠从熔融的 KCl 中置换出钾，经分级蒸馏（800～880℃）得到钾：

$$KCl（熔融）+ Na \rightarrow NaCl + K$$

不用熔盐电解法制钾，一是因为钾的沸点较低，反应时易汽化冲出，造成危险；二是因为钾易溶于它的熔盐中而不易分离。

（二）碱金属的氢化物

碱金属在氢气流中加热可制得离子型氢化物 MH。这些氢化物都是白色的似盐型化合物，其中氢以 H^-形式存在，某些性质与相应的金属卤化物相似，其主要性质如下：

（1）受热时分解生成氢气和游离的金属：

$$2MH \longrightarrow 2M + H_2\uparrow$$

（2）与水剧烈反应产生氢气和相应的氢氧化物。例如，NaH 在潮湿的空气中自动着火：

$$NaH + H_2O \longrightarrow NaOH + H_2\uparrow$$

（3）$E^\ominus$（H_2/H^-）=−2.23 V，H^-比 H_2 的还原性更强，能把一些金属从金属化合物中还原出来。

$$TiCl_4 + 4NaH \longrightarrow Ti + 4NaCl + 2H_2\uparrow$$

在有机合成中用 LiH 和 $AlCl_3$ 在乙醚中可以制得氢化锂铝 $Li[AlH_4]$，这是一种复合氢化物，在有机合成被广泛用作还原剂。

（三）碱金属的氧化物

碱金属能形成三种氧化物。在充足的空气中燃烧时，锂生成氧化锂（Li_2O），钠生成过氧化钠（Na_2O_2），而钾、铷、铯则生成超氧化物（KO_2、RbO_2、CsO_2）。

最常见的过氧化物为过氧化钠（Na_2O_2）。它是淡黄色粉末或粒状物。Na_2O_2 本身相当稳定，加热熔融也不分解，但遇到棉花等有机物易引起燃烧或爆炸。

Na_2O_2 的主要性质如下：

（1）与水或稀酸作用生成 H_2O_2，同时放出大量的热，促使 H_2O_2 分解生成 O_2：

$$Na_2O_2+2H_2O \longrightarrow 2NaOH+H_2O_2$$

$$2H_2O_2 \longrightarrow 2H_2O+O_2\uparrow$$

利用此性质，过氧化物可作氧化剂、漂白剂、消毒剂等。

（2）与 CO_2 作用生成碳酸盐和氧气：

$$2Na_2O_2+2CO_2 \longrightarrow 2Na_2CO_3+O_2$$

利用上述反应，过氧化物可以用做防毒面具、高空飞行、潜水作业的供氧剂。

（3）在碱性介质中有较强的氧化性：

$$3Na_2O_2+Cr_2O_3 \longrightarrow 2Na_2CrO_4+Na_2O$$

在分析化学上利用过氧化物可以将矿石中难溶的铬、锰等氧化成可溶的含氧酸盐。

（四）碱金属的氢氧化物

碱金属的氢氧化物都是白色固体，在空气容易潮解和吸收二氧化碳。除了 LiOH 外，它们都易溶于水，同时放出大量的热，其水溶液呈强碱性。

在碱金属的氢氧化物中，氢氧化钠最重要。氢氧化钠又称烧碱、火碱、苛性钠。氢氧化物除了具有碱的通性外，还可以与一些两性金属及其氧化物反应。实验室盛放氢氧化钠溶液的试剂瓶用橡皮塞，而不用玻璃塞，就是由于氢氧化钠与玻璃中的 SiO_2 反应生成有黏性的 Na_2SiO_3，易把瓶口黏住的缘故。

工业上生产氢氧化物主要用隔膜电解法。以食盐为原料，在生产过程中有副产物氯气产生，故又称氯碱工业。

隔膜电解法以精制食盐水为电解液，石墨为阳极，用石棉隔膜包围铁网为阴极的电解槽中电解。其反应如下：

阳极：$2Cl^- - 2e \longrightarrow Cl_2\uparrow$

阴极：$2H_2O+2e \longrightarrow 2OH^- + H_2\uparrow$

电解池反应：$2NaCl+2H_2O \longrightarrow Cl_2\uparrow +2NaOH+H_2\uparrow$

石棉隔膜的作用是防止氯气和氢气相混合，有可能发生爆炸。近年来生产氢氧化钠采用新工艺——离子膜法。此法具有能耗低，产品质量好，对环境污染小的特点。

氢氧化物用途广泛，可用于造纸、制革、制皂纺织、玻璃、搪瓷、无机和有机等工业中。

（五）碱金属的盐

碱金属常见的盐有卤化物、硝酸盐、硫酸盐、碳酸盐等。

碳酸钠（Na_2CO_3）俗称苏打或纯碱，是易溶于水的白色粉末。除了用于制备化工产品外，还用于玻璃、造纸、制皂和水处理等。

工业上生产碳酸钠通常用氨碱法（苏尔维法）和联合制碱法（侯氏制碱法）。两种方法的反应原理大致相同。反应过程如下：

第一步：在饱和食盐中通入氨气至饱和，再通入二氧化碳：

$$NaCl+NH_3+CO_2+H_2O \longrightarrow NaHCO_3+NH_4Cl$$

第二步：滤出 $NaHCO_3$，经 200℃焙烧分解得 Na_2CO_3：

$$2NaHCO_3 \longrightarrow Na_2CO_3+CO_2\uparrow+H_2O\uparrow$$

前者是在最后母液中加入石灰水，使 NH_4Cl 和 $Ca(OH)_2$ 作用产生氨气，达到氨循环使用，但造成大量的 $CaCl_2$ 废液无法利用；后者是在最后母液中加入 NaCl 粉末，使 NH_4Cl 结晶析出，剩余的 NaCl 循环使用，提高了食盐的利用率，同时把氨变成产品氯化铵，不产生废液 $CaCl_2$。

纯碱是一种重要的化工原料，是“三酸两碱”中的两碱之一，它的腐蚀性小、价格便宜，使用安全，所以工业用碱首选纯碱。

碳酸氢钠（$NaHCO_3$）又称小苏打、重碳酸钠。是一种细小的粉末，易溶于水。加热到 60℃以上分解失去 CO_2，是食品工业的膨化剂，在医疗上可用于治疗胃酸过多。

科学家简介

侯德榜——“侯氏制碱法”的创始人

侯德榜，是在中国化学工业上一位杰出的科学家，他为祖国的化学工业事业奋斗终生，并以独创的制碱工艺闻名于世界，他就像一块坚硬的基石，托起了中国现代化学工业的大厦。侯德榜一生在化工技术上有三大贡献。第一，揭开了苏尔维法的秘密。第二，创立了中国人自己的制碱工艺——侯氏制碱法。第三，他为发展小化肥工业所做的贡献。

侯德榜，字致本，著名化学家，侯氏制碱法的创始人。于 1890 年 8 月 9 日出生于福建省闽侯县坡尾村的农民家庭。1907 年以优异成绩毕业于福州英华书院。1913 年以特别优秀的成绩完成预科学业，公费派往美国留学。1921 年获博士学位，1921 年，他在哥伦比亚大学获博士学位后，怀着工业救国的远大抱负，毅然放弃自己热爱的制革专业，回到祖国。同年接受永利碱业公司的聘请，回国发展我国的化学工业。曾任塘沽永利碱厂和南京永利硫酸铵厂总工程师兼厂长、永利化学公司总经理。为解决当时国内外市场急需纯碱，在较短的时间掌握并改进了著名的索尔维制碱法，使工艺过程缩短，而产量大增，1939 年首先提出并自行设计的新的联合制碱法的连续过程，使纯碱工业和氮肥工业得到发展，这就是著名的“侯氏制碱法”。为了实现中国人自己制碱的梦想，揭开苏尔维法生产的秘密，打破洋人的封锁，侯德榜把全部身心都投入到研究和改进制碱工艺上，经过 5 年艰苦的摸索，终于在 1926 年生产出合格的纯碱。

侯德榜为世界化学工业事业所做的杰出贡献受到各国人民的尊敬和爱戴，英国皇家学会聘他为名誉会员，当时其国外会员仅 12 人，亚洲仅中国、日本两国各一名，美国化学工程师学会和美国机械工程师学会，也先后聘他为荣誉会员。

侯德榜勤奋、创新和爱国的一生，一直在激励后人开拓进取，共创祖国的美好未来。

二、碱土金属

（一）碱土金属的单质

碱土金属与同周期的碱金属相比，其有效核电荷增加，核对电子的引力增强，金属半径减小，金属键增强，因此它们单质的密度、硬度、熔点、沸点都比同周期的碱金属高。

根据对角线规则，铍的化学性质与铝相似，它是两性金属，既可溶于酸也可溶于强碱，与热水不反应；铍的化合物热稳定性差，且易水解。铍的密度小，强度大，是优良的宇航材料；在原子能工业上，铍可用作中子源，提供大量中子，也可作为反应堆的减速剂；铍穿透 X 射线的能力居金属之首，所以常被用作 X 射线的窗口材料。但铍及其化合物都有毒性，主要伤害肺、肝、肾和骨骼，使用时必须采取严格的安全防护措施。

钙是组成人体骨骼、牙齿的必需元素，它对幼儿及青少年的生长发育起着重要作用，婴幼儿缺钙，易患佝偻病、软骨症及出现牙齿发软、龋齿等症状。成人缺钙会出现骨质软化和疏松，容易骨折。钙还是神经传递和肌肉收缩所必需的元素，它能刺激心脏和血管活动，能激活多种酶，提高机体对传染病的抵抗能力和抗炎症的作用，可保证大脑顽强地工作。缺钙还会提高心血管病的发病率。

镁和钙一样是人体骨骼成分的一部分。镁离子参与体内糖代谢，能激活一些酶的形成，是糖代谢和呼吸不可缺少的辅助因子；镁还与脂肪酸的代谢有关；镁参与蛋白质合成时起催化作用。镁离子与钾离子、钙离子、钠离子协同作用，共同维持肌肉神经系统的兴奋性，维持心肌的正常结构和功能。此外，有镁参与的重要生物过程是光合作用，在此过程中含镁的叶绿素捕获光子，并利用此能量固定二氧化碳而放出氧气。

（二）碱土金属的氧化物和氢氧化物

碱土金属在空气中和氧气反应生成氧化物，只有钡能得到过氧化物。碱土金属的氧化物除 BeO 外，其余都为碱性氧化物。碱土金属的氢氧化物溶解度较小，热稳定性差，其碱性随着原子序数的增加逐渐增强。

1．氧化镁

氧化镁（MgO）为白色固体，熔点在 2 800℃以上。工业通常由煅烧菱镁矿（主要成分为 $MgCO_3$）来制备氧化镁。氧化镁为优质的耐火材料，常用于制造耐火砖、坩埚等。

2．氧化钙和氢氧化钙

氧化钙（CaO）又叫石灰、生石灰，由石灰石或大理石等煅烧制得。

氧化钙用途十分广泛，大量用于建筑、铺路和生产水泥上。在冶金工业中，石灰可作为熔剂，除去钢中多余的硫、磷和硅。此外还可以用于造纸、食品工业及水处理。

氢氧化钙[$Ca(OH)_2$]又称熟石灰、消石灰。它的溶解度较小，并且随温度的升高而降低。它可用石灰和水反应来制得。氢氧化钙主要用于建筑材料、制造漂白粉、硬水的软化、石油工业等。

（三）碱土金属的盐

碱土金属的盐比相应碱金属的盐溶解度小。除卤化物和硝酸盐外，多数碱土金属的盐溶解度较小，而且不少是难溶的，例如碳酸盐、草酸盐以及磷酸盐等都是难溶盐。

1．氯化钙

无水氯化钙（$CaCl_2$）有较强的吸水性，常用作干燥剂，可用于 O_2、N_2、CO_2、HCl 等气体及醛、酮、醚等有机试剂的干燥。但它不能用于氨、乙醇的干燥，因为它可以和这些物质形成加合物。$CaCl_2 \cdot 2H_2O$ 可用作制冷剂，它和冰水混合，最低能达到−55℃。

2．硫酸钡

自然界中的硫酸钡（$BaSO_4$）俗称重晶石，难溶于水，也难溶于酸。它具有阻止 X 射线的作用，在医疗上常用于 X 射线透视肠胃的内服剂，俗称“钡餐”。而可溶性的 $BaCl_2$ 有毒，所以生产这种 $BaSO_4$ 时，一定要彻底除去 $BaCl_2$。

第三节　硼族元素和碳族元素

一、硼族元素

硼族是周期表中的ⅢA 族，它包括硼（B）、铝（Al）、镓（Ga）、铟（In）、铊（Tl）五种元素。硼和铝有富集矿藏的作用，而镓、铟、铊比较分散，常以共生组分存于共生矿中，所以又被称为稀有分散元素。硼族元素中，硼是唯一的非金属元素，从铝到铊均为活泼金属。

硼族元素价层电子构型为 ns^2np^1，能形成+3 价的化合物。随着原子序数的增加，ns^2 电子对的稳定性增加，+1 价的化合物的稳定性也随之增大，所以铊的化合物以+1 价为主。同时硼族元素的价电子数（3 个电子）小于价层轨道数（1 个 s 轨道和 3 个 p 轨道，共 4 个轨道），所以硼族元素是缺电子元素，通过杂化形成的共价化合物（如 BF_3）称为缺电子化合物，剩余的空轨道可以与其他分子或离子的孤对电子形成配合物。由于空轨道的存在，有很强的接受电子对的能力，故它们易形成聚合型分子（如 B_2H_6、Al_2Cl_6 等）和配合物（如 HBF_4），这是本族元素特别是硼的成键特点。

硼是植物生长和发育必需的微量元素。人体含硼 10 mg 左右，硼主要存在于人的骨骼中。硼能促进骨骼生长，影响钙、镁等元素的代谢，参与甲状腺素的分泌。由于人体对硼的需求量低，很少有人缺硼。

铝不是人体的必需元素，人体缺乏铝时，不会带来什么损害，反之，铝盐能致人体中毒。铝能直接损害成骨细胞的活性，从而抑制骨的基质合成；同时，消化系统对铝的吸收，导致尿钙排泄量的增加及人体内含钙量的不足。人体摄取过多的铝，会破坏人体神经细胞内遗传物质脱氧核糖核酸的功能，可能导致纤维性病变、退行性脑变性等危害，会对老年痴呆症起到诱发作用。防止铝的危害主要有三条途径：一是不要用铝盐明矾做净水器；二是尽量不用铝制品作炊具；三是少吃含铝盐添加剂较多的食物，如油条、粉丝等。

铊和铊的氧化物都有毒，能使人的中枢神经系统、肠胃系统及肾脏等部位发生病变。人如果饮用了被铊污染的水或吸入了含铊化合物的粉尘，就会引起铊中毒，其毒性高于铅和汞。自然界中铊主要存在于锌盐、铁矿或硫矿中，从事采矿行业和冶金行业的人常接触到铊。

（一）硼的化合物

硼在自然界中主要以含氧化合物存在，如硼砂（$Na_2B_4O_7 \cdot 10H_2O$）、硼酸（H_3BO_3）。我国西藏盛产硼砂。单质硼有无定形和晶形两种同素异形体，其中晶体硼为原子晶体，其硬度仅次于金刚石。

1．氧化硼

硼在高温下能与氧气反应生成氧化硼（B_2O_3），氧化硼为白色固体，也称硼酸酐或硼酐。氧化硼可用于制造抗化学腐蚀的玻璃。氧化硼能和许多金属氧化物熔融时生成有特征颜色的硼珠，如 Cr_2O_3 的硼珠呈绿色，CuO 的硼珠呈蓝色，Fe_2O_3 的硼珠呈黄色。所以常被用于搪瓷、珐琅工业的彩绘装饰中或用于鉴定。

2．硼酸

氧化硼溶于水可得硼酸（H_3BO_3）：

$$B_2O_3 + 3H_2O \longrightarrow 2H_3BO_3$$

工业上的硼酸是用强酸处理硼砂制得的：

$$Na_2B_4O_7 \cdot 10H_2O + H_2SO_4 \longrightarrow 4H_3BO_3 + Na_2SO_4 + 5H_2O$$

硼酸是无色略带珍珠光泽的片状晶体，为层状晶体结构，硼酸分子呈片平面三角形，分子间通过氢键连成一片，各层间通过分子间作用力组成大的晶体。各层之间容易滑动，用手捻磨具有滑腻感，所以 H_3BO_3 可作润滑剂。

硼酸是一元弱酸（$K_a=5.8\times10^{-10}$），其酸性比碳酸弱，它在水中所表现出来的酸性并不是其自身离解出来的 H^+，而是 B 原子接受 H_2O 所离解的 OH^-：

$$H_3BO_3 + H_2O \longrightarrow B(OH)_4^- + H^+ \qquad K_a=5.8\times10^{-10}$$

$$\left[\begin{array}{c} OH \\ | \\ HO-B\leftarrow OH \\ | \\ OH \end{array}\right]^-$$

这种离解方式正好表现出硼化合物缺电子的特点。

硼酸不稳定，受热易失水生成偏硼酸（HBO_2），在更高温度下进一步失水生成四硼酸（$H_2B_4O_7$），再加热脱水生成氧化硼。

硼酸主要用于搪瓷、玻璃工业，同时它还可以作医用防腐剂和消毒剂。

3．硼砂

硼砂（$Na_2B_4O_7\cdot10H_2O$）又称四硼酸钠，是无色透明的晶体，易风化。分析化学中常用它作基准物质来标定酸的浓度。

硼砂受热易失去结晶水成为蓬松状物质，在 350～400℃时生成 $Na_2B_4O_7$，在 878℃时熔化，冷却后成为玻璃状物质。熔化的硼砂能溶解许多过渡金属氧化物如 Cr_2O_3、CuO、MnO、NiO、Fe_2O_3，生成不同颜色特征的物质，在分析化学上利用这一特点初步检验某些金属离子，称为硼砂珠试验。

硼砂在搪瓷、玻璃工业中制备低熔点的釉。也可制造光学玻璃和特种玻璃，提高玻璃的透明度和耐热性。在焊接金属时可用作在助熔剂，溶解金属表面的氧化物。医药上可用防腐剂和消毒剂。

（二）铝及其化合物

1．铝

纯铝是银白色的轻金属，具有良好的延展性、导电性、传热性和抗腐蚀性，无磁性，不发生火花放电。铝可以和许多元素形成合金。所以在汽车、船舶、飞机等制造业和日常生活用途广泛。

铝的化学性质活泼，它可以和 O_2、Cl_2、N_2 等非金属化合。铝的典型化学性质是缺电子性、亲氧性和两性。

（1）缺电子性

铝的价层电子构型为 $3s^23p^1$，M 层上 4 个轨道，但只有 3 个电子，4 个轨道中 3 个用来成键，剩余的 1 个空轨道可以接受孤对电子形成配位键。如 $AlCl_3$ 可以形成二聚分子 Al_2Cl_6。

（2）亲氧性

铝与空气接触表面很快失去光泽，生成一层致密的氧化膜，阻止进一步被氧化。铝在冷的浓硫酸、浓硝酸容易发生钝化，因此工业上可用铝制槽车运送浓硫酸或浓硝酸。

铝是活泼金属，易与氧气反应：

$$2Al(s)+3/2O_2(g) \longrightarrow Al_2O_3(s) \qquad \Delta H=-1\,669.7\,kJ\cdot mol^{-1}$$

这是一个放热反应，Al_2O_3 的生成热比一般金属氧化物大得多。因此在工业上利用铝来提炼一些难熔的金属或用于焊接钢轨，这类反应称为铝热反应。如：

$$Fe_2O_3 + 2Al \longrightarrow Al_2O_3 + 2Fe$$

（3）两性

铝位于周期表中金属和非金属的交界处，它既具有明显的金属性，又具有一定的非金属性，既能和酸反应，又能和碱反应：

$$2Al + 6H^+ \longrightarrow 2Al^{3+} + 3H_2\uparrow$$

$$2Al + 2OH^- + 6H_2O \longrightarrow 2[Al(OH^-)_4]^- + 3H_2\uparrow$$

工业上冶炼铝用电解熔融的 Al_2O_3，并加入助溶剂冰晶石（Na_3AlF_6）降低 Al_2O_3 的熔点，使电解在 960～980℃进行（见图 9-3）。石墨为阳极，电解槽的铁质槽为阴极，其电解反应如下：

$$2Al_2O_3 \xrightarrow{电解} 4Al + 3O_2\uparrow$$

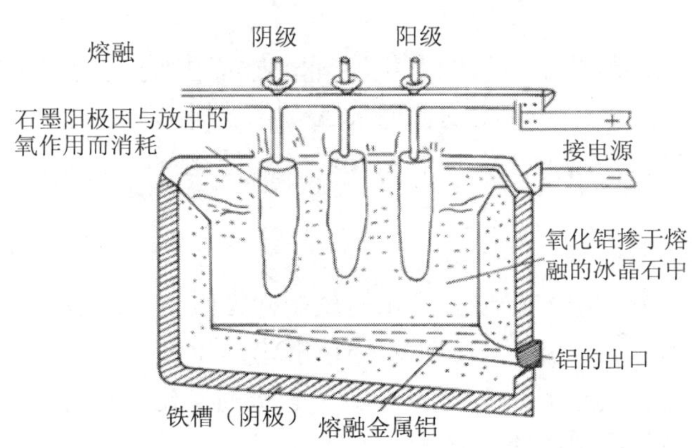

图 9-3　工业上冶炼铝

2．氧化铝

氧化铝属于离子晶体，熔点高，硬度大。在不同条件下制得的氧化铝形态不同。常见的有α-Al_2O_3 和γ-Al_2O_3。自然界中存在的氧化铝是α-Al_2O_3，俗称刚玉，其硬度大，熔点高。天然的氧化铝混有微量的杂质显不同的颜色，这类矿石称为宝石。若含微量的 Cr（Ⅲ）则呈红色，称红宝石；含有微量的 Fe（Ⅱ）、Fe（Ⅲ）或 Ti（Ⅳ）称绿宝石。α-Al_2O_3 可用铝和氧气反应，或者高温灼烧 $Al(OH)_3$ 来制备。它不溶于酸也不溶于碱。它的主要用途可用作机械轴承、钟表轴承、耐磨剂、耐火材料等。掺入 0.05%Cr^{3+}的α-Al_2O_3 可制造激发离子的激发器。γ-Al_2O_3 具有两性，能溶于酸或碱。在 450℃左右加热分解 $Al(OH)_3$ 或铝铵矾$(NH_4)_2SO_4\cdot Al_2(SO_4)_3\cdot 24H_2O$ 制得γ-Al_2O_3，其具有很大的表面积，故又称活性氧化铝，常用作吸附剂或催化剂载体。

3．氢氧化铝

氢氧化铝是两性氢氧化物，既溶于酸也能溶于碱，但不溶于氨水。

$$Al(OH)_3+3H^+ \longrightarrow Al^{3+}+3H_2O$$

$$Al(OH)_3+OH^- \longrightarrow [Al(OH^-)_4]^-$$

这是因为氢氧化铝存在下列平衡：

$$Al^{3+}+3OH^- \rightleftharpoons Al(OH)_3 \rightleftharpoons H^+ +[Al(OH^-)_4]^-$$

$Al(OH)_3$为无定形白色粉末，可用于制备铝盐、吸附剂、离子交换剂，广泛用于医药、玻璃、陶瓷等。

4．铝盐

铝盐易水解，其水溶液水解后呈酸性。

（1）无水三氯化铝

无水三氯化铝（$AlCl_3$）为共价化合物，常温下无水 $AlCl_3$ 为白色粉末，加热到180℃时升华，在 400℃时，气态 $AlCl_3$ 以双聚分子存在，在 800℃才完全分解为单分子。

无水 $AlCl_3$ 几乎能溶于所有的有机溶剂，在水中则会强烈水解。若暴露在空气中，极易吸收水分而冒烟。因此制备无水 $AlCl_3$ 必须用干法合成。

无水 $AlCl_3$ 主要用于有机合成和石油工业的催化剂。如石油的裂解、铝的有机物的制备等。

（2）明矾

硫酸铝和钾、钠、铵的硫酸盐形成的复盐称为矾。明矾是铝矾中最常见的。

明矾[$KAl(SO_4)_2 \cdot 12H_2O$ 或 $K_2SO_4 \cdot Al_2(SO_4)_3 \cdot 24H_2O$]易溶于水，水解生成的胶状 $Al(OH)_3$ 的吸附能力强，所以明矾广泛用于水的净化，也可用于造纸业的上浆剂以及医药上的防腐、收敛和止血剂等。

二、碳族元素

碳族是周期表中的ⅣA 族，它包括碳（C）、硅（Si）、锗（Ge）、锡（Sn）、铅（Pb）五种元素。碳族元素自上而下有典型的非金属元素碳、硅经锗，过渡到典型的金属元素锡、铅。其价层电子构型为 ns^2np^2，能形成+2、+4 价化合物。碳和硅主要形成+4 价的化合物。Sn（Ⅱ）有较强的还原性，Pb（Ⅳ）有较强的氧化性，而 Pb（Ⅳ）稳定性比 Pb（Ⅱ）差，所以铅的化合物以 Pb（Ⅱ）为主。

（一）碳及其化合物

碳元素是生命体的最基本元素，碳水化合物是人体组织特别是大脑活动的最主要的能量来源。碳元素在地壳中约占 0.03%，但它是地球上分布最广、化合物最多的元素。大气中有 CO_2；矿物界中有碳酸盐、碳单质、石油和天然气；动植物界的脂肪、淀粉、蛋白质、纤维素等都是含碳的化合物，碳存在三种同素异形体，即金刚石、石墨和无定形碳，由于它们的晶形结构不同，所以性质上有差别，其中以无定形碳的活泼性为最大。近几年的另一类同素异形体-C_{60}、C_{70}等也被发现。科学家预言，C_{60}等分子的发现，将会开创碳化学的新领域。

1. 碳的氧化物

碳有多种氧化物，最常见的为 CO 和 CO_2。

CO 是无色、无臭的气体，CO 气体有毒，主要是因为它能和血液中的携带 O_2 的血红蛋白结合生成更稳定的配合物，使血红蛋白失去输送 O_2 的能力，致使人缺氧而死亡。空气中的 CO 的体积分数大于 0.1%时，就会引起中毒。CO 具有还原性，是冶金工业中常用的还原剂，CO 还是良好的气体燃料。

CO_2 在空气中的体积分数为 0.03%。由于工农业的高度发展，近年来大气中 CO_2 的含量在增长，产生温室效应，使全球变暖，因此大气中的 CO_2 的平衡成为生态平衡研究课题之一。

CO_2 不能自燃，又不助燃，相对密度比空气大，常用作灭火剂。在生产和科研中 CO_2 也常用作惰性介质。

CO_2 可溶于水。溶于水的 CO_2 部分与水作用生产碳酸。

2. 碳酸

碳酸能生成两类盐：碳酸盐和碳酸氢盐。铵和碱金属（除 Li 外）的碳酸盐都溶于水，一般来说，难溶碳酸盐对应的碳酸氢盐的溶解度较大。例如 $Ca(HCO_3)_2$ 的溶解度比 $CaCO_3$ 大，因而 $CaCO_3$ 能溶于 H_2CO_3 中，但是对于易溶的碳酸盐来说，它对应的碳酸氢盐的溶解度反而小，例如 $NaHCO_3$ 溶解度就比 Na_2CO_3 小。

在碳酸盐中，以钠、钾、钙的碳酸盐最为重要。钠的碳酸盐俗称纯碱。碳酸氢盐中以 $NaHCO_3$（小苏打）最为重要，在食品工业中，它与碳酸氢铵、碳酸铵等作为膨松剂。

（二）硅及其化合物

硅在地壳的含量位居第二位，仅次于氧。在自然界中里没有游离态的硅，它以化合态的形式广泛存在地壳的各种矿物和岩石里，这些化合态的硅几乎全部是二氧化硅和硅酸盐。

1. 单质硅

硅是骨骼、软骨形成的初期阶段所必需的元素，同时能使上皮组织和结缔组织保持必需的强度和弹性，保持皮肤良好的化学和机械稳定性以及血管壁的通透性，还能排除机体内铝的毒害作用。由于食物中含硅较多，一般人不会缺硅。

硅有无定性和晶形两种同素异形体。晶形硅的结构与金刚石相似，熔点高、硬度大而质地脆。高纯度的单晶硅是优良的半导体材料，特别用于制造超大规模的集成电路、晶体管、硅整流器等，还可以制造太阳能电池。

工业制备高纯硅的方法如下：

（1）在电弧炉用焦炭还原石英砂制得粗硅：

$$SiO_2+2C \longrightarrow Si+2CO\uparrow$$

（2）将粗硅氯化制得挥发性的 $SiCl_4$：

$$Si+2Cl_2 \longrightarrow SiCl_4$$

（3）蒸馏提纯的 $SiCl_4$ 用 H_2 还原：

$$SiCl_4+2H_2 \longrightarrow Si+4HCl$$

（4）用区域熔融法将制得的硅进一步提纯，成为 99.999 999 9%以上的高纯的单晶硅。

2．硅的氢化物

硅和氢形成硅的氢化物，称为硅烷。Si－Si 键不如 C－C 键强，因为 Si 的半径比 C 大，硅烷的种类比烷烃少得多。可用通式 Si_nH_{2n+2}（$n\leqslant 6$）表示，最典型的是甲硅烷（SiH_4）。

SiH_4 是无色气体，在空气中能自燃，并放出大量的热；在水中有微量碱时，便迅速水解。

3．硅酸

硅酸的组成比较复杂，它有多种组成，如正硅酸（H_4SiO_4）、偏硅酸（H_2SiO_3）、焦硅酸（$H_6Si_2O_7$）等，常用通式 $x SiO_2 \cdot y H_2O$ 表示，习惯上常用组成最简单的偏硅酸（H_2SiO_3）表示硅酸。

硅酸是二元弱酸，其酸性比碳酸还弱。实验室中用硅酸钠和盐酸反应来制备：

$$SiO_3^{2-}+2H^+ \longrightarrow H_2SiO_3\downarrow$$

开始生成的单分子硅酸可溶于水，但随后逐步缩合成多硅酸或硅酸凝胶。因此在浓度较大的硅酸钠溶液中加入盐酸，得到硅酸凝胶。

硅酸凝胶经洗涤、干燥可制得硅胶。硅胶是白色透明的固体物质，其内部有许多极小的空隙，因此内表面积大，具有很强的吸附能力，是优良的干燥剂、吸附剂及催化剂载体。实验室中的变色硅胶是用硅酸浸以 $CoCl_2$ 溶液，经烘干后制得。因无水 Co^{2+}离子呈蓝色，而水合钴离子$[Co(H_2O)_6]^{2+}$呈粉红色。可以根据硅胶的颜色变化，判断吸湿情况。吸水后的硅胶经烘干后，可循环使用。

4．二氧化硅

自然界中的二氧化硅（SiO_2）主要存在在矿石、土壤、岩石中。天然的二氧化硅有晶体和无定形两种。石英就是天然的二氧化硅晶体，透明的石英晶体称为水晶。硅藻土含无定形的二氧化硅，它是一种多孔、松软的固体物质。它有较大的表面积，吸附力强，常用作吸附剂和催化剂的载体。

SiO_2 和 CO_2 虽化学组成相似，但其物理性质和结构却完全不同。CO_2 为分子晶体，SiO_2 是原子晶体。CO_2 在常温下为气体，固体 CO_2（干冰）熔点很低，而 SiO_2

是固体，熔点高、硬度大。这是由其结构决定的。二氧化硅不是由单个的“SiO_2”组成的，而是每个 Si 原子位于 4 个 O 原子的中心，与 4 个 O 原子形成 4 个共价键，同时每个 O 原子又与两个 Si 原子结合，形成立体网状结构。因此造成了两者物理性质的巨大差别。

二氧化硅的化学性质十分稳定，不与水、酸（除氢氟酸外）反应。二氧化硅属于酸性氧化物，能与碱性氧化物或强碱反应生成硅酸盐：

$$SiO_2 + 2NaOH \longrightarrow Na_2SiO_3 + H_2O$$

因此实验室中盛放碱液的试剂瓶要用橡皮塞，而不能用玻璃塞，就是为了防止玻璃被碱液腐蚀生成 Na_2SiO_3，把瓶口和塞子黏结起来。

二氧化硅用途广泛，可以制造玻璃钢、高性能的光导纤维等；水晶可以制造电子工业的重要部件、光学仪器和高级工艺品等；石英可以用于制造石英玻璃、耐高温的化学仪器、石英钟表等。

二氧化硅虽在生活、生产和科研等方面用途广泛，但如果人长期在含二氧化硅粉尘较高的环境中工作，吸入大量的二氧化硅粉尘，易患硅肺病。因此在采砂、喷砂、制陶等工作场所的工作，应采取严格的劳动防护措施。采用多种技术和设备控制粉尘的含量，保证工作人员的身体健康。

5．硅酸盐

硅酸盐在自然界中分布广泛，种类繁多、结构复杂，为了便于表示组成，通常用二氧化硅和金属氧化物的形式表示其组成：

硅酸钠 $Na_2SiO_3(Na_2O \cdot SiO_2)$

镁橄榄石 Mg_2SiO_4（$2MgO \cdot SiO_2$）

石棉 $CaMg_3(SiO_4)_4(CaO \cdot 3MgO \cdot 4SiO_2)$

高岭土 $Al_2Si_2O_5(OH)_4(Al_2O_3 \cdot 2SiO_2 \cdot 2H_2O)$

黏土的主要成分是硅酸盐。常见的有高岭土和一般黏土。高岭土是制造瓷器的主要原料。

大多数硅酸盐难溶于水。水溶性的硅酸盐中，硅酸钠（Na_2SiO_3）最常见。工业上制备 Na_2SiO_3 用石英砂和纯碱或烧碱按一定比例混匀共熔，得到玻璃状的 Na_2SiO_3 熔体。Na_2SiO_3 的水溶液俗称水玻璃，或称泡花碱。在工业上可作黏合剂，还可用于木材、织物的防火处理剂，肥皂的填充剂和发泡剂等。

（三）锡、铅及其化合物

1．锡、铅的单质

锡（Sn）在自然界中主要以锡石（SnO_2）存在。我国云南个旧市有“锡都”之称。铅在自然界的主要矿石为铅矿石（PbS）。

锡是银白色的金属，质软、无毒，熔点低，具有很好的展性。锡在空气中很稳定，不易被氧化。锡能从稀盐酸中置换出氢，与稀硝酸作用生成 $Sn(NO_3)_2$，与浓硝

酸作用生成 H_2SnO_3。锡还与蛋白质的生物合成有关。

锡有三种同素异形体，灰锡（α-Sn）、白锡（β-Sn）及脆锡（γ-Sn）。三者在不同温度下可以相互转化：

灰锡呈灰色粉末状，白锡在 13.2℃下变成灰锡，但这种转变较缓慢，但如果温度过低，反应就会加快，从一点变灰，蔓延开来变成粉末状的灰锡，称为锡疫。所以锡制品冬季不宜放在室外，锡铁皮罐装的食品也不宜冷藏。

铅为蓝白色的重金属，质软、有毒。铅在空气中表面易生成致密的氧化膜阻止反应进一步进行。铅与稀盐酸、稀硫酸几乎不反应，因为反应生成的 $PbCl_2$ 和 $PbSO_4$ 溶解度很小，覆盖在铅的表面，阻止反应继续进行，铅与硝酸反应生成 $Pb(NO_3)_2$。铅是一种具有神经毒性的重金属元素，进入血液后，可引起机体代谢过程的障碍，对全身各组织器官都有损害，尤以对神经系统的损害最为严重。

锡主要用来制造罐头用的马口铁。铅能有效阻挡 X 射线和核裂变射线，而被用作放射性的防护材料。锡、铅还用于制造合金，如焊锡（Sn、Pb）、保险丝（Sn、Pb）、蓄电池的极板（Sb、Pb）等。但铅及可溶性铅盐有毒，进入人体后不易排出而导致积累性铅中毒，对人体的神经系统、造血系统都有严重的危害，一旦中毒，较难治疗，所以食具、水管等不可用铅制造，同时对含铅废水采用沉淀法处理，使其转化成难溶物除去。

2．锡、铅的化合物

（1）锡、铅的氧化物和氢氧化物的酸碱性

锡、铅的氧化物有 SnO、SnO_2，PbO、PbO_2。铅还有两种复合型的氧化物为鲜红的 Pb_3O_4（铅丹）和橙色的 Pb_2O_3。Pb_3O_4 可以看成复合氧化物 $2PbO \cdot PbO_2$ 或看成正铅酸的铅盐 $Pb_2(PbO_4)$，Pb_2O_3 可以看成复合氧化物 $PbO \cdot PbO_2$ 或看成偏铅酸的铅盐 $PbPbO_3$。

锡、铅的氢氧化物有 $Sn(OH)_2$、$Sn(OH)_4$、$Pb(OH)_2$、$Pb(OH)_4$。由于锡、铅的氧化物都不溶于水，所以制备锡、铅的氢氧化物应用盐和碱反应。若在 Sn（Ⅱ）或 Sn（Ⅳ）的盐溶液中加入 NaOH 溶液就会生成 $Sn(OH)_2$、$Sn(OH)_4$ 的白色胶状沉淀。反应如下：

$$Sn^{2+} + 2OH^- \longrightarrow Sn(OH)_2\downarrow$$

$$Sn^{4+} + 4OH^- \longrightarrow Sn(OH)_4\downarrow$$

锡、铅的氧化物和氢氧化物都是两性的，低价态的两性偏碱，高价态的两性偏酸。

（2）锡、铅的化合物的氧化还原性

Sn（Ⅱ）无论在酸性或碱性介质中都是较强的还原剂，并且在碱性介质中还原性更强。利用 Sn（Ⅱ）还原性可以鉴定 Sn^{2+}、Hg^{2+}和 Bi（Ⅲ），反应如下：

$$2HgCl_2 + Sn^{2+} \longrightarrow Hg_2Cl_2\downarrow + Sn^{4+} + 2Cl^-$$

$$Hg_2Cl_2 + Sn^{2+} \longrightarrow 2Hg\downarrow + Sn^{4+} + 2Cl^-$$

反应中生成白色丝状沉淀 Hg_2Cl_2，如果 Sn^{2+}过量，有黑色的 Hg 析出。由此可以鉴定 Sn^{2+}、Hg^{2+}的存在。

在碱性介质中 Sn（Ⅱ）能把 Bi（Ⅲ）还原成黑色的 Bi：

$$2\,Bi(OH)_3 + 3[Sn(OH)_4]^{2-} \longrightarrow 2\,Bi\downarrow + 3[Sn(OH)_6]^{2-}$$

在酸性介质中 Sn^{4+}能发生逆歧化反应：

$$Sn^{4+} + Sn \longrightarrow 2Sn^{2+}$$

PbO_2 是强氧化剂，在酸性介质中能把 Mn^{2+}氧化生成紫红色的 MnO_4^-；与盐酸作用放出 Cl_2；与浓硫酸反应放出氧气。

$$5PbO_2 + 2Mn^{2+} + 4H^+ \longrightarrow 2MnO_4^- + 5Pb^{2+} + 2H_2O$$

$$PbO_2 + 4HCl \longrightarrow PbCl_2 + Cl_2\uparrow + 2H_2O$$

$$2PbO_2 + 4H_2SO_4（浓） \longrightarrow 2Pb(HSO_4)_2 + O_2\uparrow + 2H_2O$$

在工业上，PbO_2 主要用于制造铅蓄电池的正极材料。其放电时的反应如下：

正极（PbO_2）：$PbO_2 + SO_4^{2-} + 4H^+ + 2e \longrightarrow PbSO_4 + 2H_2O$

负极（Pb）：$Pb + SO_4^{2-} - 2e \longrightarrow PbSO_4$

总反应 $PbO_2 + Pb + 2H_2SO_4 \longrightarrow 2PbSO_4 + 2\,H_2O$

（3）常见的锡、铅的化合物

①氯化亚锡。氯化亚锡（$SnCl_2 \cdot 2\,H_2O$）为无色晶体，极易发生水解，生成碱式盐，同时 Sn^{2+}在空气中容易被氧化。其反应如下：

$$SnCl_2 + H_2O \longrightarrow Sn(OH)Cl\downarrow + HCl$$

$$2Sn^{2+} + O_2 + 4H^+ \longrightarrow 2Sn^{4+} + 2H_2O$$

因此在配制其溶液时，应把氯化亚锡溶解在稀盐酸中，并加入锡粒防止氧化。

$SnCl_2$ 有较强的还原性，是有机合成中重要的还原剂。

②锡的硫化物。锡的硫化物有 SnS（棕色）和 SnS_2（黄色）。前者显碱性，后者显酸性。SnS_2 能溶于 NaOH 或金属硫化物中生成硫代锡酸盐。

$$3SnS_2 + 6\,NaOH \longrightarrow Na_2SnO_3 + 2Na_2SnS_3 + 3\,H_2O$$

$$SnS_2 + Na_2S \longrightarrow Na_2SnS_3$$

利用此性质可以把 SnS_2 与 SnS 分离。含 Na_2SnO_3 的溶液酸化后又析出 SnS_2。

$$Na_2SnS_3 + 2HCl \longrightarrow SnS_2\downarrow + H_2S\uparrow + 2NaCl$$

③铅盐。Pb（Ⅱ）盐大多数难溶，且有颜色特征，广泛用作颜料或涂料，如 $PbCrO_4$ 可作黄色颜料，俗称铬黄；$PbSO_4$ 可作白色油漆；$[Pb(OH)]_2CO_3$ 可作白色颜料，俗称铅白。可溶性的铅盐有毒，常见的可溶性的铅盐有 $Pb(NO_3)_2$ 和 Pb（Ac）$_2$。$Pb(Ac)_2$，无色，有甜味，俗称铅糖，有极大毒性，它的毒性是因为 Pb^{2+}与蛋白质中的巯基反应生成难溶物的缘故。实验室中可用 $Pb(Ac)_2$ 试纸检验 H_2S 气体。$Pb(NO_3)_2$ 是制备难溶铅盐的原料。

$PbCl_2$是白色、难溶于水的固体，易溶于热水。$PbCl_2$和浓盐酸反应生成配合物，黄色的PbI在卤化铅中溶解度最小，但它能溶于沸水，和HI也能形成配合物：

$$PbCl_2 + 2HCl（浓）\longrightarrow H_2[PbCl_4]$$

$$PbI_2 + 2HI \longrightarrow H_2[PbI_4]$$

白色的$PbSO_4$难溶于水，但易溶于浓硫酸或饱和的醋酸铵溶液中：

$$PbSO_4 + H_2SO_4（浓）\longrightarrow Pb(HSO_4)_2$$

$$PbSO_4 + 2Ac^- \longrightarrow Pb(Ac)_2 + SO_4^{2-}$$

黑色的PbS不溶于稀酸，但能溶于浓盐酸或硝酸中：

$$PbS + 4HCl（浓）\longrightarrow H_2[PbCl_4] + H_2S\uparrow$$

$$3PbS + 8HNO_3 \longrightarrow 3Pb(NO_3)_2 + 3S\downarrow + 2NO\uparrow + 4H_2O$$

PbS还可以和H_2O_2反应生成白色的$PbSO_4$，利用此反应可以漂白变黑的油画：

$$PbS + 4H_2O_2 \longrightarrow PbSO_4 + 4H_2O$$

Pb^{2+}的检验：可用可溶性的铬酸盐，反应产生特殊的黄色沉淀$PbCrO_4$，这一性质也可用于CrO_4^{2-}的鉴定：

$$Pb^{2+} + CrO_4^{2-} \longrightarrow PbCrO_4\downarrow$$

第四节 氮族元素、氧族元素和卤族元素

一、氮族元素

氮族元素在周期表的ⅤA族，包括氮（N）、磷（P）、砷（Se）、锑（Sb）、铋（Bi）五种元素。

随着原子序数的增加，氮族元素非金属性逐渐减弱，金属性逐渐增强。氮、磷表现出典型的非金属性，砷虽是非金属，但表现出一些金属性，而锑、铋具有明显的金属性。

氮族元素最外层有5个电子，价电子构型为ns^2np^3，常见的化合价有−3、+3、+5。常见的氢化物除NH_3外，其他都不稳定；随着原子序数的增加，+3的化合物稳定性逐渐增强，+5的化合物稳定性减弱。

在自然界氮游离态存在空气中，也是构成蛋白质的基本元素；磷主要以磷酸盐形式存在于矿石中，磷也以核酸形式参与生物体的新陈代谢，同时磷是组成骨骼、牙齿的重要元素；砷、锑、铋主要以硫化矿形式存在，如雄黄（As_4S_4）、雌黄（As_2S_3）、辉锑矿（Sb_2S_3）、辉铋矿（Bi_2S_3）。我国锑的蕴藏量居世界首位，是世界所需锑的主要供应者。

（一）氮的化合物

1．氨

氨(NH_3)是氮的重要化合物。氨主要用于生产氮肥、合成硝酸。

氨在常温下，是无色、有刺激性气味，易溶于水的气体。分子呈三角锥形，有极性。分子间能生成氢键而缔合。氨容易液化，在常压冷却到−33.5℃或在常温下加压到 700～800 kPa，气态的氨液化成无色液体，称为液氨。液氨汽化时，汽化热较高，所以液氨可作制冷剂。

实验室需要少量的 NH_3 时，常用碱和固体铵盐混合加热，如：

$$2NH_4Cl + Ca(OH)_2 \longrightarrow CaCl_2 + 2H_2O + 2NH_3\uparrow$$

工业上常用 N_2 和 H_2 来合成 NH_3：

$$N_2(g) + 3H_2(g) \rightleftharpoons 2NH_3(g) \qquad \Delta H = -92.38\ kJ\cdot mol^{-1}$$

根据化学平衡移动原理，加压和降温有利于平衡向右移动。但高压条件下，对材质的强度要求更高，而且不能让 H_2 所穿透；温度过低，反应速率就会降低，不利于生产，同时催化剂也要在一定温度下才有较高的催化能力。因此，我国合成氨采用中温、中压和铁催化条件下进行：

$$N_2 + 3H_2 \rightleftharpoons 2NH_3$$

氨的化学性质活泼，主要化学反应有三类：氧化反应、加成反应和取代反应。

（1）氧化反应

NH_3 分子中 N 的氧化值为-3，处于最低氧化态，只有还原性。其反应的产物与氧化剂和外界条件有关。NH_3 在空气中很难燃烧，但在纯氧中燃烧生成 N_2：

$$4NH_3 + 3O_2 \longrightarrow 2N_2 + 6H_2O$$

NH_3 在催化剂条件下和氧气反应生成 NO，该反应是工业制硝酸的基础：

$$4NH_3 + 5O_2 \longrightarrow 4NO + 6H_2O$$

氨在空气中的爆炸极限体积分数为 16%～27%，要注意防止明火。

NH_3 能和氯或溴发生剧烈反应，生成 N_2：

$$2NH_3 + 3Cl_2 \longrightarrow N_2 + 6HCl$$

反应生成的 HCl 继续与 NH_3 反应生成白烟 NH_4Cl。利用这一原理可以用浓氨水检查氯气或液溴的管道是否漏气。

（2）加成反应

氨与水通过氢键形成氨的水合物，$NH_3\cdot H_2O$ 即氨水。氨水溶液中存在下列平衡：

$$NH_3 + H_2O \rightleftharpoons NH_3\cdot H_2O \rightleftharpoons NH_4^+ + OH^-$$

氨水溶液呈弱碱性，主要原因与氨分子的结构有关。氨分子具有孤对电子，可以作为电子对的给予体和水中 H^+的 1s 空轨道以配位键互相结合成 NH_4^+，游离出 OH^-，使溶液呈碱性。氨分子也能和酸（如 HCl、H_2SO_4 等）中的 H^+加合而成 NH_4^+。

此外还可以与 Ag^+、Cu^{2+}等离子加合形成$[Ag(NH_3)_2]^+$、$[Cu(NH_3)_4]^{2+}$等配离子。氨不但在溶液中发生加成反应，它与某些盐的晶体，也有类似的反应。如 NH_3 与无水 $CaCl_2$ 生成 $CaCl_2·8NH_3$。

（3）取代反应

在一定条件下，氨分子中的 H 可以被取代，生成一系列氨的衍生物，这类反应只能在液氨中进行。例如：

$$2NH_3 + 2Na \longrightarrow 2NaNH_2 + H_2\uparrow$$

氨基化钠是有机合成中的重要缩合剂。

2．氮的氧化物

氮的氧化物有好几种，如表 9-5 所示。

表 9-5　氮的氧化物

氮的氧化物	N_2O	NO	N_2O_3	NO_2	N_2O_4	N_2O_5
氮的氧化值	+1	+2	+3	+4	+4	+5
状态颜色	无色气体	无色气体	蓝色液体	红棕色气体	无色气体	无色晶体
性　　质	易溶水	难溶于水，易和 O_2 化合成 NO_2	溶于水生成亚硝酸，易分解为 NO、NO_2	溶于水放出 NO，易二聚，能使 KI 试纸变蓝	部分分解为 NO_2	溶于水生成硝酸

氮的氧化物多数有毒性，会刺激呼吸道，引起胸痛，气喘等症。

工业尾气、燃料燃烧及汽车尾气中都有氮的氧化物（主要是NO和NO_2）排出。同时 NO 和 NO_2 又是空气污染中的主要污染气体之一，一般用碱液吸收处理：

$$NO + NO_2 + 2NaOH \longrightarrow 2NaNO_2 + H_2O$$

$$2NO_2 + 2NaOH \longrightarrow NaNO_2 + NaNO_3 + H_2O$$

3．硝酸

硝酸是工业上的“三酸”之一，它是重要的化工原料，可用于制造化肥、炸药、染料、塑料、药剂等。

纯硝酸是无色、易挥发的液体。它能与水以任意比例互溶。市售的硝酸有两种，一种浓度为 65%～68%，因含有少量的 NO_2 致使 HNO_3 呈浅黄色，受热或光照会发生分解：

$$4HNO_3 \longrightarrow 4NO_2\uparrow + O_2\uparrow + 2H_2O$$

另一类含 $HNO_3$98%以上，这种硝酸易挥发出 HNO_3 蒸气，与空气中的水分形成酸雾似发烟，故称发烟硝酸，发烟硝酸中溶有 NO_2 而呈黄色。

工业制备硝酸普遍采用氨的催化氧化法。将氨和过量的空气混合，通过灼热的 Pt-Rh 网，将 NH_3 氧化成 NO，NO 进一步和 O_2 反应生成 NO_2，NO_2 和水反应生成

HNO_3，其各步反应如下：

$$4NH_3 + 5O_2 \longrightarrow 4NO + 6H_2O$$

$$2NO + O_2 \longrightarrow 2NO_2$$

$$3NO_2 + H_2O \longrightarrow 2HNO_3 + NO\uparrow$$

反应过程中的 NO 可循环利用。最后的尾气用碱液吸收。上述制的硝酸浓度只有 50%，必须加入浓硫酸或硝酸镁作脱水剂，蒸馏制得浓硝酸。

硝酸是强酸，具有酸的通性；同时 HNO_3 中 N 为最高氧化态，因此 HNO_3 还具有强氧化性。

硝酸和金属之间的反应较为复杂，它可以形成不同氧化态的还原产物：NO_2、HNO_2、NO、N_2O、N_2、NH_4^+。生成的产物主要取决于硝酸的浓度和金属的活泼性。一般来说，浓硝酸的主要还原产物多数是 NO_2，稀 HNO_3 还原产物为 NO。稀 HNO_3 与 Zn、Mg 等反应时，NO 有可能进一步还原为 N_2O、N_2 或 NH_4^+。例如：

$$Cu + 4HNO_3\text{（浓）} \longrightarrow Cu(NO_3)_2 + 2NO_2\uparrow + 2H_2O$$

$$3Cu + 8HNO_3\text{（稀）} \longrightarrow 3Cu(NO_3)_2 + 2NO\uparrow + 4H_2O$$

$$4Zn + 10HNO_3\text{（稀）} \longrightarrow 4Zn(NO_3)_2 + N_2O\uparrow + 5H_2O$$

$$4Zn + 10HNO_3\text{（极稀）} \longrightarrow 4Zn(NO_3)_2 + NH_4NO_3 + 3H_2O$$

事实上，HNO_3 在反应过程中其浓度会随着反应的进行而降低，所以还原产物往往不是一种。反应方程式只写出其主产物。

Al、Fe 在冷的浓硝酸中会发生钝化，所以用铝或铁制的槽车来运送浓硝酸。

Au、Pt 等贵重金属不溶于硝酸。可以用王水（1 体积浓硝酸和 3 体积浓盐酸的混合液）溶解：

$$Au + HNO_3\text{（浓）} + 4HCl\text{（浓）} \longrightarrow HAuCl_4 + NO\uparrow + 2H_2O$$

$$3Pt + 4HNO_3\text{（浓）} + 18HCl\text{（浓）} \longrightarrow 3H_2PtCl_6 + 4NO\uparrow + 8H_2O$$

4．硝酸盐和亚硝酸盐

（1）硝酸盐

硝酸盐大多数是易溶于水的无色离子晶体。硝酸盐在室温下较稳定，受热时发生分解，其分解一般有下列三种情况：

①比 Mg 活泼的金属硝酸盐加热分解生成亚硝酸盐并放出 O_2。

$$2NaNO_3 \xrightarrow{\Delta} 2NaNO_2 + O_2\uparrow$$

②在金属活动性顺序表中 Mg 与 Cu 之间的硝酸盐加热分解生成氧化物并放出 O_2 和 NO_2。

$$2Cu(NO_3)_2 \xrightarrow{\Delta} 2CuO + 4NO_2\uparrow + O_2\uparrow$$

③在金属活动性顺序表中 Cu 后的硝酸盐加热分解生成单质并放出 O_2 和 NO_2。

$$2AgNO_3 \xrightarrow{\Delta} 2Ag + 2NO_2\uparrow + O_2\uparrow$$

固体硝酸盐在受热分解时有氧气产生，若与可燃物混合，引燃后会急剧燃烧，产生大量气体，引起爆炸。因此硝酸盐可以用来制造焰火和黑火药，储存、使用时都应注意安全。

（2）亚硝酸盐

亚硝酸盐用途较广，广泛用于偶氮染料、硝基化合物的制备，可以用作媒染剂、金属热处理剂、漂白剂等，还用于食品工业的发色剂。

亚硝酸盐有毒，是世界公认的强致癌物之一。生活中曾发生误食 $NaNO_2$，导致中毒死亡的事故；蔬菜若在高温下存放时间过长，硝酸盐在细菌和酶的作用下转化为亚硝酸盐，食用可能引起食物中毒；同样，对于腌制时间不够长的咸菜、肉类罐头等不宜食用。

亚硝酸盐中 N 为+3，处于中间氧化态，既具有氧化性又具有还原性。在酸性溶液中 HNO_2 以氧化性为主。例如，与 I^- 反应：

$$2NO_2^- + 2I^- + 4H^+ \longrightarrow 2NO\uparrow + I_2 + 2H_2O$$

利用此反应可以定量测定 NO_2^- 离子。

当亚硝酸盐遇到强氧化剂（如 $KMnO_4$）时，显示出还原性，生成硝酸盐。

（二）磷的化合物

常见的磷的同素异形体有白磷和红磷。白磷的化学性质较活泼，易溶于有机溶剂。白磷经轻微的摩擦就会引起燃烧，必须保存在水中。白磷是剧毒物质，致死量约 0.1 g。红磷无毒，它的化学性质也比白磷稳定很多，红磷用于安全火柴的制造，在农业上用于制备杀虫剂。磷是细胞中核酸、核苷酸、核蛋白与磷脂的重要成分，与细胞分裂有关。对碳水化合物、蛋白质、脂肪等形成、运转、相互转化起重要作用，也参与光合作用和呼吸作用。

1．磷的氧化物

磷在空气中燃烧通常生成十氧化四磷（P_4O_{10}），如果空气不足，则生成六氧化四磷（P_4O_6）。它们的化学式习惯上简写为 P_2O_5 和 P_2O_3。

P_4O_{10} 是白色固体，即磷酸酐，极易吸潮。P_4O_{10} 能腐蚀皮肤和黏膜，切勿与人体接触。P_4O_{10} 有很强的吸水性，常作干燥剂，但不宜干燥碱性气体。P_4O_{10} 与水反应激烈，放出大量的热，生成 P（V）各种含氧酸。

P_4O_6 是有滑腻感的白色固体，易溶于有机溶剂。P_4O_6 与冷水作用生成亚磷酸（H_3PO_3）：

$$P_4O_6 + 6H_2O（冷）\longrightarrow 4H_3PO_3$$

P_4O_6 与热水反应生成磷酸和膦（PH_3，大蒜味，有剧毒）：

$$P_4O_6 + 6\,H_2O（热）\longrightarrow 3\,H_3PO_4 + PH_3\uparrow$$

2．磷的含氧酸

磷有多种含氧酸，氧化值为+5 的含氧酸主要有偏磷酸（HPO_3）、正磷酸（H_3PO_4）、焦磷酸（$H_4P_2O_7$）；氧化值为+3 的含氧酸为亚磷酸（H_3PO_3）；氧化值为+1 的含氧酸为次磷酸（H_3PO_2）。

纯磷酸是无色透明的晶体，熔点为 42.35℃，具有吸湿性，易溶于水。市售的磷酸浓度一般为 83%，为无色透明黏稠的液体。

H_3PO_4 是无氧化性、难挥发的三元中强酸。磷酸有很强的配位能力，能与多种金属离子形成配合物。例如，含 Fe^{3+}离子的溶液呈黄色，加入磷酸后黄色立即消失，这是由于生成无色可溶性的 $H_3[Fe(PO_4)_2]$、$H[Fe(HPO_4)_2]$等配合物。利用此性质，在分析化学上常用来掩蔽 Fe^{3+}。

工业品磷酸，一般可以用 76%的硫酸和磷矿石进行复分解反应。试剂品磷酸一般用白磷为原料来制备。工业品磷酸大量用于制造磷肥或磷氮复合肥；用于钢铁部件的磷化处理；也可作电镀液、有机合成的催化剂、食品的调味剂等。

3．磷酸盐

H_3PO_4 可以形成一种正盐和两种酸式盐。正盐如 Na_3PO_4、$Ca_3(PO_4)_2$；磷酸二取代盐如 Na_2HPO_4，$CaHPO_4$；磷酸一取代盐如 NaH_2PO_4、$Ca(H_2PO_4)_2$。磷酸盐在水中的溶解度差别较大，正盐和二取代盐除 K^+、Na^+、NH_4^+盐外大多难溶于水，磷酸一取代盐都易溶于水。

磷酸盐除了用作化肥外，还可以作洗涤剂、金属防护剂、有机合成催化剂等。近年来由于磷肥和含磷洗涤剂的使用，使江河、湖泊水质富营养化，导致水体水质恶化，所以国家推广使用无磷洗涤剂。

（三）砷、锑、铋的化合物

砷、锑、铋有+3 和+5 价的两类化合物，重要的有以下几种：

1．三氧化二砷

三氧化二砷（As_2O_3）俗称砒霜，白色固体，微溶于水，剧毒，致死量为 0.1 g，砷的解毒药是新配制的 $Fe(OH)_3$ 悬浮液。三氧化二砷具有两性：

$$As_2O_3 + 6OH^- \longrightarrow 2AsO_3^{3-} + 3H_2O$$

$$As_2O_3 + 6H^+ \longrightarrow 2As^{3+} + 3H_2O$$

2. 三氯化锑

三氯化锑（$SbCl_3$）是白色固体，烧蚀性极强，沾在皮肤上立即起疱，有毒。主要用于有机合成的催化剂、织物的阻燃剂、媒染剂等。$SbCl_3$ 极易水解，配制时要加入少量的盐酸：

$$SbCl_3 + H_2O \longrightarrow SbOCl(\text{白})\downarrow + 2HCl$$

3．铋酸钠

铋酸钠（$NaBiO_3$）是黄色或褐色粉末。$NaBiO_3$ 具有强氧化性，它能和盐酸反应放出 Cl_2，甚至能把 Mn^{2+}氧化为 MnO_4^-：

$$NaBiO_3 + 6HCl \longrightarrow BiCl_3 + NaCl + Cl_2\uparrow + 3H_2O$$

$$5NaBiO_3 + 2Mn^{2+} + 14H^+ \longrightarrow 5Bi^{3+} + 2MnO_4^- + 5Na^+ + 7H_2O$$

由于有 MnO_4^- 生成，溶液呈紫红色，利用此反应可以检验 Mn^{2+}。

二、氧族元素

氧族元素在周期表的ⅥA 族，有氧（O）、硫（S）、硒（Se）、碲（Te）、钋（Po）五种元素，其中钋为放射性元素。其价电子构型为 $ns^2\ np^4$。氧的常见氧化态为-2 价，硫、硒、碲的氧化态有-2、+2、+4、+6。

在地球上氧的含量最高，在空气中约占总体积的 21%。在自然界中氧和硫能以单质存在，许多金属在地壳中以氧化物和硫化物的形式存在。

硫元素是动物所必需的矿物元素之一，主要以有机形式存在于蛋氨酸、胱氨酸和半胱氨酸等含硫氨基酸中，硫的重要生理作用也是通过体内含硫有机物实现的，如作为硫胺素的成分参与碳水化合物的代谢，作为辅酶 A 的成分参与能量的代谢，作为生物素的成分参与脂肪类代谢。动物体内长期缺乏硫元素表现为食欲减退、掉毛、溢泪，甚至因体质虚弱而死亡。

硒是谷胱甘肽过氧化物酶的必要构成部分，具有保护血红蛋白免受过氧化氢和过氧化物损害的功能，同时具有抗衰老和抗癌的生理作用。克山病是人体严重缺硒而导致的地方性心肌坏死病。适量补硒，可预防多种慢性病，延缓衰老。但人体内若含硒过多，会产生毒性作用，因此补硒要控制剂量。

（一）氧及其化合物

1．臭氧

臭氧（O_3）是氧气（O_2）的同素异形体。臭氧是浅蓝色的气体，有特殊的鱼腥味。雷电、电焊可以产生少量的臭氧。

臭氧主要存在于离地面 20～40 km 的臭氧层，它是由太阳对大气中氧气的强辐射而形成的，臭氧可以吸收紫外线，分解为氧气，因此高空中存在臭氧和氧气相互转化的动态平衡：

$$2O_3 \rightleftharpoons 3O_2$$

正因为臭氧层吸收了大量的紫外线，才使地球生物免遭紫外线的伤害。近年来发现大气上空臭氧锐减，甚至在南极和北极上空已形成臭氧层空洞。造成臭氧层破坏的污染物很多，例如 NO、CO、SO_2、氟氯烃等，其中 NO 和氟氯烃的危害最大。制冷剂氟利昂放出的 Cl 是 O_3 分解的催化剂，对破坏臭氧层有长期的作用。

知识拓展

臭氧层和皮肤癌

臭氧，是一种带有特殊臭味的物质。雷雨过后，我们能闻到这种气味。大量的臭氧分子结集于高空大气中，就形成了一道天然屏障，具有保护地球上的生物免遭紫外线过量辐射的作用。科学家指出，臭氧层变稀薄，将给人类带来灾难。

臭氧层中臭氧含量的减少等于在屋顶上开了天窗，导致太阳对地球紫外线辐射增强。大量紫外光照射进来，严重损害动植物的基本结构，降低生物产量，使气候和生态环境发生变异，特别对人类健康造成重大损害。

如果臭氧层中臭氧层含量减少 10%，地球的紫外线辐射将增加 19%～22%，皮肤癌发病率将增加 15%～25%，患呼吸道疾病的人也将增多。紫外线辐射增强，将打乱生态系统中复杂的食物链，导致一些主要生物物种灭绝。大量紫外线辐射还可能降低海洋生物的繁殖能力，扰乱昆虫的交配习惯，并能毁坏植物，特别是农作物，使地球的农作物减产 2/3，导致粮食危机。最新研究表明：由于氟氯烃在世界范围的广泛使用，今后 30 年中，大气层的臭氧将减少 16.5%。其后果将是十分严重的。

近三十年来，科学家纷纷提出保护臭氧层的问题，限制某些损害地球臭氧层的化学产品，并向南极上空输送臭氧，以弥补臭氧空洞，保护地球上的生物免遭祸害。

2．过氧化氢

过氧化氢（H_2O_2）俗称双氧水，纯的过氧化氢为近无色黏稠的液体，能和水以任意比互溶。市售试剂为 30%的水溶液，医疗消毒用的是 3%的水溶液。

（1）H_2O_2 的分子构型

H_2O_2 中氧的氧化值为−1，分子中有过氧键（—O—O—），H_2O_2 分子间可形成氢键，其分子的缔合能力比水强。

（2）H_2O_2 的化学性质

①弱酸性

H_2O_2 是二元弱酸，其酸性极弱：

$$H_2O_2 \rightleftharpoons H^+ + HO_2^- \quad (K_{a1}=2.2\times10^{-12}，25℃)$$

H_2O_2 可以和碱反应生成过氧化物，例如：

$$H_2O_2 + Ba(OH)_2 \longrightarrow BaO_2 + 2H_2O$$

② 热稳定性差

H_2O_2 中的过氧键的键能较小，因此过氧键不稳定，常温下即能分解放出氧气。

$$2H_2O_2\ (l) \longrightarrow 2H_2O\ (l) + O_2\ (g) \qquad \Delta H = -196\ kJ\cdot mol^{-1}$$

但在常温无杂质的情况下，分解速度不快。温度过高或引入杂质，如 Mn^{2+}、Fe^{3+}、Fe^{2+}、PbO_2、Pb^{2+}等均会加速 H_2O_2 分解。H_2O_2 对光、碱也敏感，故应在阴凉条件下，保存于棕色瓶中，也可加入一些稳定剂，如微量的锡酸钠、焦磷酸钠等。

③氧化还原性

H_2O_2 中氧的氧化值为−1，它可以得到一个电子，也可以失去一个电子，它既具有氧化性又有还原性。其还原产物和氧化产物分别为 H_2O（或 OH^-）和 O_2，而且 H_2O_2 作为还原剂或氧化剂均不会给体系带入杂质，被称为“干净的”还原剂和氧化剂。

在酸性介质中或在碱性介质中氧化性都很强，而且在酸性介质尤为突出。例如：

$$2HI + H_2O_2 \longrightarrow I_2 + 2H_2O$$

$$PbS + 4H_2O_2 \longrightarrow PbSO_4 + 4H_2O$$

油画的染料中含 Pb（II），长久与空气中的 H_2S 作用，生成黑色的 PbS，使油画发暗。用 H_2O_2 涂刷，可生成 $PbSO_4$，使油画变白。

H_2O_2 在酸性介质中还原性不强，只有遇到强氧化剂才能将其氧化，例如：

$$2MnO_4^- + 5H_2O_2 + 6H^+ \longrightarrow 2Mn^{2+} + 5O_2\uparrow + 8H_2O$$

$$H_2O_2 + Cl_2 \longrightarrow 2HCl + O_2\uparrow$$

前一个反应可以用于测定 H_2O_2 的含量，后一个反应可以除去残留的氯。

H_2O_2 在碱性介质中是较好的还原剂，例如：

$$H_2O_2 + Ag_2O \longrightarrow 2\,Ag + O_2\uparrow + H_2O$$

H_2O_2 的用途主要是利用它的氧化性。在医药上 3%的 H_2O_2 可作消毒剂；在纺织上可作漂白剂和脱氯剂；在实验室中 H_2O_2 被广泛用作氧化剂。H_2O_2 浓溶液和蒸气体对人体有较强的腐蚀性和刺激性，皮肤若不慎接触浓的 H_2O_2 溶液，应立即用大量水冲洗。

（二）硫的化合物

1．硫化氢和硫化物

（1）硫化氢

硫化氢（H_2S）为无色有臭鸡蛋味的有毒气体。它能麻醉人的中枢神经并影响呼吸系统。吸入微量的 H_2S 会导致头痛、眩晕，大量吸入会导致中毒死亡。因此制取、使用 H_2S 时要注意通风。H_2S 在空气中最大的允许浓度为 0.01 $mg\cdot L^{-1}$。

硫化氢在水中溶解度不大，在 20℃时，1 体积水中大约溶解 2.6 体积的硫化氢气体，其水溶液称为氢硫酸，浓度大约为 0.1 $mol\cdot L^{-1}$。干燥的 H_2S 气体在空气中较稳定，但其水溶液的稳定性明显下降，在空气易被氧气氧化而析出硫，使溶液变浑浊。

H_2S 中 S 的为最低价态−2，因此 H_2S 具有较强的还原性。例如：

$$H_2S + I_2 \longrightarrow S\downarrow + 2HI$$

$$2H_2S + SO_2 \longrightarrow 3S\downarrow + 2H_2O$$

制备 H_2S 气体可以用金属硫化物与稀盐酸或硫酸反应。例如：

$$FeS + 2HCl\,(稀) \longrightarrow H_2S\uparrow + FeCl_2$$

$$FeS + H_2SO_4\,(稀) \longrightarrow H_2S\uparrow + FeSO_4$$

（2）硫化物

氢硫酸是二元弱酸可以形成酸式盐和正盐。酸式盐都易溶于水，而正盐除碱金属（包括 NH_4^+）的硫化物和 BaS 易溶于水外，大多不溶于水，并且具有特征颜色，详见表 9-6。很多金属硫化物也不溶于稀酸。

表 9-6 难溶金属硫化物的颜色及溶度积

化学式	颜色	K_{sp}^{0}	化学式	颜色	K_{sp}^{0}
MnS	肉红	2.5×10^{-13}	CdS	黄	8.0×10^{-27}
FeS	黑	6.3×10^{-18}	PbS	黑	1.0×10^{-28}
NiS（α）	黑	3.0×10^{-19}	CuS	黑	6.3×10^{-36}
CoS	黑	4.0×10^{-21}	Cu_2S	黑	2.5×10^{-48}
ZnS	白	2.5×10^{-24}	Ag_2S	黑	6.3×10^{-50}
SnS	深棕	2.5×10^{-27}	HgS	黑	1.6×10^{-52}

根据表 9-6，可将难溶金属硫化物分成以下几类：

$K_{sp}>10^{-24}$ 的硫化物不溶水而溶于稀盐酸。与盐酸反应能有效降低 S^{2-}浓度，使其溶解。例如：

$$FeS + 2HCl（稀）\longrightarrow H_2S\uparrow + FeCl_2$$

K_{sp} 在 $10^{-25}\sim10^{-30}$ 的硫化物可溶于浓盐酸。与盐酸作用除了生成 H_2S，还生成配合物，有效降低了金属离子的浓度。例如：

$$PbS + 2H^{+} + 4Cl^{-} \longrightarrow [PbCl_4]^{2-} + H_2S\uparrow$$

$K_{sp}<10^{-30}$ 的硫化物（如 Cu_2S、CuS、Ag_2S）可以溶于硝酸，发生氧化还原反应。例如：

$$3CuS + 8HNO_3（稀）\longrightarrow 3Cu(NO_3)_2 + 2NO\uparrow + 3S\downarrow + 4H_2O$$

仅能溶于王水的硫化物是 HgS。

$$3HgS + 2HNO_3 + 12HCl \longrightarrow 3H_2[HgCl_4] + 2NO\uparrow + 3S\downarrow + 4H_2O$$

由于氢硫酸是弱酸，故硫化物都有不同程度的水解。易溶于水的硫化物的水解更为明显，如 0.1 $mol\cdot L^{-1}$ Na_2S 水解溶液的 pH 值可达 13，故常可以代替 NaOH 使用。某些硫化物如 Al_2S_3、Cr_2S_3 等能完全水解：

$$Al_2S_3 + 6H_2O \longrightarrow 2Al(OH)_3\downarrow + 3H_2S\uparrow$$

所以此类化合物只能用干法合成。

2．二氧化硫及亚硫酸

二氧化硫（SO_2）是无色、有刺激性气味的气体，能溶于水，常温下 1 体积水中可以溶解 40 体积的 SO_2，SO_2 极易液化，液态 SO_2 的汽化热较大，故液态的 SO_2 可作制冷剂。

二氧化硫有毒，对人体的呼吸系统和消化系统极为有害。同时 SO_2 是大气污染中危害较大的一种，大气中的 SO_2 与水形成酸雾随雨降落即为酸雨。对人类的健康和环境污染威胁极大。所以工业尾气中的 SO_2 要净化处理后才能排放。

SO_2 中 S 的氧化数为+4，所以 SO_2 既有氧化性又有还原性。其还原性较为显著，只有遇到强还原剂时，才显示氧化性。

SO_2 的水溶液叫亚硫酸（H_2SO_3），它是二元中强酸，H_2SO_3 只存在于溶液中，它不稳定，易分解。H_2SO_3 和 SO_2 一样既有氧化性又有还原性。例如：

$$Cl_2 + SO_3^{2-} + H_2O \longrightarrow SO_4^{2-} + 2Cl^- + 2H^+$$

$$H_2SO_3 + 2H_2S \longrightarrow 3S\downarrow + 3H_2O$$

SO_2 和 H_2SO_3 能与许多有机物，特别是染料和有色化合物发生加成反应，生成无色化合物，因此工业上用作漂白剂。Na_2SO_3 在食品工业中用作防腐剂。

3．硫酸

硫酸是主要的化工产品之一。大约有上千种化工产品需要硫酸为原料，硫酸主要用于化肥生产，此外还大量用于农药、燃料、医药、国防和轻工业等部门。

纯硫酸是无色的油状液体。98%H_2SO_4 沸点为 338℃，密度 1.84 $g\cdot cm^{-3}$。硫酸是一种难挥发的强酸，易溶于水，能与水以任意比互溶，并且放出大量的热。浓硫酸除了具有强酸性外，还具有强氧化性、吸水性和脱水性。

（1）浓硫酸的吸水性和脱水性

浓硫酸具有强的吸水性。它与水混合时，由于形成水合物而放出大量的热，可使水局部沸腾而飞溅，所以稀释浓硫酸时，要在搅拌下将浓硫酸沿器壁慢慢倒入水中，切不可将水倒入浓硫酸中。利用浓硫酸的吸水能力，常作干燥剂。

浓硫酸还有很强的脱水性，能将有机物分子中的氢和氧按水的比例脱去，使有机物炭化。

（2）强氧化性

浓硫酸是一种强氧化性酸，热的浓硫酸氧化性更强，几乎能氧化所有的金属，一些非金属也可以被氧化，其氧化产物一般为 SO_2。例如：

$$Cu + 2H_2SO_4(\text{浓}) \longrightarrow CuSO_4 + SO_2\uparrow + 2H_2O$$

$$C + 2H_2SO_4(\text{浓}) \longrightarrow CO_2\uparrow + SO_2\uparrow + 2H_2O$$

但 Al、Fe 在冷的浓硫酸中会发生钝化，所以常用铝、铁罐运输浓硫酸。

（3）酸性

浓硫酸是难挥发的强酸，所以实验室用浓硫酸和固体食盐可以制取挥发性的 HCl 气体。

4．硫的含氧酸盐

硫的含氧酸盐除了中学学过的亚硫酸盐和硫酸盐外，下面介绍几种其他的含氧酸盐。

（1）硫代硫酸钠

亚硫酸盐与硫作用生成硫代硫酸盐。例如将硫粉溶于沸腾的亚硫酸钠碱性溶液中可制得 $Na_2S_2O_3$：

$$Na_2SO_3 + S \longrightarrow Na_2S_2O_3$$

硫代硫酸钠（$Na_2S_2O_3$）俗称大苏打，商品名为海波，是无色透明的晶体，易溶于水，水溶液水解呈弱碱性。硫代硫酸钠在中性、碱性溶液中很稳定，但在酸性溶液易分解：

$$S_2O_3^{2-} + 2H^+ \longrightarrow SO_2\uparrow + S\downarrow + H_2O$$

常用这个反应来鉴定 $S_2O_3^{2-}$。

$Na_2S_2O_3$ 中的 S 为+2 价，它具有一定的还原性，它和强氧化剂如氯、溴等作用生成硫酸盐，它和 I_2 作用，生成连四硫酸钠：

$$S_2O_3^{2-} + 4Cl_2 + 5H_2O \longrightarrow 2SO_4^{2-} + 8Cl^- + 10H^+$$

$$2S_2O_3^{2-} + I_2 \longrightarrow S_4O_6^{2-} + 2I^-$$

上述两个反应，前一个反应可用来除氯，在纺织和造纸工业中用作为脱氯剂；后一个反应可在分析中定量测定碘的含量。

$S_2O_3^{2-}$有很强的配位能力，它溶解 AgBr：

$$2S_2O_3^{2-} + AgBr \longrightarrow [Ag(S_2O_3)_2]^{3-} + Br^-$$

利用此反应可以溶解照相底片上未感光的 AgBr。

（2）连二亚硫酸钠

连二亚硫酸钠（$Na_2S_2O_4$）俗称保险粉，是一种白色固体，以二水化合物形式存在（$Na_2S_2O_4 \cdot 2H_2O$）。在无氧条件下，可以用 Zn 粉还原亚硫酸氢钠制得连二亚硫酸钠：

$$2NaHSO_3 + Zn \longrightarrow Na_2S_2O_4 + Zn(OH)_2$$

$Na_2S_2O_4$ 能溶于冷水，但其水溶液极不稳定，易分解，在酸性溶液中也会迅速分解：

$$2S_2O_4^{2-} + H_2O \longrightarrow S_2O_3^{2-} + 2HSO_3^-$$

$$2S_2O_4^{2-} + 4H^+ \longrightarrow 3SO_2\uparrow + S\downarrow + 2H_2O$$

$Na_2S_2O_4$ 中 S 为+3 价，还原性极强，可以还原 O_2、Cu（Ⅰ）、Ag（Ⅰ）、I_2 等，自身被氧化为 S（Ⅳ）：

$$Na_2S_2O_4 + O_2 + H_2O \longrightarrow NaHSO_4 + NaHSO_3$$

$$2Na_2S_2O_4 + O_2 + 2H_2O \longrightarrow 4NaHSO_3$$

因此可以用二亚硫酸钠分析气体中的氧气。

$Na_2S_2O_4$ 是工业上重要的还原剂，广泛用在染料、染色、造纸、医药等工业。

（3）过二硫酸盐

过二硫酸盐重要的有 $K_2S_2O_8$ 和$(NH_4)_2S_2O_8$，热稳定性不高，受热分解。

它们都是强氧化剂，与有机物混合容易引起燃烧或爆炸，需密封储存在阴凉通风处。

过二硫酸盐在 Ag^+的催化下能将 Mn^{2+}氧化成 MnO_4^-：

$$2Mn^{2+} + 5S_2O_8^{2-} + 8H_2O \longrightarrow 2MnO_4^- + 10SO_4^{2-} + 16H^+$$

此反应用于钢铁分析中测定锰的含量。

三、卤素

卤素为周期表的ⅦA族，它包括氟（F）、氯（Cl）、溴（Br）、碘（I）、砹（At）五种元素，其中砹是放射性元素。其价层电子构型 ns^2np^5，除形成 X^-离子，还有多种氧化态，为+1、+3、+5、+7（除F外）。

氟是人体所必需的微量元素，对牙齿及骨骼的形成和结构，以及钙和磷的代谢均有重要作用，如长期缺氟易发生龋齿，儿童尤为突出；老年人缺氟会影响钙和磷的作用，可导致骨质松脆，发生骨折；而氟过多时又会导致氟骨病和氟斑牙。

氯元素约占人体质量的 0.15%，分布于全身各组织中，以脑脊液和胃肠道分泌物中最多，氯为组成盐酸的成分，能保持人体胃液正常酸度，有助于保持体液酸碱平衡。

碘参与甲状腺素的合成。缺碘可使体内甲状腺素合成发生障碍，会导致甲状腺组织代偿性增生，颈部显示结节状隆起，即大粗脖；孕妇缺碘可导致胎儿畸形、呆傻或发育停滞症状，即克汀病。人体摄入碘过多也会生病。

（一）卤素概述

卤素在自然界中以化合态形式存在于矿石和海水中。卤素的物理性质随原子序数的增加呈现规律性变化，熔点、沸点逐渐升高，这是因为分子间色散力逐渐增大的缘故。单质的颜色逐渐加深，这是由于卤素单质对光的选择吸收不同所致。并且随着原子序数的增加，其单质的氧化性逐渐减弱，其最高价对应的氧化物的水化物的酸性逐渐减弱（除F）。卤素单质均有刺激性气味，能刺激眼、鼻、气管的黏膜，吸入较多的蒸气会中毒，甚至引起死亡，毒性从 F_2 至 I_2 逐渐减轻，使用时要特别小心。

卤素和同周期元素相比较，非金属性是最强的，是非常活泼的典型的非金属，所以能和活泼的金属生成离子化合物。几乎能和所有的非金属起作用，生成共价化合物。由于卤素与电子结合能力强，所以它们大多数是强氧化剂，从氟到碘，单质的非金属性依次减弱。

卤素和水可以发生两类化学反应，一类是对水的氧化作用：

$$2X_2 + 2H_2O \longrightarrow 4HX + O_2\uparrow$$

根据各电对的标准电极电势可知氟、氯、溴氧化水的反应可以进行，而碘不能氧化水。

另一类反应是卤素的歧化反应： $X_2 + H_2O \longrightarrow HX + HXO$

F_2 在水中只能进行置换反应，而 Cl_2、Br_2、I_2 可以进行歧化反应，但从氯到碘反应进行的程度越来越小，从歧化反应方程式可知，加酸可抑制正反应进行，加碱则促进生成卤化物和次卤酸。

氟主要用来制备有机氟化物，如杀虫剂、制冷剂。氟在高科技领域也得到日益广泛的应用，例如，氟在原子能工业用以制造六氟化铀，液态氟也是航天工业中所用的高能燃料的氧化剂；含 C—F 键的全氟烃，被广泛用于砂锅、铲雪车铲的防黏涂层和人造血液；由 ZrF_4、BaF_2 和 NaF 组成的氟化物光导纤维，对光的透明度显著提高，大大改善光纤通信的品质。

氯是重要的化工产品和原料，除用于合成盐酸外，还广泛用于生产农药、医药、燃料、炸药，以及纺织品和纸张的漂白、饮水消毒等。溴主要用于药物、燃料、感光材料、汽车抗震添加剂和催化剂生产。碘在医药上用作消毒剂，如碘酒、碘仿等。

（二）卤素的氢化物

卤素的氢化物有氟化氢（HF）、氯化氢（HCl）、溴化氢（HBr）、碘化氢（HI）。常温下卤化氢都是无色、有刺激性气味的气体，卤化氢极易溶于水，其水溶液称为氢卤酸。

1．卤化氢的制备

HX（气）的制取可用单质直接合成、复分解和卤化物水解等方法。

（1）直接合成法

工业上合成盐酸用直接合成法，H_2 气流在氯气中燃烧生成氯化氢，冷却后用水吸收得盐酸。

（2）复分解法

用固体卤化物和难挥发的浓硫酸反应制取挥发性卤化氢。

$$CaF_2(s) + H_2SO_4(浓) \longrightarrow CaSO_4 + 2HF\uparrow$$

$$NaCl(s) + H_2SO_4(浓) \longrightarrow NaHSO_4 + HCl$$

但用上述方法制 HCl 因不经济，而逐渐被淘汰，HF 对陶瓷、玻璃和金属有腐蚀作用，所以工业上生产 HF 是把反应物放在衬铅的铁制容器中进行。上述方法不适合于制 HBr 和 HI，因为 HBr 和 HI 具有还原性，会被浓硫酸氧化。因此可以用浓磷酸来代替。

（3）卤化物水解法

实验室中常用非金属卤化物水解法制 HBr 和 HI：

$$PBr_3 + 3H_2O \longrightarrow H_3PO_3 + 3HBr$$

$$PI_3 + 3H_2O \longrightarrow H_3PO_3 + 3HI$$

2．卤化氢化学性质

（1）热稳定性

卤化氢的热稳定性的顺序为：HF＞HCl＞HBr＞HI。气态 HF 的分解温度在 1 000℃以上，而 HI 在 200℃就有明显分解。

（2）酸性

卤化氢溶解于水得到相应的氢卤酸，因为它们是极性分子，在水的作用下，解离成 H^+和 X^-，除氢氟酸是弱酸外，其余都是强酸，并且酸性逐渐增强（酸性：HF＜HCl＜HBr＜HI）。但是氢氟酸却表现出一些独特的性质，例如它可与 SiO_2 反应：

$$SiO_2 + 4HF \longrightarrow SiF_4\uparrow + 2H_2O$$

可利用这一性质来刻蚀玻璃或溶解各种硅酸盐。因此，氢氟酸一般装在聚乙烯塑料瓶中。

（3）还原性

单质的氧化能力从 F_2 到 I_2 依次减弱，而离子的还原能力为 $I^- > Br^- > Cl^- > F^-$。HF 没有还原性，HI 还原能力最强，在空气中易被氧气氧化，HCl 只能被较强的氧化剂氧化（如 F_2、MnO_2、$KMnO_4$ 等）：

$$4HI + O_2 \longrightarrow 2I_2 + 2H_2O$$

$$2\,KMnO_4 + 16HCl \longrightarrow 2\,KCl + 2MnCl_2 + 5Cl_2\uparrow + 8H_2O$$

（三）卤化物

金属卤化物大多易溶于水，难溶于水的有氯、溴、碘的银盐、铅（II）盐、亚汞盐、亚铜盐。氟化物的溶解性出现反常，如 AgF 易溶于水，而 CaF_2 却难溶。

卤离子能和许多金属离子形成配位离子，它们多数易溶于水，在化学反应中常用于一些难溶的盐溶解和金属离子的掩蔽或检出。例如：

$$HgI_2 + 2I^- \longrightarrow [HgI_4]^{2-}$$

$$Fe^{3+} + 6F^- \longrightarrow [FeF_6]^{3-}$$

（四）氯的含氧酸及其盐

卤素（除 F 外）的氧化态有+1、+3、+5、+7，因此它们的含氧酸有次卤酸（HXO）、亚卤酸（HXO_2）、卤酸（HXO_3）、高卤酸（HXO_4）（除碘没有 HIO_2 外），在这些酸中除了碘酸（HIO_3）和高氯酸（$HClO_4$）有比较稳定的固体外，其余只能存在于水溶液中，但它们的盐则较稳定。

在卤素的含氧酸及其盐中以氯的含氧酸及其盐实际应用较多。

1．次氯酸及其盐

将氯气通入水中生成次氯酸（HClO），次氯酸是极弱的酸，很不稳定，只能存在于水溶液中，见光或受热易分解：

$$Cl_2 + H_2O \longrightarrow HClO + HCl$$

$$2HClO \longrightarrow 2HCl + O_2\uparrow$$

$$3HClO \longrightarrow 2HCl + HClO_3$$

HClO 具有强氧化性，可以用作自来水的杀菌消毒，也可以作有机色质的漂白剂。但次氯酸不稳定，不易保存。工业上一般制成次氯酸盐：

$$2Cl_2 + 3Ca(OH)_2 + H_2O \longrightarrow CaCl_2\cdot Ca(OH)_2\cdot H_2O + Ca(ClO)_2\cdot 2H_2O$$

漂白粉是次氯酸钙和碱式氯化钙的混合物，其有效成分为次氯酸钙。保存漂白粉时不能暴露在空气中，次氯酸钙会和 CO_2 反应，从而导致失效。使用时不能与易燃物混合，否则会引起爆炸，同时漂白粉有毒，注意不要吸入人体内。

2．亚氯酸及其盐

亚氯酸（$HClO_2$）只能存在于水溶液中，极不稳定，易分解：

$$8HClO_2 \longrightarrow 6ClO_2 + Cl_2\uparrow + 4H_2O$$

ClO_2 与碱反应，可以得到亚氯酸盐和氯酸盐：

$$2ClO_2 + 2NaOH \longrightarrow NaClO_2 + NaClO_3 + H_2O$$

亚氯酸盐比亚氯酸稳定，其水溶液具有强氧化性。因此 $NaClO_2$ 也是一种高效的漂白剂和氧化剂，与有机物混合或固体受热、震动，均会引起爆炸。

3．氯酸及其盐

氯酸（$HClO_3$）只能存在于水溶液中，若浓度超过 40%会分解，甚至爆炸：

$$3HClO_3 \longrightarrow 2O_2\uparrow + Cl_2\uparrow + HClO_4 + H_2O$$

氯酸主要的性质是强酸性和强氧化性，其酸性强度接近于硝酸和盐酸，但氧化性不如次氯酸和亚氯酸。

氯酸钾（$KClO_3$）是重要的氯酸盐，是白色晶体，易溶于热水，它比 $HClO_3$ 稳定。与易燃物（如 C、S、P 及有机物）混合，受撞击时会猛烈爆炸。因此常用来制造焰火、火柴及炸药等。氯酸钾也是实验室制备氧气的原料。

4．高氯酸及其盐

无水高氯酸（$HClO_4$）是无色、黏稠的液体。高氯酸是最强的无机酸，在水中完全解离成 H^+、ClO_4^-。它的稀溶液较稳定，氧化性也较弱，但浓的高氯酸氧化性较强，与有机物接触会引起爆炸，因此储存时必须远离有机物。

高氯酸盐大多是无色晶体，一般能溶于水，但 K^+、Rb^+、Cs^+、NH_4^+的高氯酸盐溶解度都很小，分析化学上可以用高氯酸定量测定 K^+、Rb^+、Cs^+。有些高氯酸盐如 $Ba(ClO_4)_2$ 和 $Mg(ClO_4)_2$ 对水有极大的亲合力，所以可作吸水剂和干燥剂。高温下的高氯酸盐是强氧化剂，所以可用于制备炸药。NH_4ClO_4 是现代火箭推进剂的主要成分。

知识链接

正确使用消毒剂

消毒剂是指用于杀灭传播媒介上病原微生物，使其达到无害化要求的制剂，它不同于抗生素，它在防病中的主要作用是将病原微生物消灭于人体之外，切断传染病的传播途径，达到控制传染病的目的。为了避免消毒谱不广，防止致病菌产生耐药性，须轮换使用消毒剂。

如过氧乙酸是一种强氧化剂，各种微生物对其十分敏感，可将所有微生物杀灭。但因其氧化能力强，高浓度时可刺激、损害皮肤黏膜，腐蚀物品。同时，长期大量使用消毒剂、灭菌剂，会使微生物产生抗药性，灭菌效果大大降低。

日常生活中常用的消毒剂主要有含氯消毒剂，如84消毒液，可以用来消毒餐具、桌椅、厕所洁具等物品。一般情况下，居室空气无需使用专门的消毒剂消毒，通风换气是保证居室空气卫生质量的重要措施。确实需要用消毒剂进行杀菌、消毒时，可选择一定浓度的过氧乙酸或过氧化氢喷雾消毒，也可选择臭氧空气消毒机，消毒后还要通风换气。

在使用消毒剂前，必须彻底清除环境中存在的有机物，如粪便、饲料残渣、畜禽分泌物、体表脱落物，以及鼠粪、污水或其他污物。因为这些有机物中藏匿有大量病原微生物；这会消耗或中和消毒剂的有效成分，严重降低对病原微生物的作用浓度。

（五）拟卤素

某些原子团在自相结合成分子时，具有与卤素单质相似的性质，而成为阴离子时，与卤素阴离子的性质也相似。如$(CN)_2$、$(SCN)_2$等，这些原子团称为拟卤素。表9-7列出了一些重要的拟卤素。

表9-7　拟卤素

卤素X_2	氢卤酸HX	盐	毒性
$(CN)_2$ 氰	HCN 氢氰酸，极弱酸	MCN	剧毒
$(OCN)_2$ 氧氰	HOCN 氰酸，弱酸	MOCN	无毒
$(SCN)_2$ 硫氰	HSCN 硫氰酸，强酸	MSCN	无毒

拟卤素和卤素相似的性质。归纳如下：

（1）拟卤素与碱发生歧化反应。例如：

$$(CN)_2 + 2OH^- \longrightarrow CN^- + CNO^- + H_2O$$

（2）与H_2反应生成氢化物，溶于水得到酸。如氢氰酸是极弱的酸。

（3）拟卤素阴离子具有还原性。例如：

$$4H^+ + 2SCN^- + MnO_2 \longrightarrow Mn^{2+} + (SCN)_2 + 2H_2O$$

（4）拟卤素阴离子与Ag（Ⅰ）、Hg（Ⅰ）和Pb（Ⅱ）所形成的盐都难溶于水。

（5）拟卤素阴离子易形成配合物：

$$Ag^+ + 2CN^- \longrightarrow [Ag(CN)_2]^-$$

$$Fe^{3+} + nSCN^- \longrightarrow [Fe(SCN)_n]^{3-n}$$

Fe^{3+}与SCN^-生成血红色的配合物，利用此性质可以检验Fe^{3+}。

在上述拟卤素及其物质中氰和氰化物具有剧毒，氢氰酸和氰化钠致死量为

0.05 g。处理 CN^-的方法主要利用它的强配位能力，转化成无毒的配合物；也可以利用其还原性，使它与强氧化剂反应，破坏 CN^-。例如：

$$Fe^{3+} + 6CN^- \longrightarrow [Fe(CN)_6]^{3-}$$

$$CN^- + 2OH^- + Cl_2 \longrightarrow CNO^- + 2Cl^- + H_2O$$

$$2CNO^- + 4OH^- + 3Cl_2 \longrightarrow 2CO_2 + N_2 + 6Cl^- + 2H_2O$$

此外还可以用生物化学法，利用活性污泥中微生物将 CN^-分解成无毒物。

知识点归纳

主族元素ⅠA～ⅧA，共 8 个族，在元素周期表的 s 区和 p 区。其价层电子构型为 $ns^{1\sim2}$或 $ns^2np^{1\sim6}$，价电子总数等于其主族序数，等于其最高氧化值。随着原子序数的增加，从上到下其金属性逐渐增强，非金属性逐渐减弱。其单质的还原性逐渐增强，氧化性逐渐增强；其最高价氧化物对应的水化物的碱性逐渐增强，酸性逐渐减弱。

1. 碱金属和碱土金属

碱金属（ⅠA 族）的价层电子构型 ns^1，碱土金属（ⅡA 族）价层电子构型 ns^2。它们均为活泼金属。其单质常作为还原剂，都能和大多数的非金属反应，并易和水反应。它们多数金属或化合物焰色反应时火焰呈现特殊的颜色，利用焰色反应可以判断金属或离子的存在。

2. 硼族元素和碳族元素

硼族元素（ⅢA 族）的价层电子构型为 ns^2np^1，能形成+3 价的化合物。随着原子序数的增加，ns^2 电子对的稳定性增加，+1 价的化合物的稳定性也随之增大。硼族元素易形成缺电子化合物。

碳族元素（ⅣA 族）价层电子构型为 ns^2np^2，能形成+2、+4 价化合物。碳和硅主要形成+4 价的共价化合物。Sn（Ⅱ）有较强的还原性；Pb（Ⅳ）有较强的氧化性，稳定性比 Pb（Ⅱ）小，所以铅的化合物以 Pb（Ⅱ）为主。

3. 氮族元素和氧族元素

氮族元素（ⅥA 族）其价电子构型为 ns^2np^3，常见的化合价有–3、+3、+5。氮族元素易形成共价化合物，除氮可以形成–3 的离子外，其他均不能形成负离子。氮族元素中由于氮没有 d 亚层，使氮的性质具有特殊性；砷、锑、铋由于“镧系收缩”，它们的性质极为相似；磷元素的性质介于两者之间。

氧族元素（ⅥA 族），其价电子构型为 ns^2np^4。氧的常见氧化态为–2 价，硫、硒、碲的氧化态有–2、+2、+4、+6。氧族元素的性质以氧化性为主。

4. 卤素

卤素（ⅦA 族）其价层电子构型 ns^2np^5，形成 X^-离子，有多种氧化态，为+1、

+3、+5、+7（除F外）。卤素是活泼的非金属，其单质及其化合物有较强的氧化性，在反应中常作强氧化剂。

知识拓展

稀有气体

稀有气体在周期表的ⅧA族（0族），它包括氦（He）、氖（Ne）、氩（Ar）、氪（Kr）、氙（Xe）、氡（Rn）六种元素。稀有气体都是无色无臭的气体，并由单原子分子组成，在空气中占1%（体积）。它们的熔点、沸点以及临界温度都很低。

在1868年法国天文学家Janssen在观察日全食时，在太阳光谱上观察到一条与钠的D线不在同一位置黄线。后英国天文学家Lockyer证实是一种未知元素，并命名为氦。此后英国物理学家Ramsay和同事从液态空气中发现了氩、氪、氖、氙。1990年Dorn在放射性矿中发现了放射性元素氡。

此后在很长时间内，未发现及合成稀有气体的化合物，因此长期被认为是"惰性气体"，作为零族放在周期表的最后一列。直到1962年英国化学家Bartlett首次人工合成了第一个具有化学键的稀有气体化合物六氟铂酸氙（$XePtF_6$）以后，又先后合成了许多稀有气体化合物，从此把"惰性气体"改为稀有气体，并把零族改为ⅧA族。

稀有气体价层电子构型为ns^2np^6（除氦为$1s^2$外）。其最外层为八电子稳定结构。化学性质非常稳定，既不容易得到电子，又不容易失去电子。稀有气体的原子的电子层结构，为化学键理论的建立起了重要作用。稀有气体有着许多特殊的用途。这些用途大多基于它们的某些的特殊的物理性质和不活泼的化学特性。

氦气是除氢以外最轻的气体。不会燃烧，使用非常安全。因此常用氦填充高空气球或飞艇的气囊。氦在血液中的溶解度比氮的小得多，因此利用氦气与氧气混合制成"人造空气"，供给潜水员呼吸，可以防止潜水员出海时压力猛然下降，溶在血液中的氮气迅速逸出，导致血管阻塞，出现"潜水病"。液氦是已知物质中沸点最低的，在低温工业中常被用作冷却剂。氦的临界温度相当低，其性质与理想气体接近，故氦气是精密气体温度计理想的填充材料。

在电场的激发下，氖能发射出红色的光，氩会发出浅蓝色的光，霓虹灯便是利用这一特性制成的。氖发出的红光在空气中的透射性能很强，可以穿过浓雾，因此氖灯还常用在港口、机场、水陆交通线的标灯上。氩气在焊接金属时用作保护气（称氩弧焊接技术）。

氪气用作X射线的遮光材料。氙有极高的发光强度，有"人造小太阳"之称，主要用于充填光电管和闪光灯。氙还具有一定的麻醉作用，80%氙和20%的氧组成混合气体，是无副作用的麻醉剂。

氡具有放射性，在医学上可用于恶性肿瘤的放射性治疗。氡是地壳中放射性元素铀和镭蜕变的产物，长期接触氡可能导致肺癌。

思考与练习

1. 写出下列物质的化学式：

石灰石、熟石灰、纯碱、苏打、小苏打、大苏打、水玻璃、保险粉、硼砂、石英、漂白粉、铬黄、砒霜、水晶

2. 试解释以下事实：

（1）电解熔盐制备金属钠，所需原料必须都经过严格干燥。

（2）盛 NaOH 溶液的玻璃试剂瓶不能用玻璃塞。

（3）泡沫灭火器中的药剂为 $Al_2(SO_4)_3$ 和 $NaHCO_3$，混合就会产生泡沫。

（4）铝常温下不溶于水和浓硝酸，但溶于 NH_4Cl 或 Na_2CO_3 溶液。

（5）用 $Al_2(SO_4)_3$ 溶液和 Na_2S 溶液混合为什么制不到 Al_2S_3。

（6）I_2 难溶于水，却易溶于 KI 溶液。

（7）常温下 CO_2 为气体，而 SiO_2 为固体。

（8）铝、铁都是活泼金属，但可以用铝或铁制的槽车运送浓硫酸和浓硝酸。

3. 硅胶是否就是二氧化硅？变色硅胶的成分是什么？如何判断是否失效？磷酸酐也是一种干燥剂，其吸水原理和硅胶是否相同？

4. 实验室中的 H_2S、Na_2S、Na_2SO_3 溶液为什么容易失效？

5. 有 H_2S、H_2、CO_2、NH_3 和 HCl 气体，可供选择的干燥剂有 P_2O_5、无水 $CaCl_2$、浓硫酸和固体 NaOH。请选择合适的干燥剂，并说明理由。

6. 如何配制 $SnCl_2$ 溶液？

7. 溴能从碘化钾中置换出碘，碘又能从溴酸钾中置换出溴，两者是否矛盾？

8. 设法除去括号中的杂质：

（1）KCl（KI）　（2）PbS（ZnS）　（3）$FeCl_3$（$FeCl_2$）

（4）NO（NO_2）　（5）CO_2（SO_2）　（6）SnS（SnS_2）

9. 如何分离下列各组离子：

（1）Al^{3+}、Mg^{2+}、Cu^{2+}（2）Pb^{2+}、Ag^{+}、Mg^{2+}　（3）Ag^{+}、Mg^{2+}、Sn^{2+}

10. 试用简单的方法鉴别下列各组物质：

（1）H_2O 和 H_2O_2　（2）Sn^{2+}和 Sn^{4+}　（3）SO_4^{2-}、SO_3^{2-}和 $S_2O_3^{2-}$

11. 下列各组物质能否共存？为什么？

（1）H_2S 和 H_2O_2　（2）$FeCl_3$ 与 KI 溶液　（3）KI 和 KIO_3 溶液

12. 将 CO_2 气体同入溶液：①$Ca(ClO)_2$ ②$Ca(OH)_2$ ③Na_2SiO_3 ④含少量 $CaCO_3$ 的溶液，写出有关反应方程式。

13．完成下列方程式：

（1）$Na_2O_2 + CO_2 \longrightarrow$ （2）$NO_2^- + MnO_4^- + H^+ \longrightarrow$

（3）$CuS + HNO_3$（稀）$\longrightarrow$ （4）$K_2CrO_4 + HCl$（浓）$\longrightarrow$

（5）$SnCl_3$（过量）$+ HgCl_2 \longrightarrow$ （6）$PbO_2 + H_2SO_4$（浓）$\longrightarrow$

（7）$AlCl_3 + Na_2CO_3 + H_2O \longrightarrow$ （8）$NaBiO_3 + Mn^{2+} + H^+ \longrightarrow$

（9）$S_2O_3^{2-} + I_2 \longrightarrow$ （10）$NH_3 + AgNO_3 \longrightarrow$

14．工业食盐中含有少量泥沙和杂质离子 Ca^{2+}、Mg^{2+}、Fe^{3+}、SO_4^{2-}，请设计一除杂方案，写出有关步骤和反应方程式。

15．有一瓶粉末状的固体，它可能是 Na_2CO_3、Na_2SO_3、Na_2SO_4、NaCl 或 NaBr 五种物质中的一种，请设计一方案鉴别。

16．某固体盐 A，加水溶解时产生白色沉淀 B；往其中加入盐酸，沉淀 B 消失得无色溶液，再加入 NaOH 溶液得白色沉淀 C；继续加入 NaOH 溶液使之过量，沉淀 C 溶解得溶液 D；往 D 中加入 $BiCl_3$ 溶液得黑色沉淀 E。如果往沉淀 B 的盐酸溶液中逐滴加入 $HgCl_2$ 溶液，得到白色丝状沉淀 F，而后转变成黑色沉淀 G。试推断 A、B、C、D、E、F、G 各为何物？并写出有关反应式。

17．有两种白色晶体 A 和 B，它们均为钠盐且溶于水，A 的溶液呈中性，B 的溶液呈碱性，A 溶液与 $FeCl_3$ 溶液混合呈红棕色，与 $AgNO_3$ 溶液作用产生黄色沉淀，晶体 B 与浓盐酸反应放出黄绿色的气体，该气体与 NaOH 溶液作用得含 B 的溶液。向 A 溶液中开始滴加 B 溶液时，溶液呈红棕色，若继续加过量 B 溶液，则溶液的红棕色褪去。问 A 和 B 各为何物？并写出有关反应式。

18．有一白色固体 A，焰色反应时透过蓝色钴玻璃呈浅紫色。加入无色油状液体的酸 B，可得紫黑色的固体 C；C 微溶于水，但加入 A 时，C 的溶解度增大，变成黄棕色溶液 D。将 D 分成两份：其中一份加入无色溶液 E，另一份通入足量气体 F，都生成无色透明溶液，溶液 E 与酸反应产生淡黄色沉淀 F 和气体 G。推断 A、B、C、D、E、F、G 各为何物？并写出反应式。

19．在 pH=0 的 0.1 $mol \cdot L^{-1}$ $ZnCl_2$ 溶液中，室温下通入 H_2S 气体达饱和时，问是否有 ZnS 沉淀产生？已知 K_1（H_2S）$=1.3 \times 10^{-7}$，K_2（H_2S）$=7.1 \times 10^{-15}$。

20．用下列不同浓度的盐酸分别与 $KMnO_4$、$K_2Cr_2O_7$ 反应，通过计算说明是否有 Cl_2 产生？

（1）1.00 $mol \cdot L^{-1}$ （2）10.00 $mol \cdot L^{-1}$

21．试检验市售食盐中的碘。写出有关的检验步骤。

第十章　过渡元素及其化合物

知识目标

本章要求熟悉过渡元素的通性，掌握常见过渡元素及其重要化合物的存在形式、制备、基本性质和用途。了解过渡元素在日常生活中的应用，了解有毒元素对人类和环境的影响及其防治措施。

能力目标

通过对本章的学习，学生能操作常见物质的鉴别和制备；能处理实验中产生的有毒物质并进行防护。

第一节　过渡元素概述

过渡元素包括ⅠB—ⅧB族元素，即d区和ds区元素（见表10-1）。它们位于周期表中部，处在主族金属元素（s区）和主族非金属元素（P区）之间，故称过渡元素。由于都是金属元素，也称过渡金属。

表 10-1　周期表中的过渡元素（黄色）

46 Pd 钯 Palladium

碱金属
碱土金属
过渡态金属
其他金属
非金属
稀有气体

H																	He
Li	Be											B	C	N	O	F	Ne
Na	Mg											Al	Si	P	S	Cl	Ar
K	Ca	Sc	Ti	V	Cr	Mn	Fe	Co	Ni	Cu	Zn	Ga	Ge	As	Se	Br	Kr
Rb	Sr	Y	Zr	Nb	Mo	Tc	Ru	Rh	Pd	Ag	Cd	In	Sn	Sb	Te	I	Xe
Cs	Ba	La▸	Hf	Ta	W	Re	Os	Ir	Pt	Au	Hg	Tl	Pb	Bi	Po	At	Rn
Fr	Ra	Ac▸	Rf	Ha	Sg	Bh	Hs	Mt	110	111	112	(113)	114	(115)	116	(117)	118

Ce	Pr	Nd	Pm	Sm	Eu	Gd	Tb	Dy	Ho	Er	Tm	Yb	Lu
Th	Pa	U	Np	Pu	Am	Cm	Bk	Cf	Es	Fm	Md	No	Lr

通常按周期把过渡元素分成以下三个系列：

第一过渡系　第 4 周期从 Sc 到 Zn
第二过渡系　第 5 周期从 Y 到 Cd
第三过渡系　第 6 周期从 Lu 到 Hg

过渡元素有许多共同的性质，概述如下。

知识链接

化学元素家族的新成员——第 111 号和第 112 号元素的合成

1994 年 12 月 8 日，在德国某科学研究小组的科学家们发现了第 111 号元素。这个科学研究小组是由德国的达姆斯塔特重离子研究中心（GSI）、俄国的杜希纳（DUBNA）核研究中心以及芬兰、斯洛伐克等国的科学家组成的。该研究小组的负责人是德国核化学家彼德·安希拉斯特，他参加过第 107 号、第 108 号、第 109 号、第 110 号元素的发现。

科学家们用数以百亿计的镍原子轰击铋原子产生了新元素。镍原子核含有 28 个质子，铋原子核含有 83 个质子，当镍原子击入铋原子核后就形成了含有 111 个质子的新元素。这一元素的相对原子质量是 272。被发现的新原子用过滤器分类，用一探测系统捕捉后证实该元素的寿命很短，仅有 1.5 ms，它衰变时放出α粒子，同时还观察到 X 射线。

继发现第 111 号元素后，该研究小组又于 1996 年 2 月 9 日发现了第 112 号元素。它是由数以千计的锌原子轰击铅原子核后形成的新元素。

第 111 号、第 112 号元素属于 ds 区元素，其电子构型分别为（Rn）$5f^{14}6d^{10}7s^1$ 和（Rn）$5f^{14}6d^{10}7s^2$。它们的成功合成标志着人类在开辟人工合成重原子方面又迈出了重要的一步。这一巨大成就是基础学科的重大发现。

多年来，科学家们一直致力于发现新元素，而第 111 号、第 112 号元素的发现，标志着科学事业的飞速发展。

一、过渡元素的通性

过渡元素原子的价电子构型为（n−1）$d^{1\sim10}$ $ns^{1\sim2}$。它们的共同特点是随着核电荷的增加，电子依次充填在次外层的 d 轨道上，最外层只有 1～2 个电子（Pd 例外），它对核的屏蔽作用比外层电子的大，致使有效核电荷增加不多。故同周期元素的原子半径从左到右只略有减小[至ⅠB，ⅡB 因（n−1）d 亚层填满而略有增大，表 10-2]。

就同族的过渡元素而言，其原子半径自上而下也增加不大。特别由于“镧系收缩”的影响，导致第二和第三过渡系元素的原子半径十分接近。

表 10-2　过渡元素原子的性质

		价电子层构　型	原子半径 r^*/pm	第一电离能 I/kJ·mol^{-1}	氧化值（正值）**
第一过渡系	钪（Sc）	$3d^14s^2$	161	631	③
	钛（Ti）	$3d^24s^2$	145	661	2，3，④
	钒（V）	$3d^34s^2$	132	648	2，3，4，⑤
	铬（Cr）	$3d^54s^1$	125	653	2，③，⑥
	锰（Mn）	$3d^54s^2$	124	716	②，3，④，6，⑦
	铁（Fe）	$3d^64s^2$	124	762	②，③，6
	钴（Co）	$3d^74s^2$	125	757	②，3
	镍（Ni）	$3d^84s^2$	125	736	②，3，4
	铜（Cu）	$3d^{10}4s^1$	129	745	1，②
	锌（Zn）	$3d^{10}4s^2$	133	908	②
第二过渡系	钇（Y）	$4d^15s^2$	181	636	③
	锆（Zr）	$4d^25s^2$	160	669	2，3，④
	铌（Nb）	$4d^45s^1$	143	653	2，3，4，⑤
	钼（Mo）	$4d^55s^1$	136	694	2，3，4，5，⑥
	锝（Tc）	$4d^55s^2$	136	694	2，3，4，5，6，⑦
	钌（Ru）	$4d^75s^1$	133	724	2，3，④，⑤，6，7，8
	铑（Rh）	$4d^85s^1$	135	745	1，2，③，4，6
	钯（Pd）	$4d^{10}5s^0$	138	803	1，②，3，4
	银（Ag）	$4d^{10}5s^1$	144	732	①，2，3
	镉（Cd）	$4d^{10}5s^2$	149	866	②
第三过渡系	镥（Lu）	$5d^16s^2$	173	481	③
	铪（Hf）	$5d^26s^2$	156	531	2，3，④
	钽（Ta）	$5d^36s^2$	143	577	2，3，4，⑤
	钨（W）	$5d^46s^2$	137	770	2，3，4，5，⑥
	铼（Re）	$5d^56s^2$	137	762	2，3，4，5，6，⑦
	锇（Os）	$5d^66s^2$	134	841	2，3，④，5，6，7，⑧
	铱（Ir）	$5d^76s^2$	136	887	2，③，④，5，6
	铂（Pt）	$5d^96s^1$	138	866	②，④，5，6
	金（Au）	$5d^{10}6s^1$	144	891	1，③
	汞（Hg）	$5d^{10}6s^2$	160	1 010	1，②

* 本表原子半径为金属半径；　** 圈码为较稳定的氧化值。

1. 氧化值

过渡元素有多种氧化值。过渡元素在形成化合物时，不仅最外层的 s 电子可以失去，而且次外层的 d 电子也可以部分或全部失去，因此，过渡元素都表现出可变的氧化数，且大多数连续变化。例如 Mn 的氧化数可以从+2 连续变化到+7，一般高氧化数的金属元素多以酸根阴离子形式存在，如 MnO_4^-、$Cr_2O_7^{2-}$等。

2. 单质的物理性质

由于过渡元素最外层一般为 1～2 个电子，容易失去，所以它们的单质均为金属，单质的外观多为银白色或灰白色，有光泽。由于同一周期过渡元素的最外层电子数几乎相同，原子半径变化不大，所以它们的化学活泼性也十分相似。

过渡金属的密度、硬度、熔点和沸点一般都比较高（ⅡB 族元素除外）。例如，单质中密度最大的是锇（22.48 $g \cdot cm^{-3}$），熔点最高的是钨（3 370℃），硬度最大的为铬（9）。这种现象与过渡元素的原子半径较小，晶体中除 s 电子外还有 d 电子参与成键等因素有关。因此过渡金属具有许多优良而独特的物理性质。

3. 水合离子的颜色

大多数过渡金属元素的水合离子，在（n−1）d 轨道上都具有成单电子，这些电子在可见光范围内容易发生 d-d 跃迁，在形成水合离子时呈现出不同的颜色。常见过渡元素水合离子的颜色见表 10-3。

表 10-3 过渡元素水合离子的颜色

未成对的 d 电子数	水合离子的颜色
0	Ag^{+}，Zn^{2+}，Cd^{2+}，Sc^{3+}，Ti^{4+}等均无色
1	Cu^{2+}（天蓝色），Ti^{3+}（紫色）
2	Ni^{2+}（绿色），V^{3+}（绿色）
3	Cr^{3+}（蓝紫色），Co^{2+}（粉红色）
4	Fe^{2+}（浅绿色）
5	Mn^{2+}（极浅粉红色）

4. 单质的化学性质

过渡元素具有金属的一般化学性质，但彼此的活泼性差别较大。第一过渡系都是比较活泼的金属，第二、三过渡系的单质非常稳定。

5. 配位性

过渡元素的原子或离子具有同一能级组空的价电子轨道，即（n−1）d、ns、np 轨道，它们的能量相近可以杂化后接受配位体的孤对电子成键，如易形成氟配合物、氨配合物、羟基配合物等。

此外，许多过渡元素及其化合物具有独特的催化性能。例如，铁和钼是合成氨的催化剂；铂和铑是将氨氧化成 NO（制取 HNO_3）的催化剂；V_2O_5 是将 SO_2 氧化成 SO_3（制取 H_2SO_4）的催化剂等。过渡元素及其化合物的催化作用，也与电子在 d 轨道未填满有密切关系。

第二节　铬和锰

一、铬及其化合物

（一）铬

铬是ⅥB 族元素，在地壳中的丰度居 21 位，主要矿物是铬铁矿，组成为 $FeO \cdot Cr_2O_3$, 在我国多分布在西北地区的青海、甘肃和宁夏等地。炼合金钢用的铬，常由铬铁提供，铬铁是用铬铁矿与碳在电炉中反应制得的：

$$FeO \cdot Cr_2O_3 + 4C \xrightarrow{\triangle} Fe + 2Cr + 4CO$$

铬具有银白色光泽，是最硬的金属，主要用于电镀和冶炼合金钢。在汽车、自行车和精密仪器等器件表面镀铬，可使器件表面光亮、耐磨、耐腐蚀。把铬加入钢中，能增强耐磨性、耐热性和耐腐蚀性，还能增强钢的硬度和弹性，故铬可用于冶炼多种合金钢。含 Cr 在 12%以上的钢称为不锈钢，是广泛使用的金属材料。

铬是人体必需的微量元素，但铬（Ⅵ）化合物有毒。铬在人体内的含量虽然很低，但与糖、血脂的代谢密切相关。三价铬是胰岛素的辅助因子，也是胃蛋白酶的重要组分，常与核糖核酸（RNA）共存。它的主要功能是调节血糖代谢，帮助维持体内所允许的正常葡萄糖含量，并和核酸、脂类、胆固醇的合成以及氨基酸的利用有关。近年来，由于人们多吃精米、精面，使体内的铬含量下降，导致易患糖尿病和心血管疾病。

铬与铝相似，也因易在表面形成一层氧化膜而钝化。未钝化的铬可以与 HCl、H_2SO_4 等作用，甚至可以从锡、镍、铜的盐溶液中将它们置换出来；有钝化膜的铬在冷的 HNO_3、浓 H_2SO_4，甚至王水中都不溶解。

铬原子的价层电子构型是 $3d^54s^1$，能形成多种氧化值的化合物，如+1、+2、+3、+4、+5 和+6，其中以+3、+6 两类化合物最为常见和重要。

（二）铬（Ⅲ）化合物

三氧化二铬（Cr_2O_3）是极难熔化的氧化物之一，为绿色晶体，是一种绿色颜料，俗称铬绿。不溶于水，具有两性，溶于酸形成 Cr（Ⅲ）盐，溶于强碱形成亚铬酸盐（CrO_2^-）：

$$Cr_2O_3 + 3H_2SO_4 \longrightarrow Cr_2(SO_4)_3 + 3H_2O$$

$$Cr_2O_3 + 2NaOH \longrightarrow 2NaCrO_2 + H_2O$$

Cr_2O_3 常用作媒染剂、有机合成的催化剂以及油漆的颜料，也是冶炼金属铬和制取铬盐的原料。

（三）铬（Ⅵ）化合物

主要有 CrO_3、K_2CrO_4 和 $K_2Cr_2O_7$。

三氧化铬（CrO_3）为暗红色的针状晶体，易潮解，有毒，强氧化剂，遇有机物易引起燃烧或爆炸。

CrO_3可由固体$K_2Cr_2O_7$（或$Na_2Cr_2O_7$）和浓H_2SO_4经复分解反应制得：向$K_2Cr_2O_7$饱和溶液中加入过量浓H_2SO_4即析出暗红色晶体CrO_3（这种混合液有强氧化性，按一定比例混合后就是实验室常用于洗涤玻璃器皿的铬酸洗液）。

$$K_2Cr_2O_7 + H_2SO_4\text{（浓）} \longrightarrow 2CrO_3\downarrow + K_2SO_4 + H_2O$$

CrO_3溶于碱生成铬酸盐：

$$CrO_3 + NaOH \longrightarrow Na_2CrO_4 + H_2O$$

因此，CrO_3被称作铬（Ⅵ）酸的酸酐，简称铬酐。它遇水能形成铬（Ⅵ）的两种酸：H_2CrO_4和其二聚体－重铬酸$H_2Cr_2O_7$，广泛用作有机反应的氧化剂和电镀时镀铬液。

由于Cr（Ⅵ）的含氧酸无游离状态，因而常用的是其盐。铬酸钠（Na_2CrO_4）和铬酸钾（K_2CrO_4）都是黄色晶体，前者和许多钠盐相似，容易潮解，这两种铬酸盐的水溶液都显碱性。

重铬酸钠（$Na_2Cr_2O_7$）和重铬酸钾（$K_2Cr_2O_7$）都是橙红色晶体，易潮解，它们的水溶液都显酸性。$Na_2Cr_2O_7$和$K_2Cr_2O_7$的商品名分别称红矾钠和红矾钾，都是强氧化剂，在鞣革、电镀等工业中广泛应用。由于$K_2Cr_2O_7$无吸潮性，又易用重结晶法提纯，是分析化学中常用的基准试剂。但是$Na_2Cr_2O_7$价廉，溶解度也比较大，若工业上重铬酸盐用量较大，要求纯度不高时，宜选用$Na_2Cr_2O_7$。

CrO_4^{2-}和$Cr_2O_7^{2-}$可以相互转化

$$\underset{\text{（黄色）}}{2CrO_4^{2-}} + 2H^+ \rightleftharpoons \underset{\text{（橙红色）}}{Cr_2O_7^{2-}} + H_2O$$

酸性溶液中，$Cr_2O_7^{2-}$占优势，颜色呈橙红；碱性溶液中，CrO_4^{2-}占优势，颜色呈黄色；中性溶液中，二者的浓度相等时，颜色呈橙色。铬酸盐和重铬酸盐的性质差异主要表现在以下两个方面：

1．溶解性

重铬酸盐大都易溶于水，而铬酸盐中K^+、Na^+、NH_4^+易溶，其余的一般难溶。

$Cr_2O_7^{2-} + 2Pb^{2+} + H_2O \longrightarrow 2PbCrO_4\downarrow$（铬黄）$+ 2H^+$　（此反应用于鉴定Pb^{2+}）

$Cr_2O_7^{2-} + 4Ag^+ + H_2O \longrightarrow 2Ag_2CrO_4\downarrow$（砖红色）$+ 2H^+$　（此反应用于鉴定Ag^+）

2．氧化性

$Cr_2O_7^{2-}$在酸性溶液中有强氧化性，可氧化H_2S、H_2SO_3、HCl、HI、$FeSO_4$等物质，本身被还原为Cr^{3+}：

$$Cr_2O_7^{2-} + 3SO_3^{2-} + 8H^+ \longrightarrow 2Cr^{3+} + 3SO_4^{2-} + 4H_2O$$

$Cr_2O_7^{2-} + 6Fe^{2+} + 14H^+ \longrightarrow 2Cr^{3+} + 6Fe^{3+} + 7H_2O$　（此反应用于测定Fe含量）

在酸性溶液中$Cr_2O_7^{2-}$还能氧化H_2O_2：

$$Cr_2O_7^{2-} + 4H_2O_2 + 2H^+ \xrightarrow{\text{乙醚}} 2CrO_3\text{（蓝色）} + 5H_2O$$

这是检验 Cr（Ⅵ）和 H_2O_2 的灵敏反应。

知识拓展

含铬废水的处理

在铬的化合物中，以 Cr（Ⅵ）的毒性最大。铬酸盐能降低生化过程的需氧量，从而发生内窒息。它对胃、肠等有刺激作用，对鼻黏膜的损伤最大，长期吸入会引起鼻膜炎甚至鼻中隔穿孔，并有致癌作用。Cr（Ⅲ）化合物的毒性次之，Cr（Ⅱ）及金属铬的毒性较小。

电镀和制革工业以及生产铬化合物的工厂是含铬废水的主要来源。我国国标规定工业废水含 Cr（VI）的排放标准为 0.1 mg·L^{-1}。下面简述含铬废水的两种处理方法:

（1）还原法　用 $FeSO_4$、Na_2SO_3、$Na_2S_2O_3$、$N_2H_4·2H_2O$（水合肼）或含 SO_2 的烟道废气等作为还原剂，将 Cr（VI）还原成 Cr（Ⅲ），再用石灰乳沉淀为 $Cr(OH)_3$ 除去。

电解还原法是用金属铁作阳极，Cr（Ⅵ）在阴极上被还原成 Cr（Ⅲ），阳极溶解下来的亚铁离子也可将 Cr（Ⅵ）还原成 Cr（Ⅲ）。

（2）离子交换法　Cr（Ⅵ）在废水中常以阴离子 CrO_4^{2-} 或 $Cr_2O_7^{2-}$ 存在，让废水流经阴离子交换树脂进行离子交换。交换后的树脂用 NaOH 处理，再生后重复使用。交换和再生的反应式如下:

$$2R_4NOH + CrO_4^{2-} \rightleftharpoons (R_4N)_2CrO_4 + 2OH^-$$

用 NaOH 溶液洗脱下来的高浓度 CrO_4^{2-} 溶液，应回收利用。

二、锰及其化合物

（一）金属锰

锰是周期表ⅦB 族元素，在地壳中的丰度为第 14 位，它主要以氧化物形式存在，如软锰矿 $MnO_2·xH_2O$。

锰是灰色似铁的金属，表面容易生锈而变暗黑。纯锰用途不大，主要是制造合金的重要材料。高锰钢既坚硬、又强韧，是轧制铁轨和架设桥梁的优良材料。锰钢制造的自行车，质量轻、强度大，深受欢迎。Mn 与 Al、Fe 制成的合金钢是一种很有前途的超低温合金钢，其强度、韧性都十分优异，可用于液化天然气、液氮的储存和运送。锰也是人体必需的微量元素，在心脏及神经系统里，起着举足轻重的作用。

锰属于活泼金属，在空气中锰表面生成的氧化膜，可以保护金属内部不受侵蚀。粉末状的锰能彻底被氧化，有时甚至能起火。锰与冷水可置换出氢，和卤素、S、C、N、Si 能直接化合生成 MnX_2、MnS、Mn_3N_2 等，锰溶于一般的无机酸，生成 Mn（Ⅱ）盐。

（二）锰的重要化合物

锰的氧化物以及对应的水合物，随着锰的氧化值的升高和离子半径的减小，碱性逐渐减弱，酸性逐渐增强。

常见锰（Ⅱ）的化合物有 $MnSO_4$、$MnCl_2$、$Mn(NO_3)_2$。在 Mn（Ⅱ）盐溶液中加入 NaOH 或氨水，都能生成白色 $Mn(OH)_2$ 沉淀：

$$Mn^{2+} + 2OH^- \longrightarrow Mn(OH)_2\downarrow$$

$$Mn^{2+} + 2NH_3 \cdot H_2O \longrightarrow Mn(OH)_2\downarrow + 2NH_4^+$$

$Mn(OH)_2$ 具有强还原性，在空气中很快被氧化，由白色迅速变化为棕色。甚至溶解在水中的少量氧也能使它氧化，沉淀很快由白色变成褐色的水合二氧化锰：

$$Mn(OH)_2 + O_2 \longrightarrow 2MnO(OH)_2$$

这个反应在水质分析中用于测定水中的溶解氧。反应原理是：在经吸氧后的 $MnO(OH)_2$ 中加入适量 H_2SO_4 使其酸化后，和过量的 KI 溶液作用，I^- 被氧化而析出 I_2，再用标准 $Na_2S_2O_3$ 溶液滴定 I_2，经换算就得知水中溶解氧的含量。

锰（Ⅳ）的化合物中最为重要的氧化物是 MnO_2，为棕黑色粉末，是锰最稳定的氧化物，在酸性溶液中有强氧化性，和浓 HCl 作用有氯气生成，和浓 H_2SO_4 作用有氧气放出。

$$MnO_2 + 4HCl（浓） \longrightarrow MnCl_2 + Cl_2\uparrow + 2H_2O$$

$$2MnO_2 + 2H_2SO_4（浓） \longrightarrow 2MnSO_4 + O_2\uparrow + 2H_2O$$

前一反应常用在实验室制备少量氯气，但 MnO_2 和稀 HCl 不反应。MnO_2 的用途很广，可用于制造干电池，在电子、玻璃、火柴、油漆、油墨等工业中都有应用，也是制备锰的其他化合物的主要原料。

工业上制取 $KMnO_4$ 常以 MnO_2 为原料，分两步氧化。首先在强碱性介质中将它氧化成锰酸钾，氧化剂是空气中的 O_2（实验室则用 $KClO_3$），MnO_2 与 KOH 混合，经加热、搅拌、水浸得绿色 K_2MnO_4 溶液，然后对其进行电解氧化，则 MnO_4^{2-} 转化为紫色的 $KMnO_4$，经蒸发、冷却、结晶得紫黑色晶体。反应式如下：

$$2MnO_2 + 4KOH + O_2 \xrightarrow{\triangle} 2K_2MnO_4 + 2H_2O$$

$$2K_2MnO_4 + 2H_2O \xrightarrow{电解} 2KMnO_4 + 2KOH + H_2\uparrow$$

阳极　　阴极

$KMnO_4$（俗称灰锰氧），紫黑色晶体，易溶于水，用途广泛，是常用的化学试剂。$KMnO_4$ 在分析检验工作中常用作滴定剂，可直接或间接测定还原性、氧化性或非氧化还原性物质的含量；在工业上用于生产维生素 C、糖精等；在轻化工业中用作纤维、油脂的漂白和脱色；其 0.1%的稀溶液在医疗上用作杀菌消毒剂，5%溶液可治烫伤。在日常生活中稀溶液可用于饮具、器皿、蔬菜、水果的消毒。锰对植物的呼吸和光合作用有意义，能促进种子发芽和幼菌早期生长。锰肥是一种微量元素肥料。

第三节 铁、钴、镍

一、铁、钴、镍的单质

铁（Fe）、钴（Co）、镍（Ni）位于周期表ⅧB 族，性质相似，合称为铁系元素，最外层电子都是 $4s^2$，次外层 3d 电子分别是 $3d^6$、$3d^7$、$3d^8$。它们的氧化值常见的是+2 和+3。它们都是具有光泽的白色金属，铁、钴略带灰色，镍为银白色。铁、镍有很好的延展性，而钴则较硬而脆。这三种金属都有强磁性，形成的许多合金都是优良的磁性材料。

铁在地壳中的丰度居第四位，仅次于铝。铁矿主要有磁铁矿（Fe_3O_4）、赤铁矿（Fe_2O_3）、褐铁矿（$Fe_2O_3 \cdot H_2O$）等。铁有生铁、熟铁之分，生铁含碳在 1.7%～4.5%，熟铁含碳在 0.1%以下，而钢的含碳量介于二者之间。

Fe、Co、Ni 属于中等活泼金属，在高温下能和 O、S、Cl 等非金属作用。Fe 溶于 HCl，稀 H_2SO_4 和 HNO_3，但冷而浓的 H_2SO_4、HNO_3 会使其钝化。Co、Ni 在 HCl 和稀 H_2SO_4 中的溶解比 Fe 缓慢。和铁一样，钴和镍遇冷 HNO_3 也会钝化。浓碱能缓慢侵蚀铁，而钴、镍在浓碱中比较稳定，镍质容器可盛熔融碱。

铁在正常人体内的总量只有 4～6 g，它与多种蛋白质结合，其中 70%的铁存在于血红蛋白中，约 10%的铁存在于细胞中，如细胞色素中就含有铁。铁还参与多种酶的合成，是很多酶的活性部位，细胞色素酶参与人体内的氧化还原过程，影响机体的能量代谢和免疫功能，缺铁会导致贫血。

钴在人体内仅有 1～2 mg，是存在于维生素 B_{12} 中的必需微量元素。其主要功能是参与造血过程，缺钴将会引起恶性贫血症。钴对铁的代谢、血红蛋白的合成、红细胞的发育成熟等有着重要作用。

人体含镍 16～18 mg。镍参与垂体激素的分泌，影响人的生长和生殖功能；镍能促进体内铁的吸收、红细胞的增长和氨基酸的合成等。过量的镍会给机体带来损伤，还可能致癌。

二、铁系元素的氧化物和氢氧化物

（1）氧化物

铁系元素的氧化物有低氧化态和高氧化态，其氧化能力随 Fe—Co—Ni 顺序增强。低氧化态 FeO（黑色）、CoO（灰绿色）、NiO（暗绿色）具有碱性，溶于强酸而不溶于碱。高氧化态 Fe_2O_3（砖红色）、Co_2O_3（黑褐色）、Ni_2O_3（黑色）是难溶于水的两性氧化物，但以碱性为主。

Fe_2O_3 俗称铁红，可作红色颜料、抛光粉和磁性材料。$Fe_3O_4(FeO \cdot Fe_2O_3)$的纳米材料，因其优异的磁性能和较宽频率范围的强吸收性，而成为磁记录材料和战略轰炸机、导弹的隐形材料。FeO、NiO、CoO 的纳米材料具有良好的热、电性能，可制成多种温度传感器。

（2）氢氧化物

向 Fe^{2+}、Co^{2+}、Ni^{2+}的溶液中加入碱都能生成相应的 $M(OH)_2$ 沉淀。但是，由于 $Fe(OH)_2$ 的还原性很强，反应之初甚至看不到 $Fe(OH)_2$ 的白色，而先是灰绿色并逐渐被空气中的 O_2 氧化为棕红色的 $Fe(OH)_3$，只有在反应前先赶尽 Fe^{2+}溶液和 NaOH 溶液中的 O_2 才可能得到白色的 $Fe(OH)_2$。

$$Fe^{2+} + 2OH^- \longrightarrow Fe(OH)_2\downarrow \text{（白）}$$

空气中很快变成红棕色：

$$4Fe(OH)_2 + O_2 + 2H_2O \longrightarrow 4Fe(OH)_3\downarrow \text{（红棕）}$$

粉红色的 $Co(OH)_2$ 较 $Fe(OH)_2$ 稳定，在空气中缓慢氧化成棕黑色的 $Co(OH)_3$ 或 CoO(OH)：

$$4Co(OH)_2 + O_2 \longrightarrow 4CoO(OH)\downarrow + 2H_2O$$

$Ni(OH)_2$ 不能被空气中的 O_2 所氧化，只是在强碱性条件下，并加入较强的氧化剂才能使其氧化成黑色的 $Ni(OH)_3$ 或 NiO(OH)：

$$2Ni(OH)_2 + ClO^- \longrightarrow 2NiO(OH) + Cl^- + H_2O$$

三、铁系元素的盐类

1. +2 价盐类

Fe^{2+}有还原性，而 Co^{2+}、Ni^{2+}稳定，其还原性按 Fe^{2+}—Co^{2+}—Ni^{2+}顺序减弱。Fe^{2+}、Co^{2+}、Ni^{2+}盐类有许多共同的特性。例如它们的强酸盐都易溶于水，而一些弱酸盐难溶于水。可溶性盐从水溶液中结晶析出时，常含有相同数目的结晶水。

由于这些离子都有未成对电子，所以它们的水合离子都呈现颜色，如淡绿色的 $[Fe(H_2O)_6]^{2+}$、粉红色的 $[Co(H_2O)_6]^{2+}$ 和绿色的 $[Ni(H_2O)_6]^{2+}$。这些盐类从溶液中结晶时，水合离子中的水成为结晶水共同析出，所以 Fe^{2+}盐都带淡绿色，Co^{2+}盐都带粉红色，Ni^{2+}盐都带绿色。

常用的亚铁盐有硫酸亚铁 $FeSO_4 \cdot 7H_2O$（绿矾）、氯化亚铁 $FeCl_2 \cdot 4H_2O$、硫化亚铁 FeS 等。亚铁盐有一定的还原性，不易稳定存在。$FeSO_4$ 应用相当广泛，它与鞣酸作用生成鞣酸亚铁，在空气中被氧化成黑色的鞣酸铁，常用来制作蓝黑墨水。此外，$FeSO_4$ 还常用作媒染剂、鞣革剂和木材防腐剂等。

氯化钴（$CoCl_2 \cdot 6H_2O$）是重要的钴（Ⅱ）盐，因所含结晶水的数目不同而呈现多种颜色。随着温度上升，所含结晶水逐渐减少，颜色随之变化：

$$\underset{\text{粉红}}{CoCl_2 \cdot 6H_2O} \xrightarrow{52.3℃} \underset{\text{红紫}}{CoCl_2 \cdot 2H_2O} \xrightarrow{90℃} \underset{\text{蓝紫}}{CoCl_2 \cdot H_2O} \xrightarrow{120℃} \underset{\text{蓝色}}{CoCl_2}$$

这种性质可用来指示硅胶干燥剂的吸水情况。$[Co(H_2O)_6]^{2+}$离子在溶液中显粉红色，用这种稀溶液在白纸上写的字几乎看不出字迹。将此白纸烘热脱水即显出蓝色字迹，吸收空气中潮气后字迹再次隐去，所以 $CoCl_2$ 溶液被称为隐显墨水。

2. +3 价盐类

以铁（Ⅲ）盐为较多，而钴（Ⅲ）和镍（Ⅲ）的盐都很不稳定，因而很少。

铁（Ⅲ）盐　又称高铁盐，如三氯化铁、硫酸铁、硝酸铁等。铁（Ⅲ）盐的主要性质之一是容易水解，其水解产物一般是氢氧化铁：

$$Fe^{3+} + 3H_2O \longrightarrow Fe(OH)_3\downarrow\text{（絮状）} + 3H^+$$

氯化铁或硫酸铁用作净水剂，就是利用上述性质。它们的胶状水解产物和悬浮在水中的泥沙一起聚沉，浑浊的水即变清澈。

铁（Ⅲ）盐的另一性质是氧化性。工业上常用浓 $FeCl_3$ 溶液在铁制品上刻蚀字样，或在铜板上腐蚀出印刷电路，就是利用 Fe^{3+}的氧化性：

$$2FeCl_3 + Fe \longrightarrow 3FeCl_2$$

$$2FeCl_3 + Cu \longrightarrow 2FeCl_2 + CuCl_2$$

四、铁系元素的配合物

铁系元素形成配合物的能力很强，可形成多种配合物。例如：在含有 Fe^{2+}的溶液中加入铁氰化钾，或在 Fe^{3+}溶液中加入亚铁氰化钾，都有蓝色沉淀形成：

$$K^+ + Fe^{2+} + [Fe(CN)_6]^{3-} \longrightarrow KFe[Fe(CN)_6]\downarrow\text{（滕氏蓝）}$$

$$K^+ + Fe^{3+} + [Fe(CN)_6]^{4-} \longrightarrow KFe[Fe(CN)_6]\downarrow\text{（普鲁氏蓝）}$$

以上两个反应可分别用来鉴定 Fe^{2+}和 Fe^{3+}的存在。生成的蓝色物质广泛用于油漆和油墨工业。

第四节　铜族元素

一、铜族元素的通性和单质

铜族即ⅠB 族，包括铜、银、金，它们原子的价电子构型为（n−1）$d^{10}ns^1$，最外层与碱金属相似，只有 1 个电子，而次外层却有 18 个电子（碱金属为 8 个）。与同周期的ⅠA 族元素相比，ⅠB 族元素的有效核电荷大，原子半径小；对最外层 s

电子的吸引力强，金属活泼性差。故铜族元素都是不活泼的重金属，而碱金属都是活泼的轻金属。

铜族元素的化合物多为共价型，碱金属的二元化合物都是离子型。铜族元素易形成配位化合物，用氰化物从 Ag、Au 的硫化物矿或砂金中提取银和金，就是利用这一性质。

自然界的铜、银主要以硫化矿的形式存在，如辉铜矿（Cu_2S）、黄铜矿（$CuFeS_2$）、孔雀石[$Cu_2(OH)_2CO_3$]等；银有闪银矿（Ag_2S）。金主要以单质形式分散于岩石或沙砾中，我国江西、甘肃、云南、新疆、山东和黑龙江等省都蕴藏着丰富的铜矿和金矿。

铜、银、金都具有很好的延展性、导电性和传热性。金是金属中延展性最强的，例如 1 g 纯金（绿豆粒大小）能抽成 2 km 长的金丝，展压成 0.1 μm 的金箔。铜是宝贵的工业材料，它的导电能力虽然次于银，但比银便宜得多。目前世界上一半以上的铜用在电器、电机和电讯工业上。铜的合金如黄铜（Cu-Zn）、青铜（Cu-Sn）等在精密仪器、航天工业方面都有着广泛的应用。

铜是许多动物、植物体内必需的微量元素。铜和银的单质及可溶性化合物都有杀菌能力、银作为杀菌药剂更具有奇特功效。铜与调节体内铁的吸收、血红蛋白的合成以及形成皮肤黑色素、影响结缔组织、弹性组织的结构和解毒作用都有关系。缺铜时，铁的利用率也低。有研究表明，锌能抑制人体对铜的吸收，缺铜可引起白癜风。

银的导电、传热性居于各种金属之首，用于高级计算器及精密电子仪表中。银具有加速创伤愈合、防治感染、净化水质和反腐保鲜的作用。银离子具有强效抗菌杀菌消毒作用。微生物被银吸附后，起呼吸作用的酶就失去功效，微生物就会迅速死亡。

早在中国古代的各种药典中，已经明确“金”的药用价值，唐代《药性论》记载金主治小儿惊痫、失志、镇心、安魂魄；明朝《本草纲目》中记载金可以破冷气祛风；清朝《本草再新》记载金主治小儿惊痫、痘疮诸毒等。在国外，古埃及人早在 5000 年前就使用金牙来美容口腔；古罗马人用金来治疗皮肤病，敷上金的伤口不再溃烂；近代医学也已经在使用金来治疗免疫性疾病如类风湿性关节炎等。自 20 世纪 70 年代以来，金在工业上的用途已超过制造首饰和货币。

二、铜的重要化合物

（一）铜（Ⅰ）化合物

（1）氧化亚铜（Cu_2O） 暗红色固体，有毒。不溶于水，对热稳定，但在潮湿空气中缓慢被氧化成 CuO。Cu_2O 是制造玻璃和搪瓷的红色颜料。它具有半导体性质，曾用作整流器的材料。此外，还用作船舶底漆（可杀死低级海生动物）及农业上的杀虫剂。

Cu_2O 为碱性氧化物，能溶于稀酸，但立即歧化分解：

$$Cu_2O + H_2SO_4 \longrightarrow CuSO_4 + Cu\downarrow + H_2O$$

铜粉和 CuO 的混合物在密闭容器中煅烧即得 Cu_2O：

$$Cu + CuO \xrightarrow{800\sim900℃} Cu_2O$$

（2）氯化亚铜（CuCl）　CuCl 是最重要的亚铜盐，它是有机合成的催化剂和还原剂；石油工业的脱硫剂和脱色剂；肥皂、脂肪等的凝聚剂。还用作杀虫剂和防腐剂。CuCl 能吸收 CO 生成 CuCl·CO，故在分析化学上作为 CO 的吸收剂等，应用颇为广泛。

（二）铜（Ⅱ）化合物

1．氧化铜和氢氧化铜

（1）氧化铜（CuO）　氧化铜为黑色粉末，难溶于水。它是偏碱性氧化物，溶于稀酸：

$$CuO + 2H^+ \longrightarrow Cu^{2+} + H_2O$$

目前，工业上生产 CuO 常用废铜料，先制成 $CuSO_4$，再用金属铁还原得到纯净的铜粉，铜粉经焙烧得 CuO：

$$Cu + 2H_2SO_4 \longrightarrow CuSO_4 + SO_2\uparrow + 2H_2O$$

$$CuSO_4 + Fe \longrightarrow FeSO_4 + Cu\downarrow$$

$$2Cu + O_2 \xrightarrow{450℃} 2CuO$$

（2）氢氧化铜[$Cu(OH)_2$]　$Cu(OH)_2$ 为浅蓝色粉末，难溶于水。60～80℃时逐渐脱水而成 CuO，颜色随之变暗。$Cu(OH)_2$ 为两性偏碱性的化合物，易溶于酸，只能溶于浓的强碱中，生成四羟基合铜（Ⅱ）配离子：

$$Cu(OH)_2 + 2OH^- \longrightarrow [Cu(OH)_4]^{2-}$$

$Cu(OH)_2$ 易溶于氨水，能生成深蓝色的四氨合铜（Ⅱ）配离子$[Cu(NH_3)_4]^{2+}$。

向 $CuSO_4$ 或其他可溶性铜盐溶液中加入适量的 NaOH 或 KOH，即析出浅蓝色的 $Cu(OH)_2$ 沉淀：

$$CuSO_4 + 2NaOH \longrightarrow Cu(OH)_2\downarrow + Na_2SO_4$$

2．铜（Ⅱ）盐

铜（Ⅱ）盐很多，可溶的有 $CuSO_4$、$Cu(NO_3)_2$、$CuCl_2$ 等；难溶的有 CuS、$Cu_2(OH)_2CO_3$ 等。

（1）硫酸铜（$CuSO_4 \cdot 5H_2O$）　$CuSO_4 \cdot 5H_2O$ 为蓝色晶体，又名胆矾或蓝矾。在空气中慢慢风化，表面上形成白色粉状物。加热至 250℃左右失去全部结晶水而成为无水物。无水 $CuSO_4$ 为白色粉末，极易吸水，吸水后又变成蓝色的水合物。故无水 $CuSO_4$ 可用来检验有机物中的微量水分，也可用作干燥剂。

硫酸铜有多种用途，如作媒染剂、蓝色颜料、船舶油漆、电镀、杀菌及防腐剂。$CuSO_4$ 溶液有较强的杀菌能力，可防止水中藻类生长。它和石灰乳混合制得的“波尔多液”能消灭树木的害虫。$CuSO_4$ 和其他铜盐一样，有毒。

工业用的 $CuSO_4$ 常由废铜在 600～700℃进行焙烧，使其生成 CuO，再在加热下溶于 H_2SO_4：

$$2Cu + O_2 \xrightarrow{600\sim700℃} 2CuO$$

$$CuO + H_2SO_4 \xrightarrow{\Delta} CuSO_4 + H_2O$$

所得粗品用重结晶法提纯。

（2）氯化铜（$CuCl_2·2H_2O$） 在卤化铜中 $CuCl_2$ 较为重要。$CuCl_2·2H_2O$ 为绿色晶体，在湿空气中易潮解，在干燥空气中又易风化。无水 $CuCl_2$ 为棕黄色固体，不但易溶于水，还易溶于乙醇、丙酮等有机溶剂。

（3）碱式碳酸铜[$Cu(OH)_2·CuCO_3·xH_2O$] 碱式碳酸铜为孔雀绿色的无定形粉末。按 CuO∶CO_2∶H_2O 的比值不同而有多种组成，工业品含 CuO 在 66%～78%的范围内。铜生锈后的“铜绿”就是这类化合物。碱式碳酸铜是有机合成的催化剂、种子杀虫剂、饲料中铜的添加剂，也可用作颜料、烟火等。

工业上，是采用可溶性铜盐与可溶性碳酸盐反应制备 $Cu_2(OH)_2CO_3$。为了保证产品的纯度，对反应系统中的 Cu^{2+}、OH^-和 CO_3^{2-}的浓度有严格的要求。

$$2Cu^{2+} + 2OH^- + CO_3^{2-} \longrightarrow Cu_2(OH)_2CO_3\downarrow \text{（蓝绿色）}$$

三、银的化合物

银通常形成氧化值为＋1 的化合物，性质概述如下。

①在常见银的化合物中，只有 $AgNO_3$ 易溶于水，其他如 Ag_2O，卤化银（AgF 除外）、Ag_2CO_3 等均难溶于水。

②银的化合物都有不同程度的感光性。例如 AgCl、$AgNO_3$、Ag_2SO_4、AgCN 等都是白色结晶，见光变成灰黑或黑色。AgBr、AgI、Ag_2CO_3 等为黄色结晶，见光也变灰或变黑。银与含有硫化氢的空气接触时，表面因蒙上一层 Ag_2S 而发暗，这是银币和银首饰变暗的原因。故银盐一般都用棕色瓶盛装并在瓶外裹上黑纸。

③银和许多配体易形成配合物。常见的配体有 NH_3、CN^-、SCN^-、$S_2O_3^{2-}$等，这些配合物可溶于水，因此难溶的银盐（包括 Ag_2O）可与上述配体作用而溶解。

（1）硝酸银（$AgNO_3$） 是最重要的可溶性银盐，这不仅因为它在感光材料、制镜、保温瓶、电镀、医药、电子等工业中用途广泛，还因为它容易制得、且是制备其他银化合物的原料。

$AgNO_3$ 在干燥空气中比较稳定，潮湿状态下见光容易分解，并因析出单质银而变黑：

$$2AgNO_3 \xrightarrow{见光} 2Ag + 2NO\uparrow + 2O_2\uparrow$$

$AgNO_3$ 具有氧化性，遇微量有机物即被还原成单质银。皮肤或工作服沾上 $AgNO_3$ 后会逐渐变成紫黑色。$AgNO_3$ 有一定的杀菌能力，对人体有烧蚀作用。含 $[Ag(NH_3)_2]^+$ 的溶液能把醛和某些糖类氧化，本身被还原为 Ag。例如：

$$2[Ag(NH_3)_2]^+ + HCHO + 3OH^- \longrightarrow HCOO^- + 2Ag\downarrow + 4NH_3 + 2H_2O$$

工业上利用银镜反应来制镜或在暖水瓶的夹层中镀银。

$AgNO_3$ 主要用于制造照相底片的卤化银，同时它也是一种重要的分析试剂。10% 的 $AgNO_3$ 溶液在医疗上用作消毒剂和腐蚀剂。$AgNO_3$ 还用于电镀、制镜、印刷、电子等行业。

（2）卤化银　在 $AgNO_3$ 中加入卤化物，可生成相应的 AgCl、AgBr 和 AgI 沉淀。它们的颜色依次加深（白—淡黄—黄），溶解度则依次降低，但 AgF 易溶于水。

卤化银的一个典型性质是光敏性较强，在光照下分解：

$$2AgX \longrightarrow 2Ag + X_2$$

从 AgF 到 AgI 稳定性减弱，分解的趋势增大，因此在制备 AgBr 和 AgI 时常在暗室内进行。基于卤化银的感光性，可用它作为照相底片上的感光物质，也可将感光变色的卤化银加进玻璃以制造变色眼镜。

知识拓展

从废水、废渣中回收银

银是贵重金属，应做到点滴不弃。银的回收方法很多，下面简述几种常用的方法。

（1）从废水中回收银。处理含银废水的流程如下：

含 Ag^+ 废水 $\xrightarrow{加入盐酸}$ AgCl 沉淀及泥沙等物 $\xrightarrow{过滤}$ 沉淀物 $\xrightarrow{加入氨水}$ $[Ag(NH_3)_2]Cl$ 溶液 $\xrightarrow{过滤}$ 滤液 $\xrightarrow{加入硝酸}$ $AgCl\downarrow$

（2）从含有 Ag_2O 的废渣中回收银。主要的步骤如下：

含 Ag_2O 废液 $\xrightarrow{加硝酸}$ $AgNO_3$ 和不溶泥沙 $\xrightarrow{过滤}$ 含有 $AgNO_3$ 的溶液 $\xrightarrow{加盐酸}$ AgCl 沉淀及少量泥沙 $\xrightarrow{加入氨水、过滤}$ $[Ag(NH_3)_2]Cl$ 溶液 $\xrightarrow{加入硝酸}$ $AgCl\downarrow$

（3）从氯化银中回收银。一般采用还原法：

$$2AgCl + Zn \longrightarrow 2Ag\downarrow + ZnCl_2$$

$$2AgCl + HCHO + 3OH^- \longrightarrow HCOO^- + 2Ag\downarrow + 2Cl^- + 2H_2O$$

第五节 锌族元素

一、锌族元素的通性和单质

ⅡB 族包括锌、镉、汞三种元素，称为锌副族。锌族元素在自然界主要以硫化物形式存在，如闪锌矿 ZnS、辰砂 HgS 等，镉通常与锌共生。

Zn、Cd、Hg 都是银白色金属，Zn 略带蓝色。它们的熔、沸点都比较低，Hg 是常温下唯一的液态金属，它们与周期表 P 区元素中的 Sn、Pb、Sb、Bi 等合称低熔点金属。

锌是较活泼金属，能与许多非金属直接化合。它易溶于酸，也能溶于碱，是一种典型的两性金属。锌在潮湿空气中会氧化并在表面形成一层致密的碱式碳酸锌薄膜，能保护内层不再被氧化。常说的“铅丝”、“铅管”，实际上都是镀锌的铁丝和铁管。据统计，全世界生产的锌有 40%用于制造镀锌钢板和白铁皮等。锌在人体内的含量为 2～2.5 g。锌离子是许多酶的辅基或酶的激活剂。例如，维持维生素 A 的正常代谢功能及对黑暗环境的适应能力；维持正常的味觉功能和食欲；促进生长发育和个体细胞的分裂，维持机体的生长发育，特别是对促进儿童的生长和智力发育具有重要的作用。

镉的活泼性比锌差，镀镉材料比镀锌的更耐腐蚀和耐高温，故镉也是常用的电镀材料。镉的金属粉末常被用来制作镉镍蓄电池，它具有体积小，质量轻、寿命长等优点。镉进入人体可置换骨骼中的钙，严重中毒者患骨痛病并致死。镉污染主要来源于冶炼、电镀业，空气中的镉来自于烟尘，煤、石油产品的燃烧也排放镉。镉的毒性极强，在人体内蓄积导致慢性中毒，主要造成肝、肾和骨骼组织的损害。

汞在常温下是银白色的液态金属，有“水银”之称，有许多宝贵性质在工业上得到应用。它的流动性好，不湿润玻璃，并且在 0～200℃体积膨胀系数十分均匀，适于制造温度计及其他控制仪表。汞的密度（$13.6\ g\cdot cm^{-3}$）是常温下液体中最大的、常用于血压计、气压表及真空封口中。此外，利用液态汞的导电性，用作电化学分析仪器，自动控制电路等。汞及其大部分化合物均有毒，汞进入人体后，因其有较强的脂溶性而易被人体吸收，并导致蛋白凝固，有机汞在脂肪中溶解度大。甲基汞毒性更强，容易在中枢神经、肝、肾内蓄积且难以排出，主要危害神经系统和肾脏。采矿、冶炼及某些加工工业工厂里的含汞废物、农药等均能造成汞污染。汞有遗传性危害。著名的“水俣病”事件就是 1959 年日本水俣地区居民因甲基汞导致的中毒，是由于一家生产氯乙烯工厂排放的含汞废水经浮游生物—虾—鱼—人等生物链所导致的汞污染事件。

汞能溶解许多金属形成液态或固态合金，叫做汞齐。汞齐在化工和冶金中都有重要用途。例如，钠汞齐与水反应，缓慢放出氢，是有机合成的还原剂。在冶金工业中，曾利用汞溶解金属来提炼某些贵重金属。

二、锌的化合物

（一）氧化锌和氢氧化锌

（1）氧化锌（ZnO） ZnO 为白色粉末，不溶于水，是两性氧化物，既溶于酸，又溶于碱：

$$ZnO + 2HCl \longrightarrow ZnCl_2 + H_2O$$

$$ZnO + 2NaOH \longrightarrow Na_2ZnO_2 + H_2O$$

商品氧化锌又称锌氧粉或锌白，是优良的白色颜料。它遇 H_2S 不变黑（因为 ZnS 也是白色），这一点优于铅白。它是橡胶制品的增强剂。ZnO 无毒，具有收敛性和一定的杀菌能力，故大量用作医用橡皮软膏。ZnO 又是制备各种锌化合物的基本原料。

（2）氢氧化锌[$Zn(OH)_2$] $Zn(OH)_2$ 为白色粉末，不溶于水，为两性化合物。$Zn(OH)_2$ 还能溶于氨水：

$$Zn(OH)_2+4NH_3 \longrightarrow [Zn(NH_3)_4]^{2+}+2OH^-$$

（二）锌盐

（1）氯化锌（$ZnCl_2$）白色熔块，极易吸潮。可由金属锌和氯气直接化合：

$$Zn + Cl_2 \longrightarrow ZnCl_2$$

$ZnBr_2$ 和 ZnI_2 都是白色结晶，也由单质直接合成，用于医药和分析试剂。

（2）硫化锌（ZnS） 在 Zn^{2+} 的溶液中通入 H_2S 时，都会有硫化物从溶液中析出：

$$Zn^{2+} + H_2S \longrightarrow 2H^+ + ZnS（白色）\downarrow$$

（3）硫酸锌（$ZnSO_4\cdot 7H_2O$） 是常见的锌盐，俗称皓矾。大量用于制备锌钡白（商品名“立德粉”），它由 $ZnSO_4$ 和 BaS 经复分解而得。实际上锌钡白是 ZnS 和 $BaSO_4$ 的混合物：

$$ZnSO_4 + BaS \longrightarrow ZnS\cdot BaSO_4\downarrow$$

这种白色颜料遮盖力强，而且无毒，所以大量用于油漆工业。$ZnSO_4$ 还广泛用作木材防腐剂和媒染剂。

ZnS 晶体中加入微量 Cu、Mn、Ag 等离子作激活剂，经光照射后可发出不同颜色的荧光，这种材料叫荧光粉，常用于制作荧光屏、夜光仪表和电视荧光粉等。

三、镉的化合物

镉能与氧、硫、卤素等非金属直接化合形成氧化值为+2 的化合物。镉易与 HNO_3 作用，而在 HCl 和 H_2SO_4 中则反应缓慢。

$$Cd + 4HNO_3 \longrightarrow Cd(NO_3)_2 + 2NO_2\uparrow + 2H_2O$$

在镉盐溶液中加入碱，即得 $Cd(OH)_2$（白色）。它的两性性质不如 $Zn(OH)_2$ 明显，易溶于酸，只在浓碱液中稍有溶解，生成 $[Cd(OH)_4]^{2-}$。$Cd(OH)_2$ 易溶于氨水或 NaCN，生成 $[Cd(NH_3)_4]^{2+}$、$[Cd(CN)_4]^{2-}$ 等配离子。

知识链接

镉与高血压

高血压是最常见的慢性病之一。它在体内能够引起三种病变：心脏扩大，肾动脉发生病变及动脉硬化发展加快。患有肾病的人常常会得高血压症。人们从下列实验发现：镉与高血压发病有关。

给 100 个大白鼠喂以下的金属化合物：钒、铬、镍、锗、砷、硒、锆、铌、钼、镉、锡、碲、锑和铅。只有给镉的那些动物出现了与人类高血压完全一样的症状，如心脏扩大、血压升高等。研究发现，镉积聚在人和鼠的肾脏、动脉和肝脏内，在这些组织中镉干扰着某些需要吸收锌的酶系统，镉对肾组织比锌有更大的亲和力，因而能置换锌，这样就改变了依靠锌的那些反应。

经过大量研究得出了以下的结论，肾脏内镉含量与锌含量的对比关系的变化是引起高血压的一个原因，在锌镉比低的地区里，高血压的发病率就高。

人体镉天然来源是食物、水和空气。由于工业烟尘、煤和石油产品的燃烧和空气是人体的主要镉源，同时食物在加工、贮藏等过程中可能被镉污染，这样人体内肾脏中累积镉随年龄增长就越来越多，这也是随着年龄增大，患高血压病的人数也越来越多的原因。

知识拓展

含镉废水的处理

由于镉的毒性，国家标准规定含镉废水的排放标准不大于 $0.1\ mg\cdot L^{-1}$。常用的废水处理方法有沉淀法、氧化法、电解法和离子交换法。

沉淀法是往废水中加入石灰、电石渣，使 Cd^{2+} 转化为 $Cd(OH)_2$ 沉淀除去。

氧化法常用漂白粉做氧化剂，加入含有 $[Cd(CN)_4]^{2-}$ 的废水中，使 CN^- 被氧化破坏，Cd^{2+} 被沉淀除去。其主要反应为：

漂白粉在溶液中水解：

$$Ca(ClO)_2+2H_2O \longrightarrow Ca(OH)_2 + 2HClO$$

HClO 将 CN^- 氧化为 N_2 和 CO_3^{2-}：

$$CN^- + ClO^- \longrightarrow OCN^- + Cl^-$$

$$2OCN^- + 3ClO^- + 2OH^- \longrightarrow 2CO_3^{2-} + N_2\uparrow + 3Cl^- + H_2O$$

Cd^{2+}转化为沉淀：

$$Cd^{2+}+2OH^- \longrightarrow Cd(OH)_2\downarrow$$

四、汞的重要化合物

汞有氧化数为+1 和+2 的两类化合物，前者 Hg（Ⅰ）常称为亚汞化合物，如氯化亚汞（Hg_2Cl_2）、硝酸亚汞[$Hg_2(NO_3)_2$]等。绝大多数的亚汞化合物难溶于水，Hg（Ⅱ）的化合物中难溶于水的较多，易溶于水的汞化合物都是有毒的。

（一）氯化汞和氯化亚汞

（1）氯化汞（$HgCl_2$） $HgCl_2$为共价化合物，是白色针状结晶或颗粒粉末，熔点较低（280℃），易升华，故俗名升汞，能溶于水（25℃，7 g/100 g 水），有毒，内服 0.2～0.4 g 就能致命。稀溶液可杀菌，医学上用于消毒外科手术器械的消毒剂就是 1∶1 000 的 $HgCl_2$稀溶液。

$HgCl_2$在水中离解度很小，主要以 $HgCl_2$形式存在，所以 $HgCl_2$有假盐之称。$HgCl_2$在酸性溶液中有较强的氧化性，当与适量 $SnCl_2$作用时，生成白色丝状的 Hg_2Cl_2；$SnCl_2$过量时，Hg_2Cl_2会进一步被还原为金属汞，沉淀变黑：

$$2HgCl_2 + SnCl_2\text{（适量）} \longrightarrow Hg_2Cl_2\downarrow\text{（白）} + SnCl_4$$

$$Hg_2Cl_2 + SnCl_2\text{（过量）} \longrightarrow 2Hg\downarrow\text{（黑）} + SnCl_4$$

此反应用于鉴定 Hg（Ⅱ）或 Sn（Ⅱ）。

$HgCl_2$主要用作有机合成的催化剂（如氯乙烯的合成），其他如干电池、染料、农药等方面也有应用。医药上用它作防腐、杀菌剂。

（2）氯化亚汞（Hg_2Cl_2） 微溶于水的白色粉末，少量无毒，略甜，故称甘汞。Hg_2Cl_2不如 $HgCl_2$稳定，见光易分解：

$$Hg_2Cl_2 \longrightarrow HgCl_2 + Hg$$

Hg_2Cl_2与氨水反应可生成氨基氯化汞和汞：

$$Hg_2Cl_2 + 2NH_3 \longrightarrow Hg(NH_2)Cl\downarrow + Hg\downarrow + NH_4Cl$$

白色的氨基氯化汞和黑色的金属汞微粒混在一起，使沉淀呈黑灰色。这个反应可用来鉴定 Hg_2^{2+}的存在。

Hg_2Cl_2常用于制作甘汞电极，在医药上曾用作轻泻剂和利尿剂。

（二）汞的配合物

向 Hg^{2+}、Hg_2^{2+}的溶液中分别加入过量的 Br^-、CN^-、SCN^-、$S_2O_3^{2-}$、S^{2-}时，难溶的汞盐因生成配离子而溶解。难溶的亚汞盐则发生歧化反应产生 Hg（Ⅱ）的配离子及黑色的单质汞。例如，在 $Hg(NO_3)_2$及 $Hg_2(NO_3)_2$溶液中加入 KI 时发生如下反应：

$$Hg^{2+} + 2I^- \longrightarrow HgI_2\downarrow\text{（橘红色）}$$

$$HgI_2 + 2I^- \longrightarrow [HgI_4]^{2-}\text{（无色）}$$

四碘合汞（Ⅱ）配离子（$[HgI_4]^{2-}$）的碱性溶液称为奈斯勒（Nessler）试剂，溶液中有微量的 NH_4^+存在时，滴加该试剂，会立即生成红棕色沉淀，常用此来鉴定 NH_4^+。

含汞废水的处理方法很多，如化学沉淀法、还原法、活性炭吸附法、离子交换法以及微生物法等。这些方法可根据生产规模，含汞浓度以及汞化合物的类型进行选用。

阅读材料

玻尔巧藏诺贝尔金质奖章

玻尔是丹麦著名的物理学家，曾获得诺贝尔奖。第二次世界大战中，玻尔被迫离开将要被德国占领的祖国。为了表示他一定要返回祖国的决心，他决定将诺贝尔金质奖章溶解在一种溶液里，装于玻璃瓶中，然后将它放在柜面上。后来，纳粹分子窜进玻尔的住宅，那瓶溶有奖章的溶液就在眼皮底下，他们却一无所知。这是一个多么聪明的办法啊！战争结束后，玻尔又从溶液中还原提取出金，并重新铸成奖章。新铸成的奖章显得更加灿烂夺目，因为，它凝聚着玻尔对祖国无限的热爱和无穷的智慧。

那么，玻尔是用什么溶液使金质奖章溶解呢？原来他用的是王水。王水是浓硝酸和浓盐酸按 1∶3 的体积比配制成的混合溶液。由于王水中含有硝酸、氯气和氯化亚硝酰等一系列强氧化剂，同时还有高浓度的氯离子，因此，王水的氧化能力比硝酸强。不溶于硝酸的金，却可以溶解在王水中。高浓度的氯离子与金离子形成稳定的配离子$[AuCl_4]^-$，从而使金的标准电极电位减少，有利于反应向金溶解的方向进行，而使金溶解。

古代宝刀的秘密

我国古代很讲究使用钢刀，优质锋利的钢刀称为“宝刀”。战国时期，相传越国就有人制造“干将”、“莫邪”等宝刀宝剑，那真是锋利无比，“削铁如泥”，头发放在刃上，吹口气就会断成两截。

当然，传说难免有点夸张，但是“宝刀”锐利却是事实。过去只有少数工匠掌握生产这类“宝刀”的技术。现在我们通过科学研究知道，制造这类“宝刀”的主要秘密就是其中含有钨、钼一类的元素。

事实上，往钢里加进钨和钼，哪怕只要很少的一点点，比如百分之几甚至千分之几，就会对钢的性质产生重大的影响。这个事实直到十九世纪中叶才被人们所认识，接着大大地促进了钨、钼工业的发展。有计划地往普通钢里加进一种或几种像钨、钼一类的元素——合金元素，就能制造出各种性能优异的特殊钢材——合金钢。

知识点归纳

一、过渡元素概述

过渡金属元素包括ⅠB—ⅧB族元素，即d区和ds区元素，价电子构型为$(n-1)d^{1\sim10}ns^{1\sim2}$，随着核电荷数的增加，电子依次充填在次外层的d轨道上，这就导致了过渡元素有多种氧化值，水合离子大多具有颜色，易形成配合物等特性。

二、铬和锰

铬是最硬的金属，主要用于电镀和冶炼。铬原子的价层电子构型是$3d^5 4s^1$，以+3，+6两类化合物最为常见。在铬的化合物中，Cr（Ⅵ）的毒性最大。

锰主要用于制造合金。锰的氧化物以及对应的水合物，随着锰的氧化值的升高，碱性逐渐减弱，酸性逐渐增强。

三、铁、钴和镍

铁、钴和镍位于ⅧB族，性质相似，合称铁系元素。铁是过渡金属元素的代表，通常显+2价和+3价，以+3价更稳定。铁与氧化性不同的物质反应，生成铁的价态也不同。

四、铜族元素

铜族即ⅠB族，包括铜、银、金，都是不活泼的重金属，易形成配合物。CuO和$Cu(OH)_2$都是偏碱性化合物，$CuSO_4 \cdot 5H_2O$为蓝色晶体，无水$CuSO_4$为白色粉末，后者可用来检验有机物中的微量水分，也可用作干燥剂。铜制品在潮湿空气中表面易生成“铜绿”，即$[Cu(OH)_2 \cdot CuCO_3 \cdot xH_2O]$。

银的化合物都有不同程度的感光性，故银盐一般都用棕色瓶盛装，瓶外裹上黑纸。银和许多配体易形成配合物。

五、锌族元素

ⅡB族包括锌、镉、汞三种元素，称为锌副族。ZnO、$Zn(OH)_2$均为两性化合物，$Zn(OH)_2$还能溶于氨水：

$$Zn(OH)_2 + 4NH_3 \longrightarrow [Zn(NH_3)_4]^{2+} + 2OH^-$$

思考与练习

1．何谓过渡元素？它涵盖了哪些元素？如何分类，各类元素的性质特征是怎样的？

2．如何区别K_2CrO_4和$K_2Cr_2O_7$？

3．以金属铁为原料，制备氯化亚铁和氯化高铁，制备亚铁时如何防止高铁生成？制备高铁时如何防止亚铁生成？

4．以 $CuSO_4$ 为原料制取下列物质：$[Cu(NH_3)_4]^{2+}$、$Cu(OH)_2$、CuO、Cu_2O、$Na_2[Cu(OH)_4]$、CuI。

5．简要回答下列问题：

（1）配制 $FeSO_4$ 溶液时，为什么要加 H_2SO_4 和铁钉？

（2）由 Fe 和 HNO_3 制备 $Fe(NO_3)_3$ 时，应采取哪种加料方式？为什么？

（3）制备 $Fe(NO_3)_3$ 时，HNO_3 是否越浓越好？为什么？

6. 用金属 Fe 分别与 HCl、稀 H_2SO_4 和 HNO_3 作用，是得到亚铁盐还是高铁盐？用反应式表示。

7．解释下列实验现象，并写出相关的反应式：

（1）$Fe_2(SO_4)_3$ 溶液与 Na_2CO_3 溶液作用，得不到 $Fe_2(CO_3)_3$；

（2）在水溶液中用 Fe^{3+} 与 KI 作用，不能制得 FeI_3；

（3）向 Fe^{3+} 溶液中加入 KSCN 后出现红色，若再向溶液中加入 Fe 粉或 NH_4F 晶体，红色又消失；

（4）向 $CoCl_2$ 溶液中加入 NaOH 溶液，先析出粉红色沉淀，沉淀很快又转为灰绿色至褐色。

8．向 $ZnSO_4$ 溶液中加入 NaOH：

（1）控制反应终点为 7.00，$Zn(OH)_2$ 能否沉淀完全？

（2）pH=9.00 又如何？通过计算说明。[$K_{sp}(Zn(OH)_2)=1.2\times10^{-17}$]

9．通过多重平衡规则求算下列反应的 K^0 值，并根据 K^0 值大小说明各反应进行的趋势。

（1）$AgCl(s) + 2NH_3 \cdot H_2O \rightleftharpoons Ag(NH_3)_2^+ + Cl^- + 2H_2O$ K_1

（2）$AgBr(s) + 2NH_3 \cdot H_2O \rightleftharpoons Ag(NH_3)_2^+ + Br^- + 2H_2O$ K_2

（3）$AgI(s) + 2NH_3 \cdot H_2O \rightleftharpoons Ag(NH_3)_2^+ + I^- + 2H_2O$ K_3

10．$KMnO_4$ 或 $K_2Cr_2O_7$ 是否都能与以下不同浓度的 HCl 作用并制得 Cl_2（设溶液中其他有关离子的浓度均为 1.00 $mol\cdot L^{-1}$），通过计算说明：

（1）1.00 $mol\cdot L^{-1}$

（2）0.010 0 $mol\cdot L^{-1}$

（3）10.0 $mol\cdot L^{-1}$

11．某深绿色固体 A 可溶于水，其水溶液中通入 CO_2 即得棕黑色沉淀 B 和紫红色溶液 C。B 与浓 HCl 共热时放出黄绿色气体 D，溶液近乎无色，将此溶液和 C 的溶液混合，又得沉淀 B。将气体 D 通入溶液 A，则得 C。试判断 A、B、C、D 为何物？写出有关的反应方程式。

12．试用简便方法将下列混合物分离：

（1）Ag^+和 Cu^{2+}；（2）Zn^{2+}和 Mg^{2+}；（3）Zn^{2+}和 Al^{3+}；（4）Hg^{2+}和 Hg_2^{2+}。

13．氯化铜结晶为绿色，其在浓 HCl 溶液中为黄色，在稀的水溶液中又为蓝色，这是为什么？

14．某一化合物A溶于水得一浅蓝色溶液，在A溶液中加入NaOH溶液可得浅蓝色沉淀B。B能溶于HCl溶液，也能溶于氨水；A溶液中通入H_2S，有黑色沉淀C生成；C难溶于HCl溶液而易溶于热浓HNO_3中。在A溶液中加入$BaCl_2$溶液，无沉淀生成，而加入$AgNO_3$溶液时有白色沉淀D生成；D也能溶于氨水。试判断A、B、C、D各为何物？写出有关的反应式。

15．有一无色溶液A有下列反应：

（1）加入氨水时有白色沉淀生成；

（2）加入稀碱有黄色沉淀生成；

（3）若滴加KI溶液，先析出橘红色沉淀，当KI过量时，橘红色沉淀消失；

（4）若往此无色溶液中加入两滴汞并振荡，汞逐渐消失，仍变为无色溶液，此时加入氨水得灰黑色沉淀。

问A为何种盐类？写出有关反应式。

下篇

实验部分

总述 无机化学实验基本知识

一、实验目的

无机化学实验在无机化学教学中占有极其重要的地位，其目的不仅是传授化学知识，更重要的是培养学生的能力和优良素质，通过实验课学生应受到下列训练：

通过实验，可以获得大量物质变化的第一手感性知识，巩固和加深对无机化学基本理论、基础知识的理解，进一步掌握常见元素及其化合物的重要性质和反应规律，了解无机化合物的一般提纯和制备方法。

通过实验，学生亲自动手，实际训练各种操作，可以培养学生正确地掌握化学实验的基本操作和技能技巧，学会使用一些常用仪器。

通过实验，也可以培养学生独立工作和独立思考的能力。例如，独立准备和进行实验的能力；细致观察与记录实验现象，归纳、综合，正确测定与处理实验数据的能力；分析实验和正确阐述实验结果的能力；正确的设计实验（包括选择实验方法、实验条件、所需仪器、设备和试剂等）和解决实际问题的能力等。

通过实验，还可以培养学生具有实事求是、严谨的科学态度，勤俭节约的优良作风、相互协作的精神、勇于开拓的创新意识，准确、细致、整洁等良好的实验作风和环境保护意识。从而逐步使学生初步掌握科学研究的方法。

无机化学实验的任务就是要通过整个无机实验教学，逐步地达到上述目的，为学生学习后续课程、参与实际工作和科学研究打下良好的基础。

二、学习方法

要达到上述目的，不仅要有正确的学习态度，还要有正确的学习方法。做好无机化学实验必须掌握如下几个环节：

1．预习

实验前的预习，是保证做好实验的一个重要环节。预习应达到下列要求：

（1）阅读实验教材和教科书中的有关内容。

（2）明确实验的目的。

（3）了解实验内容、有关原理、步骤、操作过程和实验注意事项。

（4）在预习的基础上，写好预习报告，方能进行实验。

预习报告一般包括：实验题目、日期、实验目的、实验原理（用自己的话扼要写出）、实验步骤（简要叙述或用框图、箭头式表示）、实验记录（包括实验现象、原始记录，常采用表格式，或自行设计格式）、注意事项、实验中所需数据或常数、思考题的解答。

2．实验

学生应遵守实验室规则，接受教师指导，根据实验教材规定的方法、步骤和试剂用量来进行操作，并应做到下列几点：

（1）认真操作，细心观察，把观察到的现象或实验数据及时、如实地详细记录在实验报告中。

（2）如果发现实验现象和理论不符合，应首先尊重实验事实，并认真分析和检查其原因，也可做对照试验、空白试验或自行设计的实验来核对，必要时应多次重做验证，从中得到有益的科学结论和学习科学思维的方法。

（3）实验过程中要勤于思考，仔细分析，力争自己解决问题。遇到疑难问题而自己难以解决时，可请教师指导。

（4）在实验过程中应该保持肃静，严格遵守实验室工作规则。

3．实验报告

做完实验后，应对实验现象进行解释并作出结论，或根据实验数据进行处理和计算，独立完成实验报告，交指导教师审阅。若有实验现象、解释、结论、数据、计算等不符合要求，应重做实验，并写报告。实验报告的要求是：

❖ 简明扼要地阐明实验原理。

❖ 实验步骤尽量以表格、框图表达，文字要简明，或以方程式表示。

❖ 实验现象应描述准确，数据记录要真实完整。解释现象应言简意赅，表达准确，结论要有理有据。

❖ 曲线、作图应采用坐标纸完成，坐标、点、线的绘制力求规范。

三、学生实验守则

学生实验守则是学生实验正常进行的保证，学生进入实验室必须遵守以下规则：

1．进入实验室，一切都要遵照学生实验守则，听从老师指导与安排，不准大声喧哗，不得到处乱走。未穿实验服、未写实验预习报告者不得进入实验室进行实验。

2．进入实验室后，要熟悉周围环境，熟悉防火及急救设备器材的使用方法和存放位置，遵守安全守则。

3．实验前，清点、检查仪器、明确仪器规范操作方法及注意事项。如发现仪器有破损或缺少应立即报告老师，按规定手续向实验准备室补领。

4．实验中必须遵守纪律，保持肃静，集中思想，认真操作，仔细观察，积极思维，如实记录，不得擅自离开岗位，不得做与实验无关的事情。不得无故缺席，因故缺席未做的实验应该补做。

5．爱护国家财物，小心使用仪器和实验室设备，注意节约水和电。

6．未经老师允许不得乱动精密仪器，使用时必须严格按照操作规程进行操作，细心谨慎。如发现仪器有故障，应立即停止使用，报告老师，及时排除故障。

7. 实验台上的仪器应整齐地放在一定的位置，同时保持实验室和桌面清洁整齐，废纸、火柴梗和碎玻璃等应倒在废物缸内，废液应倒入废液缸内，严禁倒入下水道，以防水槽堵塞或腐蚀。

8. 使用药品时应注意下列几点：

（1）药品应按规定量取用，如果书中未规定用量，应注意节约，尽量少用。

（2）取用固体药品时，注意勿使其撒落在实验台上。

（3）药品自瓶中取出后，不应倒回原瓶中，以免带入杂质而引起瓶中药品变质。

（4）试剂瓶用过后，应立即盖上塞子，并放回原处，以免和其他瓶塞搞错，混入杂质。

（5）使用药品时，要求明确其性质及使用方法后，据实验要求规范使用。禁止随意混合药品。

（6）实验教材中规定在实验做过后要回收的药品，都应倒入回收瓶中。

9. 仔细观察各种现象，并如实地详细记录在实验报告中。

10. 实验后，应将所用仪器洗刷干净，放回规定的位置、整理好桌面，把实验台揩净，并打扫地面，最后关好电闸、水和煤气阀门。实验柜内仪器应存放有序，清洁整齐。实验室内一切物品（仪器药品和产物等）不得带离实验室。

11. 每次实验后由学生轮流值日，负责打扫和整理实验室，并检查水、电开关、门窗是否关好，电闸是否拉下，以保持实验室的整洁和安全。

12. 如果发生意外事故，应保持镇静，不要惊慌失措，应立即报告老师，采取适当措施妥善处理。

四、实验室安全守则

进行化学实验时，要严格遵守关于水、电、煤气和各种仪器、药品的使用规定。化学药品中，有很多是易燃、易爆、有腐蚀性和有毒的。因此，重视安全操作，熟悉一般的安全知识是非常必要的。

注意安全不仅是个人的事情。一旦发生事故，不仅损害个人健康，还要危及周围的人，使国家的财产受到损失，影响工作的正常进行。因此，实验者必须像重视实验内容一样认真阅读实验室安全守则。安全守则如下：

1. 不要用湿的手、物接触电源。水、电、煤气一经使用完毕，就立即关闭水龙头、煤气开关，拉掉电闸。点燃的火柴用后立即熄灭，不得乱扔。

2. 实验室内严禁吸烟、饮食、玩手机、嬉闹。

3. 一切有毒和有刺激性气体的实验，都应在通风橱中进行。

4. 具有易挥发或易燃物质的实验，都应在离火较远的地方进行，并应尽可能在通风橱中进行。

5. 使用酒精灯，应随用随点，不用时盖上灯罩。不要用已点燃的酒精灯去点燃别的酒精灯，以免酒精溢出，引起火灾。

6．加热试管时，不要将试管口指向自己和别人，也不要俯视正在加热的液体，以免溅出的液体把人烫伤。

7．不允许用手直接取用固体药品。在闻瓶中气体的气味时，鼻子不能直接对着瓶口（或管口），而应用手轻拂气体，把少量气体轻轻扇向自己再闻。

8．洗液、浓酸、浓碱具有强腐蚀性，切勿溅在衣服、皮肤、尤其是眼睛上。稀释浓硫酸时，应将浓硫酸慢慢地注入水中，并不断搅动，切勿将水注入浓硫酸中以免迸溅伤人。

9．使用有毒试剂（如汞、砷、铅等化合物，尤其是氰化物），不得触及皮肤和伤口。实验后的废液应倒入指定容器内集中处理。

10．严禁做未经老师允许的实验和任意混合各种药品，以免发生意外事故。

11．实验完毕，洗净双手，关闭水、电、煤气等总阀门，关闭门窗后，方可离开实验室。

五、实验室意外事故处理

1．烫伤：轻度烫伤，可涂擦饱和碳酸氢钠溶液，也可抹烫伤膏；若伤处皮肤已破，可涂些紫药水或1%高锰酸钾溶液。

2．割伤：遇玻璃割伤时，伤口内若有玻璃碎屑等异物，应先取出，再进行消毒、包扎。轻伤可涂上红药水，必要时撒些消炎粉并包扎。伤势较重时先对伤口周围进行消毒处理，用纱布或清洁物品按住伤口压迫止血，并立即送往医院。

3．酸蚀：应立即用大量水冲洗，再用饱和碳酸氢钠溶液冲洗，最后用水冲洗。如果酸液溅入眼中，用大量水冲洗后，送校医院诊治。

4．碱蚀：应立即用大量水冲洗，再用饱和硼酸溶液洗，最后用水冲洗。如果碱液溅入眼中，用硼酸溶液洗。

5．溴腐蚀：用苯或甘油洗伤口，再用水洗。

6．吸入刺激性或有毒气体：吸入硫化氢或一氧化碳气体而感到不适时，应立即到室外呼吸新鲜空气。

7．触电：立即切断电源，必要时，进行人工呼吸。

8．火灾：起火后，要立即一面灭火，一面防止火势蔓延（如采取切断电源，移走易燃药品等措施）。灭火的方法要针对起因选用合适的方法。一般的小火可用湿布、石棉布或砂子覆盖燃烧物，即可灭火。火势大时可使用泡沫灭火器。如遇电器设备引起的火灾，必须使用 CCl_4 灭火器灭火，不能使用泡沫灭火器，以免触电。实验人员衣服着火时，切勿惊慌乱跑，应立即脱下衣服或用石棉布覆盖着火处。

总之，在实验中如果不慎发生意外事故，不要慌张，应沉着、冷静，果断迅速地处理。

六、无机化学实验常用仪器介绍

仪　　器	用　　途	注意事项
试管	少量试剂的反应容器，便于操作和观察	1．可直接用火加热，硬质试管可以加热至高温 2．加热后不能骤冷，否则容易破裂
离心试管	少量试剂的反应容器，还可用于少量溶液中的沉淀分离	1．不可直接加热，只能水浴加热 2．离心时，把离心试管插入离心机的套管内进行离心分离，取出时要用镊子
烧杯	1．反应器，反应物易混合均匀 2．配制溶液 3．物质的加热溶解	1．加热前要将烧杯外壁擦干，然后将其放置于石棉网上，使其受热均匀 2．反应液体不得超过烧杯容量的2/3，以免液体外溢
试管架	用于放试管	1．加热的试管应稍冷后放入架中 2．洗净的试管应倒插在木架上

仪 器	用 途	注意事项
试管夹	加热试管时夹试管用	防止烧损或锈蚀，使用时手应拿长夹处
	洗刷玻璃仪器	小心刷子顶端的铁丝损坏玻璃仪器
	盖在烧杯上防止液体迸溅或作其他用途	不能用火直接加热，直径要略大于所盖容器
石棉网	加热玻璃器皿时，垫上石棉网，使受热物质均匀受热，不致造成局部过热	不能与水接触，以免石棉脱落或铁丝生锈
漏斗 长颈漏斗	用于过滤等操作，长颈漏斗特别适用于定量分析中的过滤操作	不能用火直接加热
吸滤瓶和布氏漏斗	两者配套使用，用于无机制备中晶体或沉淀的减压过滤	1．不能直接加热 2．滤纸要略小于漏斗的内径，又要把底部的小孔全部盖住，以免漏滤 3．先抽气，后过滤，停止过滤时要先放气，后关泵
滴瓶 细口瓶 广口瓶	1. 滴瓶、细口瓶盛放液体试剂，广口瓶盛放固体试剂 2. 不带磨口塞子的广口瓶可作集气瓶	1．不能直接用火加热 2．滴管及瓶塞均不得互换 3．盛放碱液时，细口瓶要用橡皮塞

仪　　器	用　　途	注意事项
药勺（匙）	取固体药品用，药匙两端各有一个勺，一大一小，根据用药量大小分别选用	1．取用一种药品后，必须洗净并用滤纸碎片擦干才能取用另一种药品 2．不能取灼热的物品
三脚架	放置较大或较重的受热容器	防止受潮锈蚀
铁夹 铁圈 铁架台	装配仪器时，用于固定仪器铁圈还可代替漏斗架使用	1．铁夹夹持玻璃仪器时，不宜过紧，以免碎裂 2．仪器固定在铁架台上时，仪器和铁架的重心应落在铁架台底盘的中心 3．防止受潮锈蚀
量筒	用于量取一定体积的液体	1．不能加热，不能用作反应容器 2．不可量热的溶液或液体

仪　　器	用　　途	注意事项
 研钵	磨细药品或将两种或两种以上固态物质通过研磨混匀 按固体性质和硬度的不同选用不同质地的研钵	1. 不能用作反应容器，不能直接加热 2. 放入物质的量不宜超过容量的 1/3 3. 易爆物质不能在研钵中研磨
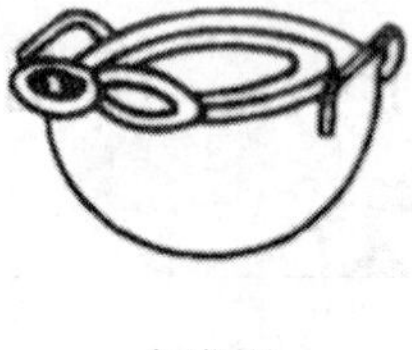 水浴锅	用于间接加热，也用于粗略地控制温度	1. 经常加水，防止锅内烧干 2. 用毕将锅内剩水倒出并擦干
 蒸发皿	用于溶液蒸发、浓缩和结晶	可耐高温，可直接加热，但高温时不能骤冷。随液体性质不同可选用不同质地的蒸发皿
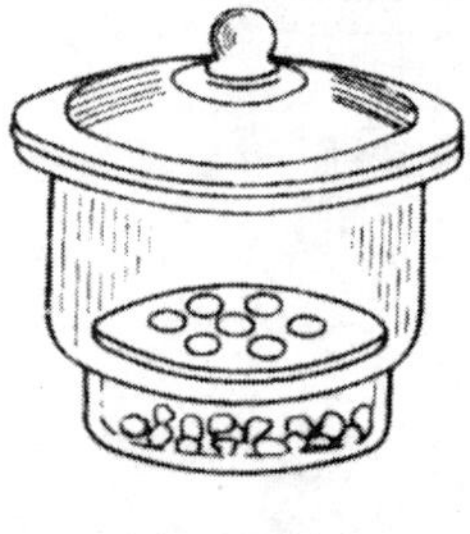 干燥器	保持物品干燥，内放干燥剂。用于存放易吸湿的物质，也可用于存放已烘干或灼热后的物质和灼烧过的坩埚，以防还潮	1. 灼热的物品稍冷后才能放入 2. 防止盖子滑动打碎 3. 放入的物品未完全冷却前要每隔一定时间开一下盖子 4. 盖的磨口处涂适量的凡士林，干燥剂要及时更换
 容量瓶	配制标准溶液，配制试样溶液或进行溶液的定量稀释	1. 不能加热 2. 磨口瓶塞是配套的，不能互换 3. 不能代替试剂瓶用来存放溶液

实验一　溶液的配制

实验目的

1．掌握一般溶液的配制方法和基本操作。

2．学习台秤、吸量管和容量瓶的使用方法。

3．学会腐蚀性药品的称量。

4．巩固和加深对物质的量浓度概念的理解。

实验原理

（一）由固体试剂配制溶液

先计算出配制一定体积的准确浓度溶液所需固体试剂的用量，并在天平上称出它的质量，放在干净的烧杯中，加适量蒸馏水使其完全溶解。将溶液转移到容量瓶中，用少量蒸馏水洗涤烧杯 2～3 次，冲洗液也移入容量瓶中，再加蒸馏水至标线处，盖上塞子，将溶液摇匀即成所配溶液。然后将溶液移入试剂瓶中，贴上标签。备用。

（二）由液体（或浓溶液）试剂配制溶液

先计算配制一定体积物质的量浓度溶液所需液体试剂的体积；用量筒量取液体试剂；在烧杯中溶解，并稀释至刻度或直接稀释至刻度。也可以用移液管或吸量管吸取所需体积的浓溶液注入给定体积的容量瓶中，再加蒸馏水至标线处，摇匀后，倒入试剂瓶中，贴上标签，备用。

实验仪器和药品

仪器：100 mL 容量瓶 2 只，500 mL 容量瓶 1 只，100 mL 烧杯 2 只，量筒，玻璃棒 3 支，10 mL 吸量管，胶头滴管 3 支，药匙 2 只，台秤。

药品：6 $mol \cdot L^{-1}$ HCl，NaOH（A·R），Na_2CO_3（A·R），$CuSO_4 \cdot 5H_2O$（A·R），2 $mol \cdot L^{-1}$ 的醋酸溶液。

实验说明

（一）移液管和吸量管的使用

移液管和吸量管都是用来准确移取一定体积溶液的量器（见图 1-1）。

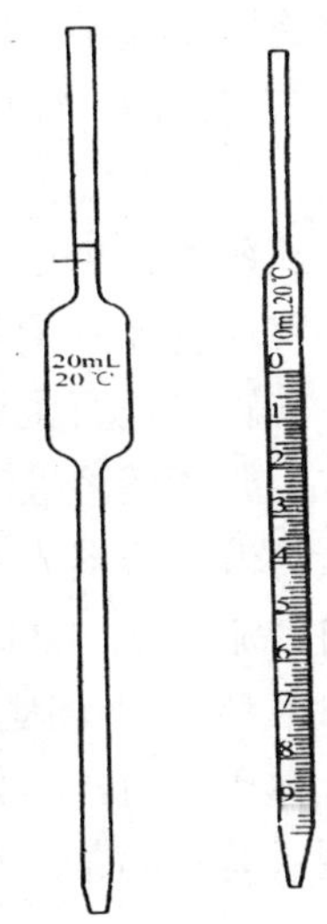

图 1-1　移液管与吸量管

移液管是一根中部直径较粗、两端细长的玻璃管，其上端有一环形标线，表示在一定温度下移出液体的体积，该体积刻在移液管中部膨大部分上。常用的移液管有 5 mL，10 mL，20 mL，25 mL，50 mL 等规格。

吸量管是刻有分度的玻璃管，也叫刻度吸管，管身直径均匀，刻有体积读数，可用以吸取不同体积的液体。比如将溶液吸入，读取与液面相切的刻度，然后将溶液放出至适当刻度，两刻度之差即为放出溶液的体积。常用的有 0.1 mL，0.5 mL，1 mL，2 mL，5 mL，10 mL 等规格，其准确度较移液管差些。移液管和吸量管均为量出式量器，两者的洗涤方法和使用方法基本相同。

1．洗涤方法。洗净原则与其他玻璃仪器相同。

先用自来水冲洗一下，如果有油污，可用洗液洗，吸取洗液的方法与移液时相同。用吸耳球吸取洗液至球部约 1/3，用右手食指按住管上口，放平旋转，使洗液布满全管片刻，将洗液放回原瓶。用自来水冲洗，再用蒸馏水润洗内壁 2～3 次，每次将蒸馏水吸至球部的 1/3 处，方法同前。放净蒸馏水后，可用滤纸吸去管外及管尖的水。

如果内壁油污较重，可将移液管放入盛有洗液的量筒或高型玻璃缸中，浸泡 15 min 至数小时，再以自来水和蒸馏水洗涤。

2．使用方法。用移液管吸取溶液时，一般可将待吸溶液转移到已用该溶液润洗 3 次的烧杯中，再进行吸取，也可以直接从容量瓶中吸取。正式吸取前，将管尖水分吹出，按常规洗涤后用少量待吸液润洗内壁 3 次，方法同上。要注意先挤出吸耳球中空气再接在移液管上，并立即吸取，防止管内水分流入试剂中。

移液时，左手持吸耳球，右手大拇指和中指拿住移液管上部（标线以上，靠近管口），管尖插入液面以下 1～2cm 处（不要太深，也不要太浅）。用吸耳球轻轻吸上溶液（注意液面和移液管的位置，应使移液管尖随液面下降而下降），当溶液上升到标线或所需体积以上时，迅速用右手食指紧按管口，将移液管取出液面，右手垂直拿住移液管使管尖紧靠液面以上的烧杯壁或容量瓶壁，微微松开食指并用中指及拇指捻转管身，直到液面缓缓下降到与标线相切时，再次紧按管口，使溶液不再流出。左手改拿盛溶液的容器，使容器倾斜约 45°，右手把移液管慢慢地垂直移入准备承接溶液的容器内壁上方，使移液管管尖紧靠液面上方的容器内壁，松开食指让溶液自由流下（图 1-2）。待溶液流尽后，再停 15s 取出移液管。不要把残留在管尖的少量液体吹出，因为在校准移液管体积时，没有把这一部分液体算在内。但如果管上有“吹”“快吹”等字样时，则要用吸耳球将最后残留在管尖的液体吹出，一般多见于吸量管。

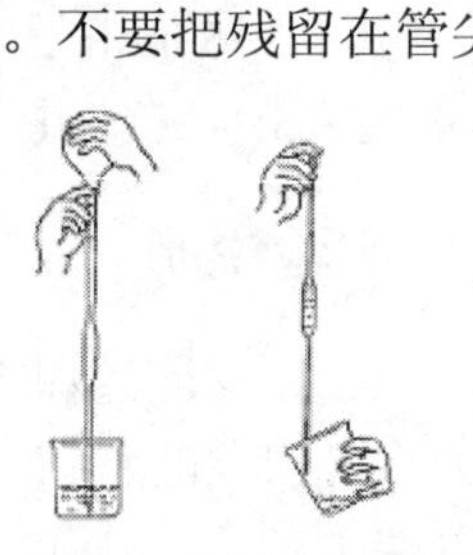

移液管和吸量管在使用时，一定要注意保持垂直，管尖流液口必须与倾斜的器壁接触并保持不动，并视不同情况处理放液后残留在管尖的少量液体。

图 1-2　移液管的使用

移液管和吸量管用完后应放在移液管架上。实验完毕，立即用自来水冲洗干净，再用蒸馏水淋洗后，放在移液管架上。

（二）容量瓶的使用

容量瓶是细颈梨形的平底玻璃瓶，由无色或棕色玻璃制成，带有磨口玻璃塞或塑料塞，瓶颈上有一体积环形标线，瓶上一般标有它的容积和标定时的温度。当加入容量瓶的液体体积充满至标线时，瓶内液体的体积和瓶上标示的体积相同。

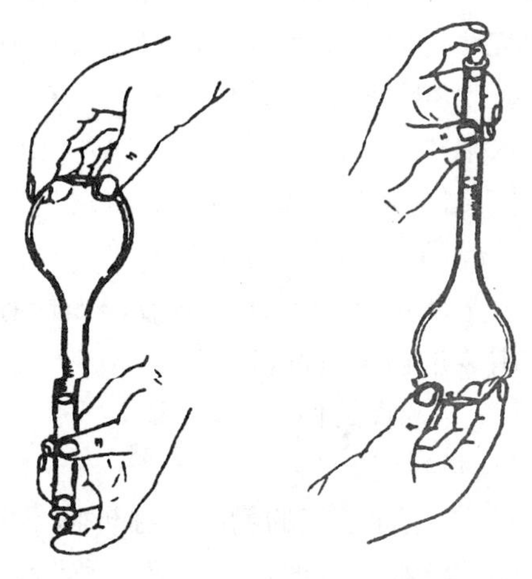

图 1-3　容量瓶试漏

常用的容量瓶有多种规格，如 50 mL，100 mL，250 mL，500 mL，1000 mL 等。容量瓶是一种量入式容量仪器，它主要用于将精密称量的物质准确地配成一定体积的溶液，或将准确体积的浓溶液稀释成一定体积的稀溶液，这种过程通常称为定容。在稀释溶液时，容量瓶常和移液管配合使用。

1．容量瓶的准备　容量瓶使用前，必须检查是否漏水。检漏时，在瓶中加自来水至标线附近，盖好瓶塞，左手指尖顶住瓶底边缘，右手持瓶颈，食指按住瓶塞，倒立 2 min（如图 1-3），观察瓶塞周围是否渗水，如不渗水，将瓶直立，转动瓶塞 180º 后，再倒转试漏一次。检查不漏水后的容量瓶才能使用，首先进行常规洗涤。

容量瓶洗涤时，如有油污，可用洗液浸洗。用洗液洗时，倒入 10～20 mL 洗液，转动瓶子使洗液布满全部内壁，然后放置数分钟，将洗液倒回原瓶。再依次用自来水，蒸馏水洗净，要求内壁不挂水珠。洗涤时应遵循“少量多次”的原则。

用容量瓶配制溶液的过程可概括为：称量、溶解、转移、定容、摇匀。

2. 容量瓶的使用方法　用容量瓶配制溶液时，一般是将样品称量在小烧杯中，加入少量水或适当的溶剂使之溶解，必要时可加热。待全都溶解并冷却后，一手拿玻璃棒，一手拿烧杯，在瓶口上慢慢将玻璃棒从烧杯中取出，并将它插入瓶口(但不要与瓶口接触)，再让烧杯嘴紧贴玻璃棒，慢慢倾斜烧杯，使溶液沿着玻璃棒慢慢流入容量瓶（如图 1-4），倒完溶液后，将烧杯沿玻璃棒轻轻向上提，同时慢慢将烧杯直立，使烧杯和玻璃棒之间附着的液滴流回烧杯中，将玻璃棒取出放入烧杯，但不得将玻璃棒靠在烧杯嘴

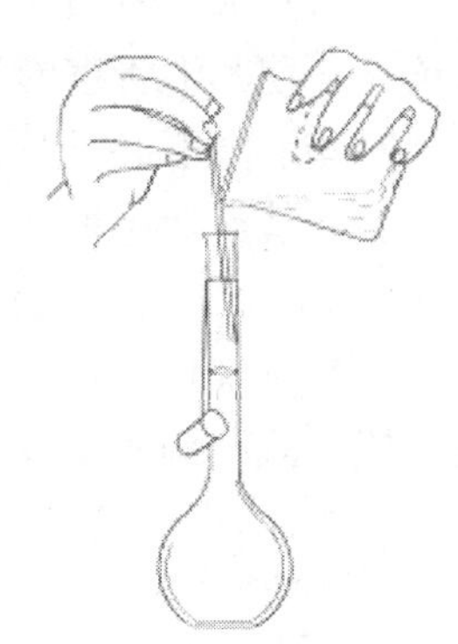

图 1-4　定量转移操作

一边。用少量蒸馏水荡洗烧杯和玻璃棒，洗涤液按同样的方法全部转移入容量瓶中，重复淋洗 2～3 次。这一操作称为定量转移。

然后加蒸馏水稀释，稀释到容量瓶容积的 2/3 时，将容量瓶直立旋摇（不要盖上塞子），使溶液初步混合，最后继续稀释至近标线时，等候 1～2 min，改用滴管或控制洗瓶逐滴加水至弯月面最低点恰好与标线相切，这一操作可称为定容。定容以后，盖上容量瓶瓶塞，像试漏时一样，将瓶倒立，待气泡上升到顶部后，在倒置状态时水平摇动几周，再倒转过来，如此反复多次，直到溶液充分混匀。

按照同样的操作可将一定浓度的溶液稀释到一定的体积，只不过在小烧杯中不是固体样品的溶解，而是溶液的稀释。

容量瓶不宜长期存放溶液，如保存溶液则应转移到试剂瓶中，试剂瓶应预先干燥或用少量该溶液润洗 3 次。

（三）台秤的使用

1．调零点。

2．不能称量热的物品。称量物不能直接放在盘上，应根据具体情况决定放在已称量的、洁净的表面皿、烧杯或称量用纸上。

3．称量（左物右码）。

4．称量完毕，砝码回盒，游码拨到“0”位。

5．保持台秤的整洁。沾有药品或其他污物时，应立即清除。

（四）试剂的取用

1．固体试剂的取用

（1）用干净、干燥的药匙（两端都可使用）取试剂。应专匙专用。

（2）注意不要超过指定用量取药，多取不能放回原瓶。

（3）取一定量固体试剂，可在称量纸上称量。腐蚀性或易潮解的固体应放在表面皿上或玻璃容器内称量。

（4）往试管中加入固体时，可用药匙或纸片伸进试管的 2/3。加块状固体，应倾斜试管，使其沿管壁慢慢滑下。

2．液体试剂的取用

（1）从滴瓶中取用试剂，不能将滴管伸入所用容器，滴管不能横放或管口向上倾斜。

（2）从细口瓶中取试剂，用倾注法。瓶盖倒放，标签向手心。加入烧杯中要用玻璃棒引流。倒入试管中的量不超过其容积的 1/3。

实验内容

一、配制 100 mL 0.1 $mol \cdot L^{-1}$ HCl 溶液

（1）计算。根据稀释定律 $C_1V_1 = C_2V_2$，计算配制 100 mL 0.1 $mol \cdot L^{-1}$ HCl 溶液

所需 6 mol·L^{-1} HCl 的体积。

（2）量取和稀释。用吸量管吸取一定体积的 6 mol·L^{-1} HCl 溶液，倒入盛有 20 mL 蒸馏水的烧杯中，用玻璃棒慢慢搅动，使混合均匀并冷却。

（3）转移、洗涤和定容。将上述溶液沿玻璃棒注入容量瓶中（按照定容的方法），用水稀释到刻度，即为所需配制的溶液。

（4）保存。待溶液冷却后，倒入指定的试剂瓶中保存备用。

二、配制 100 mL 0.1 mol·L^{-1} NaOH 溶液

（1）计算。计算配制 100 mL 0.1 mol·L^{-1} NaOH 溶液所需 NaOH 的质量。

（2）称量。用托盘天平先称量干燥洁净的小烧杯质量，再在托盘天平的右盘中添加一定质量的砝码，在天平左盘的烧杯中添加 NaOH 固体至天平平衡。

（3）配制溶液。往盛有 NaOH 的烧杯中加入约 20 mL 的蒸馏水，用玻璃棒慢慢搅动使之溶解并冷却，然后按照配制 HCl 溶液的方法，用 100 mL 容量瓶配成 0.1 mol·L^{-1} 的 NaOH 溶液。

（4）保存。待溶液冷却后，倒入指定的试剂瓶中保存备用。

三、由市售φ_B＝0.95 的酒精配制φ_B＝0.75 的药用消毒酒精 95 mL

（1）计算。$\varphi_1 V_1 = \varphi_2 V_2 \rightarrow 0.95\times V=0.75\times 95 \quad V=75$（mL）。

（2）量取。取φB＝0.95 的酒精 75 mL 于 100 mL 烧杯中。

（3）配制。加蒸馏水至 100 mL 刻度线，用玻璃棒搅匀。

四、配制 ρ_B＝9 g·L^{-1} 的生理盐水 100 mL

（1）计算。$\rho_B = m_B/V \rightarrow m_B = \rho_B\times V=9\times 0.1 =0.9$（g）。

（2）称量。在台秤上准确称取 0.9 gNaCl 于 50 mL 小烧杯中。

（3）溶解。加 20 mL 蒸馏水溶解 NaCl 固体。

（4）定容。用玻璃棒转移到 100 mL 容量瓶中，并洗涤 3 次，洗涤液一并入容量瓶中，加蒸馏水到 100 mL 刻度线，搅匀。

思考题

1．把烧杯里的溶液转移到容量瓶中后，烧杯里的洗涤液为什么也要倒入容量瓶中去？

2． 称量时为什么不直接在托盘天平上称？在托盘天平上垫一张蜡纸后称量行吗？本实验采用烧杯称量，你认为好吗？

3． 配制溶液时如溶液的弯月面低于或高于标线，能否纠正，应怎样纠正？为什么？

注意事项

1．氢氧化钠具有腐蚀性，必须用小烧杯作为容器，采用固定质量称量法。

2．称取氢氧化钠时，速度要快，试剂瓶要立即盖上，防止氢氧化钠潮解、与空气中水分、二氧化碳等发生反应。

3．容量瓶的使用六忌：

（1）一忌用容量瓶进行溶解（体积不准确）。

（2）二忌直接往容量瓶倒液（洒到外面）。

（3）三忌加水超过刻度线（浓度偏低）。

（4）四忌读数仰视或俯视（仰视浓度偏低，俯视浓度偏高）。

（5）五忌不洗涤玻璃棒和烧杯（浓度偏低）。

（6）六忌标准液存放于容量瓶（容量瓶是量器，不是容器）。

4．在定容时，最后要用胶头滴管调节液面到容量瓶的刻度。

5．移液管、吸量管操作要规范化。

6．所有仪器使用完毕，要清洗干净。

7．在洗容量瓶时，所用的蒸馏水不能太多，应遵循少量多次的洗涤原则。

8．所配制的溶液均回收。

实验二　化学反应速率和化学平衡

实验目的

1．掌握浓度、温度和催化剂对化学反应速率的影响，掌握浓度、温度对化学平衡的影响。

2．掌握实验中数据采集、记录和处理方法，学会根据实验数据作图。

3．练习在水浴中进行恒温操作。

实验原理

化学反应速率是以单位时间内反应物浓度的减少或生成物浓度的增加来表示的。化学反应速率首先与化学反应的本性有关，此外反应速率还受到反应时所处的外界条件（浓度、温度、催化剂）的影响。

硫代硫酸钠和硫酸在水溶液中发生如下反应：

$$Na_2S_2O_3 + H_2SO_4 = Na_2SO_4 + S\downarrow + SO_2\downarrow + H_2O$$

由于反应生成不溶于水的硫，使溶液出现乳白色浑浊现象。根据出现浑浊现象所需时间的长短，可以判断化学反应进行的快慢。

温度可显著地影响化学反应速率，对大多数化学反应来说，温度升高，反应速率增大。

催化剂可大大改变化学反应速率，催化剂与反应系统处于同相，称为均相（或单相）催化。催化剂与反应系统不为同一相，称为多相催化，如 H_2O_2 溶液在常温下不易分解放出氧气，而加入催化剂 MnO_2 则 H_2O_2 分解速率明显加快。

实验用品

仪器：试管、滴管、50 mL 小烧杯、400 mL 大烧杯、10 mL 量筒、NO_2 平衡仪、温度计、秒表、酒精灯。

药品：

固体：MnO_2。

液体：$Na_2S_2O_3$（$0.1\ mol\cdot L^{-1}$、$0.025\ mol\cdot L^{-1}$），H_2SO_4（$0.1\ mol\cdot L^{-1}$），3% H_2O_2，$FeCl_3$（$0.01\ mol\cdot L^{-1}$），KSCN（$0.01\ mol\cdot L^{-1}$）。

材料：小纸片、透明胶条、黑色笔、火柴、剪刀。

实验内容

一、浓度对化学反应速率的影响

取三只 50 mL 洁净的小烧杯，编号 1～3 号，用黑色笔在三张小纸片上画出粗细相等的三个“十”字，并用透明胶条把它们分别贴在 1、2、3 号小烧杯的外底中央（也可将“十”字直接画在小烧杯的外底上）。

用量筒准确量取 10 mL $0.1\ mol\cdot L^{-1}$ $Na_2S_2O_3$ 溶液，倒入 1 号小烧杯中，这时从小烧杯口可以清楚地看到“十”字。用另一只量筒准确量取 5 mL $0.1\ mol\cdot L^{-1}$ 硫酸溶液，将量筒中的硫酸溶液迅速倒入盛有 $Na_2S_2O_3$ 溶液的烧杯中，立刻按表计时，并搅拌溶液，到溶液出现浑浊现象使烧杯底部的“十”字看不见时，停止计时。将记录的时间填入下表。

用量筒准确量取 5 mL $0.1\ mol\cdot L^{-1}$ $Na_2S_2O_3$ 溶液和 5 mL 蒸馏水，倒入 2 号小烧杯中，搅拌均匀。用另一只量筒准确量取 5 mL $0.1\ mol\cdot L^{-1}$ 硫酸溶液，将量筒中的硫酸溶液迅速倒入盛有 $Na_2S_2O_3$ 溶液的烧杯中，立刻按表计时，并搅拌溶液，到溶液出现浑浊现象使烧杯底部的“十”字看不见时，停止计时，记录溶液变浑浊的时间。用同样的方法依次按下表编号进行实验。

数据记录：

室温：__________

实验编号	$Na_2S_2O_3$ 体积/mL	H_2O 体积/mL	H_2SO_4 体积/mL	溶液混浊时间/秒
1	10	0	5	
2	5	5	5	
3	2.5	7.5	5	

二、温度对化学反应速率的影响

将实验内容一中所用的三只小烧杯洗净，保留编号及黑色“十”字。按下表规定的数量分别加入 5 mL 0.025 $mol·L^{-1}$ $Na_2S_2O_3$ 溶液。在室温条件下，向 1 号小烧杯中加入 5 mL 0.1 $mol·L^{-1}$ 硫酸溶液，并记录时间，到溶液出现的浑浊使烧杯底部的“十”字看不见时，停止计时。再把另两个烧杯分别放入 60℃、100℃水浴中保持一会儿，然后分别加入 5 mL 0.1 $mol·L^{-1}$ 硫酸溶液，并开始记录时间，到溶液出现的浑浊使烧杯底部的“十”字看不见时，停止计时。将记录的时间分别填入下表。

编号	$Na_2S_2O_3$ 体积/mL	H_2SO_4 体积/mL	温度/℃	溶液混浊时间/秒
1	5	5	室温	
2	5	5	60	
3	5	5	100	

三、催化剂对化学反应速率的影响

在试管中加入 3% H_2O_2 溶液 1 mL，观察是否有气泡产生，然后向试管中加入少量二氧化锰粉末，观察是否有气泡放出，并检验是否为氧气。

四、浓度对化学平衡的影响

在小烧杯中加入 10 mL 蒸馏水，再加入 $FeCl_3$ 及 KSCN 溶液各 2 滴，即发生如下反应：

$$Fe^{3+} + n\,SCN^{-} \rightleftharpoons [Fe(SCN)_n]^{3-n} \qquad n=1\sim6$$

然后将充分混匀的溶液分于 3 支试管中，在第一支试管中逐滴加入 $FeCl_3$ 溶液，在第二支试管中逐滴加入 KSCN 溶液，观察颜色的变化，并将其与第三支试管中的颜色比较，说明浓度对化学平衡的影响。

五、温度对化学平衡的影响

取一支带有两个玻璃球的平衡仪（如图 2-1），其中有二氧化氮和四氧化二氮气体处于平衡状态，它们之间的平衡关系为：

$$2NO_2\ (g) \rightleftharpoons N_2O_4\ (g)$$

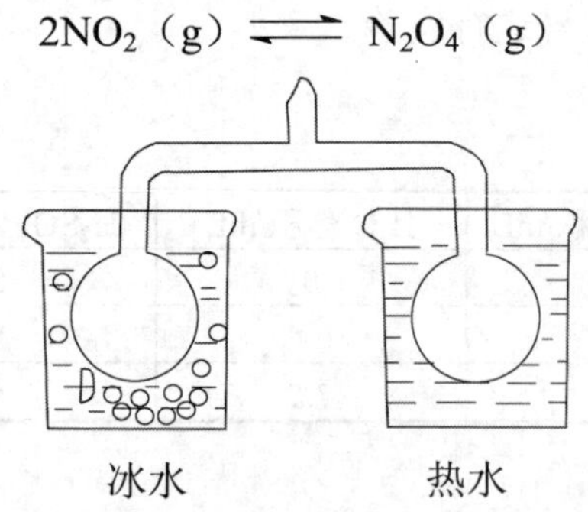

图 2-1 平衡仪

二氧化氮为红棕色气体，四氧化二氮为无色气体，气体混合物的颜色视两者的相对含量不同，可从浅红棕色至红棕色。

将平衡仪的一个玻璃球浸入热水浴中，另一个玻璃球浸入冷水（冰水）中，观察两个玻璃球中气体颜色的变化，指出平衡移动的方向。

思考题

1．实验内容二中，为什么要预先使小烧杯在热水浴中温热一会儿再放硫酸？

2．影响化学反应速率的因素有哪些？在本实验中如何试验温度、浓度、催化剂对反应速率的影响？

3．在做温度和浓度对化学反应速率或化学平衡影响的实验时，应注意什么？分别采取了哪些措施？

注意事项

在 MnO_2 的催化作用下，H_2O_2 的分解反应非常剧烈，故加入试管中的 H_2O_2 不宜过多，否则产生的氧太多太急，不易控制。催化剂用量要少，试管不可太小，以防反应过分剧烈而使反应物冲出试管。

由于 H_2O_2 分解时反应剧烈，如果有有机杂质存在时，可能会引起爆炸，故所用 MnO_2 须预先加以灼烧以除去其中的有机杂质。H_2O_2 溶液不要太浓，以 3%为宜，以免发生危险。

实验三　醋酸解离常数的测定

实验目的

1．掌握利用酸度计测定醋酸解离常数的原理和测定方法。

2．学习酸度计的使用方法。

3．进一步理解并掌握解离平衡的概念。

4．复习移液管、吸量管、容量瓶的操作方法。

实验原理

化学反应虽然种类繁多，但一般都要涉及两个方面的问题：一是反应进行的快慢，即反应的速率；二是反应进行的程度，即有多少反应物转化成生成物。这两个问题无论对于理论研究还是对于实际应用都有重要的意义。化学平衡常数的大小可以预示反应的方向和反应的程度，是研究各类化学反应的重要依据。化学平衡有解离平衡、配位平衡、氧化还原平衡、沉淀溶解平衡等类型。各类平衡的平衡常数均可通过实验方法测得。

本实验通过测定不同浓度的醋酸的 pH 来测定醋酸的解离平衡常数。

醋酸（HAc）是弱电解质，在水溶液中存在下列解离平衡：

$$HAc \rightleftharpoons H^{+}+Ac^{-}$$

设 c 为醋酸的起始浓度，平衡时 c（H^{+}）$=c$（Ac^{-}）$=x$，c（HAc）$= c - c$（H^{+}）$= c- x$

则解离常数：

$$K_a = \frac{[H^+][Ac^-]}{[HAc]} = \frac{x^2}{c-x}$$

在一定温度下，用酸度计测定一系列已知浓度的醋酸溶液的 pH 值，根据 pH $=-\lg c$（H^{+}），可求得各浓度 HAc 溶液对应的 c（H^{+}），代入上式可求得一系列对应的 K（HAc）值，取其平均值，即得该温度下醋酸的电离常数 K。

实验用品

仪器：PHS-3 型酸度计、50 mL 容量瓶 4 只、10 mL 吸量管、25 mL 移液管、100 mL 烧杯 5 只。

药品：醋酸溶液（0.2 mol·L^{-1}，实验室已标定）。

实验说明

pH 计（又称酸度计）是测定溶液 pH 值的常用仪器。它的型号有多种，如雷磁 25 型，pHS-2 型、pHS-3 型等。下面介绍 pHS-3 型酸度计的使用方法。

pHS-3 型酸度计是一台 4 位十进制数字显示的酸度计，能准确测量水溶液的 pH（±0.01pH）及电极电位（±1 mV）。仪器面板旋钮示意图如图 3-1 所示。

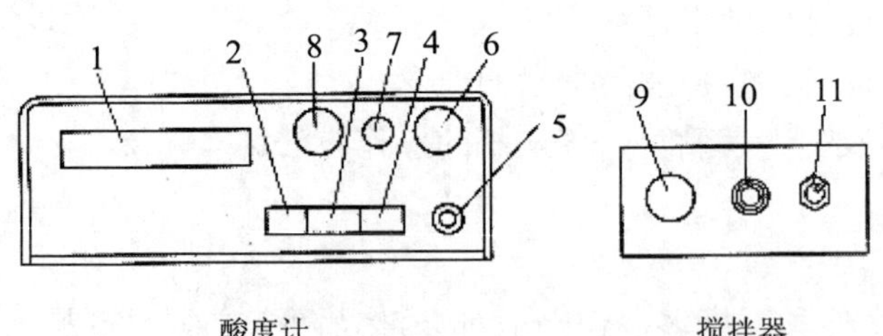

1．显示器；2．关电源键；3．pH 按键；4．mV 按键；5．测量开关；
6．定位调节器；7．零点调节器；8．温度调节器；9．调速；10．指示灯；11．电源

图 3-1 pHS-3 型酸度计面板旋钮示意图

pHS-3 型酸度计操作步骤如下：

1．接通电源。把酸度计和搅拌器接到 220V 交流电源上。放开测量开关，按下 mV 按键，预热半小时。

2．电极安装。把电极固定在电极夹上，并将电极插头插入电极插口，要求接触牢靠。

3．温度补偿。将温度补偿器旋到被测溶液的实际温度值出。

4．零点调节与校正。

（1）按下 mV 按键。

（2）调节零点调节器，使数字显示在"±0.00"之间。

5．定位。在被测定液与标准缓冲溶液温度相同的情况下，查处该温度下标准缓冲溶液 pH 值。于小烧杯中加入标准缓冲溶液乙，按下读数开关，旋转定位调节器使指针稳定指在该温度下标准缓冲溶液的 pH 值处。

6．调斜率。用 pH 试纸测试待溶液的酸碱度，再根据待测溶液的酸碱性选择最接近待测液 pH 的第二种标准缓冲液进行调节"斜率"。如果待测溶液呈酸性，则选用标准缓冲液甲；如果待测溶液呈碱性，则选标准缓冲液丙。对照说明书表中的标准溶液 pH 值，基本误差不应超过所用仪器的最小分度值。然后，将电极插入已选择的标准缓冲溶液中，振摇均匀，调节"斜率"钮，将 pH 值调至溶液温度下的 pH。

7．测量。将电极浸入被测溶液中，按下读数开关，即为被测溶液的 pH 值。

8．结束。测量完毕，关闭电源开关。要小心清洗电极。将甘汞电极下端的橡皮帽套上、加液口的橡皮塞塞好后置电极盒中保存。玻璃电极可放入蒸馏水中浸泡，已备再用，若长期不用，应置电极盒中保存。

实验内容

一、配制不同浓度的醋酸溶液

将四只 50.00 mL 容量瓶编成 1～4 号，用吸量管、移液管分别移取 2.50 mL，5.00 mL，10.00 mL，25.00 mL 已标定的醋酸溶液，把它们分别加入 1～4 号容量瓶中，再用蒸馏水稀释到刻度，摇匀，计算出这 4 瓶醋酸溶液的准确浓度，填入表 3-1。加上已标定的 HAc 溶液共有五种不同浓度的溶液。

二、测定醋酸溶液的 pH 值

把以上稀释的醋酸溶液和原醋酸溶液共 5 种不同浓度的溶液，按由稀到浓的次序，分别放入 5 个干燥的 50 mL 烧杯中，编号 1～5 号，用酸度计分别依次测定它们的 pH 值，记录数据和室温，填入表 3-1。

数据记录和处理：

表 3-1　　室温 = ____℃

烧杯编号	V（HAc）/mL	c（HAc）/$mol \cdot L^{-1}$	pH	c（H^+）/$mol \cdot L^{-1}$	c（Ac^-）/$mol \cdot L^{-1}$	c（HAc）/$mol \cdot L^{-1}$	K（HAc）	
							测定值	平均值
1	2.50							
2	5.00							
3	10.00							
4	25.00							
5	50.00							

三、计算醋酸溶液的解离常数

根据实验数据计算出各溶液解离常数，求出平均值。

注意事项

1．由于玻璃膜脆弱，极易损坏，使用对应特别小心。如果玻璃膜上沾有油污，可先浸入乙醇，然后浸入乙醚或四氯化碳中，最后再浸入乙醇后，用蒸馏水冲洗洁净。

2．选用玻璃电极测试 pH 时，由于玻璃性质常起变化，引起不稳定的不对称电位，需随时以已知 pH 的标准缓冲溶液进行校正。

3．甘汞电极中的氯化钾溶液应经常保持饱和，并且在弯管内不应有气泡存在，否则将使溶液隔断。

4．甘汞电极一端的毛细管与玻璃电极之间形成通路，因此在使用时必须检查毛细管并保证其畅通。检查方法是：先将毛细管擦干，然后用滤纸贴在毛细管的末端，如有溶液渗下，则证明毛细管未被堵塞。

5．在使用甘汞电极时，要把加氯化钾溶液处的小橡皮帽拔去，以便毛细管保持足够的液位压差，从而使少量的 KCl 溶液从毛细管中流出，否则测试溶液进入毛细管，将使测定结果不准确。

6．新的玻璃电极在使用前，必须在蒸馏水中或在 0.1 mol 盐酸中浸泡一昼夜以上，不用时，也最好浸泡在蒸馏水中。每次测量后都要用蒸馏水冲洗电极，用滤纸小心吸干后再进行下一次测量。

思考题

1．烧杯是否必须烘干？还可以作怎样处理？容量瓶是否要用醋酸溶液润洗？

2．改变所测醋酸溶液的浓度或温度，则解离常数有无变化？

3．测量时可否不用按照溶液浓度由低到高进行测量？

实验四 缓冲溶液的配制与性质

实验目的

1. 学习缓冲溶液的配制浓度和缓冲组分的比值关系。
2. 练习吸量管的使用方法，加深对缓冲溶液性质的理解。
3. 了解缓冲容量与缓冲剂。
4. 继续练习酸度计的使用方法。

实验原理

能抵抗外来少量强酸、强碱或适当稀释而保持 pH 基本不变的溶液叫缓冲溶液。缓冲溶液一般是由弱酸及其盐、弱碱及其盐、多元弱酸的酸式盐及其次级盐组成。缓冲溶液的 pH 可用下式计算：

$$pH = pK_a + \lg\frac{C_b}{C_a}$$

$$pH = pK_a + \lg\frac{V_b}{V_a}$$

配制缓冲溶液时，只要按计算值量取共轭碱和共轭酸溶液的体积，混合后即可得到一定 pH 的缓冲溶液。缓冲容量是衡量缓冲溶液的缓冲能力大小的尺度。为获得最大的缓冲容量，应控制$\frac{C_b}{C_a}=1$。缓冲对总浓度大的，缓冲容量也大。

仪器与试剂

仪器：酸度计，试管，量筒（100 mL，10 mL），烧杯（100 mL，50 mL），吸量管（10 mL）。

试剂：HAc（0.1 mol·L^{-1}，1 mol·L^{-1}），NaAc（0.1 mol·L^{-1}，1 mol·L^{-1}），NaH_2PO_4（0.1 mol·L^{-1}），Na_2HPO_4（0.1 mol·L^{-1}），$NH_3·H_2O$（0.1 mol·L^{-1}），NH_4Cl（0.1 mol·L^{-1}），HCl（0.1 mol·L^{-1}），NaOH（0.1 mol·L^{-1}，1 mol·L^{-1}），pH=4 的 HCl，pH＝10 的 NaOH，pH=4.00 标准缓冲溶液，pH=9.18 标准缓冲溶液，甲基红溶液，广泛 pH 试纸，精密 pH 试纸，吸水纸。

实验内容

（1）缓冲溶液的配制

缓冲溶液	pH 值	各组分的体积/mL		pH（实验值）
甲	4.74	0.1 $mol\cdot L^{-1}$ HAc	20 mL	
		0.1 $mol\cdot L^{-1}$ NaAc	20 mL	
乙	9.26	0.1 $mol\cdot L^{-1}$ $NH_3\cdot H_2O$	20 mL	
		0.1 $mol\cdot L^{-1}$ NH_4Cl	20 mL	

（2）缓冲溶液的性质

取两支试管，分别加 5 mL 甲缓冲液和 pH=5 的 HCl 溶液，然后在两支试管中各加入 5 滴 0.1 $mol\cdot L^{-1}$HCl，用 pH 计测定它们的 pH 值。

用同样的方法，试验 5 滴 0.1 $mol\cdot L^{-1}$NaOH 对两溶液 pH 值的影响，记录实验结果。

试管	溶液	酸、碱加入量	pH
1	甲缓冲液	5 滴 HCl	
2	pH=5 的 HCl	5 滴 HCl	
3	甲缓冲液	5 滴 NaOH	
4	pH=5 的 HCl	5 滴 NaOH	

在甲、乙两种缓冲溶液中，各加入 5 mL 0.1 $mol\cdot L^{-1}$NaOH，5 mL 0.1 $mol\cdot L^{-1}$HCl，20 mL 水，用 pH 计测 pH 值。

溶液	酸、碱加入量	pH 值
甲缓冲液 乙缓冲液	5 mL NaOH 5 mL NaOH	
甲缓冲液 乙缓冲液	5 mL HCl 5 mL HCl	
甲缓冲液 乙缓冲液	20 mL 水 20 mL 水	

注意事项

1. 溶液配制前，有关玻璃仪器要清洗干净。

2. 用 pH 试纸估测溶液 pH 时，不能将试纸浸入溶液中，应用镊子夹取小块试纸放在洁净、干燥的点滴板上，用玻璃棒蘸取待测溶液点在试纸上，再将试纸呈现的颜色与标准色板对比，确定溶液 pH。

3. 认真学习 pH 计的使用，能准确测量各种溶液的 pH。

4. 注意保护玻璃电极的薄膜，切勿用洗瓶尖或烧杯边等硬物碰撞，淋洗后用滤纸角吸干，切勿擦拭。

思考题

1. 为什么缓冲溶液具有缓冲作用？缓冲溶液的 pH 由哪些因素决定？

2. 将 10 mL0.1 mol·L^{-1} HAc 溶液和 10 mL0.1 mol·L^{-1}NaOH 溶液混合后，问所得溶液是否具有缓冲能力？使用 pH 试纸检验溶液的 pH 时，应注意哪些问题？

实验五　粗盐的提纯

实验目的

1．掌握提纯 NaCl 的原理和方法。

2．学习溶解、沉淀、常压过滤、减压过滤、蒸发、浓缩、结晶、干燥等基本操作。

3．了解 SO_4^{2-}，Ca^{2+}，Mg^{2+}等离子的定性鉴定。

实训原理

化学试剂或医药用的 NaCl 都是以粗食盐为原料提纯的。粗盐中含有 Ca^{2+}、Mg^{2+}、K^+、SO_4^{2-}等可溶性杂质和泥沙等不溶杂质。选择适当的试剂可使 Ca^{2+}、Mg^{2+}、SO_4^{2-}等离子生成沉淀而除去。

首先在食盐溶液中加入过量的 $BaCl_2$ 溶液，除去 SO_4^{2-}，其反应式为：

$$Ba^{2+} + SO_4^{2-} = BaSO_4\downarrow$$

过滤，除去难溶化合物和 $BaSO_4$ 沉淀。然后在滤液中加入 NaOH 和 Na_2CO_3 溶液，除去 Ca^{2+}、Mg^{2+}和过量的 Ba^{2+}，反应式为：

$$Ca^{2+} + CO_3^{2-} = CaCO_3\downarrow$$

$$Mg^{2+} + 2\,OH^- = Mg(OH)_2\downarrow$$

$$Ba^{2+} + CO_3^{2-} = BaCO_3\downarrow$$

过滤除去沉淀。溶液中过量的 NaOH 和 Na_2CO_3 可以用盐酸中和除去。

粗食盐中的 K^+与这些沉淀剂不起作用，仍留在溶液中。由于 KCl 在粗食盐中的含量较少且溶解度比 NaCl 大，所以在蒸发浓缩和结晶过程中 KCl 仍留在母液中，与 NaCl 结晶分离。

仪器与试剂

仪器：台秤，烧杯，量筒，电磁加热搅拌器，循环水泵，普通漏斗，漏斗架，布氏漏斗，吸滤瓶，蒸发皿，石棉网，酒精灯，药匙、滤纸。

试剂：2 mol·L^{-1}HCl，2 mol·L^{-1}NaOH，1 mol·L^{-1}$BaCl_2$，1 mol·L^{-1}Na_2CO_3，2 mol·L^{-1}HAc，0.5 mol·L^{-1}$(NH_4)_2C_2O_4$，25%的 KSCN 溶液，镁试剂（对硝基偶氮间苯二酚），pH 试纸和粗食盐等。

实验内容

1．粗盐的溶解。

称取 8 g 粗食盐于 250 mL 烧杯中，加 30 mL 水，用电磁加热搅拌器加热搅拌使其溶解。

2．除去 SO_4^{2-}。

加热溶液至近沸，边搅拌边逐滴加入 1 mol·L^{-1} $BaCl_2$ 溶液 1～2 mL。继续加热 5 min，使沉淀颗粒长大而易于沉降。将烧杯取下，待沉淀沉降后，陈化半小时，在上层清液中加 1～2 滴 1 mol·L^{-1} $BaCl_2$ 溶液，如果出现混浊，表示 SO_4^{2-}尚未除尽，需继续加 $BaCl_2$ 溶液以除去剩余的 SO_4^{2-}。如果不混浊，表示 SO_4^{2-}已除尽。过滤，弃去沉淀。

3．除去 Mg^{2+}，Ca^{2+}，Ba^{2+}等离子。

在滤液中滴加 1 mL 2 mol·L^{-1}NaOH 和 3 mL 1 mol·L^{-1}Na_2CO_3 溶液，加热至沸，待沉淀沉降后，在上层清液中滴加 Na_2CO_3 溶液至不再产生沉淀为止，抽滤，弃去沉淀。

用 HCl 调节酸度除去 CO_3^{2-}：往溶液中滴加 2 mol·L^{-1} HCl，并加热搅拌，直到溶液的 pH 值为 3～4。

4．浓缩与结晶。

把溶液倒入 250 mL 烧杯中，蒸发浓缩到有大量 NaCl 结晶出现。适当冷却，用布氏漏斗进行减压过滤，尽量将结晶抽干，并用少量蒸馏水洗涤晶体 2 次，洗涤后也尽量将结晶抽干。将氯化钠晶体转移到蒸发皿中，在石棉网上用小火烘干。冷却后称量，计算产率。

5．产品纯度的检验。

取产品和原料各 1 g，分别溶于 5 mL 蒸馏水中，然后进行下列离子的定性检验：

（1）SO_4^{2-}：各取溶液 1 mL 于试管中，分别加入 2 mol·L^{-1} HCl 溶液 2 滴和 1 mol·L^{-1} $BaCl_2$ 溶液 2 滴，比较两溶液中沉淀产生的情况。

（2）Ca^{2+}：各取溶液 1 mL 于试管中，加 2 mol·L^{-1} HAc 使呈酸性，再分别加入 0.5 mol·L^{-1}$(NH_4)_2C_2O_4$ 溶液 3 滴，若有白色 CaC_2O_4 沉淀产生，表示有 Ca^{2+}存在。比较两溶液中沉淀产生的情况。

（3）Mg^{2+}：各取溶液 1 mL 于试管中，加 2 mol·L^{-1} NaOH 溶液 5 滴和镁试剂 2 滴，若有天蓝色沉淀生成，表示有 Mg^{2+}存在。比较两溶液的颜色。

（4）Fe^{3+}：各取溶液 1 mL 于试管中，分别加入 2 滴 2 mol·L^{-1} HCl 溶液和 1 滴

25%的 KSCN 溶液，观察现象。

思考题

1. 在除去 Ca^{2+}、Mg^{2+}、SO_4^{2-}时，为什么要先加入 $BaCl_2$ 溶液，然后再加入 Na_2CO_3 溶液？

2．为什么用 $BaCl_2$ 而不用 $CaCl_2$ 除去食盐中的 SO_4^{2-}？

3．加 HCl 除去 CO_3^{2-}时，为什么要把溶液的 pH 值调节到 3～4？调至恰为中性如何？

4．在布氏漏斗中用溶剂洗涤固体时应注意些什么？

实验六　电解质溶液和胶体溶液

实验目的

1．加深对弱电解质的离解平衡、同离子效应及盐类水解原理的理解。

2．了解胶体的制备和凝聚的方法。

3. 了解胶体的光学性质和电学性质。

4. 理解沉淀溶解平衡及溶度积规则。

实验原理

弱电解质在水溶液中部分离解，因此存在着分子与离子之间的离解平衡。以醋酸 HAc 为例：

$$HAc \rightleftharpoons H^+ + Ac^-$$

K_a 叫做弱酸的离解平衡常数，简称离解常数。离解常数和所有的平衡常数一样，与温度有关，而与浓度无关。弱电解质溶液中，由于加入具有相同离子的强电解质，使得弱电解质的离解度降低的现象，称为同离子效应。

盐类水解的本质是组成盐的阴离子或阳离子与水离解产生的 H^+或 OH^-结合生成弱电解质（弱酸或弱碱），使水的离解平衡发生了移动，导致溶液中 H^+和 OH^-的相对浓度不等，盐溶液呈现出一定的酸碱性。

胶体分散系是高度分散的多相体系，它具有一定的稳定性。制备胶体的方法一般有两类：分散法和凝聚法。胶体的性质主要有：吸附作用、布朗运动、丁达尔现象、电泳现象和渗析现象。

在难溶电解质的饱和溶液中，未溶解固体与溶解后形成的离子间存在着多相离子平衡。

$$A_mB_n(s) \rightleftharpoons mA^{n+} + nB^{m-}$$

沉淀溶解平衡常数表达式为： $K_{sp} = C^{m}_{A^{n+}} \cdot C^{n}_{B^{m-}}$

如果设法降低上述平衡中某一离子的浓度，使离子积小于溶度积，则沉淀就溶解。反之，如果在难溶电解质的饱和溶液中加入含有相同离子的强电解质，由于同离子效应，会使难溶电解质的溶解度降低。

如果溶液中含有两种或两种以上的离子都能与加入的某种试剂（沉淀剂）反应，生成难溶电解质，沉淀的先后次序取决于沉淀剂浓度的大小。所需沉淀剂离子浓度较小的先沉淀，较大的后沉淀，这种先后沉淀的现象叫做分步沉淀。把一种沉淀转化为另一种沉淀的过程叫做沉淀的转化。溶解度大的沉淀容易转化为溶解度小的沉淀。反之较为困难。

仪器和试剂

仪器：试管、离心试管、试管夹、滴管、玻璃棒、镊子、酒精灯、烧杯、火柴、离心机、电泳仪、聚光电筒、半透膜。

试剂：6 $mol \cdot L^{-1}$ HCl、0.1 $mol \cdot L^{-1}$ HCl 溶液、1 $mol \cdot L^{-1}$ HCl 溶液、pH=5 的 HCl 溶液、0.1 $mol \cdot L^{-1}$ HAc、1 $mol \cdot L^{-1}$ HAc、饱和 Na_2CO_3 溶液、饱和 $Al_2(SO_4)_3$ 溶液、饱和$(NH_4)_2C_2O_4$、饱和 NH_4Cl、0.1 $mol \cdot L^{-1}$ 的 NaCl、NH_4Cl、$MgCl_2$、Na_2S、$FeCl_3$、NH_4Ac、$Al_2(SO_4)_3$、0.2 $mol \cdot L^{-1}$ 的 Na_3PO_4、Na_2HPO_4、NaH_2PO_4，$AgNO_3$、K_2CrO_4、0.1 $mol \cdot L^{-1}$$Pb(NO_3)_2$、1 $mol \cdot L^{-1}$ NaCl、0.5 $mol \cdot L^{-1}$NaAc、锌粒、$BiCl_3$ 固体、NaAc 固体、甲基橙指示剂、酚酞指示剂、0.5 $mol \cdot L^{-1}$$SnCl_2$、2 $mol \cdot L^{-1}$ 的 $FeCl_3$、pH=10 的 NaOH 溶液、1 $mol \cdot L^{-1}$ $CuSO_4$ 溶液、饱和$(NH_4)_2SO_4$ 溶液、饱和 $FeCl_3$ 溶液、pH 试纸、淀粉溶液、碘水。

实验内容

1．pH 试纸的使用。

用广泛 pH 试纸分别测定 0.1 $mol \cdot L^{-1}$ 的 HCl、HAc、HCOOH、NaOH 和 $NH_3 \cdot H_2O$ 等溶液的 pH 值，并与计算值比较。

2．强、弱电解质。

在两个试管中分别加入一颗锌粒，然后各加入 1 $mol \cdot L^{-1}$ HCl 溶液和 1 $mol \cdot L^{-1}$ CH_3COOH 溶液。加热，比较两个试管里反应的快慢。写出有关反应的离子方程式。

3．盐类的水解。

(1)用 pH 试纸分别测试饱和 Na_2CO_3、0.1 $mol \cdot L^{-1}$ 的 NaCl、NH_4Cl、Na_2S、$FeCl_3$、NH_4Ac、Al_2（SO_4）$_3$ 的 pH 值。

（2）用 pH 试纸分别检测 0.1 $mol \cdot L^{-1}$ 的 Na_3PO_4、Na_2HPO_4、NaH_2PO_4 的 pH 值。

（3）用酚酞作指示剂，试验温度对 0.5 $mol \cdot L^{-1}$ 的 NaAc 溶液水解的影响。

（4）在两只含有 1 mL 水的试管中分别加入 3 滴 0.5 $mol \cdot L^{-1}$ 的 $SnCl_2$ 和 3 滴

2 mol·L^{-1} 的 $FeCl_3$ 溶液，水浴加热，溶液有何变化？离心沉降后除去清液，固体分别加 1 mL 浓 HCl 有何现象产生？

（5）在装有饱和 $Al_2(SO_4)_3$ 溶液的试管中，加入约两倍体积的饱和 Na_2CO_3 溶液，有什么现象，若不明显可稍加热，设法证明沉淀是 $Al(OH)_3$，并写出反应式。

4．同离子效应。

（1）在试管中加入 2 mL 0.1 mol·L^{-1} 的 HAc 和 1 滴甲基橙指示剂，摇匀，溶液显什么颜色？将其分装两支试管中，其中一支加入少量固体 NaAc，摇动至固体全部溶解，观察溶液颜色的变化，说明其原因。

（2）以 0.1 mol·L^{-1} 的 $NH_3·H_2O$ 为例，设计一个实验，证明同离子效应。

5．胶体溶液。

（1）氢氧化铁胶体的制备。往 100 mL 烧杯中加入 50 mL 蒸馏水并加热至沸腾，向沸水滴加几滴饱和氯化铁溶液，继续煮沸至溶液呈红褐色时立即停止加热。

（2）胶体的电泳现象。将氢氧化铁胶体置于 U 形管中，用长滴管吸取稀硝酸钾溶液，分别沿 U 形管两口的管壁交替地缓慢滴入，使胶体的表面浮有一层硝酸钾溶液，将石墨电极插入硝酸钾溶液中，注意电极不能接触胶体（距离 1cm 左右），接通直流电源，调节外加电压（150V），控制电泳速度。半小时后，由界面移动方向判断氢氧化铁胶粒所带电荷的符号，并写出氢氧化铁胶团的结构。

（3）胶体的丁达尔现象。用聚光手电筒分别照射置于暗处的硫酸铜溶液和氢氧化铁胶体，从垂直于光线的方向观察实验现象。

（4）胶体的渗析。取一支大试管，往试管里注入淀粉胶体和食盐溶液的混合液体。然后用半透膜将试管口封好，把试管口倒插入盛有蒸馏水的烧杯里。5 min 后，用两支试管各取烧杯里的液体少量。往其中一支试管里注入少量硝酸银溶液；往另一支试管里注入少量碘水。观察这两支试管里所发生的变化。

（5）胶体的凝聚。取少量氢氧化铁胶体加热，观察实验现象。取少量氢氧化铁胶体，加入饱和硫酸铵溶液，观察实验现象。

6．沉淀的生成和溶解。

（1）在两支试管中分别加入 10 滴 0.1 mol·L^{-1}$AgNO_3$ 溶液，然后在一支试管中加入 10 滴 0.1 mol·L^{-1} K_2CrO_4 溶液，另一支试管中加入 10 滴 0.1 mol·L^{-1}NaCl 溶液，观察沉淀的生成和颜色。写出离子反应方程式，用溶度积说明沉淀生成的原因。

（2）在两支试管中分别加入 10 滴饱和$(NH_4)_2C_2O_4$溶液和 10 滴 0.1 mol·L^{-1}$CaCl_2$ 溶液，观察 CaC_2O_4 沉淀的生成。然后一支试管中加入 2 mL 2 mol·L^{-1} 的 HCl 溶液，观察沉淀是否溶解。在另一支试管中加入 2 mL 2 mol·L^{-1}HAc 溶液，观察沉淀是否溶解。写出有关的反应方程式，并说明原因。

（3）在两支试管中加入 1 mL0.1 mol·L^{-1}$MgCl_2$ 溶液，再滴加入 2 mol·L^{-1} 的 NH_3H_2O 直至有白色 $Mg(OH)_2$ 沉淀产生，然后在一支试管中加入适量的 NH_4Cl 固体，

另一支试管中加入 2 mL 的 HCl 溶液，观察沉淀是否溶解。加入 HCl 和 NH_4Cl 对平衡有何影响？

7．分步沉淀和沉淀的转化。

（1）在一支离心试管中加入 2 滴 0.1 mol·L^{-1}Na_2S 溶液和 0.1 mol·L^{-1} K_2CrO_4 溶液，用蒸馏水稀释至 3 mL 左右。然后滴加 0.1 mol·L^{-1}$Pb(NO_3)_2$ 溶液，观察首先生成的沉淀颜色，并判断其为何种沉淀。离心分离沉淀后，继续向上层清液中滴加 $Pb(NO_3)_2$ 溶液，观察第二种沉淀的颜色，判断是何种沉淀，写出有关反应方程式。根据溶度积规则解释上述实验现象。

（2）在一支离心试管中加入 3 滴 0.1 mol·L^{-1}$Pb(NO_3)_2$ 溶液和 5 滴 0.1 mol·L^{-1}NaCl 溶液，观察沉淀的颜色。离心分离弃去上层清液，向沉淀中加入 10 滴 0.1 mol·L^{-1} KI 溶液，剧烈振荡，观察沉淀，写出有关反应方程式，解释原因。

（3）在一支离心试管中加入 5 滴 0.1 mol·L^{-1} $AgNO_3$ 溶液和 3 滴 0.1 mol·L^{-1} K_2CrO_4 溶液，观察沉淀的颜色。离心分离弃去上层清液，向沉淀中加入 10 滴 0.1 mol·L^{-1}NaCl 溶液，剧烈振荡，观察沉淀，写出有关反应方程式，解释原因。

实验结果分析

1．不同溶液的 pH

溶液（0.1 mol·L^{-1}）	HCl	HAc	HCOOH	NaOH	$NH_3·H_2O$
溶液的 pH（测得值）					
溶液的 pH（计算值）					

2．强弱电解质反应不同情况

反应物质	现象	离子方程式	结论
Zn+HCl			
Zn+HAc			

3．各种不同盐类溶液的 pH

溶液	Na_2CO_3	NaCl	NH_4Cl	Na_2S	$FeCl_3$	NH_4Ac	$Al_2(SO_4)_3$
溶液的 pH（测得值）							

4．三种磷酸盐溶液的 pH

溶液	Na_3PO_4	Na_2HPO_4	NaH_2PO_4
溶液的 pH（测得值）			

自行设计其他实验记录表格。

思考题

1. 用酚酞是否能正确指示 HAc 或 NH_4Cl 溶液的 pH 值？为什么？
2. 为什么 NaH_2PO_4 溶液显微酸性，Na_2HPO_4 溶液呈微碱性，Na_3PO_4 呈碱性？
3. $NaHCO_3$ 溶液是否具有缓冲能力？为什么？
4. 如何配制 $SnCl_2$、$Bi(NO_3)_3$ 及 Na_2S 溶液？
5. 同离子效应对弱电解质的电离度和难溶电解质的溶解度有何影响？

实验七　氧化还原反应

实验目的

1. 学会装配原电池。
2. 了解原电池的电动势的测定方法。
3. 掌握电极电势和氧化还原反应的关系。
4. 掌握反应物浓度，介质对氧化还原反应的影响。

实验原理

在氧化还原反应中，氧化剂与还原剂互为依存关系，参加反应的物质究竟是起氧化作用还是还原作用，通常要由具体反应而定。氧化剂与还原剂的相对强弱，可以用其组成电对的电极电势大小来衡量。一个电对的电极电势代数值越大，其氧化态的氧化能力越强，其还原态的还原能力越弱，反之则相反。

当氧化剂所对应电对的电极电势与还原剂所对应的电极电势的差值：

（1）大于 0 时，反应能自发进行。

（2）等于 0 时，反应处于平衡状态。

（3）小于 0 时，反应不能进行。

电对的氧化型物质或还原型物质的浓度，是影响其电极电势的重要因素之一，电对在任一离子浓度下的电极电势，可由能斯特方程算出。通常用标准电极电势进行比较，当差值小于 0.2 时，则考虑反应物浓度、介质、酸碱性的影响。

仪器和药品

仪器：DT830 数字式万用表（或 PZ26b 型直流数字电压表）

药品：0.1 $mol \cdot L^{-1}$ KI，0.1 $mol \cdot L^{-1}$ $FeCl_3$，0.1 $mol \cdot L^{-1}$ $FeSO_4$，CCl_4，碘水、溴水，0.1 $mol \cdot L^{-1}$ KBr，0.1 $mol \cdot L^{-1}$ KClO，1 $mol \cdot L^{-1}$ H_2SO_4，0.01 $mol \cdot L^{-1}$ $KMnO_4$，6 $mol \cdot L^{-1}$ NaOH，0.1 $mol \cdot L^{-1}$ Na_2SO_3，MnO_2 固体，1 $mol \cdot L^{-1}$ HCl，浓 HCl，0.5 $mol \cdot L^{-1}$ $CuSO_4$，

0.5 mol·$L^{-1}$$ZnSO_4$，6 mol·$L^{-1}$$NH_3·H_2O$

材料：铜片，锌片，KI 一淀粉试纸，盐桥，鳄鱼夹连导线

实验内容

1．氧化还原反应和电极电势

（1）在试管中加入 0.5 mL0.1 mol·L^{-1} KI 溶液和 2 滴 0.1 mol·L^{-1} $FeCl_3$ 溶液，摇匀后加入 0.5 mLCCl_4，充分振荡，观察 CCl_4 层颜色有无变化。

（2）用 0.1 mol·L^{-1} KBr 溶液代替 KI 溶液进行同样的实验，观察现象。

（3）往两支试管中分别加入 3 滴碘水、溴水，然后加入约 0.5 mL0.1 mol·$L^{-1}$$FeSO_4$ 溶液，摇匀后，注入 0.5 mL CCl_4，充分振荡，观察 CCl_4 层有无变化。

根据以上实验结果，定性的比较 Br_2/Br^-、I_2/I^-、Fe^{3+}/Fe^{2+}三个电对电极电势的相对高低。

2．浓度对电极电势的影响

（1）在两支干燥试管中各加入少量 MnO_2 固体，再分别加入 1 mol·L^{-1}HCl 和浓 HCl 各 1 mL，微热，用 KI 一淀粉试纸分别检验有无氯气生成。

（2）取两只 100 mL 的小烧杯，往一只小烧杯中加入约 50 mL0.5 mol·L^{-1} $ZnSO_4$ 溶液，在其中插入锌片；往另一只小烧杯中加入约 50 mL0.5 mol·$L^{-1}$$CuSO_4$ 溶液，在其中插入铜片。两杯用倒插一根 U 形管盐桥相连，再分别用导线将铜电极连接数字式万用表的正极，将锌电极连接负极，测量两极之间的电压。

（3）向 $CuSO_4$ 溶液中滴加 6 mol·$L^{-1}$$NH_3·H_2O$ 溶液，至生成的沉淀溶解，形成深蓝色溶液，观察原电池的电压变化。再在 $ZnSO_4$ 溶液中滴加 6 mol·$L^{-1}$$NH_3·H_2O$ 溶液至生成的沉淀溶解为止，观察原电池的电压变化。利用能斯特方程式来解释实验现象。

3．介质对氧化还原反应的影响

（1）在试管中加入 0.1 mol·L^{-1} KI 溶液 10 滴，再加入 0.1 mol·L^{-1} $KC1O_3$ 溶液 3～5 滴，振荡试管，观察现象，然后逐滴加入 1 mol·$L^{-1}$$H_2SO_4$，观察现象，作出结论并写出反应方程式。

（2）在三支试管中各加入 0.01 mol·L^{-1} $KMnO_4$ 溶液 10 滴，再分别加入 1 mol·$L^{-1}$$H_2SO_4$ 溶液 10 滴，6 mol·L^{-1}NaOH 溶液 10 滴和水 10 滴，然后各加入 0.1 mol·$L^{-1}$$Na_2SO_3$ 溶液 10 滴，振荡试管，观察现象，作出结论并写出反应方程式。

思考题

1．从实验结果讨论氧化还原反应和哪些因素有关？

2．介质对 $KMnO_4$ 的氧化性有何影响？用本实验事实及电极电势予以说明。

实验八 配位化合物

实验目的

1．比较配合物与简单化合物、复盐的区别。
2．掌握配离子形成、离解以及某些离子的颜色试验。
3．理解配合物形成时氧化还原性的改变。
4．进一步练习离心分离操作及利用配位反应进行混合离子的分离技术。

实验原理

含有配离子的化合物称为配合物。复盐在溶液中能全部离解成简单离子，而配离子在溶液中只能部分离解成简单离子。

由于配离子在溶液中存在着离解平衡，故应有$K^0_{不稳}$常数存在，它是一个标志配离子稳定程度的物理量。在相同情况下，配离子的$K^0_{不稳}$数值越小，表示配合物的稳定性越大。

通过配位反应形成的配合物，其许多性质如溶解度、颜色、氧化还原性等都与组成配合物的原物质有很大不同。如AgCl在水中的溶解度很小，但在氨水中因生成了$[Ag(NH_3)_2]^+$，溶解度变得很大。又如Co^{2+}的水合离子为粉红色，而与KSCN作用则生成蓝色的$[Co(SCN)_4]^{2-}$离子。再如Hg^{2+}可氧化Sn^{2+}，而形成$[HgI_4]^{2-}$离子后Hg^{2+}的浓度变得很小，致使其氧化能力降低，不再与Sn^{2+}发生反应，其形成配离子的反应如下：

$$Hg^{2+} + 2I^- \longrightarrow HgI_2\text{（红）}$$

$$HgI_2 + 2I^- \longrightarrow [HgI_4]^{2-}\text{（无色）}$$

当配位平衡的条件改变，如当加入一定的沉淀剂时，因生成更难溶物质而使配离子破坏，造成配合物向沉淀转化。如：

$$AgCl + 2NH_3 \rightleftharpoons [Ag(NH_3)_2]^+ + Cl^-$$

$$[Ag(NH_3)_2]^+ + Br^- \longrightarrow AgBr\downarrow + 2NH_3$$

仪器和药品

仪器：离心试管及试管架，离心机。

药品：0.1 $mol\cdot L^{-1}$的$FeCl_3$、0.1 $mol\cdot L^{-1}$ $NH_4Fe(SO_4)_2$、0.1 $mol\cdot L^{-1}$ $K_3[Fe(CN)_6]$、0.1 $mol\cdot L^{-1}$的KSCN、0.1 $mol\cdot L^{-1}$的$CuSO_4$、6 $mol\cdot L^{-1}$ $NH_3\cdot H_2O$、2 $mol\cdot L^{-1}$ NaOH、0.5 $mol\cdot L^{-1}$ Na_2S、1 $mol\cdot L^{-1}$的H_2SO_4、$CuCl_2$固体、浓HCl、饱和NaF、饱和KSCN、0.1 $mol\cdot L^{-1}$ $CoCl_2$、NaF固体、0.1 $mol\cdot L^{-1}$ KI、0.1 $mol\cdot L^{-1}$的$HgCl_2$、0.1 $mol\cdot L^{-1}$ $SnCl_2$、

0.1 mol·L^{-1} 的 NaCl、0.1 mol·L^{-1} $AgNO_3$、2 mol·L^{-1} 的氨水、0.1 mol·L^{-1} 的 KBr、0.1 mol·L^{-1} $Na_2S_2O_3$、0.1 mol·L^{-1} $Cu(NO_3)_2$、0.1 mol·L^{-1} $Fe(NO_3)_3$。

实验内容

1．配合物与简单化合物、复盐的区别。

在三支试管中分别加入浓度为 0.1 mol·L^{-1} 的 $FeCl_3$、$NH_4Fe(SO_4)_3$、$K_3[Fe(CN)_6]$ 的溶液各 10 滴，然后各加入浓度为 0.1 mol·L^{-1} 的 KSCN 溶液 2 滴，观察记录现象，解释并写出反应方程式。

2．配离子的生成和离解。

取浓度为 0.1 mol·L^{-1} 的 $CuSO_4$ 溶液 1 mL，逐滴加入 6 mol·L^{-1}$NH_3 \cdot H_2O$，观察记录现象并写出反应方程式，继续滴加氨水，至生成的沉淀完全溶解，再多加数滴，将此溶液分成三份。

在一份溶液中加入 2 mol·L^{-1}NaOH 溶液 2 滴，观察现象，解释之。

在另一份溶液中加入 0.5 mol·L^{-1}Na_2S 溶液 2 滴，观察现象，解释并写出反应方程式。

在第三份溶液中逐滴加入浓度为 1 mol·L^{-1} 的 H_2SO_4，观察现象，解释并写出反应方程式。

3．配合物生成时颜色的改变。

（1）取 0.1 mol·L^{-1}$FeCl_3$ 溶液 1 mL，加入 0.1 mol·L^{-1} 的 KSCN 溶液 1 滴，观察溶液颜色的变化。再逐滴加入饱和 NaF 溶液，又有何变化？解释并写出反应方程式。

（2）取一支试管，加入 1.5 mL 水，再加入少量的 $CuCl_2$ 固体，振荡溶解后，观察颜色，逐滴加入浓 HCl，观察颜色有何变化？然后再逐滴加水稀释，观察颜色又有何变化？解释并写出反应方程式。

（3）取 0.1 mol·L^{-1}$CoCl_2$ 溶液 5 滴，加入饱和 KSCN 溶液 5～8 滴，再加入几滴丙酮，观察现象。

4．配合物形成时氧化还原性的改变。

（1）取两支试管，各加入 0.1 mol·L^{-1}$FeCl_3$ 溶液 10 滴，在其中一试管内加入少许 NaF 固体，使溶液黄色褪去，然后分别向两支试管中加入 0.1 mol·L^{-1} KI 溶液 10 滴，观察现象，解释并写出反应方程式。

（2）取两支试管，各加入 0.1 mol·L^{-1} 的 $HgCl_2$ 溶液 5 滴，在其中一试管中逐滴加入 0.1 mol·L^{-1} KI 溶液至生成的沉淀又消失，然后在两试管中分别逐滴加入 0.1 mol·L^{-1}$SnCl_2$ 溶液，观察现象，解释并写出有关反应方程式。

5．配位平衡与沉淀溶解平衡。

于离心管中加 0.1 mol·L^{-1} 的 NaCl 溶液 5 滴，再加 0.1 mol·L^{-1}$AgNO_3$ 溶液 5 滴，振荡试管，离心分离，弃去清液。在沉淀中逐滴加入 2 mol·L^{-1} 的氨水至沉淀溶解。

在该溶液中再加入 0.1 mol·L^{-1} 的 KBr 溶液 5 滴，观察现象。再多加 1 滴，检查沉淀是否完全，离心分离，弃去清液。在沉淀中逐滴加入 0.1 mol·L^{-1} $Na_2S_2O_3$ 溶液，使沉淀溶解。在所得的溶液中再逐滴加入浓度为 0.1 mol·L^{-1} KI 溶液，观察是否有沉淀生成。

由上述实验归纳出沉淀平衡与配位平衡的相互关系。

6．利用配位反应分离混合离子。

取浓度均为 0.1 mol·L^{-1} 的 $AgNO_3$、$Cu(NO_3)_2$、$Fe(NO_3)_3$ 溶液各 5 滴于同一试管中，振荡混合，自行设计实验步骤将其分离，画出分离过程的示意图。

思考题

1．配合物和复盐在本质上有何区别？

2．$[HgI_4]^{2-}$ 为什么不和 Sn^{2+} 发生氧化还原反应?

3．画出分离 Ag^{+}、Cu^{2+}、Fe^{3+} 混合离子的示意图。

4．$FeCl_3$ 溶液中加入过量的 KI 溶液，再加入少量 KSCN 溶液，是否会出现血红色？为什么？

习题解答

第一章　溶液和胶体

14．19%，2.19 $mol·L^{-1}$

15．126.5 L

16．135.9 mL

17．1.0 $mol·kg^{-1}$，4.4%

18．36 g/100 g H_2O，26.4%，5.4 $mol·L^{-1}$，6.14 $mol·kg^{-1}$

19．52 $g·mol^{-1}$

20．342 $g·mol^{-1}$

21． 5%

第二章　化学反应速率和化学平衡

1．$-\Delta c(N_2O_5)/\Delta t=0.25\ mol·mL^{-1}·min^{-1}$

2．$-\Delta c(B)/\Delta t=3\times2.0\times10^{-3}=6.0\times10^{-3}\ mol·mL^{-1}·s^{-1}$

$-\Delta c(C)/\Delta t=2\times2.0\times10^{-3}=4.0\times10^{-3}\ mol·mL^{-1}·s^{-1}$

$-\Delta c(D)/\Delta t=2.0\times10^{-3}=4.0\times10^{-3}\ mol·mL^{-1}·s^{-1}$

5．　$K_3=K_1/K_2$

7.（1）HCl 的物质的量减小，H_2O 的物质的量增大；（2）HCl 的物质的量减小，H_2O 的物质的量增大，Cl_2 的物质的量增大；（3）K 增大；（4）Cl_2 的物质的量不变。

8．K=0.045

9.（1）生成物浓度幂的乘积大；　（2）处于非平衡状态；正反应速率大。

10．升高温度，该反应的平衡常数减小，说明反应逆向移动，即逆反应为吸热反应。因此，该反应为放热反应。

11.（1）α=61.5%（2）α=86.5%（3）说明，增加反应物中某一物质浓度，可提高另一物质的转化率；增加反应物浓度，平衡向正方向移动。

12.（1）吸热反应；（2）700℃时，$p(CO_2)$=2.90 kPa；900℃时，$p(CO_2)$=1.05×10^2 kPa。

13.（1）$\upsilon_1/\upsilon_{初}$=1/8　（2）$\upsilon_1/\upsilon_{初}$=1/27（3）$\upsilon_1/\upsilon_{初}$=2（4）$\upsilon_1/\upsilon_{初}$=8

15．C 的平衡浓度：（1）增大，（2）增大，（3）不变，（4）减小。

K_c值：（1）不变，（2）不变，（3）不变，（4）减小。

16．x=0.425 mol

18.（1）$V(CO_2)$ ∶ $V(H_2)$=3 ∶ 2 （2）无变化。

19.（1）K_c=57.14；（2）80%

20.（1）K_c=4.12；（2）91%

第三章　原子结构与元素周期律

1.原子中的能级主要由主量子数和角量子数决定的。n 是决定能量高低的主要因素，对应于多电子原子，主量子数 n 和角量子数 l 一起决定电子的能量。

2. 答：$1s^2$ 表示 1s 亚层中充填了 2 个自旋方向相反的电子。2p 表示第 2 电子层 p 亚层。d 表示 d 亚层。4f 表示第 4 电子层 d 亚层。

3. 答：d 亚层和 f 亚层分别有 5、7 个轨道。在同一轨道中运动的电子可以有 2 种不同的运动状态。

4. 答：当主量子数 n=4 时，共有 4 个能级，分别是 4s、4p、4d、4f 能级。

4s、4p、4d、4f 能级分别有 1，3，5，7 个轨道，共计 16 个轨道，最多可容纳 32 个电子。

5. 答：（1）错误。氢原子的 1s 电子云图中，小黑点越密的地方，表示电子出现的几率越多。

（2）错误。p 轨道的电子云形状为“8”字形，表示电子在该区域内出现的机会大。

（3）正确。根据保里不相容原理，一个原子中不可能存在两个运动状态完全相同的电子。

（4）错误。主量子数为 1 时，只有 1 个 1s 轨道。

（5）错误。主量子数为 4 时，有 4s，4p，4d，4f 四个亚层，分别有 1、3、5、7 个轨道。

6. 答：

能级	电子层	电子亚层	轨道数	最多容纳的电子数
2p	2	p	3	6
3d	3	d	5	10
4f	4	f	7	14

7. 答：$_{13}Al$　$1s^22s^22p^63s^23p^1$　　$_{17}Cl$　$1s^22s^22p^63s^23p^5$

$_{20}Ca$　$1s^22s^22p^63s^23p^64s^2$　　$_{26}Fe$　$1s^22s^22p^63s^23p^63d^64s^2$

$_{35}Ar$　$1s^22s^22p^63s^23p^63d^{10}4s^24p^6$

8. 答：

$_7N$　1s ⇅　2s ⇅　2p ↑ ↑ ↑

$_{16}S$　1s ⇅　2s ⇅　2p ⇅ ⇅ ⇅　3s ⇅　3p ⇅ ↑ ↑

$_{24}Cr$　1s ⇅　2s ⇅　2p ⇅ ⇅ ⇅　3s ⇅　3p ⇅ ⇅ ⇅　3d ↑ ↑ ↑ ↑ ↑　4s ↑

9. 答：元素性质随原子序数的递增呈现出周期性的变化的本质原因是随原子序数的递增，原子的核外电子排布呈现出周期性的变化，从而引起元素的原子半径、电负性以及元素的金属性和非金属性呈现出周期性的变化规律。

10. 答：元素在周期表中的位置（周期、族、区）是由原子本身的电子层结构所决定的，元素所在的周期数取定于电子层数，族数取决于外围电子构型。如 $_{11}Na$ 的核外电子排布为 $1s^22s^22p^63s^1$，位于第三周期，第一主族。$_{17}Cl$ 的核外电子排布为 $1s^22s^22p^63s^23p^5$，位于第四周期，第七主族。$_{26}Fe$ 的核外电子排布为 $1s^22s^22p^63s^23p^63d^64s^2$，位于第四周期，第八族。

周期表中共分为 16 个族。八个主族，八个副族。主族：由短周期元素和长周期元素共同组成的族。包括 IA，IIA，IIIA，IVA，VA，VIA，VIIA 和 0 族。副族：完全由长周期和不完全周期元素组成的族。包括 IB，IIB，IIIB，IVB，VB，VIB，VIIB 和 VIII 族。

11. 答：对于主族元素，元素的金属性及非金属性的变化规律是：同周期元素，从左到右，元素的非金属性逐渐增强，金属性逐渐减弱；同一族元素，自上而下，元素的金属性逐渐增强，非金属性逐渐减弱。

12.（1）电子层结构为 $1s^22s^22p^63s^23p^63d^{10}4s^1$，是铜元素，原子序数是 29。（2）它有 1s`、2s``、2p`、3s`、3p`、3d`、4s 共 7 个能级，有 1，1，3，1，3，5，1 共计 15 个轨道。（3）它有 1 个 4s 电子是成单电子。（4）它位于周期表中第四周期，IB 族，是过渡元素。

13.（1）原子序数为 35 的元素的核外电子排布为：$_{35}Br$ $1s^22s^22p^63s^23p^63d^{10}4s^24p^5$ 核外电子总数是 35，有 1 个成单电子 1，价电子数是 7。（2）原子中充填电子的电子层数是 4、能级组是 4、能级数是 8、轨道数是 18。（3）该元素属于周期表中第 4 周期、第 VIIA 族，是非金属元素。

14.（1）违背了保里不相容原理，正确的电子排布式为 B：$1s^22s^22p^1$。（2）违背了能量最低原理，正确的电子排布式为 Be：$1s^22s^2$。（3）违背了能量最低原理，正确的电子排布式为 Ca：$1s^22s^22p^63s^23p^64s^2$。（4）违背了洪特规则，正确的电子排布式为 N：$1s^22s^22p_x^1 2p_y^1 2p_z^1$。（5）违背了能量最低原理，正确的电子排布式为 Zr：$1s^22s^22p^63s^23p^63d^{10}4s^24p^64d^25s^2$。

15.

价层电子构型	区	周期	族	原子序数
$3s^23p^5$	p	3	VIIA	17
$4s^1$	s	4	IA	19
$3d^{10}4s^2$	ds	4	IIB	30
$3d^54s^1$	d	4	VIB	24
$5s^25p^6$	p	5	VIIA	54

16.

原子序数	电子层构型	区	周期	族	金属或非金属
16	[Ne] $3s^23p^4$	p	3	VIA	非金属
19	[Ar] $4s^1$	s	4	IA	金属
35	[Ar] $3d^{10}4s^24p^5$	p	4	VIIA	非金属
29	[Ar] $3d^{10}4s^1$	ds	4	IB	金属

17.（1）ns^2，s 区，金属元素。（2）ns^2np^3，p 区，除第二主族硼外，为金属元素。（3）$(n-1)d^5ns^2$，d 区，金属元素。（4）$(n-1)d^{10}ns^1$，d s 区，金属元素。

18.答：非金属元素容易得到电子成为负离子如：O、I 、B、S、Se。金属元素容易失去电子成为正离子如 Na、Sr、Cs、Ba。其中处于金属与非金属交界线左右的元素如 B、Se、Al 具有一定的两性，得失电子的能力较弱。

19.答：（1）15 和 17 是同一周期的元素，从左到右元素的电负性依次增大。所以，17 号元素的电负性大。（2）37 和 55 是同一主族的元素，从上到下元素的电负性依次减小。所以，37 号元素的电负性大。（3）9 和 14 元素既不是同周期也不是同主族的元素，氟是所有元素中电负性最大的元素。所以，9 号元素的电负性大。

20.

	1	2	3	4	5	6	7	8	9	10
名称	钪	氦	铜	铁	镧	砷	氟	铯	铬	银
元素符号	Sc	He	Cu	Fe	La	As	F	Cs	Cr	Ag
电子排布式	[Ar] $3d^{10}4s^2$	$1s^2$	[Ar] $3d^{10}4s^1$	[Ar] $3d^64s^2$	[Xe] $5d^16s^2$	[Ar] $4s^24p^3$	[He] $2s^22p^5$	[Xe] $6s^1$	[Ar] $3d^54s^1$	[Kr] $4d^{10}5s^1$
周期	4	1	4	4	6	4	2	6	4	5
族	IIIB	0	IB	VIII	IIIB	VA	VIIA	IA	VIB	IB
区	d	p	ds	d	f	p	p	S	d	ds

第四章　化学键与分子结构

2.

	1s	2s	2p	3s	3p	3d
Mg^{2+}、Al^{3+}、F^-	↑↓	↑↓	↑↓ ↑↓ ↑↓			
Fc^{3+}	↑↓	↑↓	↑↓ ↑↓ ↑↓	↑↓	↑↓ ↑↓ ↑↓	↑ ↑ ↑ ↑ ↑

5. 答：在酸性溶液中，是由于 H_2O 中 O 原子的一对 2p 孤对电子正好进入 H^+ 的 1s 空轨道形成了配位键，使得 H^+ 与 H_2O 分子结合成稳定的 H_3O^+（水合氢离子）。

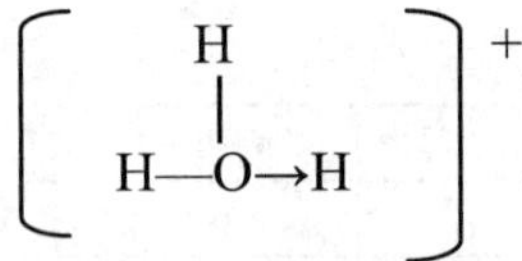

6. 答：

杂化类型	sp	sp^2	sp^3
几何构型	直线型	平面正三角形	正四面体
杂化轨道间的夹角	180^0	120^0	109.5^0

9. 答：（1）错误。（2）错误。（3）错误。（4）错误。（5）正确。

11.（1）NO 为极性分子。（2）CS_2 直线型，为非极性分子。（3）SO_2 角锥形分子，是极性分子。（4）H_2S 角锥形分子，是极性分子。（5）Cl_2 为非极性分子。（6）HF 为极性分子。（7）SiH_4 正四面体结构，为非极性分子。（8）CO_2 直线型，为非极性分子。

14. 答：氨易溶于水是由于 NH_3 和 H_2O 分子间可以形成氢键的缘故。氨容易液化是由于 NH_3 分子间可以形成氢键的缘故。

15. 答：对于组成和结构相似的物质，分子间力随着分子量的增加而增加，相应的熔、沸点依次升高。CH_4、CCl_4、Cl_4 由于色散力随着相对分子质量增大而增大，因此它们的熔点、沸点也随着分子量的增大依次升高。物态分别是气态、液态和固态。

16. 答：（1）Na、Mg、Al、Si、P 为同一周期的元素，从左到右随着核电荷的增加电负性依次增加，相应氯化物化学键的极性依次减小，由离子键向共价键过渡。所以 NaCl 的极性最大，PCl_5 的极性最小。（2）F、Cl、Br、I 为同一主族的元素，由上而下元素的电负性依次减小，相应气态氢化物的极性也依次减弱。所以 HF 的极性最大，HI 的极性最小。（3）Li、Na、K、Rb、Cs 为同一主族的元素，由上而下元素的电负性依次减小，相应氟化物的极性也依次增强。所以 CsF 的极性最大，LiF 的极性最小。

17. 答：

<table>
<tr><th>作用力</th><th>能量级的差别</th><th>作用力的特点</th></tr>
<tr><td>离子键</td><td rowspan="2">键能为 130～850 $kJ\cdot mol^{-1}$</td><td rowspan="2">离子键和共价键是化学键的范畴，是原子间强烈的相互作用力，是原子结合形成分子的主要因素。化学键是决定物质化学性质的主要因素</td></tr>
<tr><td>共价键</td></tr>
<tr><td>氢键</td><td>介于分子间力和化学键之间</td><td>氢键的大小介于分子间力和化学键之间，是一种特殊的分子间作用力。分子间氢键的形成使物质的熔沸点升高</td></tr>
<tr><td>分子间作用力</td><td>为化学键的 1/10~1/100</td><td>分子间力不属于化学键的范畴，其强度较弱。分子间力主要影响物质的物理性质，如熔点、沸点、溶解度、汽化热、熔化热等。分子间力除与分子的结构有关外，还与分子的极性有关</td></tr>
</table>

18. 按化学键的极性由大到小排列为 NaCl、AgCl、HCl、CCl_4、Cl_2。

19.（1）Cl_2 和 CCl_4 都是非极性分子，分子间只存在着诱导力。（2）CO_2 是非极性分子，H_2O 是极性分子，分子间既存在着色散力，也存在着诱导力。（3）H_2S 和 H_2O 都是极性分子，分子间作用力有取向力、色散力和诱导力，还存在着分子间氢键。（4）NH_3 和 H_2O 都是极性分子，分子间作用力有取向力、色散力和诱导力；既存在着分子内氢键，也存在着分子间氢键。

20. 答：（1）C_6H_6 不能形成氢键。（2）C_2H_6 不能形成氢键。（3）NH_3 分子间可以形成氢键。（4）HNO_3 分子内可以形成氢键。

第五章　酸碱平衡

1.（1）非，（2）是，（3）是，（4）非，（5）非，（6）非，（7）是

2.（1）C，（2）A，（3）B

3.（1）NH_4^+；NH_3；PO_4^{3-}、S^{2-}、Ac^-；HPO_4^{2-}、HS^-、HAc；HCO_3^-

（2）碱；H_2O；H_2O

（3）7.1×10^{-5} mol·L^{-1}；1.14×10^{-4} mol·L^{-1}

（4）H^+或 A^-；左；同离子。

4.（1）4.49，（2）8.17，（3）5.70，（4）11.4

5.（1）0.58 mol·L^{-1}，（2）3.16×10^{-8} mol·L^{-1}，（3）2.51×10^{-5} mol·L^{-1}，（4）6.31×10^{-11} mol·L^{-1}

6.（1）pH=1.26，（2）pH=12.65

7. $[H^+] = 3.3\times10^{-12}$ mol·L^{-1}，$[OH^-] = 3.0\times10^{-3}$ mol·L^{-1}，$\alpha = 0.6\%$

8. $K_a = 1.0\times10^{-6}$，离解度 $\alpha = 1.0\%$；当稀释至体积为 2 倍时，K_a 不变，$\alpha = 1.4\%$

9. $\alpha = 0.115\%$，pH = 3.94

10. $[H^+] = [F^-] = 2.6\times10^{-2}$ mol·L^{-1}，[HF] = 0.97 mol·L^{-1}，[HAc] = 0.10 mol·L^{-1}，$[Ac^-] = 6.9\times10^{-5}$ mol·L^{-1}

12.（1）使氨水的离解度下降，溶液的 pH 减小；

（2）使氨水的离解度下降，溶液的 pH 升高；

（3）使氨水的离解度增大，溶液的 pH 减小；

（4）使氨水的离解度增大，溶液的 pH 变化和加水量的多少有关。

13. pH=4.74

14. 应加入 9.6 g 固体 NH_4Cl。

15. pH = 5.72，ΔpH = 5.30−5.72 = −0.42，pH 降低了 0.42。

17.（1）$SnCl_2$ 溶液的配制：先用浓盐酸溶解氯化锡固体，然后用蒸馏水稀释至所需浓度，并马上加上锡粒。$Bi(NO_3)_3$ 溶液的配置：用浓硝酸溶解固体，然后加蒸馏水稀释至所需浓度。Na_2S 溶液的配制：用氢氧化钠浓溶液溶解 Na_2S 固体，然后加蒸馏水稀释至所需浓度。

（2）产物是 $Fe(OH)_3$ 和 CO_2。

（3）CO_3^{2-} 与 NH_4^+ 在有水时容易反应，生成氨气，造成肥料失效。

（4）因为 $2Al^{3+} + 3S^{2-} + 6H_2O \rightarrow 2Al(OH)_3\downarrow + 3H_2S\uparrow$

18．（1）5.13，（2）13.57，（3）4.66

20．HSO_4^-，HS^-，H_3PO_4，NH_4^+，$H_2NO_3^+$，H_3O^+

21．Ac^-，HO^-，NH_2^-，PO_4^{3-}，S^{2-}

第六章　沉淀—溶解平衡

1．（1）是，（2）非，（3）是，（4）是

2．（1）C，（2）D，（3）C，（4）B

3．（1）略（2）有沉淀生成，$[OH^-] = 9.43\times10^{-4}$ mol·L^{-1}，$[Mg^{2+}] = 0.25$ mol·L^{-1}，$Q > K_{sp}$（3）pH 减小，由于 $Mg(OH)_2$ 的生成使 OH^- 离子的浓度减小。

4．由于 $Zn^{2+} + H_2S \rightarrow ZnS + 2H^+$ 溶液酸度增大，使 ZnS 沉淀生成受到抑制；若通 H_2S 之前，先加适量固体 NaAc，则溶液呈碱性，再通入 H_2S 时生成的 H^+ 被 OH^- 中和，溶液的酸度减小，则有利于 ZnS 的生成。

5．（5）在 0.5 mol·L^{-1} KNO_3 溶液中的溶解度最大。

6．在硝酸银溶液中的溶解度为 1×10^{-8} mol·L^{-1}，在铬酸钾溶液中的溶解度为 5×10^{-6} mol·L^{-1}。

7．1.4×10^{-6} mol·L^{-1}。

8．（1）7.7×10^{-13}；（2）2.5×10^{-13}；（3）1.2×10^{-13}

9．（1）1.1×10^{-3} mol·L^{-1}；（2）5.2×10^{-5} mol·L^{-1}；（3）3.6×10^{-4} mol·L^{-1}

10．$Q = 2.0\times10^{-5} > K_{sp}$，有 PbI_2 沉淀析出。

11．（1）不生成 AgCl 沉淀，$C(Ag^+) = 7.5\times10^{-7}$ mol·L^{-1}；$C(Cl^-) = 7.5\times10^{-6}$ mol·L^{-1}

（2）生成 AgCl 沉淀，$[Ag^+] = [Cl^-] = 1.3\times10^{-5}$ mol·L^{-1}

（3）生成 AgCl 沉淀，$[Ag^+] = 4.5\times10^{-3}$ mol·L^{-1}；$[Cl^-] = 4.8\times10^{-8}$ mol·L^{-1}

（4）生成 AgCl 沉淀，$[Ag^+] = 7.2\times10^{-6}$ mol·L^{-1}；$[Cl^-] = 2.5\times10^{-5}$ mol·L^{-1}

12．（1）$Mg(OH)_2$ 的 $K_{sp} = 1.8\times10^{-11}$；（2）$Ni(OH)_2$ 的 $K_{sp} = 2.0\times10^{-15}$

13．（1）$[OH^-] > 1.0\times10^{-5}$ mol·L^{-1} 时，$Mg(OH)_2$ 开始沉淀出；（2）还有 Al^{3+} 和 Fe^{3+} 被沉淀出。

14．pH＞10.0

15．（1）能生成 $Mn(OH)_2$ 沉淀；（2）不能生成 $Mn(OH)_2$ 沉淀。

16．至少要加入固体 NH_4Cl 的质量为 35.8 mg。

17．计算出盐酸的浓度为 1.2×10^{5} mol·L^{-1}，而浓盐酸的浓度一般为 12 mol·L^{-1}，所以它不能溶解 CuS。

18．AgCl 先析出。

19．$BaSO_4$ 先沉淀，Ag^+ 开始沉淀时，Ba^{2+} 已经完全沉淀。

20．应控制 2.81＜pH＜8.88。

21．（1）$Cr(OH)_3$ 先沉淀；（2）溶液的 pH 应控制在 5.60～7.34。

22．应加入 0.46 mol·L^{-1} 的 Na_2CO_3。

第七章 氧化还原平衡

1．画线元素的氧化数分别是+7、+1、-1、0、+2、+5/2、+1、-3、+8/3、+6。

2.（1）是。被氧化元素：Sn；被还原元素：Hg；氧化剂：$HgCl_2$；还原剂：$SnCl_2$；

（2）是。被氧化元素：I；被还原元素：Br；氧化剂：Br_2；还原剂：KI；

（3）是。被氧化元素：Cl；被还原元素：Cl；氧化剂：$KClO_3$；还原剂：HCl；

（4）否；

（5）是。被氧化元素：Hg；被还原元素：Hg；氧化剂：$HgCl_2$；还原剂：Hg；

（6）是。被氧化元素：Cl；被还原元素：Cl；氧化剂：Cl_2；还原剂：Cl_2。

3．（1）$3Cu_2S + 22HNO_3$（稀）$\rightarrow$ $6Cu(NO_3)_2 + 3H_2SO_4 + 10NO + 8H_2O$

（2）$K_2Cr_2O_7 + 6KI + 7H_2SO_4 \rightarrow 4K_2SO_4 + Cr_2(SO_4)_3 + 3I_2 + 7H_2O$

（3）$4FeSO_4 + 2H_2SO_4 + O_2 \rightarrow 2Fe_2(SO_4)_3 + 2H_2O$

（4）$3KNO_2 + H_2SO_4 \rightarrow KNO_3 + K_2SO_4 + 2NO + H_2O$

4．（1）$2I^- + H_2O_2 + 2H^+ \rightarrow I_2 + 2H_2O$

（2）$2MnO_4^- + SO_3^{2-} + 2OH^- \rightarrow 2MnO_4^{2-} + SO_4^{2-} + H_2O$

（3）$2Fe^{2+} + ClO^- + 2H^+ \rightarrow 2Fe^{3+} + Cl^- + H_2O$

（4）$3H_2O_2 + Cr_2O_7^{2-} + 8H^+ \rightarrow 2Cr^{3+} + 3O_2\uparrow + 7H_2O$

5．（1）(-) Pt | Fe^{2+}（c_1），Fe^{3+}（c_2）‖MnO_4^-（c_3），Mn^{2+}（c_4）| Pt（+）

（2）(-) Zn | Zn^{2+}（c_1）‖Cd^{2+}（c_2）| Cd（+）

6.（1）错误。根据较强的氧化剂和较强还原剂作用生成较弱还原剂和较弱的氧化剂，应为 Fe^{3+}与 Fe 能发生氧化还原反应。

（2）错误。应为$\varphi_2^\ominus = \varphi_1^\ominus$。

（3）错误。在氧化还原反应中，若两个电对的$\varphi^\ominus$值相差越大，表示自发反应的可能性越大，但并不表示反应速率越快。

7.（1）$\varphi(Cu^{2+}/Cu) = 0.328V$（2）$\varphi(Cl_2/Cl^-) = 1.419V$（3）$\varphi(Fe^{3+}/Fe^{2+}) = 0.830V$

8.（1）查表知：$\varphi^\ominus(Ag^+/Ag)=0.799V$，$\varphi^\ominus(Cu^{2+}/Cu)=0.337V$，由于$\varphi^\ominus(Ag^+/Ag) > \varphi^\ominus(Cu^{2+}/Cu)$，反应自发向左进行，即 $2AgNO_3 + Cu \rightleftharpoons 2Ag + Cu(NO_3)_2$。

（2）查表知：$\varphi^\ominus(I_2/I^-)=0.535V$，$\varphi^\ominus(Sn^{4+}/Sn^{2+})=0.154V$，由于$\varphi^\ominus(I_2/I^-) > \varphi^\ominus(Sn^{4+}/Sn^{2+})$，反应自发向左进行，即 $SnCl_2 + I_2 + 2KCl \rightleftharpoons 2KI + SnCl_4$。

（3）查表知：$\varphi^\ominus(IO_3^-/I_2)=1.20V$，$\varphi^\ominus(I_2/I^-)$，$=0.535V$，由于$\varphi^\ominus(IO_3^-/I_2) > \varphi^\ominus(I_2/I^-)$，反应自发向右进行，即 $5I^- + IO_3^- + 6H^+ \rightleftharpoons 3I_2 + 3H_2O$。

（4）查表知：$\varphi^\ominus(MnO_4^-/Mn^{2+})=1.20V$，$\varphi^\ominus(O_2/H_2O_2)=0.535V$，由于$\varphi^\ominus$

（MnO_4^-/Mn^{2+}）>$\varphi^\ominus$（O_2/H_2O_2），反应自发向右进行。

9.（1）负极：$Fe^{3+}+e^- \rightleftharpoons Fe^{2+}$ $\varphi^\ominus$（Fe^{3+}/Fe^{2+}）=+0.771V

$$\varphi(Fe^{3+}/Fe^{2+})=\varphi^\ominus(Fe^{3+}/Fe^{2+})+\frac{0.059\,2}{1}\lg\frac{[Fe^{3+}]}{[Fe^{2+}]}$$

$$=0.771+\frac{0.059\,2}{1}\lg\frac{1.0\times10^{-4}}{1.00}=0.534V$$

正极：$I_2+2e^- \rightleftharpoons 2I^-$ $\varphi^\ominus$（I_2/I^-）=+0.535V

$$\varphi(I_2/I^-)=\varphi^\ominus(I_2/I^-)+\frac{0.059\,2}{2}\lg\frac{1}{[I^-]^2}$$

$$=0.535+\frac{0.059\,2}{2}\lg\frac{1}{(1\times10^{-4})^2}=0.771V$$

根据电动势公式得：E=φ（Fe^{3+}/Fe^{2+}）$-\varphi$（I_2/I^-）=0.772−0.534=0.237V

（2）电极反应：正极：$I_2+2e \rightleftharpoons 2I^-$ 负极：$Fe^{2+} \rightleftharpoons Fe^{3+}+e$

电池反应：$I_2+2Fe^{2+} \rightleftharpoons 2Fe^{3+}+2I^-$

10.（1）pH=3.00 时，φ（MnO_4^-/Mn^{2+}）=1.23V 可以氧化 Br^-、I^-，不能氧化 Cl^-。

（2）pH=6.00 时，φ（MnO_4^-/Mn^{2+}）=0.94V 可以氧化 I^-，不能氧化 Cl^-、Br^-。

11.（1）由于$\varphi^\ominus$（AsO_4^{3-}/AsO_3^{3-}）>$\varphi^\ominus$（I_2/I^-），故反应自发向左进行，即：

$AsO_4^{3-}+2I^-+2H^+=AsO_3^{3-}+I_2+H_2O$

（2）要使反应向右进行，φ（I_2/I^-）>φ（AsO_4^{3-}/AsO_3^{3-}），若控制其他物质浓度都在标准态，$\varphi^\ominus$（I_2/I^-）=+0.535V，$[AsO_4^{3-}]=[AsO_3^{3-}]=1.0\ mol\cdot L^{-1}$，则：

$AsO_4^{3-}+2H^++2e=AsO_3^{3-}+H_2O$

$$(AsO_4^{3-}/AsO_3^{3-})=0.58+\frac{0.059\,2}{2}\lg\frac{[H^+]^2\times1.0}{1.0}$$

若：0.535=0.58+0.059 2lg$[H^+]$

lg$[H^+]$=−0.76 pH=0.76

要使反应向右进行，必须降低φ（AsO_4^{3-}/AsO_3^{3-}），可通过降低溶液中$[H^+]$来控制，当pH>0.76时，$\varphi^\ominus$（I_2/I^-）>$\varphi^\ominus$（AsO_4^{3-}/AsO_3^{3-}），即：$AsO_4^{3-}+2I^-+2H^+=AsO_3^{3-}+I_2+H_2O$。

12．由于$\varphi^\ominus$（Cu+/Cu）> $\varphi^\ominus$（Cu^{2+}/Cu^+），故反应可以自发向右进行：

$2Cu^+=Cu+Cu^{2+}$

$$\lg K=\frac{nE^0}{0.059\,2}=\frac{1\times(0.522-0.159)}{0.059\,2}=6.132$$

$K=1.35\times10^6$

由于该反应的平衡常数非常大，所以简单+1 价铜离子不能在水溶液中稳定存在。

13．查表知：$MnO_2+4H^++4e^-\rightarrow Mn^{2+}+2H_2O$ $\varphi^\ominus$（MnO_2/Mn^{2+}）=1.208 V

$Cl_2+2e^- \rightleftharpoons 2Cl^-$　　　　　$\varphi^\ominus$（Cl_2/Cl^-）=1.36 V

在标准状态下，该反应自发地由右向左进行，即：$Mn^{2+}+Cl_2+2H_2O \rightarrow MnO_2+2Cl^-+4H^+$。

而反应：$MnO_2+2Cl^-+4H^+ \rightarrow Mn^{2+}+Cl_2\uparrow+2H_2O$ 的标准平衡常数：

$$\lg K==\frac{nE^0}{0.059\,2}=\frac{2\times(1.208-1.36)}{0.059\,2}=-5.135,\quad K=7.24\times10^{-6}$$

从平衡常数 K 的大小也可知道，该反应在标准状态下正向进行的程度很小。

14.（1）φ（Ag^+/Ag）=0.681V，φ（Zn^{2+}/Zn）=−0.778V

E=φ（Ag^+/Ag）−φ（Zn^{2+}/Zn）=1.459V

（2） $K=5.90\times10^{52}$，E^0=1.562V

（3） $[Ag^+]=2.27\times10^{-27}$ mol·L^{-1}

第八章　配位平衡

1．中心离子（原子）：中心离子（原子）是配合物的形成体，一般是金属离子，特别是过渡金属离子，它位于配合物的中心。

配位体：配合物中与中心离子直接结合的阴离子或中性分子，简称配体。

配位原子：在配位体中直接与中心离子结合的原子称为配位原子。只含有一个配位原子的配体叫做单齿（基）配体。含有两个或两个以上配位原子同时与一个中心离子（原子）结合的配体叫做多齿（基）配体。

配位数：配合物中，直接同中心离子相连的配位原子的总数称为该中心离子的配位数。若配体为单齿配体，中心离子的配位数等于配体总数；若配体为多齿配体，中心离子的配位数为配体数乘以齿数。

配合物的内界：中心离子（原子）和配位体组成内界，也称配离子，通常写在方括号内。配离子的电荷数等于中心离子和配位体电荷的代数和。

外界：配合物一般分成内界和外界两部分，内界是配离子，与配离子符号相反的离子（方括号外的部分）称为外界，内界和外界之间通过离子键相结合。

螯合物：多齿配体以两个或两个以上的配位原子同时与一个中心离子形成的具有环状结构的配合物称为螯合物。

2．

配合物	中心离子	配位体	配位数	配离子电荷	名称
$K_3[AlF_6]$	Al^{3+}	F^-	6	−3	六氟合铝（III）酸钾
$H_2[PtCl_6]$	Pt^{4+}	Cl^-	6	−2	六氯合铂（IV）酸
$[CrCl(NH_3)_5]Cl_2$	Cr^{3+}	Cl^-、NH_3	6	+2	二氯化一氯·五氨合铬（III）
$[Fe(CO)_5]$	Fe	CO	5	—	五羰基合铁
$[Ag(NH_3)_2]OH$	Ag^+	NH_3	2	+1	氢氧化二氨合银（I）

3. (1) $[CrCl_2(NH_3)_4]Cl$　　(2) $[Al(H_2O)_4(OH)_2]OH$

(3) $Ca[Hg(SCN)_4]$　　(4) $[Pt(NH_3)_6][Pt(CN)_4]$

(5) $[PtCl_2(NH_3)_2]$　　(6) $[Cu(en)_2]SO_4$

4. 亮绿色　$[CrCl(H_2O)_5]Cl_2 \cdot H_2O$　　暗绿色　$[CrCl_2(H_2O)_4]Cl \cdot 2H_2O$

紫色　$[Cr(H_2O)_6]Cl_3$

5. (1) 错误。配合物中的配位原子和数目才是中心离子的配位数。

(2) 错误。中心离子配位数为 4，配合物可能是四面体结构，也可能是平面正方形。

(3) 错误。大多数金属离子是配合物的中心离子，但是，也有少数配合物的中心离子是非金属原子，如 $H_2[SiF_6]$。

(4) 正确。

6. (1) D、$C_2O_4^{2-}$。$C_2O_4^{2-}$ 是双基配位体，2 个 O 原子是配位原子，可形成螯合物。

(2) A、$[Cu(NH_3)_4]SO_4$ 和 $[Ni(en)_2]Cl_2$，NH_3 是单位配位体，en 是双基配位体，配位数都是 4。

(3) B、$K_4[Fe(CN)_6]$。

(4) C、二者都是配离子。$[Cu(NH_3)_4][PtCl_4]$ 是由两个配离子形成的配合物。

7. (1) $K = \dfrac{K_{稳}[Zn(NH_3)_4]^{2+}}{K_{稳}[Cu(NH_3)_4]^{2+}} = \dfrac{2.88\times10^{9}}{4.3\times10^{13}} = 6.7\times10^{-5}$

K 值很小，说明反应从右向左进行。

(2) $K = \dfrac{K_{稳}[Ag(CN)_2]^{-}}{K_{稳}[Ag(NH_3)_2]^{+}} = \dfrac{1.26\times10^{21}}{1.6\times10^{7}} = 7.8\times10^{13}$

K 值很大，反应从左向右进行。

8. $[Ag^+]=6.3\times10^{-9}\ mol\cdot L^{-1}$

9. $c(Ni^{2+})=1.3\times10^{-10}\ mol\cdot L^{-1}$, $c(NH_3)=0.70\ mol\cdot L^{-1}$, $c[Ni(NH_3)_6{}^{2+}]=0.05\ mol\cdot L^{-1}$

10. 解：该配合物的水溶液与硝酸银溶液不生成沉淀，说明 Cl^- 在内界；配合物的水溶液与氯化钡溶液生成沉淀，说明 $SO_4{}^{2-}$ 在外界。Co 一般形成配位数为 6 的配合物。配位体中除 Cl^- 外，应还含有 N 原子的配位体，由于组成元素中有 H，可初步断定配位体是 NH_3。

根据化学式量为 275.5，可知在化合物中各元素的原子个数分别为：

硫 11.6%　275.5×11.6%=32　　氢 5.4%　275.5×5.4%=15

氧 23.2%　275.5×23.2%=64　　氮 25.4%　275.5×25.4%=70

钴 21.4%　275.5×21.4%=59　　氯 13.0%　275.5×13.0% =36

S：H：O：N：Co：Cl=1：15：4：5：1：1

所以配合物的化学式为$[CoCl(NH_3)_5]SO_4$。

第九章　主族元素及化合物

16. A：$SnCl_2$　B：$Sn(OH)Cl$　C：$Sn(OH)_2$　D：$Na_2[Sn(OH)_4]$（或 Na_2SnO_2）E：Bi　F：Hg_2Cl_2　G：Hg

17. A：NaI　B：NaClO

18. A：KI　B：H_2SO_4　C：I_2　D：KI_3　E：$Na_2S_2O_3$　F：Cl_2

19. 不能

20. （1）E^0（MnO_4^-/Mn^{2+}）=1.51V＞E^0（Cl_2/Cl^-）=1.36V，可以制 Cl_2

E^0（$Cr_2O_7^{2-}/Cr^{3+}$）=1.33V＜E^0（Cl_2/Cl^-）=1.36V，不能制 Cl_2

（2）E^0（MnO_4^-/Mn^{2+}）=1.60V > E^0（Cl_2/Cl^-）=1.30V，可以制 Cl_2

E^0（$Cr_2O_7^{2-}/Cr^{3+}$）=1.47V＞E^0（Cl_2/Cl^-）=1.30V，可以制 Cl_2

第十章　过渡元素及其化合物

2. 在酸性溶液中 $Cr_2O_7^{2-}$ 能氧化 H_2O_2：

$Cr_2O_7^{2-} + 4H_2O_2 + 2H^+ \xrightarrow{乙醚} 2CrO_3$（蓝色）$+ 5H_2O$

这是检验 Cr（Ⅵ）的灵敏反应

3. 金属铁与稀盐酸作用可生成氯化亚铁；无水 $FeCl_3$ 可由铁屑和氯气直接合成：

$2Fe + 3Cl_2 == 2FeCl_3$，此反应为放热反应，所生成的 $FeCl_3$ 由于升华而分离；始终保持金属铁过量可防止高铁生成；保持 Cl_2 过量可防止亚铁生成。

4. $CuSO_4 + 4HNO_3$（浓）$==$ $[Cu(NH_3)_4]SO_4 + 4H_2O$

$CuSO_4 + 2NaOH == Cu(OH)_2\downarrow + Na_2SO_4$

$2CuSO_4 \xrightarrow{\Delta} 2CuO + H_2O$

$4CuO \xrightarrow{>800℃} 2Cu_2O + O_2\uparrow$

$Cu(OH)_2 + 2NaOH == Na_2[Cu(OH)_4]$

$2CuSO_4 + 4NaI == 2CuI\downarrow + I_2 + 2Na_2SO_4$

8. （1）c（Zn^{2+}）$=1.2\times10^{-3}$ mol·L^{-1}＞1.0×10^{-5} mol·L^{-1}，未沉淀完全；

（2）c（Zn^{2+}）$=1.2\times10^{-7}$ mol·L^{-1}＜1.0×10^{-5} mol·L^{-1}，已沉淀完全。

9. （1）$K_1 = 3.1\times10^{-3}$

（2）$K_2 = 8.5\times10^{-6}$

（3）$K_3 = 1.4\times10^{-9}$

10. （1）$\varphi^\ominus$（MnO^{4-}/Mn^{2+}）=1.51V＞$\varphi^\ominus$（Cl_2/Cl^-）=1.36V，可制得 Cl_2，

$\varphi^\ominus$（$Cr_2O_7^{2-}/Cr^{3+}$）=1.33V＜$\varphi^\ominus$（Cl_2/Cl^-），不能制得 Cl_2；

（2）$\varphi^\ominus$（MnO^{4-}/Mn^{2+}）=1.32V＜$\varphi^\ominus$（Cl_2/Cl^-）=1.48V，不能制得 Cl_2，

$\varphi^\ominus$（$Cr_2O_7^{2-}/Cr^{3+}$）=1.05V＜$\varphi^\ominus$（Cl_2/Cl^-），不能制得 Cl_2；

（3）$\varphi^{\ominus}$（MnO^{4-}/Mn^{2+}）=1.60V＞$\varphi^{\ominus}$（Cl_2/Cl^-）=1.30V，可制得 Cl_2，

$\varphi^{\ominus}$（$Cr_2O_7^{2-}/Cr^{3+}$）=1.47V＞$\varphi^{\ominus}$（Cl_2/Cl^-），可制得 Cl_2。

11．A. K_2MnO_4　B. MnO_2　C. $KMnO_4$　D. Cl_2

有关反应式：$3\ K_2MnO_4 + 2CO_2 = 2\ KMnO_4 + MnO_2\downarrow + 2\ K_2CO_3$

$MnO_2 + 4HCl$（浓）$= MnCl_2 + Cl_2\uparrow + 2H_2O$

$2\ KMnO_4 + 3\ MnCl_2 + 2H_2O = 5MnO_2\downarrow + 2\ KCl + 4HCl$

$Cl_2 + 2\ K_2MnO_4 = 2\ KMnO_4 + 2\ KCl$

12．（1）加 NaCl（2）过量 NaOH（3）过量 $NH_3\cdot H_2O$（4）加 $NH_3\cdot H_2O$

14．A. $CuCl_2$　B. $Cu(OH)_2$　C. CuS　D. AgCl

有关反应式：$CuCl_2 + 2NaOH = Cu(OH)_2\downarrow + 2NaCl$

$Cu(OH)_2 + 2HCl = CuCl_2 + 2H_2O$

$Cu(OH)_2 + 4NH_3 = [Cu(NH_3)_4]^{2+}\ 2OH^-$

$CuCl_2 + H_2S\ \ = CuS\downarrow + 2\ HCl$

$CuS + 4HNO_3$（浓）$= Cu(NO_3)_2 + S\downarrow + 2NO_2\uparrow\ + 2H_2O$

$CuCl_2 + 2AgNO_3\ \ = 2AgCl\downarrow + Cu(NO_3)_2$

$AgCl + 2NH_3 = [Ag(NO_3)_2]^+ + Cl^-$

15．A.二价汞的强酸盐（如 $Hg(NO_3)_2$、$HgCl_2$ 等）

有关反应式：（1）　$Hg(NO_3)_2 + 2NH_3\cdot H_2O = 2NH_4NO_3 + Hg(OH)_2$（白）↓

（2）　$Hg(NO_3)_2 + 2\ NaOH = 2NaNO_3 + HgO$（黄）$\downarrow + H_2O$

（3）　$Hg(NO_3)_2 + 2\ KI = HgI_2$（橘红）$\downarrow + 2\ KNO_3$

$HgI_2 + 2\ KI = K_2[HgI_4]$（无色溶液）

（4）　$Hg(NO_3)_2 + Hg = Hg_2(NO_3)_2$

$Hg_2(NO_3)_2 + 2NH_3 = NH_2Hg_2NO_3$（灰黑）$\downarrow + NH_4NO_3$

（或：$Hg_2(NO_3)_2 + 2NH_3 = [Hg(NH_2)NO_3 + Hg]$（灰黑）$\downarrow + NH_4NO_3$）

附录一　国际原子量表

元素		相对原子质量	元素		相对原子质量	元素		相对原子质量
符号	名称		符号	名称		符号	名称	
Ag	银	107.868 2	Hf	铪	178.49	Rb	铷	85.467 8
Al	铝	26.981 539	Hg	汞	200.59	Re	铼	186.207
Ar	氩	39.948	Ho	钬	164.930 32	Rh	铑	102.905 5
As	砷	74.921 59	I	碘	126.904 447	Ru	钌	101.07
Au	金	196.966 54	In	铟	114.82	S	硫	32.066
B	硼	10.811	Ir	铱	192.22	Sb	锑	121.757
Ba	钡	137.327	K	钾	39.098 3	Sc	钪	44.955 910
Be	铍	9.012 182	Kr	氪	83.80	Se	硒	78.96
Ag	银	107.868 2	Hf	铪	178.49	Rb	铷	85.467 8
C	碳	12.011	Lu	镥	174.967	Sn	锡	118.710
Ca	钙	40.078	Mg	镁	24.305 0	Sr	锶	87.62
Cd	镉	112.411	Mn	锰	54.938 05	Ta	钽	180.947 9
Ce	铈	140.115	Mo	钼	95.94	Tb	铽	158.925 34
Cl	氯	35.452 7	N	氮	14.006 74	Te	碲	127.60
Co	钴	58.933 20	Na	钠	22.989 768	Th	钍	232.038 1
Cr	铬	51.996 1	Nb	铌	92.906 38	Ti	钛	47.88
Cs	铯	132.905 43	Nd	钕	144.24	Tl	铊	204.383 3
Cu	铜	63.546	Ne	氖	20.179 7	Tm	铥	168.934 21
Dy	镝	162.50	Ni	镍	58.693 4	U	铀	238.028 9
Er	铒	167.26	Np	镎	237.048 2	V	钒	50.941 5
Eu	铕	151.965	O	氧	15.999 4	W	钨	183.85
F	氟	18.998 403 2	Os	锇	190.2	Xe	氙	131.29
Fe	铁	55.847	P	磷	30.973 762	Y	钇	88.905 85
Ga	镓	69.723	Pb	铅	207.2	Yb	镱	173.04
Gd	钆	157.25	Pd	钯	106.42	Zn	锌	65.39
Ge	锗	72.61	Pr	镨	140.907 65	Zr	锆	91.224
H	氢	1.007 94	Pt	铂	195.08			
He	氦	4.002 602	Ra	镭	226.025 4			

附录二 常见化合物的式量

化合物	分子量	化合物	分子量
AgBr	187.78	$C_6H_4COOHCOOK$（苯二甲酸氢钾）	204.23
AgCl	143.32		
AgI	234.77	CH_3COONa	82.03
$AgNO_3$	169.87	C_6H_5OH	94.11
Al_2O_3	101.96	$(C_9H_7N)_3H_3(PO_4 \cdot 12MoO_3)$（磷钼酸喹啉）	2 212.74
$Al_2(SO_4)_3$	342.15		
As_2O_3	197.84	CCl_4	153.81
As_2O_5	229.84	CO_2	44.01
$BaCO_3$	197.34	CuO	79.54
BaC_2O_4	225.35	Cu_2O	143.09
$BaCl_2$	208.24	$CuSO_4$	159.61
$BaCl_2 \cdot 2H_2O$	244.27	$CuSO_4 \cdot 5H_2O$	249.69
$BaCrO_4$	253.32	$FeCl_3$	162.21
$BaSO_4$	233.39	$FeCl_3 \cdot 6H_2O$	270.30
$CaCO_3$	100.09	FeO	71.85
CaC_2O_4	128.10	Fe_2O_3	159.69
$CaCl_2$	110.99	Fe_3O_4	231.54
$CaCl_2 \cdot H_2O$	129.00	$FeSO_4 \cdot H_2O$	169.93
CaO	56.08	$FeSO_4 \cdot 7H_2O$	278.02
$Ca(OH)_2$	74.09	$Fe_2(SO_4)_3$	399.89
$CaSO_4$	136.14	$FeSO_4 \cdot (NH_4)_2SO_4 \cdot 6H_2O$	392.14
$Ca_3(PO_4)_2$	310.18	H_3BO_3	61.83
$Ce(SO_4)_2 \cdot 2(NH_4)_2SO_4 \cdot 2H_2O$	632.54	HBr	80.91
CH_3COOH	60.05	H_2CO_3	62.03
CH_3OH	32.04	$H_2C_2O_4$	90.04
CH_3COCH_3	58.08	$H_2C_2O_4 \cdot 2H_2O$	126.07
C_6H_5COOH	122.12	HCOOH	46.03
$HClO_4$	100.46	HCl	36.46
HF	20.01	$MgCO_3$	84.32
HI	127.91	$MgCl_2$	95.21
HNO_2	47.01	$MgNH_4PO_4$	137.33
HNO_3	63.01	MgO	40.31
H_2O	18.02	$Mg_2P_2O_7$	222.60
H_2O_2	34.02	MnO_2	86.94
H_3PO_4	98.00	$Na_2B_4O_7 \cdot 10H_2O$	381.37
H_2S	34.08	$NaBiO_3$	279.97

化合物	分子量	化合物	分子量
H_2SO_3	82.08	$NaBr$	102.90
H_2SO_4	98.08	Na_2CO_3	105.99
$HgCl_2$	271.50	$Na_2C_2O_4$	134.00
Hg_2Cl_2	472.09	$NaCl$	58.44
$KAl(SO_4)_2 \cdot 12H_2O$	474.39	NaF	41.99
$KB(C_6H_5)_4$	358.33	$NaHCO_3$	84.01
KBr	119.01	NaH_2PO_4	119.98
$KBrO_3$	167.01	Na_2HPO_4	141.96
K_2CO_3	138.21	$Na_2H_2Y \cdot 2H_2O$（EDTA 二钠盐）	372.26
KCl	74.56		
$KClO_3$	122.55	NaI	149.89
$KClO_4$	138.55	$NaNO_2$	69.00
K_2CrO_4	194.20	Na_2O	61.98
$K_2Cr_2O_7$	294.19	$NaOH$	40.01
$KHC_2O_4 \cdot H_2C_2O_4 \cdot 2H_2O$	254.19	Na_3PO_4	163.94
KI	166.01	Na_2S	78.05
KIO_3	214.00	$Na_2S \cdot 9H_2O$	240.18
$KIO_3 \cdot HIO_3$	389.92	Na_2SO_3	126.04
$KMnO_4$	158.04	Na_2SO_4	142.04
KNO_2	85.10	$Na_2SO_4 \cdot 10H_2O$	322.20
KOH	56.11	$Na_2S_2O_3$	158.11
$KSCN$	97.18	$Na_2S_2O_3 \cdot 5H_2O$	248.19
K_2SO_4	174.26	$NH_2OH \cdot HCl$	69.49
$(NH_4)_2C_2O_4 \cdot H_2O$	142.11	NH_3	17.03
$NH_3 \cdot H_2O$	35.05	NH_4Cl	53.49
$NH_4Fe(SO_4)_2 \cdot 12H_2O$	482.20	SO_2	64.06
$(NH_4)_2HPO_4$	132.05	SO_3	80.06
$(NH_4)_3PO_4 \cdot 12MoO_3$	1 876.35	Sb_2O_3	291.52
NH_4SCN	76.12	Sb_2S_3	339.72
$(NH_4)_2SO_4$	132.14	SiF_4	104.08
$NiC_8H_{14}O_4N_4$（丁二酮肟镍）	288.91	SiO_2	60.08
		$SnCl_2$	189.62
P_2O_5	141.95	TiO_2	79.88
$PbCrO_4$	323.19	$ZnCl_2$	136.30
PbO	223.19	ZnO	81.39
PbO_2	239.19	$ZnSO_4$	161.45
Pb_3O_4	685.57		
$PbSO_4$	303.26		

附录三　弱酸碱的解离常数（18～25℃）

1．弱酸

名称	温度/℃	解离常数 K_a	pK_a
砷酸 H_3AsO_4	18	$K_{a1}=5.6\times10^{-3}$	2.25
		$K_{a2}=1.7\times10^{-7}$	6.77
		$K_{a3}=3.0\times10^{-12}$	11.50
硼酸 H_3BO_3	20	$K_a=5.7\times10^{-10}$	9.24
氢氰酸 HCN	25	$K_a=6.2\times10^{-10}$	9.21
碳酸 H_2CO_3	25	$K_{a1}=4.2\times10^{-7}$	6.38
		$K_{a2}=5.6\times10^{-11}$	10.25
铬酸 H_2CrO_4	25	$K_{a1}=1.8\times10^{-1}$	0.74
		$K_{a2}=3.2\times10^{-7}$	6.49
氢氟酸 HF	25	$K_a=3.5\times10^{-4}$	3.46
亚硝酸 HNO_2	25	$K_a=4.6\times10^{-4}$	3.37
磷酸 H_3PO_4	25	$K_{a1}=7.6\times10^{-3}$	2.12
		$K_{a2}=6.3\times10^{-8}$	7.20
		$K_{a3}=4.4\times10^{-13}$	12.36
硫化氢 H_2S	25	$K_{a1}=1.3\times10^{-7}$	6.89
		$K_{a2}=7.1\times10^{-15}$	14.15
亚硫酸 H_2SO_3	18	$K_{a1}=1.5\times10^{-2}$	1.82
		$K_{a2}=1.0\times10^{-7}$	7.00
硫酸 H_2SO_4	25	$K_a=1.0\times10^{-2}$	1.99
甲酸 HCOOH	20	$K_a=1.8\times10^{-4}$	3.74
醋酸 CH_3COOH	20	$K_a=1.8\times10^{-5}$	4.74
一氯乙酸 $CH_2ClCOOH$	25	$K_a=1.4\times10^{-3}$	2.86
二氯乙酸 $CHCl_2COOH$	25	$K_a=5.0\times10^{-2}$	1.30
三氯乙酸 CCl_3COOH	25	$K_a=0.23$	0.64
草酸 $H_2C_2O_4$	25	$K_{a1}=5.9\times10^{-2}$	1.23
		$K_{a2}=6.4\times10^{-5}$	4.19
琥珀酸（CH_2COOH）$_2$	25	$K_{a1}=6.4\times10^{-5}$	4.19
		$K_{a2}=2.7\times10^{-6}$	5.57
酒石酸 CH(OH)COOH| CH(OH)COOH	25	$K_{a1}=9.1\times10^{-4}$	3.04
		$K_{a2}=4.3\times10^{-5}$	4.37
柠檬酸 CH_2COOH	18	$K_{a1}=7.4\times10^{-4}$	3.13
C(OH)COOH		$K_{a2}=1.7\times10^{-5}$	4.76
CH_2COOH		$K_{a3}=4.0\times10^{-7}$	6.40
苯酚 C_6H_5OH	20	$K_a=1.1\times10^{-10}$	9.95

名称	温度/℃	解离常数 K_a	pK_a
苯甲酸 C_6H_5COOH	25	$K_a=6.2\times10^{-5}$	4.21
水杨酸 $C_6H_4(OH)COOH$	18	$K_{a1}=1.07\times10^{-3}$	2.97
		$K_{a2}=4\times10^{-14}$	13.40
邻苯二甲酸 C_6H_4（COOH）$_2$	25	$K_{a1}=1.1\times10^{-3}$	2.95
		$K_{a2}=2.9\times10^{-6}$	5.54

2．弱碱

名称	温度/℃	解离常数 K_b	pK_b
氨水 $NH_3\cdot H_2O$	25	$K_b=1.8\times10^{-5}$	4.74
羟胺 NH_2OH	20	$K_b=9.1\times10^{-9}$	8.04
苯胺 $C_6H_5NH_2$	25	$K_b=4.6\times10^{-10}$	9.34
乙二胺 $H_2NCH_2CH_2NH_2$	25	$K_{b1}=8.5\times10^{-5}$	4.07
		$K_{b2}=7.1\times10^{-8}$	7.15
六亚甲基四胺（CH_2）$_6N_4$	25	$K_b=1.4\times10^{-9}$	8.85
吡啶	25	$K_b=1.7\times10^{-9}$	8.77

附录四　常用酸碱液的相对密度、质量分数与物质的量浓度

1．酸

相对密度	HCl		HNO_3		H_2SO_4	
（15℃）	ω/%	c/mol·L^{-1}	ω/%	c/mol·L^{-1}	ω/%	c/mol·L^{-1}
1.19	37.2	12.2	30.9	5.8	26.0	3.2
1.42			69.8	15.7	52.2	7.6
1.84					95.6	18.0

2．碱

相对密度	$NH_3\cdot H_2O$		NaOH		KOH	
（15℃）	ω/%	c/mol·L^{-1}	ω/%	c/mol·L^{-1}	ω/%	c/mol·L^{-1}
0.88	35.0	18.0				
0.90	28.3	15				
0.91	25.0	13.4				
0.92	21.8	11.8				
0.94	15.6	8.6				
0.96	9.9	5.6				
0.98	4.8	2.8				
1.05			4.5	1.25	5.5	1.0

相对密度（15℃）	$NH_3 \cdot H_2O$		NaOH		KOH	
	ω/%	c/mol·L^{-1}	ω/%	c/mol·L^{-1}	ω/%	c/mol·L^{-1}
1.10			9.0	2.5	10.9	2.1
1.15			13.5	3.9	16.1	3.3
1.20			18.0	5.4	21.2	4.5
1.25			22.5	7.0	26.1	5.8
1.30			27.0	8.8	30.9	7.2
1.35			31.8	10.7	35.5	8.5

附录五　难溶化合物的溶度积常数（18～20℃）

难溶化合物	化学式	K_{sp}	
氢氧化铝	$Al(OH)_3$	2×10^{-32}	
溴酸银	$AgBrO_3$	5.77×10^{-5}	25℃
溴化银	AgBr	4.1×10^{-13}	
碳酸银	Ag_2CO_3	6.15×10^{-12}	25℃
氯化银	AgCl	1.56×10^{-10}	25℃
铬酸银	Ag_2CrO_4	9×10^{-12}	25℃
氢氧化银	AgOH	1.52×10^{-8}	20℃
碘化银	AgI	1.5×10^{-16}	25℃
硫化银	Ag_2S	1.6×10^{-49}	
硫氰酸银	AgSCN	4.9×10^{-13}	
碳酸钡	$BaCO_3$	8.1×10^{-9}	25℃
铬酸钡	$BaCrO_4$	1.6×10^{-10}	
草酸钡	$BaC_2O_4 \cdot 3\ 1/2H_2O$	1.62×10^{-7}	
硫酸钡	$BaSO_4$	8.7×10^{-11}	
氢氧化铋	$Bi(OH)_3$	4.0×10^{-31}	
氢氧化铬	$Cr(OH)_3$	5.4×10^{-31}	
硫化镉	CdS	3.6×10^{-29}	
碳酸钙	$CaCO_3$	8.7×10^{-9}	25℃
氟化钙	CaF_2	3.4×10^{-11}	
草酸钙	$CaC_2O_4 \cdot H_2O$	1.78×10^{-9}	
硫酸钙	$CaSO_4$	2.45×10^{-5}	25℃
硫化钴	CoS（α）	4×10^{-21}	
	CoS（β）	2×10^{-25}	
碘酸铜	$CuIO_3$	1.4×10^{-7}	25℃
草酸铜	CuC_2O_4	2.87×10^{-8}	25℃
硫化铜	CuS	8.5×10^{-45}	

难溶化合物	化学式	K_{sp}	
溴化亚铜	$CuBr$	4.15×10^{-9}	18～20℃
氯化亚铜	$CuCl$	1.02×10^{-6}	18～20℃
碘化亚铜	CuI	1.1×10^{-12}	18～20℃
硫化亚铜	Cu_2S	2×10^{-47}	16～18℃
硫氰酸亚铜	$CuSCN$	4.8×10^{-15}	
氢氧化铁	$Fe(OH)_3$	3.5×10^{-38}	
氢氧化亚铁	$Fe(OH)_2$	1.0×10^{-15}	
草酸亚铁	FeC_2O_4	2.1×10^{-7}	25℃
硫化亚铁	FeS	3.7×10^{-19}	
硫化汞	HgS	4×10^{-53}～2×10^{-49}	
溴化亚汞	Hg_2Br_2	5.8×10^{-23}	
氯化亚汞	Hg_2Cl_2	1.3×10^{-18}	
碘化亚汞	Hg_2I_2	4.5×10^{-29}	
磷酸铵镁	$MgNH_4PO_4$	2.5×10^{-13}	25℃
碳酸镁	$MgCO_3$	2.6×10^{-5}	12℃
氟化镁	MgF_2	7.1×10^{-9}	
氢氧化镁	$Mg(OH)_2$	1.8×10^{-11}	
草酸镁	MgC_2O_4	8.57×10^{-5}	
氢氧化锰	$Mn(OH)_2$	4.5×10^{-13}	
硫化锰	MnS	1.4×10^{-15}	
氢氧化镍	$Ni(OH)_2$	6.5×10^{-18}	
碳酸铅	$PbCO_3$	3.3×10^{-14}	
铬酸铅	$PbCrO_4$	1.77×10^{-14}	
氟化铅	PbF_2	3.2×10^{-8}	
草酸铅	PbC_2O_4	2.74×10^{-11}	
氢氧化铅	$Pb(OH)_2$	1.2×10^{-15}	
硫酸铅	$PbSO_4$	1.06×10^{-8}	
硫化铅	PbS	3.4×10^{-28}	
碳酸锶	$SrCO_3$	1.6×10^{-9}	25℃
氟化锶	SrF_2	2.8×10^{-9}	
草酸锶	SrC_2O_4	5.61×10^{-8}	
硫酸锶	$SrSO_4$	3.81×10^{-7}	17.4℃
氢氧化锡	$Sn(OH)_4$	1×10^{-57}	
氢氧化亚锡	$Sn(OH)_2$	3×10^{-27}	
氢氧化钛	$TiO(OH)_2$	1×10^{-29}	
氢氧化锌	$Zn(OH)_2$	1.2×10^{-17}	18～20℃
草酸锌	ZnC_2O_4	1.35×10^{-9}	
硫化锌	ZnS	1.2×10^{-23}	

附录六　标准电极电位（18～25℃）

半　反　应	$E^{\ominus}$/V
F_2（气）$+2H^++2e^-=2HF$	3.06
$O_3+2H^++2e^-=O_2+H_2O$	2.07
$S_2O_8^{2-}+2e^-=2SO_4^{2-}$	2.01
$H_2O_2+2H^++2e^-=2H_2O$	1.77
$MnO_4^-+4H^++3e^-=MnO_2$（固）$+2H_2O$	1.695
PbO_2（固）$+SO_4^{2-}+4H^++2e^-=PbSO_4$（固）$+2H_2O$	1.685
$HClO_2+2H^++2e^-=HClO+H_2O$	1.64
$HClO+H^++e^-=1/2Cl_2+H_2O$	1.63
$Ce^{4+}+e^-=Ce^{3+}$	1.61
$H_5IO_6+H^++2e^-=IO_3^-+3H_2O$	1.60
$HBrO+H^++e^-=1/2Br_2+H_2O$	1.59
$BrO_3^-+6H+5e^-=1/2Br_2+3H_2O$	1.52
$MnO_4^-+8H^++5e^-=Mn^{2+}+4H_2O$	1.51
Au（Ⅲ）$+3e^-=Au$	1.50
$HClO+H^++2e^-=Cl^-+H_2O$	1.49
$ClO_3^-+6H^++5e^-=1/2Cl_2+3H_2O$	1.47
PbO_2（固）$+4H^++2e^-=Pb^{2+}+2H_2O$	1.455
$HIO+H^++e^-=1/2I_2+H_2O$	1.45
$ClO_3^-+6H^++6e^-=Cl^-+3H_2O$	1.45
$BrO_3^-+6H^++6e^-=Br^-+3H_2O$	1.44
Au（Ⅲ）$+2e^-=$Au（Ⅰ）	1.41
Cl_2（气）$+2e^-=2Cl^-$	1.359 5
$ClO_4^-+8H^++7e^-=1/2Cl_2+4H_2O$	1.34
$Cr_2O_7^{2-}+14H^++6e^-=2Cr^{3+}+7H_2O$	1.33
MnO_2（固）$+4H^++2e^-=Mn^{2+}+2H_2O$	1.23
O_2（气）$+4H^++4e^-=2H_2O$	1.229
$IO_3^-+6H^++5e^-=1/2\ I_2+3H_2O$	1.20
$ClO_4^-+2H^++2e^-=ClO_3^-+H_2O$	1.19
Br_2（水）$+2e^-=2Br^-$	1.087
$NO_2+H^++e^-=HNO_2$	1.07
$Br_3^-+2e^-=3Br^-$	1.05
$HNO_2+H^++e^-=NO$（气）$+H_2O$	1.00
$VO_2^++2H^++e^-=VO_2^++H_2O$	1.00
$HIO+H^++2e^-=I^-+H_2O$	0.99
$NO_3^-+3H^++2e^-=HNO_2+H_2O$	0.94

半 反 应	$E^{\ominus}$/V
$ClO^{-}+H_2O+2e^{-}=Cl^{-}+2OH^{-}$	0.89
$H_2O_2+2e^{-}=2OH^{-}$	0.88
$Cu^{2+}+I^{-}+e^{-}=CuI$（固）	0.86
$Hg^{2+}+2e^{-}=Hg$	0.845
$NO_3^{-}+2H^{+}+e^{-}=NO_2+H_2O$	0.80
$Ag^{+}+e^{-}=Ag$	0.799 5
$Hg_2^{2+}+2e^{-}=2Hg$	0.793
$Fe^{3+}+e^{-}=Fe^{2+}$	0.771
$BrO^{-}+H_2O+2e^{-}=Br^{-}+2OH^{-}$	0.76
O_2（气）$+2H^{+}+2e^{-}=H_2O_2$	0.682
$AsO_2^{-}+2H_2O+3e^{-}=As+4OH^{-}$	0.68
$2HgCl_2+2e^{-}=Hg_2Cl_2$（固）$+2Cl^{-}$	0.63
Hg_2SO_4（固）$+2e^{-}=2Hg+SO_4^{2-}$	0.615 1
$MnO_4^{-}+2H_2O+3e^{-}=MnO_2$（固）$+4OH^{-}$	0.588
$MnO_4^{-}+e^{-}=MnO_4^{2-}$	0.564
$H_3AsO_4+2H^{+}+2e^{-}=HAsO_2+2H_2O$	0.559
$I_3^{-}+2e^{-}=3I^{-}$	0.545
I_2（固）$+2e^{-}=2I^{-}$	0.534 5
Mo（Ⅵ）$+e^{-}=$Mo（Ⅴ）	0.53
$Cu^{+}+e^{-}=Cu$	0.52
$4SO_2$（水）$+4H^{+}+6e^{-}=S_4O_6^{2-}+2H_2O$	0.51
$HgCl_4^{2-}+2e^{-}=Hg+4Cl^{-}$	0.48
$2SO_2$（水）$+2H^{+}+4e^{-}=S_2O_3^{2-}+H_2O$	0.40
$Fe(CN)_6^{2-}+e^{-}=Fe(CN)_6^{4-}$	0.36
$Cu^{2+}+2e^{-}=Cu$	0.337
$VO_2^{+}+2H^{+}+e^{-}=V^{3+}+H_2O$	0.337
$BiO^{+}+2H^{+}+3e^{-}=Bi+H_2O$	0.32
Hg_2Cl_2（固）$+2e^{-}=2Hg+2Cl^{-}$	0.267 6
$HAsO_2+3H^{+}+3e^{-}=As+2H_2O$	0.248
$AgCl$（固）$+e^{-}=Ag+Cl^{-}$	0.222 3
$SbO^{+}+2H^{+}+3e^{-}=Sb+H_2O$	0.212
$SO_4^{2-}+4H^{+}+2e^{-}=SO_2$（水）$+2H_2O$	0.17
$Cu^{2+}+e^{-}=Cu^{+}$	0.159
$Sn^{4+}+2e^{-}=Sn^{2+}$	0.154
$S+2H^{+}+2e^{-}=H_2S$（气）	0.141
$Hg_2Br_2+2e^{-}=2Hg+2Br^{-}$	0.139 5
$TiO_2^{+}+2H^{+}+e^{-}=Ti^{3+}+H_2O$	0.1
$S_4O_6^{2-}+2e^{-}=2S_2O_3^{2-}$	0.08

半 反 应	E^{e} /V
AgBr（固）$+e^{-}=Ag+Br^{-}$	0.071
$2H^{+}+2e^{-}=H_2$	0.000
$O_2+H_2O+2e^{-}=HO_2^{-}+OH^{-}$	−0.067
$TiOCl^{+}+2H^{+}+3Cl^{-}+e^{-}=TiCl_4^{-}+H_2O$	−0.09
$Pb^{2+}+2e^{-}=Pb$	−0.126
$Sn^{2+}+2e^{-}=Sn$	−0.136
AgI（固）$+e^{-}=Ag+I^{-}$	−0.152
$Ni^{2+}+2e^{-}=Ni$	−0.246
$H_3PO_4+2H^{+}+2e^{-}=H_3PO_3+H_2O$	−0.276
$Co^{2+}+2e^{-}=Co$	−0.277
$Tl^{+}+e^{-}=Tl$	−0.336 0
$In^{3+}+3e^{-}=In$	−0.345
$PbSO_4$（固）$+2e^{-}=Pb+SO_4^{2-}$	−0.355 3
$SeO_3^{2-}+3H_2O+4e^{-}=Se+6OH^{-}$	−0.366
$As+3H^{+}+3e^{-}=AsH_3$	−0.38
$Se+2H^{+}+2e^{-}=H_2Se$	−0.40
$Cd^{2+}+2e^{-}=Cd$	−0.403
$Cr^{3+}+e^{-}=Cr^{2+}$	−0.41
$Fe^{2+}+2e^{-}=Fe$	−0.440
$S+2e^{-}=S^{2-}$	−0.48
$2CO_2+2H^{+}+2e^{-}=H_2C_2O_4$	−0.49
$H_3PO_3+2H^{+}+2e^{-}=H_3PO_2+H_2O$	−0.50
$Sb+3H^{+}+3e^{-}=SbH_3$	−0.51
$HPbO_2^{-}+H_2O+2e^{-}=Pb+3OH^{-}$	−0.54
$Ga^{3+}+3e^{-}=Ga$	−0.56
$TeO_3^{2-}+3H_2O+4e^{-}=Te+6OH^{-}$	−0.57
$2SO_3^{2-}+3H_2O+4e^{-}=S_2O_3^{2-}+6OH^{-}$	−0.58
$SO_3^{2-}+3H_2O+4e^{-}=S+6OH^{-}$	−0.66
$AsO_4^{3-}+2H_2O+2e^{-}=AsO_2^{-}+4OH^{-}$	−0.67
Ag_2S（固）$+2e^{-}=2Ag+S^{2-}$	−0.69
$Zn^{2+}+2e^{-}=Zn$	−0.763
$2H_2O+2e^{-}=H_2+2OH^{-}$	−0.828
$Cr^{2+}+2e^{-}=Cr$	−0.91
$HSnO_2^{-}+H_2O+2e^{-}=Sn+3OH^{-}$	−0.91
$Se+2e^{-}=Se^{2-}$	−0.92
$Sn(OH)_6^{2-}+2e^{-}=HSnO_2^{-}+H_2O+3OH^{-}$	−0.93
$CNO^{-}+H_2O+2e^{-}=CN^{-}+2OH^{-}$	−0.97
$Mn^{2+}+2e^{-}=Mn$	−1.182

半 反 应	$E^\ominus$/V
$ZnO_2^{2-}+2H_2O+2e^-=Zn+4OH^-$	−1.216
$Al^{3+}+3e^-=Al$	−1.66
$H_2AlO_3^-+H_2O+3e^-=Al+4OH^-$	−2.35
$Mg^{2+}+2e^-=Mg$	−2.37
$Na^++e^-=Na$	−2.714
$Ca^{2+}+2e^-=Ca$	−2.87
$Sr^{2+}+2e^-=Sr$	−2.89
$Ba^{2+}+2e^-=Ba$	−2.90
$K^++e^-=K$	−2.925
$Li^++e^-=Li$	−3.042

附录七　金属配离子的稳定常数（18～25℃）

金属离子	离子强度	n	$\lg\beta_n$
氨配合物			
Ag^+	0.1	1，2	3.40，7.40
Cd^{2+}	0.1	1，…，6	2.60，4.65，6.04，6.92，6.6，4.9
Co^{2+}	0.1	1，…，6	2.05，3.62，4.61，5.31，5.43，4.75
Cu^{2+}	2	1，…，4	4.13，7.61，10.48，12.59
Ni^{2+}	0.1	1，…，6	2.75，4.95，6.64，7.79，8.50，8.49
Zn^{2+}	0.1	1，…，4	2.27，4.61，7.01，9.06
氟配合物			
Al^{3+}	0.53	1，…，6	6.1，11.15，15.0，17.7，19.4，19.7
Fe^{3+}	0.5	1，2，3	5.2，9.2，11.9
Th^{4+}	0.5	1，2，3	7.7，13.5，18.0
TiO^{2+}	3	1，…，4	5.4，9.8，13.7，17.4
Sn^{4+}	*	6	25
Zr^{4+}	2	1，2，3	8.8，16.1，21.9
氯配合物			
Ag^+	0.2	1，…，4	2.9，4.7，5.0，5.9
Hg^{2+}	0.5	1，…，4	6.7，13.2，14.1，15.1
碘配合物			
Cd^{2+}	*	1，…，4	2.4，3.4，5.0，6.15
Hg^{2+}	0.5	1，…，4	12.9，23.8，27.6，29.8
氰配合物			
Ag^+	0～0.3	1，…，4	—，21.1，21.8，20.7

金属离子	离子强度	n	$\lg\beta_n$
Cd^{2+}	3	1，…，4	5.5，10.6，15.3，18.9
Cu^{+}	0	1，…，4	—，24.0，28.6，30.3
Fe^{2+}	0	6	35.4
Fe^{3+}	0	6	43.6
Hg^{2+}	0.1	1，…，4	18.0，34.7，38.5，41.5
Ni^{2+}	0.1	4	31.3
Zn^{2+}	0.1	4	16.7
硫氰酸配合物			
Fe^{3+}	*	1，…，5	2.3，4.2，5.6，6.4，6.4
Hg^{2+}	1	1，…，4	—，16.1，19.0，20.9
硫代硫酸配合物			
Ag^{+}	0	1，2	8.82，13.5
Hg^{2+}	0	1，2	29.86，32.26
柠檬酸配合物			
Al^{3+}	0.5	1	20.0
Cu^{2+}	0.5	1	18
Fe^{3+}	0.5	1	25
Ni^{2+}	0.5	1	14.3
Pb^{2+}	0.5	1	12.3
Zn^{2+}	0.5	1	11.4
磺基水杨酸配合物			
Al^{3+}	0.1	1，2，3	12.9，22.9，29.0
Fe^{3+}	3	1，2，3	14.4，25.2，32.2
乙酰丙酮配合物			
Al^{3+}	0.1	1，2，3	8.1，15.7，21.2
Cu^{2+}	0.1	1，2	7.8，14.3
Fe^{3+}	0.1	1，2，3	9.3，17.9，25.1
邻二氮菲配合物			
Ag^{+}	0.1	1，2	5.02，12.07
Cd^{2+}	0.1	1，2，3	6.4，11.6，15.8
Co^{2+}	0.1	1，2，3	7.0，13.7，20.1
Cu^{2+}	0.1	1，2，3	9.1，15.8，21.0
Fe^{2+}	0.1	1，2，3	5.9，11.1，21.3
Hg^{2+}	0.1	1，2，3	—，19.65，23.35
Ni^{2+}	0.1	1，2，3	8.8，17.1，24.8
Zn^{2+}	0.1	1，2，3	6.4，12.15，17.0

金属离子	离子强度	n	$\lg\beta_n$
乙二胺配合物			
Ag^{+}	0.1	1，2	4.7，7.7
Cd^{2+}	0.1	1，2	5.47，10.02
Cu^{2+}	0.1	1，2	10.55，19.60
Co^{2+}	0.1	1，2，3	5.86，10.72，13.82
Hg^{2+}	0.1	2	23.42
Ni^{2+}	0.1	1，2，3	7.66，14.06，18.59
Zn^{2+}	0.1	1，2，3	5.71，10.37，12.08

*离子强度不定。

元素周期表

IUPAC 2001

氧化态（单质的氧化态为 0，未列入；常见的为红色）

95 — 原子序数；Am — 元素符号（红色的为放射性元素）；镅▲ — 元素名称（注▲的为人造元素）；$5f^77s^2$ — 价层电子构型；243.06◆ — 以 $^{12}C=12$ 为基准的相对原子质量（注◆的是半衰期最长同位素的相对原子质量）；+2 +3 +4 +5 +6 — 氧化态

s区元素　p区元素　d区元素　ds区元素　f区元素　稀有气体

周期＼族	1 IA	2 IIA	3 IIIB	4 IVB	5 VB	6 VIB	7 VIIB	8 VIII	9 VIII	10 VIII	11 IB	12 IIB	13 IIIA	14 IVA	15 VA	16 VIA	17 VIIA	18 VIIIA	电子层
1	−1 +1 1 H 氢 $1s^1$ 1.00794(7)																	2 He 氦 $1s^2$ 4.002602(2)	K
2	+1 3 Li 锂 $2s^1$ 6.941(2)	+2 4 Be 铍 $2s^2$ 9.012182(3)											+3 5 B 硼 $2s^22p^1$ 10.811(7)	−4 +2 +4 6 C 碳 $2s^22p^2$ 12.0107(8)	−3 −2 −1 +1 +2 +3 +4 +5 7 N 氮 $2s^22p^3$ 14.0067(2)	−2 −1 8 O 氧 $2s^22p^4$ 15.9994(3)	−1 9 F 氟 $2s^22p^5$ 18.9984032(5)	10 Ne 氖 $2s^22p^6$ 20.1797(6)	L K
3	+1 11 Na 钠 $3s^1$ 22.989770(2)	+2 12 Mg 镁 $3s^2$ 24.3050(6)											+3 13 Al 铝 $3s^23p^1$ 26.981538(2)	−4 +2 +4 14 Si 硅 $3s^23p^2$ 28.0855(3)	−3 +1 +3 +5 15 P 磷 $3s^23p^3$ 30.973761(2)	−2 +2 +4 +6 16 S 硫 $3s^23p^4$ 32.065(5)	−1 +1 +3 +5 +7 17 Cl 氯 $3s^23p^5$ 35.453(2)	18 Ar 氩 $3s^23p^6$ 39.948(1)	M L K
4	+1 19 K 钾 $4s^1$ 39.0983(1)	+2 20 Ca 钙 $4s^2$ 40.078(4)	+3 21 Sc 钪 $3d^14s^2$ 44.955910(8)	−1 0 +2 +3 +4 22 Ti 钛 $3d^24s^2$ 47.867(1)	0 +1 +2 +3 +4 +5 23 V 钒 $3d^34s^2$ 50.9415	−3 0 +1 +2 +3 +4 +5 +6 24 Cr 铬 $3d^54s^1$ 51.9961(6)	−2 0 +1 +2 +3 +4 +5 +6 +7 25 Mn 锰 $3d^54s^2$ 54.938049(9)	−2 0 +1 +2 +3 +4 +5 +6 26 Fe 铁 $3d^64s^2$ 55.845(2)	0 +1 +2 +3 +4 +5 27 Co 钴 $3d^74s^2$ 58.933200(9)	0 +1 +2 +3 +4 28 Ni 镍 $3d^84s^2$ 58.6934(2)	+1 +2 +3 +4 29 Cu 铜 $3d^{10}4s^1$ 63.546(3)	+1 +2 30 Zn 锌 $3d^{10}4s^2$ 65.39(2)	+1 +3 31 Ga 镓 $4s^24p^1$ 69.723(1)	+2 +4 32 Ge 锗 $4s^24p^2$ 72.64(1)	−3 +3 +5 33 As 砷 $4s^24p^3$ 74.92160(2)	−2 +2 +4 +6 34 Se 硒 $4s^24p^4$ 78.96(3)	−1 +1 +3 +5 +7 35 Br 溴 $4s^24p^5$ 79.904(1)	+2 +4 36 Kr 氪 $4s^24p^6$ 83.80(1)	N M L K
5	+1 37 Rb 铷 $5s^1$ 85.4678(3)	+2 38 Sr 锶 $5s^2$ 87.62(1)	+3 39 Y 钇 $4d^15s^2$ 88.90585(2)	+1 +2 +3 +4 40 Zr 锆 $4d^25s^2$ 91.224(2)	0 +1 +2 +3 +4 +5 41 Nb 铌 $4d^45s^1$ 92.90638(2)	0 +1 +2 +3 +4 +5 +6 42 Mo 钼 $4d^55s^1$ 95.94(2)	0 +1 +2 +3 +4 +5 +6 +7 43 Tc 锝▲ $4d^55s^2$ 97.907◆	0 +1 +2 +3 +4 +5 +6 +7 +8 44 Ru 钌 $4d^75s^1$ 101.07(2)	0 +1 +2 +3 +4 +5 +6 45 Rh 铑 $4d^85s^1$ 102.90550(2)	0 +1 +2 +3 +4 46 Pd 钯 $4d^{10}$ 106.42(1)	+1 +2 +3 47 Ag 银 $4d^{10}5s^1$ 107.8682(2)	+1 +2 48 Cd 镉 $4d^{10}5s^2$ 112.411(8)	+1 +3 49 In 铟 $5s^25p^1$ 114.818(3)	+2 +4 50 Sn 锡 $5s^25p^2$ 118.710(7)	−3 +3 +5 51 Sb 锑 $5s^25p^3$ 121.760(1)	−2 +2 +4 +6 52 Te 碲 $5s^25p^4$ 127.60(3)	−1 +1 +3 +5 +7 53 I 碘 $5s^25p^5$ 126.90447(3)	+2 +4 +6 +8 54 Xe 氙 $5s^25p^6$ 131.293(6)	O N M L K
6	+1 55 Cs 铯 $6s^1$ 132.90545(2)	+2 56 Ba 钡 $6s^2$ 137.327(7)	57~71 La~Lu 镧系	+1 +2 +3 +4 72 Hf 铪 $5d^26s^2$ 178.49(2)	0 +1 +2 +3 +4 +5 73 Ta 钽 $5d^36s^2$ 180.9479(1)	0 +1 +2 +3 +4 +5 +6 74 W 钨 $5d^46s^2$ 183.84(1)	0 +1 +2 +3 +4 +5 +6 +7 75 Re 铼 $5d^56s^2$ 186.207(1)	0 +1 +2 +3 +4 +5 +6 +7 +8 76 Os 锇 $5d^66s^2$ 190.23(3)	0 +1 +2 +3 +4 +5 +6 77 Ir 铱 $5d^76s^2$ 192.217(3)	0 +2 +3 +4 +5 +6 78 Pt 铂 $5d^96s^1$ 195.078(2)	+1 +2 +3 +5 79 Au 金 $5d^{10}6s^1$ 196.96655(2)	+1 +2 +3 80 Hg 汞 $5d^{10}6s^2$ 200.59(2)	+1 +3 81 Tl 铊 $6s^26p^1$ 204.3833(2)	+2 +4 82 Pb 铅 $6s^26p^2$ 207.2(1)	−3 +3 +5 83 Bi 铋 $6s^26p^3$ 208.98038(2)	−2 +2 +4 +6 84 Po 钋 $6s^26p^4$ 208.98◆	−1 +5 +7 85 At 砹 $6s^26p^5$ 209.99◆	+2 86 Rn 氡 $6s^26p^6$ 222.02◆	P O N M L K
7	+1 87 Fr 钫▲ $7s^1$ 223.02◆	+2 88 Ra 镭 $7s^2$ 226.03◆	89~103 Ac~Lr 锕系	104 Rf 𬬻▲ $6d^27s^2$ 261.11◆	105 Db 𬭊▲ $6d^37s^2$ 262.11◆	106 Sg 𬭳▲ $6d^47s^2$ 263.12◆	107 Bh 𬭛▲ $6d^57s^2$ 264.12◆	108 Hs 𬭶▲ $6d^67s^2$ 265.13◆	109 Mt 鿏▲ $6d^77s^2$ 266.13	110 Uun▲ (269)	111 Uuu▲ (272)◆	112 Uub▲ (277)◆		114 Uuq▲ (289)◆		116 Uuh▲ (289)◆			Q P O N M L K

★镧系	+3 57 La★ 镧 $5d^16s^2$ 138.9055(2)	+2 +3 +4 58 Ce 铈 $4f^15d^16s^2$ 140.116(1)	+3 +4 59 Pr 镨 $4f^36s^2$ 140.90765(2)	+2 +3 +4 60 Nd 钕 $4f^46s^2$ 144.24(3)	+3 61 Pm 钷▲ $4f^56s^2$ 144.91◆	+2 +3 62 Sm 钐 $4f^66s^2$ 150.36(3)	+2 +3 63 Eu 铕 $4f^76s^2$ 151.964(1)	+3 64 Gd 钆 $4f^75d^16s^2$ 157.25(3)	+3 +4 65 Tb 铽 $4f^96s^2$ 158.92534(2)	+3 +4 66 Dy 镝 $4f^{10}6s^2$ 162.500(1)	+3 67 Ho 钬 $4f^{11}6s^2$ 164.93032(2)	+3 68 Er 铒 $4f^{12}6s^2$ 167.259(3)	+2 +3 69 Tm 铥 $4f^{13}6s^2$ 168.93421(2)	+2 +3 70 Yb 镱 $4f^{14}6s^2$ 173.04(3)	+3 71 Lu 镥 $4f^{14}5d^16s^2$ 174.967(1)
★锕系	+3 89 Ac★ 锕 $6d^17s^2$ 227.03◆	+3 +4 90 Th 钍 $6d^27s^2$ 232.0381(1)	+3 +4 +5 91 Pa 镤 $5f^26d^17s^2$ 231.03588(2)	+2 +3 +4 +5 +6 92 U 铀 $5f^36d^17s^2$ 238.02891(3)	+3 +4 +5 +6 +7 93 Np 镎 $5f^46d^17s^2$ 237.05◆	+3 +4 +5 +6 +7 94 Pu 钚 $5f^67s^2$ 244.06◆	+2 +3 +4 +5 +6 95 Am 镅▲ $5f^77s^2$ 243.06◆	+3 +4 96 Cm 锔▲ $5f^76d^17s^2$ 247.07◆	+3 +4 97 Bk 锫▲ $5f^97s^2$ 247.07◆	+2 +3 +4 98 Cf 锎▲ $5f^{10}7s^2$ 251.08◆	+2 +3 99 Es 锿▲ $5f^{11}7s^2$ 252.08◆	+2 +3 100 Fm 镄▲ $5f^{12}7s^2$ 257.10◆	+2 +3 101 Md 钔▲ $5f^{13}7s^2$ 258.10◆	+2 +3 102 No 锘▲ $5f^{14}7s^2$ 259.10◆	+3 103 Lr 铹▲ $5f^{14}6d^17s^2$ 260.11◆